L'ÂNE D'OR

Collection dirigée

par

Alain Segonds

COLLECTION « L'ÂNE D'OR »

ÉCRITS CHOISIS
D'HISTOIRE DES SCIENCES

PIERRE SOUFFRIN

ÉCRITS CHOISIS
D'HISTOIRE DES SCIENCES

Édition de Michel Blay, Francesco Furlan et Michela Malpangotto

PARIS

LES BELLES LETTRES

2012

www.lesbelleslettres.com

Pour consulter notre catalogue
et être informé de nos nouveautés
par courrier électronique

Volume réalisé avec le concours scientifique et éditorial de

Société Internationale Leon Battista Alberti (= *S.I.L.B.A.*), Paris

Systèmes de Référence Temps-Espace (= *Sy.R.T.E.*)
(U.M.R. 8630 *C.N.R.S.* / *Observatoire de Paris* / *Université Pierre et Marie Curie*)

et publié avec le soutien du

Groupement de Recherche International
Savoirs artistiques et Traités d'art de la Renaissance aux Lumières

Nota bene :
Ayant recherché avec diligence tous ayants droit des études et textes ici rassemblés, les éditeurs de ce volume et la Société d'édition « Les Belles Lettres » sont disponibles à faire droit à ceux qui leur auraient échappé.

ISBN : 978-2-251-42047-9

Avant-Propos

Après son intégration au C.N.R.S. en 1958, et sa thèse remarquée sur *Hydrodynamique d'une atmosphère perturbée par une zone convective sous-jacente* en 1966 (dirigée par Évry Schatzmann, publiée en anglais ainsi qu'en allemand), Pierre Souffrin (Paris, 1935-Nice, 2002) a mené sa recherche en astrophysique, puis en histoire des sciences surtout à l'Observatoire de la Côte d'Azur et à l'Université « Sophia Antipolis » de Nice, dont il fut vice-Président de 1981 à sa démission en 1987. Dix ans après sa disparition, le présent recueil entend lui rendre hommage en rassemblant une partie significative de son œuvre originale d'historien et, dans une moindre mesure, d'éditeur/traducteur.

Trop dispersée, car publiée par fragments, parfois à plusieurs reprises mais dans des rédactions revues et partiellement modifiées, dans des actes de congrès et autres ouvrages collectifs ou dans des revues spécialisées, cette œuvre ne trouve en réalité sa cohérence et son sens véritable que rassemblée. Les textes donnés à lire ici, une vingtaine et plus au total, n'en reprennent qu'une partie ; ils présentent néanmoins l'essentiel de ses écrits en Histoire des sciences et permettent de se faire une idée assez précise des principaux champs de recherche qu'il a abordés ainsi que de l'exigence intellectuelle et de la rigueur avec lesquelles il a mené ses travaux. Nous, qui avons eu le privilège et le plaisir de côtoyer Pierre Souffrin des années durant, de discuter et parfois aussi de travailler avec lui sur l'un ou l'autre de ses thèmes de prédilection, en sommes profondément convaincus.

D'un écrit à l'autre de ce recueil, quatre grands axes et quelques thèmes principaux peuvent être aisément distingués : 1 – le statut et les modalités d'intervention du concept de vitesse dans la science préclassique, fort différents de ceux qui voient le jour aux XVIIe et XVIIIe siècles ; 2 – la tradition, au Bas Moyen Âge et à la Renaissance en particulier, tant de la *Geometria practica* que de ce qu'il aimait à définir comme la *Physica practica*, dont la vitalité et l'importance elle-même, assurément de tout premier plan dans les applications techniques "concrètes" à ces époques, ont été longuement et presque constamment sous-estimées par les historiens ; 3 – l'ecdotique des figures et des textes scientifiques ainsi que leur traduction, dont les historiens des sciences ont souvent eu tendance à négliger la valeur et le sens exacts, non moins que les inéluctables implications et retombées épistémologiques ; 4 – la théorie galiléenne des marées, enfin, dont bien des historiens ont cru pouvoir se moquer, alors même que Galilée voyait à juste titre dans les marées une preuve du mouvement de la terre – et Pierre Souffrin a montré que cette théorie, en soi parfaitement cohérente, met au jour ce que l'on peut appeler « l'effet galiléen » résultant du double mouvement de rotation de la terre, effet parfaitement illustré par la "machine à marées" qu'il a construite pour le rendre visible.

Nous avons tenu à donner au lecteur un aperçu non seulement de la manière dans laquelle Pierre Souffrin élaborait concrètement ses écrits mais, bien avant, de ce qui pouvait constituer pour lui un point de départ obligé pour une enquête se présentant elle-même comme intellectuellement nécessaire. Ainsi, et bien qu'il s'en explique parfois lui-même en partie, ou qu'il le laisse quelques fois entrevoir par des caractéristiques implicites mais plus ou moins formelles de ses écrits – il arrive en effet que des néologismes ainsi que certains termes "techniques" et plus ou moins rares dont il fit à bon escient usage de manière répétée ou récurrente (celui de *mélecture* n'en est qu'un exemple) fonctionnent de la sorte comme des "indicateurs verbaux" de sa méthode d'historien —, nous avons d'une part tenu à proposer deux rédactions distinctes d'une même étude (que nous présentons ici sous les numéros 7^a : *Sur l'histoire du concept de vitesse : D'Aristote à Galilée*, et 7^b : *Sur l'histoire du concept de vitesse : Galilée et la tradition scolastique*, la première s'avérant sensiblement plus développée que la seconde), dont la comparaison détaillée fait apparaître assez clairement le *modus operandi* (*et scribendi*) de Pierre Souffrin, lequel apparaîtra du reste plus clairement encore si l'on étend la comparaison aux études n° 10 (*Galilée et la tradition cinématique préclassique*) et n° 11 (*Galilée, Torricelli et la « loi fondamentale de la dynamique scolastique » : La proportionnalité* «velocitas : momentum» *revisitée*) qui en reprennent, parfois presque *ad litteram*, quelques passages.

Et nous avons tenu, d'autre part, à proposer aussi des enquêtes brèves que l'on pourrait, du moins en un sens, définir comme entièrement ou partiellement « aporétiques », car apparaissant en partie ou en totalité "décevantes", leur principe ou leur présupposé s'avérant mal fondé, peu pertinent ou non vérifiable, voire relativement naïf : c'est le cas des deux premières études de la dernière section (les n° 19 : *Cellini et la trajectoire parabolique des projectiles : Une métaphore improbable*, et n° 20 : *Sur la datation de la* Dioptre *d'Héron par l'éclipse de lune de l'an 62*), dont l'intérêt spécifique réside avant tout, pour nous, dans ce qu'elles nous apprennent sur les modalités de lecture ou d'interrogation ordinaires, chez un historien véritable, tant des textes originaux que de leurs interprétations courantes – sur le *quid*, en somme, susceptible de déclencher une analyse approfondie ou une vérification générale des données disponibles, depuis les sources et les connaissances d'un auteur jusqu'à la tradition d'un texte, son établissement critique et son exégèse ou sa traduction, débouchant le plus souvent dans leur réinterprétation correcte et, partant, dans une (ou des) mise(s) au point exprimant un avancement concret de nos connaissances.

Nous avons également tenu à proposer un texte (le n° 21 : *Remarques sur les concepts préclassiques de mouvement*) qui n'est qu'un résumé relativement détaillé, une sorte de « position des thèses » soutenues à l'occasion d'un congrès international d'histoire des sciences et des techniques (celui de Lille des 24-25-26 mai 2001), que nous avons pensé devoir accueillir "en représentant" des brouillons et *abstracts* relativement nombreux que nous conservons d'études de Pierre Souffrin dont, après sa disparition, nous n'avons pu trouver les rédactions complètes et "définitives" – tout en étant, dans plusieurs cas, à peu près certains de leur existence. Et si la plupart des études de ce recueil sont bien rédigées en français, nous avons enfin tenu à consentir au lecteur d'en lire au moins une en anglais (le n° 12 : *Motion on inclined planes and on liquids in Galileo's earlier* De motu) et une en italien (le n° 13 : *Geometria motus*), à savoir deux des langues qu'en particulier avec le latin, l'allemand ou le russe son auteur connaissait, et dans une certaine mesure pratiquait aussi, à côté du français.

Bien qu'incomplet, le *corpus* d'écrits rassemblés ici montre donc à la fois la diversité des recherches et des travaux menés par Pierre Souffrin et l'originalité profonde de sa démarche, marquée par un refus élevé au rang de méthode des lieux communs ou des idées reçues et, partant, par une lecture nouvelle, et bien souvent nettement plus attentive et philologiquement avertie, de textes jusque-là non compris, voire considérés à tort comme erronés ou fautifs (d'Oresme à Alberti et à Galilée), et pourtant fondamentaux pour la naissance de la science moderne qu'il n'arrêta jamais de questionner.

Son auteur aurait assurément aimé partager encore ce beau travail d'historien des sciences autant avec ses interlocuteurs occasionnels, peut-être, qu'avec ses amis ; il aurait également su le prolonger avec les uns comme avec les autres, y compris par ces échanges passionnés qu'il engageait souvent et savait toujours mener. Sans doute ce recueil permettra-t-il au moins de percevoir dans le travail même de la pensée de Pierre Souffrin la profondeur et la liberté qui furent celles de son esprit ; de même, nous permet-il de redire aujourd'hui combien sa présence nous manque.

Paris, le 27 juillet 2012

Michel Blay – Francesco Furlan – Michela Malpangotto

Remerciements

Les croquis et figures géométriques des différentes études de ce recueil ont été redessinés à l'aide du logiciel *DRaFT* conçu et mis au point par l'équipe *Diagrams in ancient mathematical texts* du Pr. Ken Saito (Université Préfectorale d'Osaka, Japon) en collaboration avec *eLabor* de Paolo Mascellani (Pise, Italie). Spécifiquement conçu pour l'édition critique des figures mathématiques ou techniques des manuscrits antiques ou médiévaux et des éditions de l'Âge classique, ce logiciel novateur permettant la reproduction à l'identique des originaux peut être téléchargé gratuitement sur le site *http://www.greekmath.org*

Au moment de donner l'*imprimatur* de cet ouvrage, nous tenons à remercier amicalement tous ceux qui d'une façon ou d'une autre nous ont aidé à l'éditer et à le parfaire, en nous facilitant l'accès à quelques-uns des articles ou notes de Pierre Souffrin, et parfois également leur identification, ou bien en nous permettant d'éclaircir convenablement quelques passages des études ici rassemblées et plusieurs points de la bibliographie dont il se servit pour leur rédaction. Il s'agit surtout de Dimitri Bayuk, Jean Celeyrette, Jean-Luc Gautero, Peter Hicks, Hilaire Legros et PierDaniele Napolitani qui, tous, partagent avec nous le précieux souvenir de l'auteur de ce recueil.

M.B. - F.F. - M.M.

Littérature citée & abréviations

Aiton 1954
Eric John Aiton, « Galileo's theory of the tides », dans *Annals of Science,*
X, 1954, pp. 44-57.

Aiton 1965
—, « Galileo and the theory of the tides », dans *Isis,* LVI, 1965,
pp. 56-61.

Argoud & Guillaumin 2000
Autour de la Dioptre *d'Héron d'Alexandrie : Actes du colloque international
de Saint-Étienne (17-19 juin 1999),* Textes réunis et édités par Gilbert
Argoud et Jean-Yves Guillaumin, Saint-Étienne, Publications de
l'Université de Saint-Étienne, 2000.

Aristote 1616
Commentariorium Collegii Conimbricencis, e Societate Iesu, super octo libros
Physicorum *Aristotelis Stagiritœ,* Venetiis, apud Andream Baba,
MDCXVI.

Arrighi 1966
Leonardo Fibonacci, *La pratica di geometria, vulgarizzata da Cristofano
di Gherado di Dino, cittadino pisano : Dal codice* 2186 *della Biblioteca
Riccardiana di Firenze,* A cura e con introduzione di Gino Arrighi,
Pisa, Domus Galilæana, 1966.

ARRIGHI 1974
Gino Arrighi, « Leon Battista Alberti e le scienze esatte », dans *Convegno internazionale indetto nel V centenario di Leon Battista Alberti [Roma-Mantova-Firenze, 25-29 aprile 1972]*, Roma, Accademia Nazionale dei Lincei, 1974, pp. 155-212.

BARTOLI 1568
Opuscoli morali di Leonbatista Alberti gentil'huomo firentino [...], Tradotti, & parte corretti da M. Cosimo Bartoli, Venetia, Francesco Franceschi, 1568.

BELLONI 1975
Opere scelte di Evangelista Torricelli, A cura di Lanfranco Belloni, Torino, U.T.E.T., 1975.

BERGGREN 1976
John Lennart Berggren, « Spurious theorems in Archimedes' *Equilibrium of planes book I* », dans *Archive for History of exact Sciences*, XVI, 1976, pp. 87-103.

BESOMI & HELBING 1998
Galileo Galilei, *Dialogo sopra i due massimi sistemi del mondo tolemaico e copernicano*, Edizione critica e commento a cura di Ottavio Besomi e Mario Helbing, vol. I : *Testo*, vol. II : *Commento*, Padova, Antenore, 1998.

BLAMOUTIER & CHASTEL 1986
La Vie de Benvenuto Cellini fils de Maître Giovanni florentin écrite par lui-même à Florence (1500-1571), Traduction et notes de Nadine Blamoutier, sous la direction d'André Chastel, Paris, Scala, 1986 et 1996[2].

BLAY 1991
Michel Blay, *La naissance de la mécanique analytique*, Paris, P.U.F., 1991.

BONCOMPAGNI 1862
La Practica geometriæ di Leonardo Pisano secondo la lezione del codice Urbinate n° 292 della Biblioteca Vaticana, in *Scritti di Leonardo Pisano matematico del secolo decimoterzo* pubblicati da Baldassare Boncompagni, Roma,

Tip. delle Scienze Matematiche e Fisiche, vol. II: *Leonardi Pisani Practica geometriæ ed Opuscoli*, 1862, pp. 1-224.

BOYER 1956
Carl Benjamin Boyer, *History of analytic geometry*, New York, Yeshiva University, 1956.

BOUTELOUP 1968
Jacques Bouteloup, *Vagues, marées, courants marins*, Paris, P.U.F., 1968.

BRUINS 1964
Heron of Alexandria, *Codex Constantinopolitanus Palatii veteris n° 1*, Edited by Evert Marie Bruins, Part III : *Translation and commentary*, Leiden, E.J. Brill, 1964.

BURSTYN 1962
Harold L. Burstyn, « Galileo's attempt to prove that the earth moves », dans *Isis*, LIII, 1962, pp. 161-185.

BURSTYN 1965
—, « Galileo and the theory of the tides », dans *Isis*, LVI, 1965, pp. 61-63.

BUSARD 1961
Nicole Oresme, *Quæstiones super* Geometriam *Euclidis*, Edited with English paraphrase by Dr. H[ubertus] L[ambertus] L[udovicus] Busard, Leiden, E.J. Brill, 1961.

BUSARD & FOLKERTS 1992
Robert of Chester's redaction of Euclid's Elements : *The so called* Adelard II *version*, Edited by Lambertus Ludovicus Busard and Menso Folkerts, Basel-Boston-Berlin, Birkhäuser, 1992.

CALZECCHI ONESTI & CARENA 1977
Lucio Giunio Moderato Columella, *L'arte dell' agricoltura [De re rustica]*, Traduzione di Rosa Calzecchi Onesti, Introduzione e note di Carlo Carena, Torino, Einaudi, 1977.

CAMEROTA & HELBING 2000
All'alba della scienza galileiana : Michel Varro e il suo De motu tractatus :
   Un'importante capitolo nella storia della meccanica di fine Cinquecento,
   Cagliari, C.U.E.C., 2000.

CAMPANUS DE NOVARE 1537
Euclidis Megarensis mathematici clarissimi Elementorum geometricorum libri XV :
   Cum expositione Theonis in priores XIII a Bartholomæo <Zamberto> Veneto
   latinitate donata, Campani in omnes et Hypsiclis Alexandrini in duos
   postremos [...], Basileæ, J. Hervagius, MDXXXVII.

CAROTI 1997
Stefano Caroti, « Nicole Oresme, precursore di Galileo e di Descartes ? »,
   dans *Rivista critica di Storia della Filosofia,* XXXII, 1997, pp. 11-23 et
   413-435.

CAROTI & SOUFFRIN 1997
La nouvelle physique du XIVᵉ siècle, Études éditées par Stefano Caroti et
   Pierre Souffrin, Firenze, Olschki, 1997.

CARPO 1998
Mario Carpo, « *Descriptio urbis Romæ* : Ekfrasis geografica e cultura
   visuale all'alba della rivoluzione tipografica », dans *Albertiana,* I,
   1998, pp. 121-142.

CARTERON 1923
La notion de force dans le système d'Aristote par Henri Carteron, Paris, J.
   Vrin, 1923.

CARTPANI 1806
Vita di Benvenuto Cellini orefice e scultore fiorentino da lui medesimo scritta [...],
   Ora per la prima volta ridotta a buona lezione ed accompagnata con
   note da Gio. Palamede Cartpani, Milano, Società Tip. de' Classici
   Italiani, 1806.

CARUGO & GEYMONAT 1958
Galileo Galilei, *Discorsi e dimostrazioni matematiche intorno a due nuove scienze*, A cura di Adriano Carugo e Ludovico Geymonat, Torino, Boringhieri, 1958.

CAVALIERI 1632
Bonaventura Cavalieri, *Lo specchio ustorio, overo Trattato delle settioni coniche, ed alcuni loro mirabili effetti intorno al lume, caldo, freddo, suono, e moto ancora*, Bologna, C. Ferroni, 1632.

CAVEING 1991
Maurice Caveing, « Qu'est-ce qu'un artefact en histoire des sciences ? », dans Sylvain Auroux *et alii, Hommage à Jean-Toussaint Desanti*, Mauvezin, Trans-Europ-Repress, 1991, pp. 111-142.

CAVEING 1994
—, *Essai sur le savoir mathématique dans la Mésopotamie et l'Égypte anciennes*, *s.l.* [*sed* Villeneuve-d'Ascq], Presses Universitaires de Lille, 1994.

CAVERNI 1891-1900
Raffaello Caverni, *Storia del metodo sperimentale in Italia*, Firenze, G. Civelli, 1891-1910 [= Bologna, Forni, 1970], voll. I-VI.

CLAGETT 1959
Marshall Clagett, *The science of mechanics in the Middle Ages*, Madison (Wi.), The University of Wisconsin Press, 1959 – tr. it. par Libero Sosio : *La scienza della meccanica nel Medioevo*, Milano, Feltrinelli, 1972 et 1981.

CLAGETT 1968
Nicole Oresme and the medieval geometry of qualities and motions : A treatise on the uniformity and difformity of intensities known as Tractatus de configurationibus qualitatum et motum, Edited with an Introduction, English translation and Commentary by Marshall Clagett, Madison (Wi.), The University of Wisconsin Press, 1968.

CLAGETT 1964-1984
Marshall Clagett, *Archimedes in the Middle Ages*, Madison (Wi.), University
of Wisconsin Press & Philadelphia, American Philosophical Society,
1964-1984, voll. I-V.

CLAGETT 1978
—, *The medieval Archimedes in the Renaissance, 1450-1565*, dans *Clagett 1964-1984*, vol. III, Part III, 1978.

CLAVELIN 1968
Maurice Clavelin, *La philosophie naturelle de Galilée : Essais sur les origines
et la formation de la mécanique classique*, Paris, A. Colin, 1968 et 1996²
– Engl. tr. by Arnold J. Pomerans : *Natural philosophy of Galileo :
Essays on the origins of classical mechanics*, Cambridge (Mass.), M.I.T.
Press, 1974.

CLAVELIN 1970
Galilée, *Discours concernant deux sciences nouvelles*, Présentation, traduction
et notes de Maurice Clavelin, Paris, A. Colin, 1970.

COSTABEL 1984
Pierre Costabel, « Galilée (1564-1642) », dans *Encyclopedia universalis*,
Paris, Encyclopedia Universalis, 1984, *s.v.*

COSTABEL & LERNER 1973
*Les nouvelles pensées de Galilée, mathématicien et ingénieur du duc de Florence,
Traduit de l'italien au français par le R. P. Marin Mersenne*, Édition
critique avec introduction et notes par Pierre Costabel et Michel-Pierre Lerner, Avant-propos de Bernard Rochot, Paris, Vrin, 1973.

D'ALBERTI DI VILLANUOVA 1797
*Dizionario universale critico, enciclopedico della lingua italiana dell'abate
[Francesco] d'Alberti di Villanuova*, Lucca, Domenico Marescandoli,
MDCCXCVII.

D'ALEMBERT 1785
D'Alembert, « Flux et reflux », dans *Encyclopédie méthodique*, Paris, Panckoucke & Liège, Plomteux, vol. II : *Mathématique*, 1785, *s.v.*

DAMEROW 1992
Exploring the limits of preclassical mechanics : A study of conceptual develop- ment in early modern science : Free fall and compounded motion in the work of Descartes, Galileo and Beeckman, by Peter Damerow *et alii*, New York (N.Y.) & Berlin-Heidelberg, Springer, 1992.

DAVICO BONINO 1973
Benvenuto Cellini, *La vita*, A cura di Guido Davico Bonino, Torino, Einaudi, 1973.

DE GANDT & SOUFFRIN 1991
La Physique *d'Aristote et les conditions d'une science de la nature : Actes du colloque organisé par le Séminaire d'Épistémologie et d'Histoire des sciences de Nice*, Édités par François de Gandt et Pierre Souffrin, Paris, Vrin, 1991.

DEVOTO & OLI 1971
Giacomo Devoto & Gian Carlo Oli, *Vocabolario della lingua italiana*, Firenze, Le Monnier, 1971.

DE WAARD & ROCHOT & BEAULIEU 1977
Correspondance du p. Marin Mersenne, Publiée par Cornelis De Waard, Bernard Rochot et Armand Beaulieu, Paris, Éditions du C.N.R.S., vol. XIII : *1644-1645*, 1977.

DRABKIN & DRAKE 1960
Israel Edward Drabkin & Stillman Drake, *Galileo Galilei : « On motion » and « On mechanics » comprising* De motu, Madison (Wi.), The University of Wisconsin Press, 1960.

DRABKIN & DRAKE 1969
Mechanics in sixteenth-century Italy : Selections from Tartaglia, Benedetti, Guido Ubaldo & Galileo, Translated & annotated by Stillman Drake &

Israel Edward Drabkin, Madison (Wi.), The University of Wisconsin Press, 1969.

DRACHMANN 1948
Aage Gerhardt Drachmann, *Ktesibios, Philon and Heron : A study in ancient pneumatic*, Kopenhagen, E. Munksgaard, 1948.

DRACHMANN 1972
—, « Hero of Alexandria », dans *Dictionary of scientific biographies*, Edited by Charles C. Gillispie, New York (N.Y.), Scribner, vol. VI, 1972, pp. 310-314.

DRAKE 1970
Stillman Drake, *Galileo studies : Personality, tradition, and revolution*, Ann Arbour (Mi.), University of Michigan Press, 1970.

DRAKE 1974
Galileo Galilei, *Two new sciences*, Translated with Introduction and notes by Stillman Drake, Madison (Wi.) & London, The University of Wisconsin Press, 1974.

DRAKE 1978
Stillman Drake, *Galileo at work*, Chicago, The University of Chicago Press, 1978.

DRAKE 1979
—, *Galileo's notes on motion*, Firenze, Istituto e Museo di Storia della Scienza, 1980 [= *Annali dell'Istituto e Museo di Storia della Scienza*, IV, 1979, fasc. 2 : *Supplemento*].

DREYER 1953
John Louis Emil Dreyer, *A history of astronomy from Thales to Kepler*, Second edition revised with a Foreword by William H. Stahl, New York (N.Y.), Dover, 1953[2] [Édition originale : *History of the planetary systems from Thales to Kepler*, Cambridge, Cambridge University Press, 1906].

DUHEM 1904
Pierre Duhem, « De l'accélération produite par une force constante »,
dans *Comptes rendus du XIᵉ Congrès international de philosophie : 4-8
Septembre 1904*, Genève, Kündig, *s.d.* [*sed* 1904], pp. 859-914.

DUHEM 1913-1959
—, *Le système du monde : Histoire des doctrines cosmologiques de Platon à
Copernic*, Paris, Hermann, 1913-1959, voll. I-X.

FARJASSE 1833
Vie de Benvenuto Cellini, orfèvre et sculpteur florentin, Écrite par lui-même
et traduite par D[enis]-D[ominique] Farjasse, Paris, Audot fils,
1833, voll. I-II.

FAVARO 1890-1909
Galileo Galilei, *Opere*, Edizione nazionale a cura di Antonio Favaro,
Firenze, Barbèra, 1890-1909, voll. I-XX en 21 tomes [= *ibid.*, 1964-
1968²].

FINOCCHIARO 1997
Maurice A. Finocchiaro, *Galileo on the world systems*, A new abridged
translation and guide, Berkeley-Los Angeles (CA.) & London, The
University of California Press, 1997.

FURLAN 2000
*Leon Battista Alberti : Actes du Congrès international de Paris (Sorbonne-
Institut de France-Institut culturel italien-Collège de France, 10-15 avril
1995) tenu sous la direction de Francesco Furlan, Pierre Laurens, Sylvain
Matton*, Édités par Francesco Furlan, Paris, J. Vrin & Torino, Aragno,
2000, voll. I-II.

FURLAN 2003
Francesco Furlan, *Studia Albertiana : Lectures et lecteurs de L.B. Alberti*,
Paris, J. Vrin & Torino, Aragno, 2003.

FURLAN 2005

Leonis Baptistæ Alberti Descriptio urbis Romæ, Ouvrage coordonné par Francesco Furlan, Introduzione di Mario Carpo & Francesco Furlan, Édition critique par Jean-Yves Boriaud et Francesco Furlan, Trad. fr. par J.-Y. Boriaud, Trad. it. di C. Colombo, Engl. tr. by P. Hicks, Russkij Perevod D. Baûka, Paris, S.I.L.B.A. & Firenze, Olschki, MMV – Engl. tr. by Peter Hicks : *Delineation of the city of Rome [Descriptio urbis Romæ]*, Edited by Mario Carpo & Francesco Furlan, Tempe (AR.), A.C.M.R.S.-*Medieval & Renaissance Texts and Studies*, 2007.

FURLAN 2006

Francesco Furlan, « *Ex ludis rerum mathematicarum* : Appunti per un'auspicabile riedizione », dans *De Florence à Venise : Études en l'honneur de Christian Bec*, Réunies par François Livi et Carlo Ossola, Paris, Presses de l'Université de Paris-Sorbonne, 2006, pp. 147-165.

FURLAN & SOUFFRIN 2001

Francesco Furlan & Pierre Souffrin, « Philologie et histoire des sciences : À propos du problème XVIIe des *Ex ludis rerum mathematicarum* », dans *Albertiana*, IV, 2001, pp. 3-20 – puis en version revue et mise à jour, dans *Furlan 2003*, pp. 217-233.

GALILÉE 1992

Galilée, *Dialogue sur les deux grands systèmes du monde*, Traduit de l'italien par René Fréreux, Avec le concours de François de Gandt, Paris, Seuil, 1992.

GALLUZZI 1979

Paolo Galluzzi, *Momento : Studi galileiani* , Roma, Edizioni dell'Ateneo & Bizzarri, 1979.

GAUTERO & SOUFFRIN 1992

Jean-Luc Gautero & Pierre Souffrin, « Note sur la démonstration "mécanique" du théorème de l'isochronisme des chordes du cercle dans les *Discorsi* de Galilée », dans *Revue d'Histoire des Sciences*, XLV, 1992, pp. 269-280.

GHISALBERTI 1983
Giovanni Buridano, *Il cielo e il mondo*, Commento al trattato *Del cielo* di Aristotele, Introduzione, traduzione, sommarî e note di Alessandro Ghisalberti, Milano, Rusconi, 1983.

GIGLI 1995
Rossella Gigli, « Galileo's theory of the tides », dans *galileo.rice.edu/sci/ observations/tides.html.*

GILLISPIE 1970-1990
Dictionary of scientific biographies, Edited by Charles C. Gillispie, New York (N.Y.), Scribner, 1970-1990, voll. I-XVIII.

GIUSTI 1980
Enrico Giusti, *Bonaventura Cavalieri and the theory of indivisibles, s.l.* [*sed* Bologna], Cremonese, *s.d.* [*sed* 1980].

GIUSTI 1981
—, « Aspetti matematici della cinematica galileiana », dans *Bollettino di Storia delle Scienze matematiche*, I, 1981, pp. 3-42.

GIUSTI 1997
—, « Gli scritti *de motu* di Giovanni Battista Benedetti », dans *Bollettino di Storia delle Scienze matematiche*, XVII, 1997, pp. 51-104.

GOETHE 1803
Leben des Benvenuto Cellini, Florentinischen Goldsschmieds und Bildhauers, von ihm selbst geschriben, übersezt und mit einem Anhange herausgegeben von Goethe, Tübingen, Cotta, Theil I, 1803 [= *Deutsche National-Litteratur,* Bd. 109 : *Goethes Werke XXVIII : Benvenuto Cellini,* Herausgegeben von Alfred Gotthold Meyer und Georg Witkowski, Berlin & Stuttgard, Spemann, *s.d.*].

GOUAUD & SOUFFRIN 1978
Mireille Gouaud & Pierre Souffrin, « À propos de matière et énergie chez Verne », dans *Europe*, n° 595, 1978, pp. 67-75.

GRANT 1964

Edward Grant, « Aristotle's restrictions on his law of motion », dans *Mélanges Alexandre Koyré, s.e.*, Paris, Hermann, 1964, vol. I, pp. 173-197.

GRANT 1966

Nicole Oresme, *De proportionibus proportionum* and *Ad pauca respicientes*, Edited by Edward Grant, Madison (Wi.), The University of Wisconsin Press, 1966.

GRANT 1971

Edward Grant, *Physical science in the Middle Ages*, New York (N.Y.)-London-Sydney, J. Willey, 1971 & Cambridge, Cambridge University Press, 1977².

GRANT 1974

—, *A source book in medieval science*, Cambridge (Mass.), Harvard University Press, 1974.

GRANT 1985

—, « A new look at medieval cosmology, 1200-1687 », dans *Proceedings of the American Philosophical Society*, CXXIX, 1985, pp. 417-432.

GRAYSON 1973

Leon Battista Alberti, *Ludi rerum mathematicarum*, dans ID., *Opere volgari*, A cura di Cecil Grayson, Bari, Laterza, vol. III : *Trattati d'arte, Ludi rerum mathematicarum, Grammatica della lingua toscana, Opuscoli amatori, Lettere*, 1973, pp. 131-173 et pp. 352-360 pour la « Nota sul testo ».

HAHN 1982

NAN L. HAHN, *Medieval mensurations*, Philadelphia, American Philosophical Society, 1982.

HELBING 1989

Mario Otto Helbing, *La filosofia di Francesco Buonamici, professore di Galileo a Pisa*, Pisa, Nistri-Lischi, 1989.

HUSSEY 1983
Aristotle's Physics : *Books III and IV*, Translated with notes by Edward Hussey, Oxford, Clarendon Press, 1983.

JAOUICHE 1976
Khalil Jaouiche, *Le livre du Qarasūn de Ṭābit Ibn Qurra : Étude sur l'origine de la notion de travail et du calcul du moment statique*, Leiden, Brill, 1976.

KEYSER 1988
Paul Keyser, « Suetonius *Nero* 41 and the date of Heron Mechanicus of Alexandria », dans *Classical Philology*, LXXXIII, 1988, pp. 218-220.

KNOBLOCH 1992
Eberhard Knobloch, *L'art de la guerre : Machines et stratagèmes de Taccola, ingénieur de la Renaissance*, Paris, Gallimard, 1992.

KNORR 1978
Wilbur Knorr, « Archimedes' lost treatise *On the centers of gravity of solide* », dans *The mathematical intelligencer*, I, 1978, pp. 102-109.

KRISTELLER 1962-1997
Paul Oskar Kristeller, *Iter italicum : A finding list of uncatalogued or incompletely catalogued humanistic manuscripts of the Renaissance in italian and other libraries*, London, The Warburg Institute & Leiden, E.J. Brill, 1962-1997, voll. I-VI + *Cumulative index*.

L'HUILLIER 1979
Nicolas Chuquet, *La géométrie*, Introduction, texte et notes par Hervé L'Huillier, Paris, Vrin, 1979.

LAFONT 1967
Francès Pellos, *Compendion de l'abaco*, Texte établi d'après l'édition de 1492 par Robert Lafont, Montpellier, Université de Montpellier-Faculté des Lettres et Sciences Humaines, MCMLXVII.

LAGRANGE 1808
Leçons sur le calcul des fonctions, servant de commentaire et de supplément à la théorie des fonctions analytiques, par Joseph-Louis Lagrange [...], Paris, Courcier, 1808.

LECLANCHÉ 1843
Mémoires de Benvenuto Cellini, orfèvre et sculpteur florentin, Écrits par lui-même et traduits par Léopold Leclanché, traducteur de Vasari, Paris, J. Labitte, *s.d.* [*sed* 1843].

LEFORT 1991
Géométries du fisc byzantin, Édition, traduction et commentaire par J[acques] Lefort *et alii*, Paris, Lethielleux, 1991.

LEWIS 1980
Carl Lewis, *The Merton tradition and kinematics in late sixteenth and early seventeenth century Italy*, Padova, Antenore, 1980.

LO CHIATTO & MARCONI 1988
Franco Lo Chiatto & Sergio Marconi, *Galilée : Entre le pouvoir et le savoir*, Traduit de l'italien par Simone Matarasso-Gervais, Aix-en-Provence, Alinéa, 1988.

LORIA & VASSURA 1919-1944
Opere di Evangelista Torricelli, Edite da Gino Loria e Giuseppe Vassura, Faenza, Montanari, 1919-1944, voll. I-IV en 5 tomes – En particulier le vol. II : *Lezioni accademiche : Meccanica*, 1919.

MACCAGNI 1967
Le speculazioni giovanili de motu di Giovanni Battista Benedetti : Con estratti dalla lettera dedicatoria della Resolutio omnium Euclidis proble-matum *[...] e con il testo delle due edizioni della* Demonstratio propor-tionum motuum localium contra Aristotelem et omnes philosophos, <A cura di> Carlo Maccagni, Pisa, Domus Galilæana, 1967.

MACCAGNI 1988
Carlo Maccagni, « Leon Battista Alberti e Archimede », dans *Miscellanea storica ligure*, XX : *Studi in onore di Luigi Bulferetti*, 1988, pp. 1069-1082.

MACH 1904
Die Mechanik in ihrer Entwickelung : Historisch-kritisch Dargestellt von Dr. Ernst Mach, Leipzig, Brockhaus, 1883 et 1901[4] – tr. fr. par Émile Bertrand : *La mécanique : Exposé historique et critique de son développement*, Avec une introduction de Émile Picard, Paris, Hermann, 1904 [= *ibid.*, Gabay, 1987[2]].

MAIER 1949-1968
Anneliese Maier, *Studien zur Naturphilosophie der Spätscholastik*, Roma, Edizioni di Storia e Letteratura, 1949-1968, voll. I-V. En particulier le vol. I : *Die Vorläufer Galileis im 14. Jahrhundert*, 1966.

MANZOCHI & SOUFFRIN 1992
Marcos Manzochi & Pierre Souffrin, « Histoire d'une erreur, erreurs de l'histoire : L'affaire de la *Lettre à Sarpi* de Galilée », dans *Cahiers du Séminaire d'Épistémologie et d'Histoire des Sciences de l'Université de Nice*, XXIII, 1992, pp. 1-13 (mais dans ce fascicule la numérotation recommence à la première page de chaque contribution).

MERLEAU-PONTY 1974
Maurice Merleau-Ponty, *Phenomenology, language and sociology : Selected essays of Merleau-Ponty*, Edited by John O' Neill, London, Heinemann, 1974.

MENUT & DENOMY 1968
Nicole Oresme, *Le livre du ciel et du monde*, Edited by Albert D. Menut & Alexander J. Denomy, Translated with an Introduction by Albert D. Menut, Madison (Wi.), The University of Wisconsin Press, 1968.

MEEUS & MUCKE 1979
Jean Meeus & Hermann Mucke, *Canon of lunar eclipses: – 2002 to + 2526*, Wien, Astronomisches Büro, 1979.

Moody 1942

Iohannis Buridani Questiones super libris quattuor De cælo et mundo, Edited by
Ernest Addison Moody, Cambridge (Mass.), The Medieval Academy
of America, 1942.

Moody & Clagett 1952

The medieval science of weights (Scientia de ponderibus) : *Treatises ascribed
to Euclid Archimedes, Thabit ibn Qurra, Jordanus de Nemore and Blasius
of Parma,* Edited with introductions, English translations and notes
by Ernest A. Moody & Marshall Clagett, Madison (Wi.), University
of Winsconsin press, 1952.

Mugler 1970-1972

Archimède, *Œuvres,* Texte établi et traduit par Charles Mugler, Paris,
Les Belles Lettres, 1970-1972, voll. I-IV.

Murdoch 1964

John E. Murdoch, Rec. à *Busard 1961,* dans *Scripta mathematica,* XXVII,
1964, pp. 67-91.

Napolitani 1982

Pier Daniele Napolitani, « Metodo e statica in Valerio con edizione di due
sue opere giovanili : *Lucæ Valerii philogeometricus Tetragonismus* : *Lucæ
Valerii Ferrariensis Subtilium indagationum liber primus* », dans *Bollettino
di Storia delle Scienze matematiche,* II, 1982, pp. 3-173 : (*Tetragonismus*)
87-120 ; (*Subtilium indagationum liber*) 121-173.

Napolitani 1988

—, « La geometrizzazione della realtà fisica: Il peso specifico in Ghetaldi
e Galileo », dans *Bollettino di Storia delle Scienze matematiche,* VIII,
1988, pp. 139-237.

Napolitani 1995

—, « La géométrisation des qualités physiques au xvie siècle : Les modèles
de la théorie des proportions », dans *Entre mécanique et architecture /
Between mechanics and architecture,* Édité par Patricia Radelet de Grave
et Edoardo Benvenuto, Basel, Birkhäuser, 1995, pp. 69-86.

NAPOLITANI & SOUFFRIN 2001
Medieval and classical traditions and the Renaissance of physico-mathematical sciences in the 16ᵗʰ century, Edited by Pier Daniele Napolitani & Pierre Souffrin, Turnhout, Brepols, 2001.

NEUGEBAUER 1938
Otto Neugebauer, *Über eine Methode zur Distanzbestimmung Alexandria-Rom bei Heron*, København, Levin og Munksgaard, 1938 – réimpr. comme vol. II de ID., *A history of ancient mathematical astronomy*, Berlin-Heidelberg & New York, Springer, 1975.

NEUGEBAUER 1962
—, *The exact sciences in Antiquity*, New York (N.Y.), Harper, 1962 – tr. fr. par Pierre Souffrin : *Les sciences exactes dans l'Antiquité*, Arles, Actes Sud, 1990.

NEWTON 1687
Philosophiæ naturalis principia mathematica autore Is[aac] Newton, Londini, Josephus Streater, MDCLXXXVII – tr. fr. par Gabrielle-Émilie Le Tonnelier de Breteuil, marquise du Chastellet : *Principes mathématiques de la philosophie naturelle*, Paris, Desaint & Saillant, 1756 [= *ibid.*, Blanchard, 1966].

NOBILE 1954
Vittorio Nobile, « Sull'argomento galileiano della quarta giornata dei *Dialoghi* e sue attinenze col problema fondamentale della Geodesia », dans *Atti dell'Accademia Nazionale dei Lincei : Rediconti, Classe di Scienze fisiche, matematiche e naturali*, XVI, 1954, pp. 426-433.

NUGENT 1771
The Life *of Benvenuto Cellini, a florentine artiste, containing a variety of curious and interesting particulars relating to painting, sculpture and architecture, and the history of his own time* written by himself in the Tuscan language, and translated from the original by Thomas Nugent, London, T. Davies, 1771.

PALMIERI 1998
Paolo Palmieri, « Re-examining Galileo's theory of tides », dans *Archive for History of exact Sciences*, LIII, 1998, pp. 223-375.

PEDERSEN 1956
Olaf Pedersen, *Nicole Oresme og hans naturfilosofiske system, en undersøgelse af hans skrift* Le livre du ciel et du monde, København, Munksgaard, 1956.

POINCARÉ 1910
Henri Poincaré, *Leçons de mécanique céleste*, Paris, Gauthier-Villars, vol. III : *Théorie des marées*, 1910.

POPPER 1979
Karl Popper, *Objective knowledge : An evolutionary approach*, Oxford, Clarendon Press, 1979.

QUILLET 1990
Autour de Nicole Oresme, Édité par Jeannine Quillet, Paris, J. Vrin, 1990.

RENN 1998
Juergen Renn *et alii, Hunting the white elephant : When and how did Galileo discover the law of fall ?*, Berlin, M.P.I. für Wissenschaftsgeschichte Preprint 97, 1998.

RIBÉMONT 1992
Le temps, sa mesure et sa perception au Moyen-Âge, Sous la direction de Bernard Ribémont, Caen, Paradigme, 1992.

RIBÉMONT 1993
Terres médiévales, Sous la direction de Bernard Ribémont, Paris, Klincksieck, 1993.

RINALDI 1980
Leon Battista Alberti, *Ludi matematici*, A cura di Raffaele Rinaldi, Con una prefazione di Ludovico Geymonat, Milano, Guanda, 1980.

ROSE 1975
Paul L. Rose, *The italian renaissance of mathematics*, Genève, Droz, 1975.

ROSE & DRAKE 1971
Paul L. Rose & Stillman Drake, « The pseudo-aristotelian *Questions of mechanics* in Renaissance culture », dans *Studies in the Renaissance*, XVIII, 1971, pp. 65-104.

RYKWERT & ENGEL 1994
Leon Battista Alberti [Catalogo della mostra : Mantova, Palazzo Te, 1994], A cura di Joseph Rykwert e Anne Engel, Ivrea, Olivetti & Milano, Electa, 1994.

SAINT-MARCEL 1822
Mémoires de Benvenuto Cellini, orfèvre et sculpteur florentin, écrits par lui-même, où se trouvent beaucoup d'anecdotes curieuses, touchant l'histoire et les arts, Traduits de l'italien par M.T. de Saint-Marcel, Paris, Le Normant, 1822.

SCHMIDT 1975
Olaf Schmidt, « A system of axioms for the archimedean theory of equilibrium and centre of gravity », dans *Centaurus*, XIX, 1975, pp. 1-35.

SCHMITT 1967
Charles B. Schmitt, *Gianfrancesco Pico della Mirandola (1469-1533) and his critique of Aristotle*, The Hague, Nijhoff, 1967.

SCHMITT 1970
—, « A fresh look at mechanics in the 16th-century Italy », dans *History and Philosophy of Sciences*, I, 1970, t. II, pp. 161-171.

SCHÖNE 1903
Heronis Alexandrini Opera qui supersunt omnia, Lipsiæ, in æd. B.G. Teubneri, vol. III : *Rationes dimetiendi et commentatio dioptrica*, Recensuit Hermannus Schoene, 1903.

SEGONDS & SOUFFRIN 1988
Nicolas Oresme : Tradition et innovation chez un intellectuel du XIVᵉ siècle, Études recueillies et éditées par P[ierre] Souffrin et A[lain]-Ph[ilippe] Segonds, Paris, Les Belles Lettres, 1988.

SETTLE 1971
Thomas B. Settle, « Ostilio Ricci, a bridge between Alberti and Galileo », dans *XIIᵉ Congrès International d'Histoire des Sciences (Paris, 1968), s.e.*, Paris, Blanchard, 1971, t. III B, pp. 121-126.

SHEA 1977
William R. Shea, *Galileo's intellectual revolution : Middle period, 1610-1632*, New York (N.Y.), Neale Watson, 1977 – tr. fr. par François de Gandt : *La révolution galiléenne : De la lunette au système du monde*, Paris, Seuil, 1992.

SIMI 1993
Anonimo Fiorentino, *Trattato di geometria pratica : Dal codice* L IV 18 *della Biblioteca Comunale di Siena*, A cura e con introduzione di Annalisa Simi, Pisa, Università degli Studî di Siena, 1993.

SIMI & TOTI RIGATELLI 1993
Annalisa Simi & Laura Toti Rigatelli, *Some 14ᵗʰ and 15ᵗʰ century texts on Practical geometry*, dans *Vestigia mathematica*, Edited by Menso Folkers & Jan P. Hogendijk, Amsterdam & Atlanta (Ga.), Rodopi, 1993, pp. 453-470.

SIMPLICIVS 1584
Simplicii Commentaria in quatuor libros Aristotelis De cœlo : *Noviterfere de integra interpretata, ac cum fidissimis codicibus græcis recens collata*, Venetiis, Hær. Hieronymi Scoti, MDLXXXIV.

SOSIO 1970
Galileo Galilei, *Dialogo sopra i due massimi sistemi del mondo*, A cura di Libero Sosio, Torino, Einaudi, 1970 et 1982².

SOUFFRIN 1980
Pierre Souffrin, « Trois études sur l'œuvre d'Archimède », dans *Cahiers d'Histoire et Philosophie des Sciences*, XIV, 1980, pp. 1-32.

SOUFFRIN 1986
—, « Du mouvement uniforme au mouvement uniformément accéléré : Une nouvelle lecture de la démonstration du théorème du plan incliné dans les *Discorsi* de Galilée », dans *Bollettino di Storia delle Scienze matematiche*, VI, 1986, pp. 135-144.

SOUFFRIN 1990
—, « La quantification du mouvement chez les scolastiques : La vitesse instantanée chez Nicole Oresme », dans *Quillet 1990*, pp. 63-83.

SOUFFRIN 1992
—, « Sur l'histoire du concept de vitesse d'Aristote à Galilée », dans *Revue d'Histoire des Sciences*, XLV, 1992, pp. 231-267.

SOUFFRIN 1992a
—, « Sur l'histoire du concept de vitesse : Galilée et la tradition scolastique », dans *Ribémont 1992*, pp. 243-268.

SOUFFRIN 1992b
—, « Galilée et la tradition cinématique préclassique : La proportionnalité *velocitas-momentum* revisitée », dans *Cahiers du Séminaire d'Épistémologie et d'Histoire des Sciences de l'Université de Nice*, XXII, 1992, pp. 89-104.

SOUFFRIN 1993
—, « Galilée, Torricelli et la "loi fondamentale de la dynamique scolastique" : La proportionnalité *velocitas : momentum* revisitée », dans *Sciences et Techniques en Perspectives*, XII, n° 25, Dirigé par Jean Dhombres, 1993, pp. 122-134.

SOUFFRIN 1993a
—, « Oresme, Buridan, et le mouvement de rotation diurne de la terre ou des cieux », dans *Ribémont 1993*, pp. 277-333.

SOUFFRIN 1995
—, Rec. à *Shea 1977*, dans *Archives internationales d'Histoire des Sciences*, XLV, 1995, pp. 171-173.

SOUFFRIN 1997
—, « *Velocitas totalis* : Enquête sur une pseudo-dénomination médiévale », dans *Caroti & Souffrin 1997*, pp. 251-275.

SOUFFRIN 1998
—, « La *Geometria practica* dans les *Ludi rerum mathematicaum* », dans *Albertiana*, I, 1998, pp. 87-104.

SOUFFRIN 1999
—, « Cellini et la trajectoire parabolique des projectiles : Une métaphore improbable », dans *Albertiana*, II, 1999, pp. 275-280.

SOUFFRIN 2000
—, « La théorie des marées de Galilée n'est pas une "Théorie fausse" : Essai sur le thème de l'erreur dans l'histoire et l'historiographie des sciences », dans *Épistémologiques*, I, 2000, pp. 113-139 – tr. al esp. por Sergio Toledo Prats : « La teoría de las mareas de Galileo : El *Dialogo* revisitado », dans *Galileo y la gestación de la ciencia moderna : Acta IX, s.e.*, Canarias, Fundación Canaria Orotava de Historia de la Ciencia, 2001, pp. 205-218.

SOUFFRIN 2000a
—, « La pesée des charges très lourdes dans les *Ludi rerum mathematicarum* de L.B. Alberti », dans *Furlan 2000*, pp. 633-642.

SOUFFRIN 2000b
—, « Remarques sur la datation de la *Diopre* d'Héron par l'éclipse de lune de 62 », dans *Argoud & Guillaumin 2000*, pp. 13-17.

SOUFFRIN 2001
—, « *Geometria motus* », dans *Storia della scienza, s.e.*, Roma, Istituto dell'Enciclopedia italiana, vol. IV : *Medioevo : Rinascimento*, 2001, pp. 845-852.

SOUFFRIN 2001a
—, « Motion on inclined planes and on liquids in Galileo's earlier *De motu* », dans *Napolitani & Souffrin 2001*, pp. 107-114.

SOUFFRIN 2001b
—, « De la machine à marées au mouvement de la terre », dans *Les Cahiers de Science et Vie*, LXI, 2001, pp. 65-67.

SOUFFRIN & WEISS 1983
Pierre Souffrin & Jean-Pierre Weiss, « Les *Questions* sur la *Géométrie* d'Euclide de Nicole Oresme : Introduction à la traduction des deux premières *Questions* », dans *Cahiers du Séminaire d'Épistémologie et d'Histoire des Sciences de l'Université de Nice*, XIX, 1983, pp. *s.n* °.

SOUFFRIN & WEISS 1988
—, « Le *Traité des configurations des qualités et des mouvements* de Nicolas Oresme : Remarques sur quelques problèmes d'interprétation et de traduction », dans *Segonds & Souffrin 1988*, pp. 125-144.

STRAUSS 1891
Dialog über die beiden hauptsächlichsten Weltsysteme, das Ptolemäische und das Kopernikanische von Galileo Galilei, Aus dem italienischen übersetzt und erläutert von Emil Strauss, Leipzig, Teubner, 1891.

TANNERY 1922
Paul Tannery, *Mémoires scientifiques*, Toulouse, É. Privat & Paris, Gauthier-Villars, vol. V : *Sciences exactes au Moyen Âge*, 1922.

TARTAGLIA 1537
Nova scientia inventata da Niccolò Tartalea [...], Vinegia, Stefano da Sabio, 1537.

TASSI 1829
Vita di Benvenuto Cellini, orefice e scultore fiorentino scritta da lui medesimo, Restituita alla lezione originale sul manoscritto *Poirot* ora *Laurenziano* ed arricchita d'illustrazioni e documenti inediti dal dottor Francesco Tassi, Firenze, Piatti, 1829.

38 ÉCRITS CHOISIS D'HISTOIRE DES SCIENCES

René Taton, *Histoire générale des sciences*, Paris, P.U.F., 1957.

TONEATTO 1994
Lucio Toneatto, *Codices artis mensoriæ*, Spoleto, Centro Italiano di Studi sull'Alto Medioevo, 1994.

TRICOT 1949
Aristote, *Traité du ciel* suivi du *Traité pseudo-aristotélicien Du monde*, Traduction et notes par J[ules] Tricot, Paris, J. Vrin, 1949.

ÛŠKEVIČ 1964
Adol'f Pavlovič Ûškevič, « Remarques sur la methode d'exhaustion », dans *Mélanges Alexandre Koyré, s.e.*, Paris, Hermann, 1964, vol. I, pp. 635-653.

ÛŠKEVIČ 1970
—, *Istoriâ matematiki s drevnejših vremen do načala XIX veka [Histoire des mathématiques de l'Antiquité au début du XIXᵉ siècle]*, Moskva, Nauka, 1970 – vol. I : *S drevnejših vremen do načala Novogo vremeni [De l'Antiquité au début des nouveaux temps]* ; vol. II : *Matematika XVII stoletiâ [La mathémathique du XVIIᵉ siècle]* ; vol. III : *Matematika XVIII stoletiâ [La mathématique du XVIIIᵉ siècle]*.

ÛŠKEVIČ 1976-1977
Hrestomatiâ po istorii matematiki [Choix de textes mathématiques], Red. : Adol'f Pavlovič Ûškevič, Moskva, Prosvešenie, vol. I : *Arifmetika i algebra : Teoriâ čisel : Geometriâ [Arithmétique et algèbre : Théorie des nombres : Géométrie]*, 1976; vol. II : *Matematičeskij analiz : Teoriâ veroâtnostej [Analyse : Théorie des probabilités]*, 1977.

VAGNETTI 1972
Luigi Vagnetti, « Considerazioni sui *Ludi matematici* », dans *Studi e Documenti di Architettura*, n° 1 : *Omaggio ad Alberti*, 1972, pp. 173-259.

VAN EGMOND 1980

Warren Van Egmond, *Practical mathematics in the italian Renaissance : A catalogue of italian abacus manuscripts and printed books to 1600,* Firenze, Istituto e Museo di Storia della Scienza, 1980 [= *Annali dell'Istituto e Museo di Storia della Scienza,* V, 1980, fasc. 1 : *Supplemento*].

VER EECKE 1960

Paul Ver Eecke, *Les œuvres complètes d'Archimède* suivies des *Commentaires d'Eutocius d'Ascalon,* Traduites du grec en français avec une introduction et des notes par Paul Ver Eecke, Paris, Blanchard & Liège, Vaillant-Carmanne, 1960, voll. I-II.

WARDY 1990

Robert Wardy, *The chain of change : A study of Aristotle's* Physics *VII,* Cambridge, Cambridge University Press, 1990.

WEISHEIPL 1982

James A. Weisheipl, « The interpretation of Aristotle's *Physics* and the science of motion », dans *The Cambridge history of later medieval philosophy : From the rediscovery of Aristotle to the disintegration of scholasticism, 1100-1600,* Edited by Norman Kretzmann, Anthony Kenny and Jan Pinborg, Associated editor : Eleonore Stump, London-New York-Melbourne, Cambridge University Press, 1982, pp. 521-536.

WIECK 1983

Roger S. Wieck, *Late medieval and Renaissance illuminated manuscripts 1350-1525 in the Houghton Library,* Cambridge (Mass.), Harvard College Library, 1983.

WINTERBERG 1883

« Leon Baptist Alberti's technische Schriften » von Dr. [Constantin] Winterberg, dans *Repertorium für Kunstwissenschaft,* VI, 1883, pp. 326-356.

WISAN 1974

Winifred L. Wisan, « The new science of motion : A study of Galileo's *De motu locali* », dans *Archives for History of exact Sciences,* XIII, 1974, pp. 103-306.

WISAN 1984
—, « Galileo and the process of scientific creation », dans *Isis*, LXXV, 1984, pp. 269-286.

WOLFF 1978
Michael Wolff, *Geschichte der Impetustheorie : Untersuchungen zum Ursprung der klassischen Mechanik*, Frankfurt am Main, Suhrkamp, 1978.

ZUBOV 1958
Vasilij Pavlovič Zubov, « Traktat Nikolaâ Orema *O konfiguracii kačestv* [Le traité de Nicolas Oresme *De configurationibus qualitatum*] », dans *Istoriko-matematičeskie issledovaniâ*, XI, 1958, pp. 601-635.

ZUBOV 1958a
Nikolaj Orem, *Traktat o konfiguracii kačestv [De configurationibus qualitatum]*, Perevod [Traduit par] Vasilij Pavlovič Zubov, dans *Istoriko-matematičeskie issledovaniâ*, XI, 1958, pp. 636-719.

ZUBOV 1958b
Vasilij Pavlovič Zubov, « Primečaniâ k traktatu Nikolaj Orema [Notes au traité de Nicolas Oresme] », dans *Istoriko-matematičeskie issledovaniâ*, XI, 1958, pp. 720-732.

ZUBOV 1958c
—, *Les conceptions historico-scientifiques du XVIIᵉ siècle*, dans *Actes du IIᵉ Symposium international d'Histoire des sciences, s.e.*, Firenze, Bruschi, 1958, vol. XI, pp. 74-97.

SECTION Ire

AUTOUR D'ARCHIMÈDE

Note liminaire[*]

Les trois études qui suivent développent une présentation didactique d'une partie des travaux connus d'Archimède relatifs à la quadrature de la parabole – plus précisément, de sa démonstration heuristique d'une part et, d'autre part, de celle de ses démonstrations rigoureuses par exhaustion qui s'inspire le plus directement de l'approche heuristique.

Ce problème a été choisi non pas pour l'intérêt du résultat, la quadrature, mais parce qu'il permet de présenter de façon précise, *dans leur fonctionnement*, deux méthodes élaborées par les mathématiciens grecs qui joueront un rôle décisif dans le développement du calcul intégral au xviie siècle : la méthode dite « mécanique » d'Archimède, et la méthode d'exhaustion.

Indiquons tout de suite deux des questions les plus souvent débattues dans ce contexte : la première consiste à apprécier la relation entre la discussion de la comparaison de deux surfaces « lignes par lignes » rencontrées dans la méthode heuristique et la théorie des indivisibles de Bonaventura Francesco Cavalieri ; la seconde est relative à la théorie des centres de gravité et à l'histoire de cette théorie. Ces deux questions relèvent d'un même champ épistémologique, celui de la dialectique de l'heuristique et de la rigueur dans l'évolution des mathématiques.

Nous présentons en fait des études articulées sur un même projet. La première étude répond à l'objectif initial, qui était pédagogique, en présentant en quelque sorte certains "éléments du dossier" sous une forme qui en facilite l'abord sans rien sacrifier de la fidélité aux textes. Ce dernier point

---

[*] N.d.éd. : Parue dans *Cahiers d'Histoire et de Philosophie des Sciences*, XIV, 1980, pp. 1-32 : 1, comme « Introduction » à *Souffrin 1980* – version revue et corrigée pour la présente édition.

est évidemment essentiel, et sans nul doute notre exposé pourra être critiqué sur ce terrain décisif. Il nous faut bien reconnaître que toute présentation autre qu'une stricte reproduction du texte original encourt le même risque, mais en l'occurrence les « originaux » disponibles sont de plus de dix siècles postérieurs aux œuvres.

Si nous avons la conviction que notre exposé est fidèle aux textes, nous avons également la certitude qu'il peut faciliter la lecture des « originaux ». Il est bien clair, cependant, que notre présentation n'entend en aucune façon rendre superflue cette lecture : le recours aux éditions critiques les plus modernes est indispensable.

Cette présentation de la *Quadrature de la parabole* nous a amené à une discussion critique des relations entre mathématique et physique ou mécanique, telles que le *Livre de la méthode* d'Archimède les fait apparaître. Ces relations font souvent l'objet d'appréciations qui nous semblent très contestables, et nous y avons consacré la seconde étude.

Cette seconde étude nous a conduit à son tour à un réexamen, puis à une réévaluation de la théorie des centres de gravité d'Archimède. C'est l'objet de notre troisième étude, la seule qui ait, en fait, un contenu original. Nous y proposons une analyse du premier livre *De l'équilibre ou des centres de gravité des figures planes* qui prolonge, pensons-nous, une étude récente de John Lennart Berggren[*] et qui nous amène à infirmer l'opinion générale selon laquelle le centre de gravité ne serait pas défini dans ce livre.

---

[*] N.d.éd. : Cf. *Berggren 1976.*

1

La quadrature de la parabole[*]

La quadrature d'une surface est étymologiquement la *construction* d'un carré ayant même aire que cette surface. De la même façon la rectification d'une courbe est la construction d'un segment de droite (donc rectiligne) ayant même longueur, et la cubature d'un volume celle d'un cube équivalent. Le problème de la quadrature est donc une forme du problème de la mesure des surfaces. Archimède appelle quadrature, par un abus de langage trivial, la construction d'un triangle de même aire que la surface considérée.

La quadrature de la parabole par Archimède est le premier exemple historique de quadrature d'une surface limitée par autre chose que des segments de droite ou des arcs de cercles (lunules d'Hippocrate).

Énonçons le résultat :

Appelons SEGMENT de parabole la figure plane délimitée par une parabole et une droite sécante non parallèle à l'axe.

Alors Archimède démontre que

---

[*]. N.d.éd. : Paru dans *Cahiers d'Histoire et de Philosophie des Sciences*, XIV, 1980, pp. 1-32 : 3-13, comme première des trois études comprises dans *Souffrin 1980* – version revue et corrigée pour la présente édition.

l'aire d'un segment de parabole est égale au tiers de l'aire du triangle limité par la sécante, par la tangente à la parabole à l'une des intersections de la parabole et de la sécante, et par la parallèle à l'axe de la parabole menée de la deuxième intersection.

La propriété géométrique de base

La base des différentes démonstrations données par Archimède comme de la découverte heuristique du résultat est une propriété de la parabole qu'il déduit facilement de propositions contenues dans les traités antérieurs d'Euclide et d'Aristée sur les coniques.

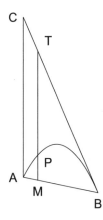

Soit APB le segment de parabole délimité par la sécante AB. Soit BC la tangente en B et AC la parallèle menée de A à l'axe de la parabole. Alors si on mène d'un point M de AB une parallèle à l'axe (donc aussi à AC) qui coupe la parabole en P et le côté BC du triangle ABC en T, la Proposition V du *Livre de la quadrature de la parabole* d'Archimède s'écrit

$$\frac{AM}{AB} = \frac{MP}{MT}$$

La méthode mécanique

Archimède a démontré, dans sa théorie des leviers (Proposition VI du Livre Ier : *De l'équilibre ou des centres de gravité des figures planes*) que deux poids P_1 et P_2 sont en équilibre s'ils sont situés respectivement aux deux distances L_1 et L_2 du point d'appui O telles que

$$\frac{P_1}{P_2} = \frac{L_2}{L_1}$$

C'est-à-dire, dans la terminologie même d'Archimède, que le point O ainsi défini est le centre de gravité.

La Proposition V peut alors s'exprimer en termes d'équilibre de poids. Il suffit d'associer aux longueurs des poids qui soient entre eux comme les longueurs correspondantes sont entre elles. Ayant démontré la Proposition V sous la forme donnée plus haut, Archimède l'énonce ensuite ainsi :

> Si on prolonge AB de façon que « $DA = AB$ », A est le centre de gravité de MT placé en M [c'est-à-dire « là où il est »] et de MP placé en D

– ce qui s'énonce encore ainsi :

> MT en M équilibre MP en D, A étant le point d'appui du levier DAB.

Prolongeant la diagonale BF du triangle jusqu'à son intersection E avec la parallèle DE menée de D à l'axe, on peut encore dire – par le théorème de Thalès – que

> F est le centre de gravité de MP placé en E et de MT placé là où il est.

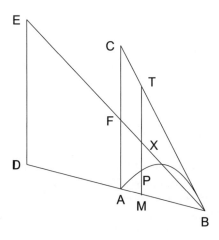

Archimède poursuit ainsi (*De la méthode*, Proposition Ire)[1] :

> de la même manière *F* sera le centre de gravité […] de la grandeur com-
> posée par toutes les parallèles *MT* menées dans le triangle laissées en leur
> place d'une part, et de la grandeur composée en transportant en *E* tous
> les segments tels que *MP* découpés par la parabole sur *MT*.
>
> […] puisque le triangle *ABC* est constitué par les segments *MT* menés dans
> le triangle de la même façon que le segment de parabole *APB* est constitué
> par les segments *MP* menés dans le segment de parabole […] le point *F*
> sera le centre de gravité de la grandeur constituée par le triangle placé tel
> qu'il est d'une part, et par le segment de parabole transporté (en plaçant
> son centre de gravité) en *E* d'autre part […].
>
> […] puisque le centre de gravité du triangle est en *X*, placé sur la médiane
> *BF* de telle sorte que *FX* soit le tiers de *FE*, il s'ensuit que le triangle *ABC*
> est le triple du segment de parabole *APB* […]

par application directe de la proposition sur l'équilibre du levier citée
au début de ce paragraphe. Ce résultat ainsi obtenu, Archimède ajoute
immédiatement le commentaire suivant :

> la proposition qui précède n'est certes pas démontrée par ce que nous
> venons de dire, mais elle donne jusqu'à un certain point l'idée que la
> conclusion est vraie.

Ce commentaire quant au caractère non démonstratif de cette méthode
est très souvent mal interprété. Nous y reviendrons dans la note relative
à la *Méthode*.

La méthode d'exhaustion

La méthode d'exhaustion est l'une des plus importantes réalisations
des mathématiques de l'Antiquité. Elle est l'œuvre, sous sa forme achevée,
d'Eudoxe, d'Euclide et d'Archimède. Il en existe plusieurs versions.
Celle que nous allons décrire est celle utilisée par Archimède dans la
démonstration de la quadrature de la parabole qui nous intéresse ici.

Il est remarquable que ni Archimède ni aucun mathématicien grec
n'aient donné de présentation de cette méthode. On ne la rencontre

---

1. *Nota bene* : Les segments sont placés avec leurs centres de gravité en *E*, de sorte
que le centre de gravité de leur ensemble soit en *E*.

qu'en fonctionnement dans la démonstration d'un grand nombre de théorèmes, plus d'une dizaine chez Archimède, développée chaque fois complètement dans tous ses détails. On peut penser que cette absence d'exposition générale, qui aurait pu être ensuite simplement mentionnée afin de raccourcir les exposés, a un rapport avec les moyens de diffusion, de reproduction et de circulation des écrits dans l'Antiquité. Il est plausible également que l'intérêt pour le caractère général de la méthode en tant que tel soit apparu bien plus faible à ces auteurs qu'aux lecteurs modernes. Il est par contre indéfendable de suggérer, comme certains l'ont fait, qu'Archimède ait pu ne pas reconnaître l'unité sous les différentes formes de la méthode qu'il a pratiquée.

Il s'agit de démontrer que l'aire d'une surface X, par exemple un segment de parabole, est égale à l'aire d'une surface S connue, par exemple un carré ou un triangle.

La méthode consiste à démontrer la possibilité de construire, quelle que soit une surface D donnée, deux surfaces U et V ayant les propriétés suivantes[2] :

(1) : la différence entre U et V est plus petite que D, soit « $V - U < D$ »
(2) : $U < X < V$
(3) : $U < S < V$

Autrement dit : la méthode consiste à démontrer l'existence de deux surfaces, encadrant simultanément la surface connue et la surface cherchée, dont la différence soit plus petite qu'une surface quelconque donnée à l'avance. Il est facile, à partir de là, de démontrer *par l'absurde* que les deux surfaces S et X ont même aire. On peut par exemple procéder ainsi : supposons que « X > S » ; posons « X – S = D » ; alors (1) donne « S + V – X < U », et « V > X » d'après (2), donc « S < U », ce qui est contradictoire avec (3). On ne peut donc avoir « X > S ».

De même, si l'on suppose que « S > X » : posons « S – X = D » ; alors (1) donne « X < S – V + U », et « S < V » d'après (3), donc « X < U », ce qui est contradictoire avec (2) ; « S > X » est donc aussi impossible. On a donc « X = S »   *c.q.f.d.*

La méthode implique pratiquement, dans toutes ses variantes, la partition des deux surfaces S et X en éléments qui sont dans un rapport

---

2. On ne distinguera pas la désignation d'une surface de celle de son aire.

fini avec la surface D qui intervient dans le raisonnement. Comme il est nécessaire que D puisse être quelconque, la mise en œuvre de la méthode implique la possibilité de construire des partitions de S et de X en éléments d'aire quelconque.

Cette possibilité est basée par Archimède sur l'axiome suivant, dit « Axiome d'Archimède » :

> l'excès dont la plus grande de deux aires inégales dépasse la plus petite peut être ajouté à lui-même jusqu'à dépasser la plus grande.

Euclide admet cet axiome et en déduit une forme équivalente en *Éléments*, X 1 :

> par divisions successives par deux d'une grandeur on peut obtenir une grandeur plus petite que n'importe quelle grandeur donnée à l'avance.

Nous allons maintenant décrire la façon dont cette méthode est mise en œuvre concrètement par Archimède[3].

La quadrature de la parabole par la méthode d'exhaustion

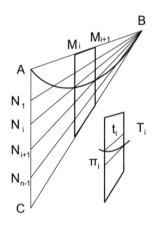

Soient à nouveau APB le segment B de parabole et ABC le triangle formé par AB, par la tangente en B et par la parallèle à l'axe menée de A. Divisons AC en segments égaux AN_1, ..., $N_i N_{i+1}$, ... $N_{n-1}C$.

Menons BN_1, BN_2, ..., BN_{n-1}. Des intersections de ces droites avec la parabole traçons les parallèles à l'axe, donc à AC, qui coupent AB aux points M_1, ..., M_i, ...

Le triangle ABC est ainsi divisé en une sorte de pavage de petits trapèzes (ou triangles pour les éléments les plus proches de B) que nous appellerons par la suite « trapèzes élémentaires ». En plus des

---

3. Pour une appréciation critique de la méthode d'exhaustion, voir *Ûškevič 1964*.

trapèzes élémentaires, la construction met en évidence, sur chaque intervalle $M_i M_{i+1}$ de AB, trois trapèzes remarquables que nous désignerons par t_i, T_i et π_i, dont les bases sont les parallèles à l'axe passant par M_i et par M_{i+1}, dont le segment $M_i M_{i+1}$ est l'un des côtés et qui ont respectivement leur quatrième côté sur BN_i, sur BN_{i+1} et BC. La réunion, *i.e.* l'ensemble, de tous les trapèzes π_i ainsi construits est le triangle *ABC* par construction.

Pour raisonner par exhaustion, Archimède prend pour les surfaces *U* et *V* qui interviennent dans la méthode[4], respectivement la surface constituée par la réunion de tous les t_i pour *U*, et celle constituée par la réunion de tous les π_i pour *V*. Ainsi la première est contenue dans le segment de parabole que nous désignerons par *X*, et la seconde contient le segment *X*. L'encadrement (2) : « U < X < V », est donc réalisé par construction.

Que l'inégalité (1) puisse également être satisfaite par construction se montre facilement : du fait que *AC* a été divisé en intervalles égaux, il résulte du théorème de Thalès que tous les trapèzes élémentaires situés dans un même π_i ont même aire, égale en particulier à celle de celui qui a $M_i M_{i+1}$ pour côté. La différence entre *U* et *V* n'étant autre que l'ensemble de tous les trapèzes élémentaires qui sont traversés par la parabole, soit un dans chacun des π_i, l'aire de cette différence est égale à celle de l'ensemble des trapèzes élémentaires qui ont un côté sur *AB*. Or ces derniers constituent, ensemble, le triangle ABN_1, dont l'aire est à celle du triangle *ABC* dans le même rapport que la longueur AN_1 à *AC*. D'après l'axiome d'Archimède cité plus haut, il est alors possible de choisir N_1 de façon à ce que, quelle que soit une aire *D* arbitrairement donnée, l'aire de ABN_1, donc de « V – U », lui soit inférieure, ce qui n'est autre que l'inégalité (1).

Pour démontrer par exhaustion que la surface du segment de parabole est le tiers de celle du triangle *ABC*, soit « X = (surface de ABC) / 3 », il reste à démontrer le deuxième encadrement (3), soit ici :

(4) : U < (surface ABC) / 3 < V.

C'est donc la seule partie de la démonstration qui ne résulte pas de façon triviale de la construction ; on n'a utilisé jusqu'ici que le théorème

---

4. Cf. *supra*, paragraphe précédent.

de Thalès, l'axiome d'Archimède et de façon implicite les propriétés de convexité de la parabole. Comme le suggère clairement la méthode heuristique, l'encadrement (3) peut se déduire de la Proposition V qui s'écrit avec les notations de la figure 1 :

$$\text{Proposition V}: \frac{AM}{AB} = \frac{MP}{MT}$$

À cette égalité – exprimée en termes d'équilibre de levier – Archimède substitue deux égalités équivalentes impliquant, d'une part, le trapèze π_i au lieu de la ligne « constitutive » du triangle MT et, d'autre part, les trapèzes t_i et T_i pour encadrer la parabole au lieu de MP pour la « constituer ».

À partir de la Proposition V et du théorème de Thalès, on obtient en effet facilement

$$\frac{AM_i}{AB} = \frac{t_i}{\pi_i} \quad \text{et} \quad \frac{AM_{i+1}}{AB} = \frac{T_i}{\pi_i}$$

donc pour tout point G_i situé entre M_i et M_{i+1}, soit tel que

$$AM_i < AG_i < AM_{i+1}$$

on aura

$$(5): \quad t_i < \frac{AG_i}{AB} \pi_i < T_i.$$

En faisant la somme, termes à termes, de ces inégalités pour toutes les valeurs de i, on obtient à gauche l'aire U et à droite l'aire V. La valeur du terme central, soit

$$\sum_{0}^{n-1} AG_i \pi_i.$$

est obtenue par Archimède en utilisant la terminologie de la théorie des leviers et des centres de gravité. Il a en effet démontré ailleurs que le centre de gravité d'un triangle est situé sur les médianes au tiers de la distance du pied au sommet. En considérant alors la direction AC comme verticale et en choisissant les G_i à la verticale du centre de gravité des π_i, Archimède peut conclure ainsi : les π_i fixés en G_i sont en équilibre ; comme tous ensemble ils constituent (exactement) le triangle *ABC*, on peut les remplacer dans un équilibre par le triangle *ABC* fixé à la verticale de son centre de gravité, c'est-à-dire au tiers de *AB*. Il obtient ainsi pour la somme cherchée

$$\sum_{0}^{n-1} AG_i \, \pi_i = \frac{AB}{3} \, \text{surface} ABC$$

– ce qui achève la démonstration

$$U < (\text{surface ABC}) \, /3 < V.$$

Toutes les conditions intervenant dans la méthode d'exhaustion sont donc démontrées, ce qui achève la démonstration du résultat suggéré par la méthode heuristique.

Appendice

Sur l'organisation des propositions Ire-XVIe du livre *La Quadrature de la parabole*

Pour apprécier correctement la méthode d'Archimède il est indispensable de se rapporter au texte. Nous donnons ici quelques indications sur l'économie des seize premières propositions, qui pourront faciliter la tâche du lecteur.

La démonstration que nous avons présentée schématiquement est organisée par Archimède en seize propositions numérotées de I à XVI. Ce grand nombre s'explique simplement, de la façon suivante :

– les cinq premières propositions sont consacrées à l'établissement de la propriété de la parabole qui est à la base de la quadrature (Prop. V) ;

– les dix propositions suivantes n'établissent en fait que cinq propriétés dans les deux cas de figures où la sécante AB est soit perpendiculaire soit oblique par rapport à l'axe de la parabole, ce qui double le nombre de propositions ; de plus, l'inégalité (5) dans notre notation doit en fait être établie par des démonstrations séparées dans les cas particuliers des « trapèzes » extrêmes correspondant à « i = 0 » et à « i = n – I », où les trapèzes dégénèrent ; de cette façon, compte tenu du doublement décrit ci-dessus, l'encadrement (5) donne lieu à (2 x 3, soit) six propositions ;

– enfin, la méthode d'exhaustion est complètement explicitée, sans référence au schéma général, dans la Proposition XVI.

Le tableau suivant résume cette discussion.

ORGANIGRAMME DES PROPOSITIONS I À XVI		
PROPRIÉTÉ	*AB* PERPENDICULAIRE À L'AXE	*AB* OBLIQUE PAR RAPPORT À L'AXE
Traduction en termes d'équilibre de la position du centre de gravité du triangle	VI	VII
Encadrement (5)	Cas « i = 0 » : VIII Cas « i = n – I » : X Cas général : XII	IX XI XIII
Encadrement des sommes « n – i », « i = 0 » eq. (4)	XIV	XV
Exhaustion	XVI	

2

À propos du *Livre de la méthode*

Note sur le statut théorique de la quadrature[*]

Nous avons attiré l'attention, à la fin de la présentation de la méthode heuristique, sur le commentaire suivant d'Archimède[1] :

> la proposition qui précède n'est certes pas démontrée par ce que nous venons de dire, mais elle donne jusqu'à un certain point l'idée que la conclusion est vraie.

Cependant Archimède ne trouve pas utile de préciser par où le raisonnement manque de la rigueur nécessaire à une démonstration géométrique. Et il nous semble que les historiens des sciences interprètent généralement de manière erronée cet avertissement d'Archimède en y voyant une mise en cause de la référence à la statique.

Cette erreur d'interprétation a pour conséquence la diffusion par des ouvrages de large audience d'une singulière image des relations entre la théorie et l'empirisme et entre les mathématiques et l'expérience dans les travaux du savant de Syracuse. Elle est illustrée de façon

---

[*] N.d.éd. : Paru dans *Cahiers d'Histoire et de Philosophie des Sciences*, XIV, 1980, pp. 1-32 : 15-19, comme seconde des trois études comprises dans *Souffrin 1980* – version revue et corrigée pour la présente édition.

1. Cf. *supra*, I, n° 1, p. 48.

extrême dans l'édition bilingue des *Œuvres* d'Archimède publiée par
Les Belles Lettres[2] : le texte établi et traduit par Charles Mugler offre
sans doute les meilleures garanties sur le plan philologique et est,
peut-être, la meilleure référence en français pour le texte ; or, dans la
notice qui introduit au texte et à la traduction de *La quadrature de la
parabole*, Mugler écrit :

> La quadrature de la parabole […] nous est présentée dans ce traité au
> moyen de deux méthodes différentes dont l'emploi successif reflète d'une
> manière particulièrement nette la manière dont une vérité mathématique
> se faisait jour dans l'esprit d'Archimède. À l'origine se situe chez lui l'in-
> tuition d'une relation […]. Cette intuition est vérifiée, en second lieu, *par
> la pesée des figures* comparées, *réalisées matériellement* sur des plaques minces
> homogènes […]. La pesée expérimentale est analysée théoriquement […]
> par l'application de la statique du levier […] aux tranches obtenues par
> décomposition des deux figures […], l'enquête est couronnée par une
> démonstration exacte[3].

Plus loin, on lit encore :

> ici la quadrature est faite successivement par le procédé statique, dans
> les propositions VI-XVI, <puis> par la méthode géométrique, <dans les>
> propositions XVIII-XXIV[4].

Ce passage montre clairement que la façon dont Archimède se réfère
à la statique (et aux centres de gravité) est comprise comme l'introduction d'un élément étranger à la géométrie, et que de là résulte un
manque de rigueur dans la démonstration.

Disons nettement que la genèse de la démonstration telle qu'elle
est proposée par Mugler nous semble absolument irréaliste, et induite
par une appréciation erronée du rôle de la terminologie des leviers
d'une part, et du statut de la théorie des centres de gravité d'autre part.
Qu'une intuition – venant d'où ? – ait été en l'occurrence suivie de
« pesée de figures réalisées matériellement » nous semble absolument
incompatible avec le caractère heuristique de la « méthode mécanique »
décrite par Archimède. La méthode, telle que décrite dans le *Livre de
la méthode*, est elle-même le procédé qui donne l'intuition du résultat.

---

2. Cf. *Mugler 1970-1972*.
3. *Ibid.*, t. II, p. 162 – l'italique est de nous.
4. *Ibid.*, p. 163.

C'est la phase initiale de la théorie, et non la troisième phase, comme le pense Mugler. Il n'y a nulle place, ici, pour des « pesées de figures réalisées matériellement » : les équilibres considérés dans la méthode sont des expériences abstraites, des expériences de pensée basées sur des considérations strictement géométriques.

En effet, partout où elle intervient dans les démonstrations que nous avons discutées plus haut[5], l'expression « la figure *a* placée au point *A* équilibre la figure *b* placée au point *B* » peut être remplacée par – *i.e.* est mise pour – « l'aire (ou la longueur) de *a* est à l'aire (ou la longueur) de *b* comme la distance *GB* est à la distance *GA* », où *G* est ce qu'on appelle le « point d'appui » du levier.

Le caractère heuristique de la méthode consiste à ramener le problème à une détermination de centre de gravité – nous dirions de barycentre. Si on admet que la théorie des centres de gravité est, chez Archimède, une théorie purement géométrique – ce que nous soutenons dans l'étude suivante[6] —, nous sommes conduits à affirmer que ce qui est en cause, dans le commentaire d'Archimède cité, ce n'est pas la référence à la statique mais uniquement la comparaison de deux surfaces lignes par lignes, et la représentation du segment de parabole et du triangle comme « constitués » par des lignes – les segments de droites.

Si l'image d'Archimède vérifiant ses intuitions avec des maquettes et une balance est rarement proposée explicitement, elle est cependant suggérée par la tendance très générale des commentateurs à opposer sur le plan de la rigueur les démonstrations « par la mécanique » et les démonstrations « géométriques ». L'opposition serait correcte si l'on considérait comme « mécanique » seulement le raisonnement développé par Archimède dans *La méthode,* car en effet celui-ci n'est pas rigoureux, pour la raison indiquée plus haut qui n'est pas la référence à la statique. Mais en général on désigne comme « mécanique » également la démonstration donnée par Archimède dans les propositions I à XVI du livre *De la quadrature* et que nous avons décrite. Ainsi les auteurs du *Cahier de l'Institut de Recherche sur l'Enseignement des Mathématiques* de Rouen de juin 1978 écrivent, à propos de cette démonstration :

5. Cf. *supra*, I, n° 1, *passim.*
6. Cf. *infra*, I, n° 3, pp. 63-73.

Si <Archimède> présente une troisième démonstration [...], c'est que la précédente [*sc.* celle des propositions I à XVI], encore basée sur des résultats de *statique*, le laisse insatisfait [...]. Il va ainsi produire une <troisième> démonstration toute géométrique [...].

Et Jean Itard, s'il reconnaît que la démonstration « par la statique » en question est bien rigoureuse, affirme néanmoins qu'il faut relever

l'utilisation de la statique pour les découvertes géométriques : Archimède n'a pas de préjugé de puriste et saisit les analogies profondes entre deux domaines différents de la science[7].

Il est clairement suggéré que l'une des démonstrations n'est pas purement mathématique, mais relève de la physique. La confusion tient à ce que le caractère théorique de la mécanique en question, la statique, n'est pas bien reconnu.

Nous partageons entièrement le point de vue de Khalil Jaouiche qui définit très justement la statique archimédéenne comme une « science *formalisée* dont les objets sont des *êtres mathématiques* »[8].

La confusion de nombreux commentaires est sans doute accrue par le fait qu'Archimède emploie le terme de « géométrie » au sens où nous entendons aujourd'hui « mathématique » en général. Il nous semble évident que la démonstration des propositions I à XVI du *Livre de la parabole* est ainsi, pour Archimède, une démonstration « géométrique » au même titre que la suivante, celle des propositions XVII à XXIV. Si on comprenait les choses autrement, on devrait en effet dénier également à cette dernière démonstration le qualificatif de « géométrique », puisqu'elle repose sur la proposition XXIII, soit sur l'identité

$$1 + \frac{1}{4} + \frac{1}{4^2} + ... + \frac{1}{4^n} = \frac{4}{3} - \frac{1}{3}\frac{1}{4^n}$$

qui n'est certainement pas, au sens actuel, une proposition « géométrique ». Et l'on devrait également, dans la même interprétation étroite du terme « géométrie », écarter les théorèmes sur la spirale qui emploient le langage de la cinématique – ce que quelques historiens ont effectivement fait, négligeant le caractère théorique – mathématique, pour

---

7. Jean Itard, « Mathématiques pures et appliquées », dans *Taton 1957*, vol. I, p. 313.
8. Cf. *Jaouiche 1976*, p. 52.

la précision – de la cinématique, dont la terminologie se substitue en l'occurrence à un concept non formulé de fonction.

Pour résumer cette analyse, référons-nous à la lettre qu'Archimède envoie à Dosithée avec les deux démonstrations des propositions I à XXIV qui constituent le *Livre de la parabole*[9] : le savant de Syracuse y présente

> un théorème de géométrie [qu'il a] étudié maintenant, en le démontrant par la géométrie après l'avoir découvert par la mécanique.

Notre interprétation est que les deux démonstrations qui suivent sont bien, pour Archimède, deux démonstrations « par la géométrie » – « par la mathématique », devrait-on dire, voulant respecter l'évolution de la terminologie –, et que la référence à la découverte « par la mécanique » est une allusion à la procédure décrite dans le *Livre de la méthode*, dont la rigueur est certes insatisfaisante, mais qui ne saurait en aucun cas renvoyer à des « pesées de figures matérialisées ».

---

9. Dans *Mugler 1970-1972*, vol. II, p. 163.

3

Sur la définition du centre de gravité
dans l'œuvre d'Archimède[*]

La théorie du levier et la théorie du centre de gravité d'Archimède nous sont connues par les deux livres du *De l'équilibre ou des centres de gravité des figures planes*[1].

Nous voulons à présent discuter deux sortes d'appréciations fréquentes dans la critique relative aux centres de gravité. La première est de même nature que celle déjà discutée dans l'étude sur la *Méthode*[2] : il s'agit de la méconnaissance du caractère théorique tant de la statique que de la théorie des centres de gravité. Cette erreur se trouve exprimée d'une façon particulièrement claire par Charles Mugler dans sa Notice de présentation du *De l'équilibre ou des centres de gravité des figures planes* :

> Les figures planes dont Archimède cherche à déterminer l'équilibre sont en réalité des corps solides aplatis, de densité homogène, assimilés à des figures planes

[*] N.d.éd. : Paru dans *Cahiers d'Histoire et de Philosophie des Sciences*, XIV, 1980, pp. 1-32 : 20-31, comme dernière des trois études comprises dans *Souffrin 1980* – version revue et corrigée pour la présente édition.

1. Dans *Mugler 1970-1972*, vol. II, pp. 76 ss.
2. Cf. *supra*, I, n° 2, pp. 57-61.

– écrit-il, en effet. Nous ne reprendrons pas sur ce point la discussion faite à propos de la *Méthode*. Disons seulement qu'ici encore, nous sommes en parfait accord avec Khalil Jaouiche, pour qui dans la statique d'Archimède

> les corps qui sont en équilibre ne sont pas des corps matériels [...] : les « objets » dont il s'agit sont des figures géométriques [...], le vocabulaire d'Archimède dans l'*Équilibre des plans* est particulièrement révélateur à cet égard. Alors que dans les trois premiers postulats par lesquels débute le Livre Ier de cet ouvrage, ainsi que dans les trois premières propositions du même livre – postulats et propositions qui rappellent des notions empruntées à une mécanique préexistante – Archimède emploie le mot « poids », dans tout le reste de l'ouvrage c'est le mot « grandeur » qu'il emploie. Il ne faut pas davantage se laisser abuser par l'expression de « centre de gravité ». Il ne s'agit en fait que d'un point mathématique pourvu d'une gravité purement idéelle [...] ; la statique d'Archimède est donc bien une « formalisation » effectuée à partir d'un certain nombre de principes de mécanique plus ou moins empirique[3].

Il ne s'agit pas de prétendre que la théorie de l'équilibre et des centres de gravité n'a rien à voir avec l'expérience et la mécanique, mais bien plutôt que cette relation est la même que celle qui existe entre la géométrie et l'expérience. L'expérience, ou plutôt un certain type d'expériences pratiques, suggère de façon très complexe certains concepts et un corps d'axiomes qui permettent le développement autonome d'une géométrie. L'adéquation de cette théorie à un ensemble très large, mais limité, d'expériences ou d'observations ne constitue pas une relation de dépendance.

La deuxième appréciation qui nous apparaît discutable concerne la définition même de « centre de gravité ». À notre connaissance tous les commentateurs s'accordent à considérer que cette définition est absente des textes qui nous sont parvenus, en particulier des deux livres du *De l'équilibre ou des centres de gravité des figures planes*, où sont déterminés nombre de centres de gravité.

La situation est rendue confuse, ici, du fait de la qualité médiocre des manuscrits qui nous sont parvenus : en effet, nous ne connaissons le premier livre du *De l'équilibre ou des centres de gravité des figures planes* qu'à partir de deux manuscrits transcrits aux IXe et XIe siècles à Constantinople

---

3. *Jaouiche 1976*, p. 52.

à partir de modèles plus anciens ; et ces deux manuscrits ont eux-mêmes disparu depuis le XIVe siècle. Par ailleurs, le style des témoins connus est inhomogène, de nombreuses lacunes ayant apparemment été comblées par des copistes plus ou moins bien inspirés, et des rajouts ou des remaniements ayant été probablement effectués dans des intentions pédagogiques tardives. Ces questions ont été étudiées très en détail et avec beaucoup de compétence par John Lennart Berggren[4], qui en a conclu à l'inauthenticité d'une partie notable du premier Livre du *De l'équilibre ou des centres de gravité des figures planes*.

Un autre élément a sans doute contribué à étayer l'affirmation générale selon laquelle la définition archimédéenne de « centre de gravité » ne se trouve pas dans le premier Livre du *De l'équilibre ou des centres de gravité des figures planes*, à savoir l'existence d'une œuvre antérieure d'Archimède traitant des équilibres, qui ne nous est pas parvenue et à laquelle le savant de Syracuse se réfère en *Corps flottants*, II 2. Il est bien certain que ce traité perdu contenait des éléments sur la relation entre la théorie de la statique d'Archimède et sa théorie des centres de gravité, mais on a généralement émis l'hypothèse que la définition de centre de gravité devait s'y trouver, et que cela expliquerait son absence dans le livre Ier du *De l'équilibre ou des centres de gravité des figures planes*. Notre point de vue est, au contraire, que le centre de gravité est défini dans le livre Ier du *De l'équilibre ou des centres de gravité des figures planes*, et c'est là notre seul désaccord avec l'analyse de Berggren.

Pour justifier notre point de vue il est indispensable de procéder à une présentation critique préalable du premier livre du *De l'équilibre ou des centres de gravité des figures planes* ; nous le ferons en nous référant au texte établi par Paul Ver Eecke[5], et en nous inspirant largement de la méthode de Berggren.

Le livre Ier du *De l'équilibre ou des centres de gravité des figures planes* est constitué par quinze propositions, soit P I à P XV, démontrées sur la base de six axiomes, soit A 1 à A 6. Ces axiomes et propositions peuvent être classés en plusieurs groupes sur la base de la terminologie employée et des concepts recouverts par cette terminologie d'une part,

---

4. Cf. *Berggren 1976*.
5. Cf. *Ver Eecke 1960*.

et sur la base du contenu mathématique des propositions elles-mêmes d'autre part.

Classification des axiomes selon la terminologie employée et les concepts mis en œuvre

Les axiomes s'énoncent comme suit :

A 1 : Nous demandons que des poids égaux s'équilibrent à des distances égales et que des poids égaux à des distances inégales ne s'équilibrent pas, mais qu'il y ait inclinaison du côté du poids placé à la plus grande distance.

A 2 : Si, des poids étant en équilibre à certaines distances[6], on ajoute à l'un de ces poids, ils ne s'équilibrent plus, mais il y a inclinaison du côté du poids auquel on a ajouté.

A 3 : Et pareillement, si l'on enlève quelque chose à l'un des poids, ils ne s'équilibrent plus, et il y a inclinaison du côté du poids auquel on n'a rien enlevé.

A 4 : Les centres de gravité de figures planes égales et semblables, qui coïncident, coïncident aussi.

A 5 : D'autre part, les centres de gravité des figures inégales, mais semblables, seront situés semblablement. Nous disons d'ailleurs semblablement placés dans des figures semblables les points d'où les droites menées aux angles égaux forment des angles égaux avec les côtés homologues.

A 6 : Si des grandeurs s'équilibrent à certaines distances, des grandeurs équivalentes aux premières s'équilibrent aussi aux mêmes distances.

A 7 : Le centre de gravité de toute figure, dont le périmètre est concave dans la même direction, doit être à l'intérieur de cette figure.

Parmi les concepts représentés, on remarquera d'abord « poids », « distance » (d'un poids à un point que nous appelons *point d'appui*), « équilibre » ; ensuite « figures » (géométriques, évidemment) et « centre de gravité » ; enfin, « grandeur », « grandeurs équivalentes », « équilibre ».

---

6. *Mugler 1970-1972* traduit par « suspendus à certaine distance étant en équilibre ». L'addition de « suspendus » modifie le champ conceptuel des axiomes d'une façon importante, mais elle n'est pas justifiée par le texte grec établi par Mugler, lequel a visiblement été entraîné dans sa traduction par ses idées préconçues sur la théorie des leviers.

Or, la critique semble ne pas avoir apprécié l'importance de cette variété conceptuelle dans les six axiomes[7], une variété qui induit une partition des axiomes en trois groupes :

> Groupe I : A 1, A 2 et A 3, qui ne traitent que de poids, de distances et d'équilibres
>
> Groupe II : A 4, A 5 et A 7, qui ne traitent que de figures et de centres de gravité
>
> Groupe III : A 6, qui utilise bien les concepts d'équilibre et les distances intervenant dans le groupe I, mais à propos d'un nouvel objet : la grandeur ; par ailleurs, il est question d'équivalence entre grandeurs.

L'indépendance des deux premiers groupes est claire, comme l'a montré Berggren, et il en résulte deux groupes de propositions disjointes dont la réunion dans le premier livre du *De l'équilibre ou des centres de gravité des figures planes* ne semble pas devoir être attribuée à Archimède. Quant à A 6, il s'agit visiblement d'un axiome mixte. Dans la suite, quand il est question du poids d'une grandeur, A 6 complète le groupe I en introduisant des répartitions équivalentes de poids. Ailleurs, « grandeur » est mis pour « figure », et alors il s'agira de l'aire et non du poids, et les distances seront entre des centres de gravité. Il apparaît, et nous y reviendrons, qu'A 6 n'a pas une forme homogène à l'un des deux premiers groupes et il nous paraît correspondre à l'intention de réunir deux corps de théories. Son introduction sous cette forme nous semble suggérer l'intervention d'un compilateur différent, et pourrait être une réminiscence du traité disparu où théorie de la statique (basée sur le groupe I) et théorie des barycentres (basée sur le groupe II) pouvaient être réunies dans une extension de la statique aux solides homogènes pesants.

Classification des propositions selon la terminologie employée et les concepts mis en œuvre

Nous n'énoncerons pas exhaustivement les quinze propositions, renvoyant aux textes, mais nous les décrirons dans la mesure où cela sera nécessaire à la compréhension de notre propos.

---

7. Voir cependant *Schmidt 1975*, p. 135.

Comme les axiomes, les propositions peuvent être regroupées en relation avec les concepts mis en jeu. Les propositions P I, P II et P III n'emploient que les concepts des axiomes du groupe I et forment ainsi avec ce groupe un ensemble homogène.

Analyse de la proposition IV

P IV a une rédaction tout à fait singulière :

P IV : Si deux grandeurs égales n'ont pas le même centre de gravité, le centre de gravité de la grandeur composée de ces deux grandeurs sera le milieu du segment de droite joignant les centres de gravité des grandeurs.

On y remarque que les concepts sont pris dans ceux du groupe II (pour celui de *centre de gravité*) et du groupe III (pour celui de *grandeur*), à l'exclusion de ceux du groupe I. De plus, si on lit « figure » à la place de « grandeur », l'énoncé de P IV devient entièrement homogène conceptuellement au groupe II d'axiomes. Et en réalité, comme nous l'avons remarqué à propos de l'axiome A 6, « figure » est bien l'une des acceptions de « grandeur » dans le premier livre du *De l'équilibre ou des centres de gravité des figures planes*.

Considérons maintenant la façon dont cette proposition est démontrée dans le premier livre du *De l'équilibre ou des centres de gravité des figures planes*. Soit Γ le milieu de la ligne joignant les centres de gravité des deux grandeurs A et B :

Je dis que Γ est le centre de gravité de la grandeur composée des deux grandeurs. En effet, s'il ne l'est pas, soit Δ <ce> centre de gravité [...]. Dès lors [...] il y a équilibre <de la grandeur composée>. Le point Δ étant lié. Par conséquent les grandeurs A et B s'équilibrent aux distances $A\Delta$, $B\Delta$ – ce qui est impossible.

Cette démonstration contient une inconsistance rédactionnelle frappante : elle met en jeu la notion d'équilibre, qui est absente de l'énoncé de la proposition ; de plus, elle s'appuie en dernière instance sur l'axiome A 1, dont l'un des concepts centraux est le poids, qui est tout aussi étranger à l'énoncé de P IV que le concept d'équilibre. En définitive, P IV est donc basé sur le groupe I, dont les concepts sont absents de son énoncé ; dans cet énoncé, seul le mot « grandeur » amène une relation – indirecte – avec le groupe I, dans la mesure où

« grandeur » est associé à « équilibre » dans l'axiome « mixte » A 6, et où ce dernier concept d'équilibre appartient aussi au groupe I.

Dans le livre Ier du *De l'équilibre ou des centres de gravité des figures planes*, l'exposé de P IV et de sa démonstration présente un manque de cohérence qui l'apparente à l'axiome A 6. Cette incohérence semble étrangère aussi bien au style qu'aux pratiques théoriques d'Archimède : elle suggère fortement que P IV serait un texte altéré, comme celui de A 6.

Outre les inhomogénéités conceptuelles relevées, la démonstration, qui nous semble assurément non archimédéenne, contient une trace évidente de l'intention, déjà perceptible dans A 6, de faire la liaison entre la théorie de l'équilibre du levier et la théorie du centre de gravité des figures géométriques : il y est en effet déclaré qu'une figure est en équilibre si son centre de gravité est lié. Cette affirmation est absolument illégitime sur la base des sept axiomes du premier livre du *De l'équilibre ou des centres de gravité des figures planes*. Il s'agit d'une définition de l'équilibre d'une figure (géométrique) qui, associée à une théorie autonome des centres de gravité, permet une théorie de l'équilibre des figures géométriques. Il semble probable que cette théorie ait été développée par Archimède dans le livre perdu du *De l'équilibre*, et ce que nous lisons dans la démonstration de P IV pourrait en être une réminiscence.

Remarquons, enfin, que la rédaction de cette démonstration est incomplète, au sens que la référence à A 1 y est évidente, mais n'est pas explicite.

Propositions V à VIII

Nous n'examinerons que par souci de complétion les propositions P V à P VIII, qui ne sont pas essentielles à la thèse que nous voulons soutenir.

La proposition P V introduit tout à la fois « poids », « grandeurs » et « centre de gravité ». Qu'on en redresse d'une façon ou d'une autre le vocabulaire, c'est une conséquence assez triviale de P IV, et elle ne dépend d'aucun des axiomes A 2 à A 7.

Les propositions P VI et P VII établissent en deux étapes la loi fondamentale de la statique, soit la condition d'équilibre d'un levier.

L'énoncé ne contient que la terminologie des axiomes des groupes I et III, alors que la démonstration emprunte au groupe II la notion de « centre de gravité ».

La proposition P VIII parvient, dans son énoncé, au sommet de la confusion, puisque les termes ou expressions « poids » (groupe I), « centre de gravité » (groupe II) et « grandeur » (groupe III) y sont présents. Il n'y est pas question de « figure », mais il est clair que la « grandeur » peut être une « figure », et qu'alors il faut lire « aire » au lieu de « poids », et que sous cette autre forme la proposition P VIII peut se démontrer à partir de P IV et de A 6. Ce point n'est pas important pour notre propos et nous ne nous y arrêterons pas davantage.

La détermination des centres de gravité

L'important pour nous est que les six dernières propositions du livre Ier du *De l'équilibre ou des centres de gravité des figures planes* sont consacrées à la détermination rigoureuse des centres de gravité du parallélogramme (P IX et P X), du triangle (P XI, P XII, P XIII et P XIV) et du trapèze (P XV).

Les énoncés contiennent exclusivement les termes ou expressions « figure » et « centre de gravité », spécifiques du groupe II, à l'exclusion des termes « poids », « équilibre », etc., intervenant dans les autres groupes d'axiomes. S'il en était de même des démonstrations, il serait évident que la définition de « centre de gravité » serait contenue dans les axiomes de ce groupe, soit A 4, A 5 et A 7.

Suivant la méthode employée par Berggren, nous donnons dans le tableau suivant la structure logique du livre Ier du *De l'équilibre ou des centres de gravité des figures planes*, en utilisant, chaque fois qu'Archimède (ou le copiste !) propose deux démonstrations, la première donnée dans le texte.

I*
Dépendances logiques dans
De l'équilibre ou des centres de gravité des figures planes, livre Ier

	AXIOMES			
	Groupe I A 1 - A 2* - A 3*	Groupe II A 4 - A 5 - A 7	Groupe III A 6	
P I* P II* P III*	x x x x x x			Statique des masses ponctuelles
P IV	x			Voir le texte
P VI* P VII*	x		x	Théorie du levier
P VIII	x		x	

PROPOSITIONS P I À P VIII

	P IV	A 4 - A 5 - A 7	A 6	
P IX P X	x	x x x		Parallélogramme
P XI* P XII*		x		Répliques de A 5
P XIII P XIV	x	x x	x	Triangle
P XV	x	x x	x	Trapèze

PROPOSITIONS P IX À P XV (CENTRES DE GRAVITÉ)

Ce tableau, en lui-même, donne une force indiscutable à la thèse de Berggren sur le caractère non authentiquement archimédéen des axiomes et propositions marqués d'un astérisque. Cependant il ne fait pas pleinement apparaître l'autonomie de la théorie des centres de gravité par rapport à la statique, dans la mesure où toutes les déterminations

---

* Portent un astérisque en exposant les axiomes et propositions non archimédéens selon *Berggren 1976.*

de centres de gravité dépendent de A 1 par l'intermédiaire de P IV et de l'axiome "mixte" A 6.

Cependant les choses apparaissent tout à fait différentes si l'on considère, pour le parallélogramme et pour le triangle, la détermination par les démonstrations données, sous le titre à chaque fois d'« Autre démonstration », comme alternatives aux premières dans le premier livre du *De l'équilibre ou des centres de gravité des figures planes*. Dans ces « autres » démonstrations toute utilisation de A 6 disparaît, et la seule référence extérieure au groupe II d'axiomes est la dépendance de la proposition P IV vis-à-vis de l'axiome A 1.

Or, nous avons vu plus haut que l'énoncé de P IV et sa démonstration, tels que nous les connaissons par le premier livre du *De l'équilibre ou des centres de gravité des figures planes*, présentent de nombreux caractères qui amènent à douter de leur authenticité archimédéenne. Plus spécifiquement, nous avons vu que, si dans P IV on substitue au terme « grandeur » son acception géométrique « figure », l'énoncé devient conceptuellement homogène au groupe II d'axiomes. Ceci nous conduit à émettre l'hypothèse que l'énoncé de P IV ainsi modifié doit être considéré comme un axiome de la théorie archimédéenne des centres de gravité. Cet axiome, que nous désignerons par « AP IV », rentre automatiquement dans le groupe II, qu'il complète.

Si nous acceptons cette hypothèse, nous obtenons la structure logique qu'illustre le tableau suivant de la détermination des centres de gravité par les démonstrations introduites, dans le premier livre du *De l'équilibre ou des centres de gravité des figures planes*, par la rubrique « Autre démonstration » :

II

DÉTERMINATION DU CENTRE DE GRAVITÉ	AXIOMES DU GROUPE II			AUTRES AXIOMES
	AP IV	A 4	A 5	
DU PARALLÉLOGRAMME	X		X	
DU TRIANGLE	X	X	X	
DU TRAPÈZE	X	X	X	

Si on retient cette hypothèse, on élimine de la théorie archimédéenne des centres de gravité les incohérences relevées, dans le premier livre du *De l'équilibre ou des centres de gravité des figures planes*, en particulier dans l'énoncé et la démonstration de P IV. De plus, et c'est le point que nous voulions démontrer, il apparaît que la détermination des centres de gravité ne dépend que des axiomes A 4, A 5 et AP IV du groupe II. Sous réserve de l'extrapolation de ce résultat à toutes les figures (géométriques) considérées dans l'œuvre d'Archimède, il résulte de cette analyse que les axiomes

A 4 : Les centres de gravités de figures planes égales et semblables qui coïncident, coïncident aussi

A 5 : Les centres de gravités de figures semblables sont situés semblablement

AP IV : Si deux figures égales n'ont pas le même centre de gravité, le centre de gravité de la figure composée par ces deux figures sera au milieu du segment de droite joignant les centres de gravité des deux figures

constituent la définition de « centre de gravité » par Archimède. Si on accepte l'hypothèse que AP IV correspond à l'œuvre originale, cette définition est donc celle d'Archimède et figure bien dans le premier livre du *De l'équilibre ou des centres de gravité des figures planes*.

Notre analyse nous semble être conforme à celle de Berggren, dont elle serait une extension. En plus des « spurious theorems » justement repérés par Berggren, les copistes et compilateurs, poussés par des préoccupations pédagogiques plus que par un souci de rigueur, auraient donc fabriqué, à partir d'un axiome comme AP IV, une proposition P IV. Cette proposition assurait une relation entre la statique et les centres de gravité, mais au prix des incohérences que nous avons relevées et discutées, qui ne sont certainement pas un reflet fidèle du livre perdu du *De l'équilibre* où Archimède, vraisemblablement, avait introduit une telle relation.

Section IIe

MOUVEMENT ET VITESSE

4

Le *Traité des configurations des qualités et des mouvements* de Nicolas Oresme

Remarques sur quelques problèmes
d'interprétation et de traduction*

Introduction

La première traduction intégrale du *Tractatus de configurationibus qualitatum et motuum* a été publiée en langue russe par Vasilij P. Zubov[1]. Marshall Clagett a publié une édition intégrale du texte latin fondée sur la totalité des manuscrits connus, avec une traduction anglaise et l'édition d'importants textes médiévaux éclairant la genèse et l'influence de la théorie oresmienne des configurations[2]. La consultation de ces deux études est indispensable à tout travail historique sur cette question. L'une comme l'autre renvoient à deux références plus anciennes

---

* N.d.éd. : Publié en collaboration avec Jean-Pierre Weiss. Paru dans *Nicolas Oresme : Tradition et innovation chez un intellectuel du XIVᵉ siècle*, Études recueillies et éditées par P[ierre] Souffrin et A[lain]-Ph[ilippe] Segonds, Paris, Les Belles Lettres, 1988, pp. 125-144 – version revue et corrigée pour la présente édition.

1. Cf. *Zubov 1958a*, ainsi que *Zubov 1958* et *Zubov 1958b*.
2. Cf. *Clagett 1968*.

essentielles dans ce domaine : les œuvres monumentales de Pierre Duhem et de Anneliese Maier dont les commentaires, fondés sur une érudition considérable, continuent d'alimenter les controverses[3]. Ces deux auteurs appuient leurs interprétations sur de nombreux extraits, en latin ou en traduction moderne, mêlés au texte et choisis et ordonnés en fonction de leurs discussions.

L'importance historique de cette œuvre d'Oresme nous a semblé justifier la production d'une traduction française, à partir du texte latin le mieux établi, celui de l'édition Clagett, d'extraits sélectionnés, en fournissant une présentation dans l'ordre original sans l'interruption de commentaires. Le but de cette traduction est avant tout de proposer un certain contact avec le texte d'Oresme à un large public de langue française qui, bien au delà de la communauté des spécialistes de l'histoire de la philosophie et des sciences médiévales, s'intéresse à l'histoire des idées scientifiques. Un tel texte ne peut être correctement apprécié sans référence au contexte culturel, *i.e.* sans une mise en situation historique. Cette mise en situation ne pouvant être notre propos, nous renvoyons pour cela le lecteur à la littérature spécialisée.

Nous nous contenterons de présenter ici deux problèmes liés au texte présenté et qui sont encore l'objet de discussions. Il s'agit des débats provoqués par la position de Duhem, qui vit en Oresme un précurseur de Descartes pour la géométrie analytique, et de Galilée pour la loi de la chute des graves. Sans aborder ici les problèmes épistémologiques que soulève le concept même de « précurseur », nous proposerons quelques remarques sur la question des relations entre la théorie des *Configurations* d'Oresme et les deux théories mentionnées, la géométrie analytique et la théorie de la chute des graves.

I. Les *configurations* et la géométrie analytique

Il est notable que les historiens des sciences de formation mathématique sont les plus enclins à accepter, bien qu'avec nuances et quelque prudence, la thèse d'un Oresme précurseur de la géométrie analytique

3. Cf. *Duhem 1913-1959* et *Maier 1949-1968*.

avancée par Duhem. Les médiévistes, de leur côté, ont très généralement vivement critiqué ce point de vue, attirant l'attention sur la nature
complexe des concepts impliqués dans les *Configurations* et sur leur
enracinement dans des problématiques médiévales. Pour une approche de
l'état actuel de cette critique, nous renvoyons le lecteur à *Caroti 1997*.

Il convient de considérer à part l'appréciation de Carl Boyer dans
son *History of analytic geometry*:

> the differences (in motivations, purpose as well as in substance) between
> [Descartes'] analytic geometry and the graphical representations of forms
> are so great as to make questionable any decisive influence of Oresme on
> Descartes[4].

En effet, Boyer insiste sur les importantes différences qui existent
entre le contenu de l'ouvrage publié par Descartes en 1637 sous le
titre de *La géométrie* et ce que nous entendons par géométrie analytique.
Les arguments développés par Boyer concernent spécifiquement *La
géométrie*, et ne répondent donc pas directement à la thèse de Duhem
qui parle bien de géométrie analytique au sens usuel, voire actuel, du
terme. L'issue du débat dépend essentiellement de l'appréciation que
l'on porte sur la nature des deux théories qui sont comparées, et il faut
bien reconnaître qu'il y a là matière à discussion.

En ce qui concerne la motivation même, le but recherché par l'une
et l'autre théorie, la théorie des *Configurations* et la géométrie
analytique, nous semble différer profondément. Oresme se propose de
résoudre une grande variété de problèmes – théologiques, esthétiques,
physiques, etc. – qui ne portent pas sur des êtres géométriques en leur
substituant précisément des considérations sur des êtres géométriques.
Tout le *Tractatus* vise à démontrer l'efficacité, sur le plan cognitif, de ce
déplacement vers la géométrie. Le but de la géométrie analytique, au
contraire, est de résoudre des problèmes portant sur des êtres géométriques, c'est-à-dire à proprement parler des problèmes de géométrie,
en leur substituant la résolution d'équations algébriques. L'algèbre
est alors l'outil qui mène à des connaissances en géométrie. Les deux
théories apparaissent ainsi opposées, ce qui signifie sans doute qu'elles

---

4. *Boyer 1956*, p. 51.

ne sont pas totalement étrangères l'une à l'autre, mais qui n'autorise pas le rapprochement dont nous discutons.

Considérons maintenant le moyen par lequel sont obtenues, dans les deux théories, ces transformations de problématique. Dans les *Configurations*, il s'agit de l'introduction de « latitudo » et de « longitudo », et dans le cas de la géométrie analytique, de l'introduction des coordonnées. S'il faut reconnaître une similitude entre ces deux catégories de concepts, l'essentiel nous semble, en ce qui concerne la question discutée ici, qu'ils aient des fonctions radicalement différentes : dans la géométrie analytique, les coordonnées servent à établir des équations à partir de figures géométriques données, alors que chez Oresme la figure ou configuration est créée, engendrée par la « latitudo » et la « longitudo ».

Pour ce qui est de Duhem, c'est précisément de la géométrie analytique qu'il entend faire d'Oresme le précurseur, et son argument principal est le chapitre 11 de la première partie du *Tractatus*. Duhem voit en I 11 l'équation de la droite en coordonnées cartésiennes. S'il en était ainsi, sa conclusion y trouverait quelque justification : la mise en équation d'une ligne géométrique est bien l'une des démarches caractéristiques de la géométrie analytique.

Sur ce point non plus, il ne nous semble pas possible de le suivre, et ce, au moins pour deux raisons. Même si l'on transcrit, avec Duhem, le texte de I 11 en symbolique littérale sous la forme

$$\frac{(x_3 - x_2)}{(x_2 - x_1)} = \frac{(h_3 - h_2)}{(h_2 - h_1)}$$

on peut contester son interprétation comme équation de la droite : les trois points considérés y sont traités précisément sur le même pied et le concept de variable y est totalement absent. Mais il nous semble plus important de remarquer que cette transcription n'est pas fidèle au texte : les rapports dont traite Oresme sont, non pas des rapports de différences entre des droites, mais des rapports de droites. L'excès d'un segment sur un autre est un segment directement désigné par ses points extrêmes, et non par la désignation des deux segments dont il est la différence. La relation décrite par Oresme n'est pas entre huit grandeurs, mais entre quatre : c'est une simple proportion dans le sens alors classique du livre V des *Éléments* d'Euclide. En ce sens, une transcription plus fidèle du texte devrait respecter le principe de ne représenter un segment que par un seul symbole. On pourrait écrire, par exemple, avec des notations évidentes :

$$\frac{H_{32}}{H_{21}} = \frac{L_{32}}{L_{21}}$$

ou quelque chose de ce genre.

Cette transcription, si elle est plus fidèle au texte – auquel le lecteur se reportera pour en juger par lui-même –, ne se prête plus à l'interprétation de Duhem. Elle ne présente du même coup qu'un intérêt très limité et nous ne l'avons proposée que pour mettre en évidence l'abus de langage que constitue la formule écrite par Duhem. Ce n'est d'ailleurs que dans la mesure où cet abus de langage est exploité dans le sens où il l'a fait, que la transcription de Duhem nous apparaît discutable.

II. Le théorème du degré moyen dans le traité

Il s'agit du texte d'Oresme le plus cité par les historiens des sciences : la démonstration du théorème du degré moyen au chapitre III 7 du *Traité des configurations*. Pour Clagett, « ce chapitre, avec sa démonstration géométrique, est le plus important de cette œuvre du point de vue historique »[5].

Cette appréciation tient la place du théorème du degré moyen dans les *Discours sur deux sciences nouvelles* de Galilée. L'une de ces deux sciences nouvelles est la théorie du mouvement des graves, et les deux dernières Journées (la troisième et la quatrième), consacrées au mouvement uniformément accéléré, constituent un texte fondateur de la mécanique du XVIIe siècle et donc de la science moderne. Or cette étude du mouvement uniformément accéléré s'ouvre précisément sur une démonstration du théorème du degré moyen, qui en est le

5. Cf. *Clagett 1968*, p. 494.

théorème Ier. Qui plus est, la démonstration de Galilée s'appuie sur le même diagramme vitesse-temps que celle d'Oresme, et la similitude entre les deux démonstrations est frappante.

C'est en interprétant cette similitude formelle comme une identité de contenu que Duhem peut voir en Oresme un précurseur de Galilée. Et il est très difficile, devant les deux démonstrations, de résister au sentiment qu'une telle similitude ne peut que refléter une influence directe au moins d'une tradition oresmienne, sinon du *Tractatus*. Cette hypothèse est effectivement dominante dans la recherche historique actuelle. Elle a été étayée principalement par les travaux de Clagett et par *Wisan 1974*, auxquels nous renvoyons. Il faut cependant reconnaître qu'aucune évidence matérielle directe de la persistance de la tradition mertonienne ou oresmienne de ce théorème dans l'Italie du XVIe siècle n'a pu être produite. Très documenté, *Lewis 1980*, qui ne peut être ignoré, conclut même catégoriquement de façon négative. Justifiée ou non, l'hypothèse de l'influence directe d'Oresme sur Galilée fait actuellement des *Configurations* un objet privilégié de l'histoire des sciences.

Les limites de la similitude entre les démonstrations par Oresme et par Galilée ont été parfois relevées, en particulier par Adol'f P. Ûškevič[6], qui remarque que celle de Galilée est plus proche de l'esprit de la théorie des indivisibles. Nous souhaitons attirer l'attention sur le fait qu'une lecture rigoureuse du texte ne permet pas d'étendre aux contenus la similitude formelle des deux théorèmes. Pour résumer les choses brièvement, l'identité lexicale ne recouvre pas, dans les deux textes, une identité conceptuelle. Il nous semble que la connaissance préalable du théorème galiléen a occulté ces différences et a conduit à une lecture contestable du théorème du chapitre III 7 du *Tractatus*.

L'examen du texte montre en effet que le théorème est d'abord énoncé et démontré dans le cas général des « qualités linéaires ». Il est ensuite mentionné que le résultat s'applique au cas de la vitesse : « De velocitate vero omnino dicendum est sicut de qualitate lineari ». Mais il s'agit là d'une extension non pas au « motus localis », au mouvement dans l'espace, mais bien plus généralement au mouvement au sens générique, aristotélicien du terme, c'est-à-dire au cas du changement temporel en général. Cette lecture s'oppose à la lecture habituelle de ce passage,

6. Cf. *Ûškevič 1976-1977*, vol. II.

mais elle nous semble la seule qui s'appuie rigoureusement sur le texte.

Si on nous suit, on comprend du même coup pourquoi le chapitre III 7 ne contient aucune allusion à l'espace parcouru par le mobile : ce concept n'a pas la généralité de celui du mouvement dont il est question. La mesure sous-entendue ici est celle de la « quantitas velocitatis » dont le champ sémantique est bien celui du mouvement en général.

Les discussions sur l'absence de mention explicite de l'espace parcouru dans ce passage nous semblent sans objet et résultent d'une lecture incorrecte. L'origine de cette mélecture est particulièrement instructive : elle réside dans l'analogie formelle entre le texte d'Oresme et la démonstration de Galilée, et en ce que « motus », « velocitas » et leurs dérivés n'ont pas le même champ de signification dans les deux textes. Il ne fait cependant aucun doute qu'Oresme connaît l'application de son analyse au cas particulier du mouvement dans l'espace ou « mouvement local », et on sait qu'il adopte dans ce cas l'acception à la fois usuelle et singulière d'« espace parcouru » pour « velocitas totalis ». Il en a discuté de façon détaillée dans les *Questions sur la* Géométrie *d'Euclide.* Et qu'il n'en fasse aucune mention ici indique clairement qu'il n'éprouvait qu'un intérêt très modéré, marginal même, pour cette application du théorème du degré moyen qui est pour nous si fondamentale.

III. Remarques générales sur cette traduction

Les extraits que nous présentons ont été choisis pour illustrer l'apport d'Oresme au développement des mathématiques et de leurs applications. On peut donc les considérer comme un appendice de l'article de Adol'f P. Ûškevič. Si cette partie de l'œuvre, qui concerne la mathématisation de la connaissance, apparaît rétrospectivement particulièrement intéressante et importante, le lecteur doit avoir à l'esprit que rien n'indique que ces spéculations mathématisantes étaient appréciées par leur auteur comme sa contribution la plus significative.

Cette remarque nous amène à préciser quelques choix que nous avons faits quant à la traduction, en nous limitant aux termes qui font le plus problème et à ceux pour lesquels notre solution s'écarte de l'usage des historiens des sciences. En général, nous n'avons pas adopté la méthode illustrée par Clagett, la « traduction diplomatique », qui relève de la traduction littérale. Cette méthode rappelle d'une certaine façon la méthode de traduction d'Oresme, en ce sens qu'elle a recours le plus souvent au calque. Cela conduit à rendre, en anglais, « latitudo » par « latitude », « species » par « species », « ymaginare » par « to imagine », « designare » par « to designate », etc. Le procédé d'Oresme est justifié par le fait que les concepts qu'il traduit, ou ceux qu'il élabore, n'ont pas de correspondants dans la langue française de son époque. Nous renvoyons à Lusignan 1988 et Quillet 1988 pour cet aspect créateur de l'expression d'Oresme en français. Appliquée au français ou à l'anglais contemporains, cette méthode produit une traduction relativement univoque, mais la langue d'arrivée n'est pas vraiment une langue vivante. La traduction n'est vraiment précise que pour les spécialistes connaissant bien la langue d'origine, ici le latin médiéval, dont ils reconnaissent les termes dans leur transcription moderne. Nous adressant ici à d'autres lecteurs, nous avons cherché à rendre en français, aussi précisément que nous avons pu, le texte latin. Nous sommes bien au fait qu'une traduction est toujours une interprétation, mais nous ne pensons pas que la méthode du calque permette de contourner cette réalité. Dans un certain nombre de cas, cependant, la tradition est si solidement établie qu'elle ne souffre pas d'écart. Nous avons gardé ainsi certains termes du vocabulaire philosophique dont les connotations modernes sont bien différentes de celles des mots traduits. « Corruption » est un exemple de ce genre de traduction malheureuse imposée par un usage ancien qui n'a pas évolué avec la langue. Quoi qu'il en soit, nous devons quelques précisions sur nos choix.

Nous avons rendu « ymaginare » et ses dérivés par « représenter » ou par « se représenter », avec une seule exception, celle de l'unique occurrence de « ymaginative », en II 1, que nous avons traduit par « en imagination ». Pour des termes assez voisins comme « signare », « designare » et « figurare », nous avons adopté « symboliser » pour les deux premiers, et « représenter par une figure » pour le dernier. Nous avons préféré « grandeur » à « quantité » pour « quantitas ».

« Latitudo » / « longitudo » : nous avons traduit « latitudo », « longitudo » et « altitudo » respectivement par « largeur », « longueur » et « hauteur », plutôt que de les translittérer purement et simplement. Ce choix nous semble imposé par la connotation explicitement géométrique que leur donne Oresme dans le *Traité*. Il est évident qu'on ne peut pas traduire en français moderne la deuxième définition du livre I des *Éléments* d'Euclide par « la ligne est ce qui a une longitude et pas de latitude ». Or, c'est bien aux *Éléments* que se réfère Oresme. Il utilise des termes du français vernaculaire de son temps lorsqu'il veut désigner la largeur et la longueur d'objets non géométriques :

> Je dis donques que le corps appellé . *C* . est infiny en lonc et en lé de totes pars [...][7]

et

> Quar pousé que . *A* . soit un corps infini de totes pars et que . *B* . soit un autre corps d'un pié de lé et d'un pié de parfont et infiny en lonc [...][8].

Mais quand il parle de géométrie, en français, il crée justement « longitude » pour longueur et « latitude » pour largeur :

> Car selon ymaginacion mathematique, ligne est quantité première naturellement qu<e> superficie. Et ligne a une seule dimension, c'est a savoir longitude ; et superfice a . II . dimensions qui sont longitude et latitude[9].

On trouve encore plus explicitement exprimé par Oresme que latitude et longitude sont les termes qu'il entend substituer aux termes vernaculaires pour largeur et longueur dans le discours théorique de la géométrie :

> Troys dimensions ou mesures sont longitude et latitude et spissitude ou parfondesce, et selon ce, un corps est lonc et lé et espés[10].

Cette terminologie d'Oresme n'a pas survécu, et en traduisant aujourd'hui par latitude et longitude, on induit, sans justification, dans l'esprit du lecteur le sentiment qu'il y a une nuance par rapport aux acceptions actuelles de « largeur » et de « longueur » ; nous pensons qu'il n'en est rien.

« Motus », « velocitas » et leurs dérivés : par contre, l'usage nous a imposé « mouvement » pour « motus », « mobile » pour « mobile » et « vitesse » pour « velocitas ». Les connotations des termes latins seraient

---

7. *Menut & Denomy 1968*, p. 120, l. 94.
8. *Ibid.*, p. 234, l. 75.
9. *Ibid.*, p. 312, ll. 119-121.
10. *Ibid.*, p. 46, l. 47.

mieux rendues par les mots français « changement », « sujet ou support du changement » et « rapidité ». Il est très difficile pour un lecteur français qui ne pratique pas couramment Aristote d'éviter de restreindre le sens de ces traductions au sens qu'ils prennent dans le cas singulier de la catégorie du « motus localis ». Pour le lecteur de formation scientifique plus peut-être que pour un autre, il est très difficile d'admettre et de garder présent à l'esprit que l'expression « le mouvement d'un mobile », en l'absence d'autres spécifications, ne se réfère pas nécessairement à un déplacement, *i.e.* à un mouvement dans l'espace. La discussion sur le théorème de Merton montre l'extrême importance de ce point.

À propos des surfaces « égales » contenues dans un solide (chapitre I 4)

Nous devons attirer l'attention sur l'une des différences entre notre traduction et celle de Clagett, dans la mesure où il s'agit d'une divergence totale dans l'interprétation du texte sur un point extrêmement important, tout au moins si l'on suit Clagett.

Le passage concerné est celui du chapitre I 4, où Oresme, pour étendre sa représentation géométrique au cas d'une qualité d'un sujet à trois dimensions, utilise un « feuilletage » d'un solide par des surfaces. Il nous faut citer intégralement ce passage :

> Et comme dans un solide quelconque il y a un nombre infini de surfaces *égales* dont la qualité est représentée par un solide, il n'est pas impropre de se représenter, il faut même se représenter, un solide là où un autre solide, ou tout autre solide, est simultanément représenté, par pénétration, ou par supposition mathématique, ou par surimposition des solides ainsi représentés.

Nous avons mis en italique « égales » parce que ce terme fait problème. Clagett traduit par « equivalent surfaces » et commente ainsi :

> The latin text appears to have *superficies equales*. Either the *equales* ought to be deleted, or it is used with the meaning of surfaces that are equivalent or equal in thickness. One would suppose that Oresme would have conceived of them as being of infinitely small thickness, syncategorematically speaking, *i.e.* that they are thinner than any assignable quantity[11].

---

11. Cf. *Clagett 1968*, p. 177, n. 4.

Cette interprétation de Clagett nous semble tout à fait inacceptable. Elle prête à Oresme un concept d'infiniment petit de type archimédéen, qui nous semble lui être tout à fait étranger. Il reste à expliquer la présence de « equales ».

L'embarras de Clagett, qui l'entraîne dans sa traduction que nous contestons, tient à ce qu'il prend « equales » dans son acception la plus fréquente, celle de comparatif d'égalité entre deux ou plusieurs termes. Sur 47 occurrences indexées dans l'édition de Clagett, 45 correspondent effectivement à ce sens, les deux termes de la comparaison étant explicités. Cependant « equales » peut avoir aussi, comme « égal » en français, une fonction d'attribut ; il connote alors l'uniformité, la constance ou la régularité du sujet. Oresme l'utilise aussi dans ce sens, quoique très rarement. C'est indiscutablement le cas au chapitre 10 des *Questions sur la* Géométrie *d'Euclide* où l'on trouve :

> in eo quod est uniforme vel equale nulla est difformitas sive inequalitas[12].

Il nous semble qu'il en est de même au chapitre I 11 du *Tractatus*:

> Quelibet autem talis qualitas dicitur uniformis seu equalis intensionis in cunctis partibus eius[13].

Nous pensons que dans le passage du chapitre I 4 dont il est question ici, il faut également comprendre « equales » dans ce sens. Oresme ne fait rien d'autre, ici, qu'imaginer qu'un solide contient une infinité de surfaces dans le sens précisément où il conçoit qu'une ligne contient une infinité de points (cf. I 1 : *il faut les imaginer mathématiquement*). Mais il y a ici plus de degrés de liberté, et Oresme précise que les surfaces uniformes conviennent mieux. Cela peut être des plans, mais aussi des sphères, car le plan et la sphère sont bien des surfaces qu'Oresme peut qualifier d'uniformes. Les « feuilletages » par des plans parallèles ou par des sphères concentriques sont parfaitement dans les pratiques du temps, en géométrie ou en astronomie comme en optique. Dans cet esprit, il s'agit bien d'indivisibles de volume, bidimensionnels et sans épaisseur. Nous avons donc retenu « égales », entendu comme synonyme de « uniformes ».

---

12. *Ibid.*, p. 526, 1. 5.
13. *Ibid.*, p. 190, 1. 11.

Appendice

Tractatus de configurationibus qualitatum et motuum
Traité des configurations des qualités et des mouvements
(Extraits des livres Ier-IIe et IIIe, traduits du latin)*

I 1. De la continuité de l'intensité[1]

On se représente toute chose mesurable, à l'exception des nombres, comme une grandeur continue. Pour la mesure d'une telle chose il faut donc se représenter des points, des droites ou des surfaces ou leurs propriétés. Car, selon le Philosophe, c'est en eux que se trouve originellement la mesure ou le rapport, tandis qu'on ne les reconnaît par similitude dans les autres choses qu'en s'y référant mentalement. Bien qu'il n'existe pas de points indivisibles ou de lignes, il faut les imaginer mathématiquement pour les mesures des choses et pour connaître leurs rapports. Toute intensité qui peut être acquise de façon successive doit donc être représentée par une ligne droite élevée perpendiculairement en un point de l'espace ou du sujet de la chose intensive, par exemple d'une qualité. Car, quel que soit le rapport qu'on trouve entre deux intensités en comparant des intensités de même espèce, un même rapport existe entre deux droites et *vice versa*. Car de la même façon qu'une droite est commensurable à une autre et incommensurable à une

---

* Extraits traduits du latin par Pierre Souffrin & Jean-Pierre Weiss. Les brefs résumés donnés dans les notes qui suivent sont dus aux traducteurs.

1. I 1. L'intensité d'une qualité continue est représentée par un segment de droite. La mesure des intensités est représentée par la mesure de ces droites d'intensité.

autre, pour ce qui est des intensités certaines sont commensurables entre elles et d'autres incommensurables de quelque façon que ce soit, du fait de leur continuité. Donc la mesure des intensités peut être représentée de façon pertinente comme la mesure de droites, d'autant plus que l'intensité peut diminuer à l'infini et augmenter, autant qu'il est possible, à l'infini de la même façon qu'une droite.

Par ailleurs, l'intensité exprime aussi l'idée qu'une chose est « plus ceci » ou « plus cela », par exemple « plus blanche » ou « plus rapide ». Cette intensité, ou plus précisément intensité d'un point, est divisible d'une seule façon et à l'infini, comme un *continuum*. On ne peut donc la représenter plus adéquatement que sous la forme du *continuum* qui est originellement divisible et d'une seule façon, c'est-à-dire par une droite. Comme nous connaissons mieux et concevons plus facilement la grandeur ou le rapport des droites – qui plus est la droite est la forme originelle du continu –, une telle intensité doit être représentée par des droites, et au mieux par des droites élevées perpendiculairement au sujet.

La considération de telles droites facilite la connaissance de n'importe quelle intensité et y conduit naturellement, ainsi qu'il apparaîtra pleinement ci-dessous au chapitre IV.

Ainsi des intensités égales sont représentées par des droites égales, une intensité double par une droite double, et toujours ainsi si on continue de façon proportionnelle.

Et on doit l'entendre ainsi, d'une façon tout à fait générale, de toute intensité qu'on se représente divisible, que ce soit l'intensité d'une qualité active ou non active, ou celle d'un sujet, d'un objet ou d'un milieu sensible ou non sensible, comme l'éclat du soleil et l'éclairement d'un milieu, l'aspect diffusé dans un milieu par influence ou par sa force propre, et aussi les autres choses, à l'exception peut-être de l'intensité de courbure qu'on abordera aux chapitres XX et XXI de cette partie du Traité.

Cependant, la droite de l'intensité dont on vient de parler ne s'étend pas réellement en dehors du point ou du sujet, mais seulement dans la représentation, et elle pourrait s'étendre dans n'importe quelle direction. Mais il convient mieux de la représenter élevée perpendiculairement au sujet doué de la qualité.

I 2. De la largeur des qualités[2]

Toute intensité symbolisée par la droite décrite ci-dessus devrait, à proprement parler, s'appeler longueur de la qualité. D'abord parce que lors de l'altération continue on ne demande pas essentiellement la succession vis-à-vis de l'extension ou des parties du sujet, car la totalité du sujet peut être altérée de façon simultanée, alors qu'on demande la succession vis-à-vis de l'intensité.

Donc, de la même façon que dans le mouvement local la dimension par rapport à laquelle on demande la succession s'appelle la longueur de l'espace ou du chemin parcouru, une intensité de ce genre par rapport à laquelle on demande la succession devrait s'appeler la longueur de cette qualité. De même, comme la vitesse dans un mouvement local se mesure d'après la longueur de l'espace parcouru, dans l'altération la vitesse est évaluée d'après l'intensité.

De même, on ne peut se représenter une qualité acquise par altération qui n'ait pas d'intensité, ou qui ne soit pas divisible selon l'intensité, alors qu'on peut s'en représenter sans extension. Qui plus est, une qualité d'un sujet indivisible, comme l'âme d'un ange, n'a pas d'extension.

Puisqu'on se représente mathématiquement une longueur sans largeur, et non l'inverse, et puisqu'il est clair d'après le chapitre précédent qu'on doit rapporter l'intensité à quelque dimension, ce devrait être à la longueur et non à la largeur. On devrait donc désigner l'intensité, plus correctement, sous le nom de longueur. Il est clair que la qualité d'un objet indivisible n'a pas de largeur à proprement parler.

Mais beaucoup de théologiens parlent de la « largeur de charité » – improprement, car si par largeur ils entendent l'intensité, alors il y aurait largeur sans longueur et leur métaphore semblerait inappropriée.

Quoi qu'il en soit, j'appellerai largeur cette sorte d'intensité d'une qualité, ainsi que je l'exposerai plus complètement au chapitre suivant.

I 3. De la longueur des qualités

L'extension d'une qualité étendue devrait être appelée sa largeur. Ladite extension est représentée par une droite tracée sur le sujet, sur laquelle la

---

2. I 2. Il serait cohérent, du fait des connotations géométriques des termes, d'appeler longueur de la qualité la droite qui représente l'intensité. Et si le sujet de la qualité est étendu, il conviendrait d'appeler largeur la droite qui en représente l'extension. Dans le cas du mouvement (c'est-à-dire du changement en général) d'un sujet indivisible, il faut entendre l'extension temporelle au lieu de l'extension spatiale. Mais l'usage des théologiens est différent et on suivra l'usage pour ne pas obscurcir la discussion.

droite de l'intensité de cette qualité est élevée perpendiculairement. Car, puisque toute qualité de cette sorte a une intensité et une extension à partir desquelles on évalue sa mesure, si on appelait longueur son intensité, alors son extension – qui serait sa deuxième dimension – s'appellerait largeur. Et inversement, si on appelle largeur l'intensité, on appellera longueur l'extension.

Et de même qu'on devrait appeler largeur l'extension de la qualité et longueur son intensité dans le cas des qualités permanentes, de même dans le cas des qualités successives, tels le mouvement local, le son et les choses semblables, leur extension dans le temps devrait s'appeler largeur, et leur intensité longueur.

Cependant l'extension dont on parle ainsi est plus manifeste, et pour ainsi dire plus palpable, et antérieure à l'intensité dans notre connaissance. Peut-être aussi est-elle antérieure dans la nature. Pour ces raisons, malgré mes remarques précédentes, l'usage dans le langage commun est d'associer l'extension à la première dimension, c'est-à-dire à la longueur, et l'intensité à la largeur. Et comme une différence d'appellation de ce genre, ou une appellation impropre, n'a en fait aucune conséquence et que la même chose peut-être appelée différemment, je souhaite suivre l'usage commun. Je procède ainsi afin que ce que je dis ne soit pas plus difficilement compréhensible du fait d'une expression inhabituelle. Donc, arbitrairement, appelons l'extension d'une qualité sa longueur et son intensité, largeur ou hauteur. […]

I 4. De la grandeur des qualités[3]

La grandeur d'une qualité linéaire doit être représentée par une surface dont la longueur ou base est une droite tracée sur un tel sujet, comme on l'a dit au chapitre précédent, et dont la largeur ou hauteur correspond à la droite élevée perpendiculairement à ladite base de la manière indiquée au deuxième chapitre. Par qualité linéaire j'entends la qualité d'une droite du sujet doué de la qualité. Il est évident que la grandeur d'une telle qualité peut être représentée par une surface de ce genre, car on peut donner une surface égale à la qualité en longueur ou en extension et de hauteur semblable à l'intensité de la qualité, comme on le verra clairement plus loin.

Et on voit que nous devons représenter une qualité de cette façon pour reconnaître plus facilement sa disposition, car on appréhende plus rapidement, plus facilement et plus clairement son uniformité et sa difformité

---

3. I 4. Une qualité d'une droite est ainsi représentée par une surface. Cette surface représente la mesure de la qualité (cf. *infra*, III 5). Elle facilite au mieux la compréhension des caractéristiques de la qualité. Par généralisation, on est conduit à considérer mathématiquement des grandeurs à trois et à quatre dimensions.

lorsqu'on décrit quelque chose de semblable par une figure sensible, parce qu'une chose se comprend rapidement et parfaitement quand elle est expliquée par un exemple visuel. Ainsi il semble que certains comprennent difficilement ce qu'est une qualité uniformément difforme. Mais qu'y a-t-il de plus facile à comprendre que la hauteur d'un triangle rectangle soit uniformément difforme? Car cela est certainement perceptible aux sens. Lors donc que l'intensité d'une qualité de ce genre est représentée de façon figurée par la hauteur d'un tel triangle, et lui est assimilée de la façon qui sera faite au chapitre VIII, on reconnaît facilement sa disposition, sa figure et sa mesure, et de même pour d'autres qualités [...].

[...] comme la qualité d'un point est représentée par une droite et celle d'une droite par une surface, de même la qualité d'une surface est représentée par un solide dont la base est la surface douée de la qualité, ainsi qu'on le verra clairement dans la suite.

Et comme dans un solide quelconque, il y a un nombre infini de surfaces égales dont la qualité est représentée par un solide, il n'est pas impropre de se représenter, il faut même se représenter, un solide là où un autre solide, ou tout autre solide, est simultanément représenté, par pénétration, ou par supposition mathématique, ou par surimposition des solides ainsi représentés.

Cependant cette pénétration n'a pas lieu en réalité. Et quoiqu'une qualité d'une surface se représente par un solide, et qu'une quatrième dimension n'existe ni ne se représente, une qualité d'un solide se représente comme ayant un double caractère de solide : un véritable selon l'extension du solide dans toutes les dimensions, et un autre vrai seulement par la représentation des intensités de cette qualité prises une infinité de fois selon la multitude des surfaces du sujet. [...]

I 5. De la représentation des qualités par des figures[4]

Toute qualité linéaire est représentée par la figure formée par une surface élevée perpendiculairement sur une droite du sujet. Soit la droite AB douée d'une qualité. Puisque selon le chapitre précédent une surface correspond à cette qualité, il faut la représenter par la figure de la surface qui lui correspond, ou par laquelle elle est représentée. La hauteur de cette surface correspond à l'intensité de cette qualité. [...]

---

4. I 5. La figure qui représente une qualité linéaire n'est ni unique ni arbitraire. Toute figure de hauteur proportionnelle à celle d'une figure qui convient, convient également.

I 6. De la construction des figures

[…] une qualité ne peut pas être représentée par une figure quelconque. Seules représentent une qualité linéaire, ou lui correspondent, les figures dans lesquelles les intensités de cette qualité en des points quelconques sont entre elles dans le même rapport que les droites menées perpendiculairement de ces mêmes points au sommet de la figure. […]

I 7. De l'adéquation des figures

Toute qualité linéaire peut être symbolisée par toute figure plane représentée perpendiculairement à la qualité linéaire dont la hauteur est proportionnelle à l'intensité de la qualité. Une figure dressée sur une droite douée d'une qualité est dite de hauteur proportionnelle à l'intensité de la qualité, si les hauteurs de deux droites quelconques menées perpendiculairement de la droite qui est la base jusqu'au sommet de la figure ou surface sont entre elles dans le même rapport que les intensités aux points de base.

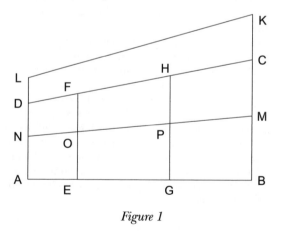

Figure 1

Par exemple soit la droite *AB* sur laquelle se dresse la surface *ABCD* et soient *EF* et *GH* deux droites dressées sur la base. Alors si, le rapport de *EF* à *GH* est égal au rapport de l'intensité au point *E* à l'intensité au point *G*, et de même pour tous les points et les droites correspondants, je dirai que cette surface ou figure est proportionnelle en hauteur à cette qualité en intensité, et donc que la hauteur de la surface est semblable à l'intensité de cette qualité. Donc cette figure ou surface convient au mieux à la représentation de la qualité. Comme sur cette droite *AB* on peut mener de nombreuses surfaces proportionnelles ou semblables en hauteur, les unes plus grandes, les autres plus petites, par exemple *ABKL* qui est plus grande et *ABMN* qui est plus petite, et d'autres qui seraient semblables en hauteur quoique inégales, il s'ensuit que la qualité de la droite *AB* peut être indifféremment désignée par n'importe laquelle d'entre elles. [...]

[...] si la qualité est représentée par l'une quelconque de ces figures, une qualité double et semblable en intensité sera désignée par une figure de hauteur double semblable en hauteur.

I 9. Sur les qualités uniformes et difformes[5]

Ainsi toute qualité uniforme est représentée par un rectangle et toute qualité uniformément difforme se terminant à un degré nul est représentable par un triangle rectangle. De plus, toute qualité uniformément difforme se terminant à ses deux extrémités avec des degrés non nuls doit être représentée par un quadrangle ayant deux angles droits à sa base et les deux autres angles inégaux. Toute autre qualité linéaire est dite difformément difforme et est représentable par des figures disposées autrement, selon de multiples variations, dont on considérera certains modes plus loin.

On ne peut connaître mieux, ni plus clairement, ni plus facilement les différences d'intensité dont il a été question que par de telles représentations et de telles relations à des figures, bien que certaines autres descriptions ou d'autres façons de les faire connaître pourraient être données, qu'on peut aussi connaître par la représentation de figures de ce genre.

Ainsi, on pourrait dire qu'une qualité est uniforme si elle est d'intensité égale sur toutes ses parties, ou qu'une qualité uniformément difforme est telle que pour trois points quelconques, le rapport de la distance entre le premier et le second à la distance entre le second et le troisième est égal au rapport entre l'excès de l'intensité au premier point sur celle au second à l'excès de celle au second sur celle au troisième, si on a appelé premier celui des trois points où l'intensité est la plus grande.

---

5. I 9. Les figures permettent de connaître facilement les propriétés des qualités uniformément difformes et difformément difformes. D'autres descriptions sont possibles. Par exemple, on peut caractériser une qualité uniformément difforme par les égalités de rapports qui expriment que l'intensité croît proportionnellement à la distance d'une extrémité de la droite d'extension.

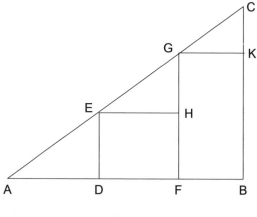

Figure 2

Considérons d'abord une qualité uniforme se terminant avec un degré nul, qui est symbolisée ou représentée par le triangle *ABC*. Les droites perpendiculaires *BC*, *FG* et *DE* étant tracées, soit *HE* parallèle à *DF* et de même *GK* parallèle à *FB*. On a ainsi deux triangles *CKG* et *GHE* qui sont équiangles. D'après la Proposition VI 4 d'Euclide, le rapport de *GK* à *EH* est égal au rapport de l'excès *CK* à l'excès *GH*. Et comme *GK* est égal à *FB* et que de même *EH* est égal à *DF*, le rapport de *FB* à *DF* des distances entre les trois points sur la base est égal au rapport de *CK* à *GH* des excès des hauteurs qui sont proportionnelles aux intensités aux mêmes points. Puisque la qualité de la droite *AB* est telle que le rapport des intensités des points de la droite est égal au rapport des droites élevées perpendiculairement aux mêmes points, la proposition est clairement évidente. […]

[…] ce que nous avons présupposé d'une qualité ainsi difforme convient bien, et elle est bien représentée par un tel triangle.

De la même façon la propriété ou description mentionnée peut être démontrée pour une qualité uniformément difforme se terminant aux deux extrémités avec un degré non nul. […]

I 12. Sur la même chose, autrement[6]

On peut encore être amené à la connaissance des différences évoquées par la représentation d'un mouvement.

Imaginons un point D en mouvement régulier sur une droite AB, de telle façon que tout point de AB atteint par D, soit égal et semblable à D en intensité. Si D a un certain degré ou une certaine intensité au début du mouvement et s'il se maintient continûment au même degré, sans altération, durant le mouvement, il décrit une qualité uniforme sur la droite AB. Mais si D n'a pas de cette qualité au début du mouvement, et est continûment altéré au cours du mouvement, si son intensité croît régulièrement, il décrit une qualité uniformément difforme terminée à un degré nul. Et si l'intensité de D croît régulièrement et qu'au début il a une qualité ou une intensité non nulle, alors il décrit une qualité uniformément difforme se terminant à ses extrémités à un degré non nul. De la même façon, si au début du mouvement D a quelque qualité, et que celle-ci décroît régulièrement en intensité jusqu'à la fin du mouvement, alors D décrit une qualité uniformément difforme se terminant des deux côtés à un degré non nul. Si D décroît en intensité jusqu'à un degré nul, alors la qualité décrite est uniformément difforme se terminant à un degré nul.

Mais si D se meut irrégulièrement et si son intensité croît ou décroît régulièrement, il décrit une qualité difformément difforme. Cependant il peut se trouver que le point D ait un mouvement irrégulier et qu'il soit irrégulièrement altéré de façon équivalente, ou qu'il y ait compensation, comme s'il décrivait une qualité uniformément difforme ; mais sans une telle compensation, il décrirait une qualité difformément difforme. [...]

I 13. Sur la même chose, autrement encore[7]

On peut encore faire les distinctions dont nous avons parlé en appelant ligne d'intensité ou ligne des sommets la ligne supérieure de la figure par laquelle on représente la qualité [...].

[...] comme par exemple la droite DC dans le quadrangle $ABCD$. Si cette ligne des sommets est parallèle à la base, soit AB, la qualité représentable par

---

6. I 12. On peut aussi caractériser une qualité linéaire au moyen d'une représentation cinématique. La qualité est alors représentée par le mouvement (au sens de la croissance ou de la décroissance temporelle) de l'intensité d'un sujet indivisible.

7. I 13. Les qualités peuvent encore être caractérisées par une courbe, la ligne des sommets.

une telle figure est simplement uniforme. Si, sans être parallèle à la base, c'est quand même une droite, alors la qualité est uniformément difforme […].

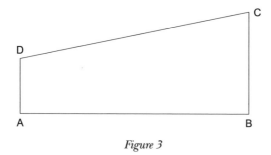

Figure 3

[…] comme une telle ligne ne peut pas être jointe aux deux extrémités de la base – car c'est une droite, et la base étant une droite elles se confondraient en une seule –, il est clair qu'il ne peut y avoir de qualité uniformément difforme se terminant à ses deux extrémités à un degré nul.

De plus, si la ligne des sommets est courbe, ou composée de plusieurs droites et non d'une seule, la qualité représentable par cette figure sera difformément difforme, et il se peut qu'elle se termine aux deux extrémités à un degré non nul, ou aux deux extrémités à un degré nul, ou à un degré à l'une des extrémités et à un degré nul à l'autre.

II 1. De la double difformité du mouvement[8]

Tout mouvement successif d'un sujet divisible comporte des parties, et est divisible premièrement selon la division et l'extension ou la continuité du mobile, deuxièmement selon la divisibilité et la durée ou la continuité du temps et troisièmement, au moins en imagination, selon le degré et l'intensité de la vitesse. D'après la première continuité nous disons que le mouvement est grand ou petit ; d'après la deuxième qu'il est court ou long ; d'après la troisième qu'il est rapide ou lent. Un mouvement a ainsi deux extensions, une sur le sujet et l'autre dans le temps, et une intensité. […]

---

8. II 1. Dans le cas des mouvements (dans le sens général de changement), les qualités ont une extension de plus que les qualités permanentes : leur durée.

III 5. Sur la mesure des qualités et des vitesses uniformes[9]

D'une façon absolument générale, la mesure ou le rapport de deux qualités linéaires ou qualités de surfaces quelconques, ou de deux vitesses quelconques, est égal à celui des figures par lesquelles on les représente de façon comparable. Je dis de façon comparable par référence à la remarque du chapitre VII de la première partie. [...]

III 6. Sur la même chose

[...] on doit parler de la même façon de la mesure d'une vitesse, mais en prenant le temps de durée de cette vitesse pour l'extension et le degré pour l'intensité ; et de même pour les autres choses successives. [...]

III 7. Sur la mesure des qualités et des vitesses difformes[10]

Toute qualité uniformément difforme est de même grandeur que la qualité du même sujet, ou d'un sujet égal, qui serait uniforme avec le degré du point médian du sujet donné ; cela, sous-entendu, si le sujet est linéaire. Si c'est une surface, ce serait avec le degré de la ligne médiane, et si c'est un solide, avec le degré de la surface médiane, les choses étant comprises de la même façon.

On le montrera d'abord pour une qualité linéaire. Soit donc une qualité représentée par le triangle *ABC*, uniformément difforme se terminant avec un degré nul au point *B*. Soit *D* le point médian de la droite du sujet. Le degré ou l'intensité de ce point est représenté par la droite *DE*. La qualité qui serait uniforme sur tout le sujet avec le degré *DE* peut être représentée par le rectangle *AFGB*, d'après le chapitre dix de la première partie. Il est alors établi par la Proposition 26 du Livre I d'Euclide que les deux petits triangles *EFC* et

---

9. III 5. La surface de la figure est (proportionnelle à) la mesure de la grandeur d'une qualité linéaire. Et pour le mouvement (dans le sens général de changement) d'un sujet indivisible, on obtient une représentation géométrique semblable en portant en longueur le temps au lieu de l'extension sur le sujet ; la surface correspondante mesure alors la grandeur de la vitesse du mouvement considéré dans la totalité de sa durée (*velocitas totalis*, c'est-à-dire la « vitesse moyenne »).

10. III 7. Théorème du degré moyen pour les qualités, et pour les mouvements (dans le sens général de changement) de sujets indivisibles.

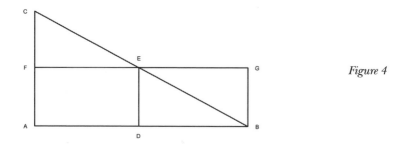

Figure 4

EGB sont égaux. Donc les qualités ainsi représentables par ce triangle et par ce rectangle sont égales. Et c'est ce qui était proposé. [...]

On doit parler d'une vitesse tout à fait de la même façon que d'une qualité linéaire, en prenant à la place du point médian l'instant médian du temps qui mesure une vitesse de ce genre.

On voit donc à quelle qualité ou à quelle vitesse uniforme est égale une qualité ou une vitesse uniformément difforme. Mais le rapport de qualités ou de vitesses est égal au rapport de qualités ou de vitesses qui leur sont égales, et de telles qualités ou vitesses uniformes nous avons parlé au chapitre précédent.

III 8. Sur la mesure et l'intensité infinie de certaines difformités[11]

On peut rendre une surface finie aussi longue ou aussi haute qu'on voudra sans qu'elle augmente, en changeant son extension. Car une telle surface a une longueur et une largeur, et il est possible de l'augmenter dans l'une de ses dimensions autant qu'on voudra sans l'accroître, simplement en diminuant proportionnellement l'autre dimension. Et de même pour un solide.

Par exemple dans le cas d'une surface : soit une surface d'un pied carré dont la ligne de base est *AB*. Soit une autre surface semblable dont la base est *CD*. Imaginons que cette dernière soit divisée de façon continue en parties proportionnelles de raison un demi sur la base elle-même divisée de cette façon. Soit *E* la première partie, *F* la deuxième, *G* la troisième, et ainsi de suite. Prenons la première de ces parties, soit *E*, qui est la moitié de la surface totale, et plaçons-la

---

11. III 8. Des qualités peuvent être de grandeur finie même si l'intensité tend vers l'infini. De même, un mobile peut parcourir une distance finie avec une vitesse tendant vers l'infini. Dans le cas particulier du mouvement local, la vitesse totale est, en définitive, l'espace parcouru.

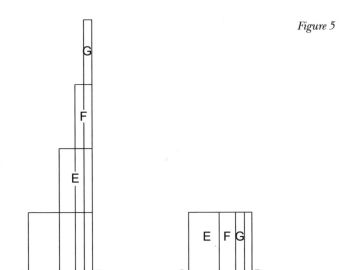

Figure 5

sur la première surface du côté de l'extrémité *B*. Sur cet ensemble plaçons la deuxième surface et plaçons encore sur le tout la troisième partie *G* et de la même façon toutes les autres, à l'infini. Ceci fait, imaginons que la base *AB* soit divisée en parties formant une proportion continue de raison un demi vers *B*.

Il est évident que sur la première partie proportionnelle de *AB* il y a une surface de un pied de hauteur, sur la seconde partie proportionnelle une surface de deux pieds de hauteur, sur la troisième une de trois pieds, sur la quatrième une de quatre pieds, et ainsi de suite à l'infini; et cependant la surface totale n'est que des deux pieds donnés au départ, sans augmentation.

Par conséquent, la surface totale sur *AB* est exactement le quadruple de sa partie qui se trouve sur la première partie proportionnelle de la droite *AB*.

Une qualité ou une vitesse dont l'intensité serait proportionnelle à la hauteur de cette figure serait exactement le quadruple de la partie qui serait sur la première partie du temps ou du sujet ainsi divisé.

De même, si un mobile se déplaçait avec une certaine vitesse pendant la première partie proportionnelle d'un temps ainsi divisé, deux fois plus vite pendant la deuxième partie, trois fois plus vite pendant la troisième, quatre fois plus vite pendant la quatrième et ainsi de suite à l'infini en continuant de façon croissante, la vitesse totale serait exactement quatre fois la vitesse totale de la première partie, de sorte que ce mobile parcourrait dans la totalité du temps une distance exactement égale au quadruple de la distance parcourue pendant la première moitié de ce temps. […]

5

La quantification du mouvement
chez les scolastiques

La vitesse instantanée chez Oresme*

I. Le cadre aristotélicien de la discussion scolastique du changement

On sait que l'analyse théorique ou, comme on l'entend généralement, philosophique, du changement tient une place centrale dans la
philosophie grecque, des présocratiques à Aristote. Je dis « théorique »
pour insister sur le fait qu'il n'y a rien de trivial ou de naïf dans le
refus du changement, chez les éléates par exemple, et qu'Antisthène
ne répond pas valablement à Zénon quand il lui fait remarquer qu'il
marche tout en faisant son discours sur l'impossibilité du mouvement.
Par « impossibilité du changement », les éléates entendaient affirmer
que le concept théorique de changement présente non seulement des
difficultés, mais même des contradictions. Ils n'entendaient en rien

---

* N.d.éd. : Paru dans *Autour de Nicole Oresme,* Édité par Jeannine Quillet, Paris, J. Vrin,
1990, pp. 63-83 – version revue et corrigée pour la présente édition.

mettre en cause la validité de l'usage vernaculaire du mot, ni contester les conséquences pratiques de ce qui appelle cet usage dans des situations de la vie quotidienne.

Perdre de vue que le débat portait sur la validité de concepts introduits dans un champ théorique conduit à des objections grossièrement déplacées par rapport à ce dont il est question. C'est à ce déplacement que Heidegger fait allusion quand il mentionne, sans lui renvoyer l'ironie, le rire de sa concierge qui le voit se préoccuper de savoir « qu'est-ce qu'une chose ». Pour prendre un exemple un peu plus immédiatement recevable par une culture scientifique, on peut mentionner la distance considérable qu'il y a entre le concept vernaculaire de point de l'espace et le statut du concept d'espace dans la physique théorique actuelle. Lorsque le physicien refuse, aujourd'hui, toute réalité physique autonome à l'espace, il a une attitude qui me semble de nature à faire comprendre, pour l'essentiel, celle des éléates niant le mouvement : ce qui est nié est un concept théorique, disons celui d'espace autonome ou absolu, très sophistiqué et dont la spécification à partir de l'acception vernaculaire du mot « espace » demanderait bien des pages.

Une difficulté théorique ou philosophique à laquelle se réfèrent les philosophes grecs est de nature ontologique : celle de concevoir la permanence de l'être dans le changement. À cette difficulté ils ont apporté deux propositions de réponse : celle des atomistes et celle d'Aristote. Cette dernière est la plus importante, par rapport à notre sujet, dans la mesure où elle fournit le cadre de référence des discussions de la scolastique tardive dont il sera question par la suite.

Ce n'est pas ici le lieu d'une description de l'analyse aristotélicienne du mouvement, dont la connaissance des grandes lignes est indispensable à une appréciation correcte des développements médiévaux. Mentionnons simplement que les concepts aristotéliciens de « grandeur » (ou « quantité ») et de « qualité » sont au centre de l'ontologie d'Aristote, et sont particulièrement importants dans l'étude du changement, puisqu'il en considère trois sortes, hétérogènes par nature : l'altération ou changement selon la qualité, l'augmentation / diminution ou changement selon la grandeur, et le mouvement (dit aussi « mouvement local ») ou changement selon le lieu. La pierre angulaire de l'analyse aristotélicienne du changement est la dualité « être en acte » / « être en puissance » associée à la dualité « forme » / « matière ». Tous ces termes ont, pour Aristote, comme pour les scolastiques, des significations plus ou moins éloignées de leurs connotations actuelles, et nous ne pouvons que renvoyer le lecteur non préparé aux exposés synthétiques de la physique d'Aristote, par exemple au livre de Maurice Clavelin sur *La philosophie naturelle de Galilée*, ou au *Système du monde* de Pierre Duhem, qui contient des présentations plus étendues des principaux concepts en jeu.

II. La problématique médiévale de l'*intensio et remissio formarum*

Si les deux discussions scolastiques de la théorie du changement s'appuient, au bas Moyen Âge occidental, sur la théorie aristotélicienne, elles font bien autre chose que d'en produire une exégèse de disciples. À partir, au moins, du XIIe siècle, les médiévaux prennent plutôt appui sur une assimilation critique des textes aristotéliciens pour produire, au cours d'une succession de *Commentaires*, des concepts originaux appropriés aux besoins de leur propre contexte socio-culturel.

Ce sont les théologiens qui impulsent la problématique spécifique du bas Moyen Âge, désignée comme « intensio et remissio formarum », *i.e.* « augmentation et diminution des formes ». Dans cette expression, il faut comprendre « des formes » dans le sens aristotélicien très général de « des choses », ou « des choses particulières », par opposition à « des concepts », ou à des « universaux », pour utiliser un terme médiéval.

Dans le contexte philosophique, on considère actuellement que la popularité de cette problématique est liée à la très grande diffusion en Europe du *Livre des sentences* de Pierre Lombard. Dans la *Distinctio* 17 du Livre Ier des *Sentences*, Pierre Lombard s'interroge, dans la forme de la *quæstio* pour savoir

> si on admet que le Saint-Esprit augmente dans l'homme, ou qu'il est plus ou moins possédé ou donné.

Le problème est évidemment que la Charité, c'est-à-dire le Saint-Esprit, ne saurait être divisible, et encore moins susceptible de changement, d'altération, toutes choses qui ne siéent guère à une nature divine. Pierre

Lombard résout le problème en disant que la Charité ne change pas, mais qu'elle augmente ou diminue dans l'homme, tout comme

> Dieu grandit et s'exalte en nous, bien que Dieu ne grandisse ni ne s'exalte *in se*.

On distingue nettement, dans la subtile solution proposée par Pierre Lombard, l'une des caractéristiques spécifiques de la problématique de l'« intensio et remissio formarum » : le problème devient celui du changement d'un sujet qualifié, en tant qu'il est qualifié – c'est-à-dire, selon la terminologie médiévale, celui du changement d'une forme. On peut dire qu'en définitive la question du changement *de* quelque chose se trouve remplacée par celle du changement *dans* ou *sur* quelque chose. Si le changement devient ainsi pensable, le débat principal se reporte sur la question du mode de changement des formes. Je ne mentionne ici que pour mémoire les pôles de ce débat qui ne joue pas un rôle central dans les conceptions oresmiennes : la nouvelle forme vient-elle de l'ancienne par addition de qualification (théorie de l'additivité), ou bien lui succède-t-elle par substitution d'une forme entièrement nouvelle (théorie de la successivité) ?

Le *Livre des sentences* de Pierre Lombard a joui, avons-nous dit, d'une très large diffusion ; un indice en est qu'au xive siècle il est un sujet de glose universitaire très fréquent, et en particulier Oresme aurait eu à en faire, étudiant, un commentaire.

Une autre composante constitutive de la problématique de l'« intensio et remissio formarum » est constituée par les notions de « grandeurs extensives » et de « grandeurs ou qualités intensives ». Ces notions trouvent leurs sources dans les efforts des philosophes pour assimiler théoriquement, afin de les intégrer à la philosophie, des pratiques de quantification et de mesure qu'ils voyaient fonctionner avec efficacité dans tous les aspects de la vie sociale.

Si le changement était conçu comme changement d'une qualification, sa mesure impliquait une quantification de la qualification. Cela impliquait une profonde modification du concept aristotélicien de qualité : la qualité d'Aristote est susceptible de comparaison, mais en aucun cas de mesure ; elle se prête à l'appréciation en termes du plus et du moins, mais non au rapport, à la « ratio », qui est le signe de la mesure. La qualité intensive de la tradition de l'« intensio et remissio formarum »

dans laquelle opère Oresme a en fait l'un des attributs spécifiques de la
« quantitas » aristotélicienne : la mesurabilité. En tant qu'elle est mesurable, elle est caractérisée par une intensité (*intensio*) dont la mesure est
le degré (*gradus*) ou, par abus de langage, simplement l'intensité. Aux
degrés de l'intensité d'une qualité ou d'une forme sont attachées, de
façon courante dès le début du XIVe siècle, diverses acceptions du concept
de latitude (*latitudo*), largeur ou intervalle de variation. Oresme précise
les choses ainsi, dans le *Tractatus de configurationibus* :

> l'intensité exprime aussi l'idée qu'une chose est « plus ceci » ou « plus
> cela », par exemple « plus blanche » ou « plus rapide »[1]

mais de plus, et on sort alors de la catégorie de la « qualitas » aristotélicienne, car

> quel que soit le rapport qu'on trouve entre deux intensités en comparant des
> intensités de même espèce, un même rapport existe entre deux droites[2].

Cependant, grandeurs extensives et qualités intensives, si elles ont en
commun d'être mesurables, sont de nature différente, dont la spécification est précisément l'un des objets de la théorie de l'« intensio et
remissio formarum ». En particulier, note Oresme :

> l'extension est dans la grandeur [*quantitas*] par essence mais dans la qualité
> par accident, alors que l'intensité est dans la qualité par essence puisque,
> où qu'elle soit, une qualité est toujours intensive[3].

III. Difficultés de la mesure des grandeurs ou qualités intensives

Pour les grandeurs extensives, la mesure est rendue possible par
l'existence d'un rapport entre deux grandeurs de même nature, et
ce rapport est précisément celui de leurs extensions ; qui plus est, la
représentation de ces rapports par des rapports équivalents de segments

---

1. Cf. *Souffrin & Weiss 1988*, p. 135 [= *supra*, II, n° 4 – Appendice, pp. 88-100 : 89].
2. *Ibid.* [= *supra*, p. 88].
3. Cf. le passage cit. *infra*, p. 106. Et voir aussi *Souffrin & Weiss 1983* [= *infra*, II, n° 5
– Appendice, pp. 123 ss.].

de droite remonte au moins à Aristote et est consolidée par la théorie euclidienne des proportions (peu importe ici que la version acceptée au Moyen Âge soit très dégradée par rapport au texte d'Euclide). Le concept d'intensité, en introduisant le rapport dans le monde des qualités, y introduit du même coup la mesure. Roger Bacon, tout comme d'autres après lui, représente des intensités de qualités par des segments de droites dans cet esprit de la théorie euclidienne des grandeurs. Si elle règle un certain nombre de problèmes liés à la mesure, l'introduction des grandeurs intensives soulève de nouvelles difficultés : comment définir l'intensité d'une grandeur intensive étendue non homogène ? comment mesurer le changement, en particulier le mouvement local ? etc.

Ces difficultés, qui ne nous apparaissent pas immédiatement, sont illustrées par le passage suivant d'Oresme, tiré de la *Quæstio 15* des *Quæstiones super* Geometriam *Euclidis* :

> On demande ensuite si quelque chose est aussi blanc qu'une de ses parties.
> On soutient que oui, parce qu'une surface est aussi haute que sa hauteur la plus grande, et de même pour un solide ; donc une qualité dont l'intensité est représentée par la hauteur d'une surface est aussi intense que son point le plus intense. Un sujet est donc aussi intensément blanc que n'importe quelle <de ses> parties où l'intensité <de blanc> est maximum.
> On dit également qu'un corps se meut aussi vite que le point qui se meut le plus vite, donc on dit de même que quelque chose est aussi blanc, etc.
> On soutient le contraire, parce qu'un mouvement fait pendant, disons, une heure n'est pas aussi rapide que sa partie la plus rapide, comme cela peut se déduire de la définition de la vitesse plus rapide du Livre VI de la *Physique* d'Aristote. Donc, de même, un sujet n'est pas aussi blanc, etc.
> Il faut considérer [...] ce dont il est question. <Pour cela> j'avance les suppositions suivantes :
> La première est qu'on ne dit pas d'une chose qu'elle est plus blanche parce qu'elle a plus de blancheur. C'est pour cela que l'auteur du Liber de sex principiis dit qu'une perle est plus blanche qu'un grand cheval, et pourtant il y a plus de blancheur dans un grand cheval. En revanche, on dit qu'une chose est plus grande parce qu'elle comporte plus de grandeur, donc on dit qu'une chose est plus blanche quand elle comporte plus de blancheur. À ce sujet il faut remarquer qu'une grandeur a seulement de l'extension, alors qu'une qualité a de l'intensité et de l'extension. On dit que quelque chose est plus blanc sur la base de l'intensité et non de l'extension, parce que, comme on dit très justement, l'extension est dans la grandeur par essence

mais dans la qualité par accident, alors que l'intensité est dans la qualité par essence puisque, où qu'elle soit, une qualité est toujours intensive. Et de là il ressort que ce ne sont pas des choses de même nature.

La seconde supposition est qu'on appelle simplement blanc, sans rien ajouter d'autre, ce dont la plus grande partie, ou tout au moins une assez grande partie du sujet est blanche. Mais un tout dont une partie est blanche, même si c'est une petite partie, est dit blanc d'un certain point de vue. Nous disons ainsi d'un Noir qu'il est blanc du point de vue de ses dents. À l'inverse on ne dit pas qu'un bouclier est blanc même si la moitié en est tout à fait blanche. Et à propos de n'importe quelle chose il faut bien comprendre qu'il est connu qu'elle est dénommée d'après l'ensemble du sujet [...] et que le tout n'est pas dénommé d'après la dénomination d'une de ses parties, en tout cas pas d'une quelconque de ses parties. Ainsi on dit d'un homme qui ne frise pas complètement et qui n'est pas frisé sur la plus grande partie de sa chevelure, qu'il n'est pas frisé.

J'avance maintenant quelques propositions.

La première est qu'il est possible que quelque chose ne soit pas blanc à un moment et soit tout à fait blanc un instant après. Voici la preuve : prenons un bouclier dont une moitié est tout à fait blanche et l'autre moitié tout à fait noire ; à ce moment-là d'après ce que nous avons dit, et d'après le Livre Ier des *Réfutations sophistiques* d'Aristote, le bouclier n'est pas blanc, et pourtant il sera tout à fait blanc immédiatement après si sa partie noire diminue, car il sera devenu tout à fait blanc sur sa plus grande partie.

Il n'en ressort pas qu'une chose s'acquière ou se perde subitement [...], cela vient uniquement des dénominations[4].

Une réflexion attentive montrerait à ceux qui seraient tentés de croire que la *quæstio* d'Oresme est compliquée par un choix malheureux des exemples considérés qu'il n'en est rien : c'est, au contraire, dans le choix d'exemples moins sophistiqués (par exemple le poids d'un matériau non homogène) que la discussion aurait pu perdre sa portée. Car, pour reprendre ce que nous avons dit de façon appuyée au début de cet article, les problèmes sont ici du domaine de la théorisation, de la conceptualisation. Il s'agit de cette partie autonome de la théorie dont la nécessité est exprimée par exemple par une formule comme : « il n'y a pas de voie directe qui conduise de la pratique à la théorie ».

Ce passage d'Oresme ne me semble pas avoir besoin d'autres commentaires en ce qui concerne la mise en évidence des difficultés

---

4. *Ibid.*

conceptuelles considérables associées à la mesure de grandeurs intensives non homogènes, au sens actuel de ce qualificatif. En ce qui concerne la forme, celle des *quæstiones*, c'est la présentation la plus fréquente des discussions scientifiques chez les scolastiques. Elle a pris une forme à peu près *standard* au cours du XIIe siècle, et s'est maintenue jusqu'au XVIe siècle. C'est un reflet des débats oraux qui avaient lieu dans les Universités. Typiquement, un problème est énoncé sous forme de question. Une ou plusieurs propositions suivent, les « rationes principales », qui répondent négativement, puis positivement à la question. Les propositions négatives sont généralement en opposition avec le point de vue que l'auteur veut soutenir en définitive. La discussion critique des « rationes principales » porte sur des questions de méthode et, pour une part très importante, sur des questions de sémantique. Cela est sans doute dans la tradition aristotélicienne, mais il ne faut pas ignorer le caractère central et inévitable des difficultés de terminologie dans toute phase d'élaboration de concepts nouveaux, dans les périodes de changement de paradigmes. L'abus de langage, qui dans un contexte théorique très stable est le plus souvent trivial et sans conséquence réelle, au point de faire partie du langage usuel des scientifiques, est au contraire un point extrêmement sensible dans le développement de nouvelles problématiques et de nouveaux objets théoriques. Dans les *quæstiones*, une des clés du raisonnement est précisément la dénonciation de certaines parties de l'énoncé comme abus de langage, ou comme confusion de sens. À la fin de cette discussion, l'auteur présente sa propre conclusion. Il en considère les principales difficultés en soulevant des doutes qu'il élimine successivement, en général par le rejet de conclusions opposées.

IV. La théorie oresmienne des configurations de formes

Nous avons vu au paragraphe précédent, dans le passage des *Questions sur la* Géométrie *d'Euclide*, les difficultés théoriques de la mesure des qualités et des mouvements. La théorie des configurations des formes, ou des qualités et des mouvements, d'Oresme apporte vers 1350 une solution d'une portée considérable à nombre de ces problèmes. Le fondement la théorie oresmienne des configurations est une méthode de représentation géométrique des grandeurs intensives. Le point de départ en est la représentation des intensités par des droites de longueurs proportionnelles aux intensités. Cette idée n'est pas nouvelle : nous avons mentionné qu'elle est pratiquée par Roger Bacon et par les mertoniens. Mais Oresme spécifie cette représentation d'une façon toute personnelle – la meilleure présentation en étant sans doute son propre texte (traduit) :

> On se représente toute chose mesurable, à l'exception des nombres, comme une grandeur continue. Pour la mesure d'une telle chose il faut donc se représenter des points, des droites ou des surfaces ou leurs propriétés [...]. Bien qu'il n'existe pas de points indivisibles ou de lignes, il faut les imaginer mathématiquement pour les mesures des choses et pour connaître leurs rapports. Toute intensité qui peut être acquise de façon successive doit donc être représentée par une ligne droite élevée perpendiculairement en un point de l'espace ou du sujet de la chose intensive, par exemple d'une qualité. Car, quel que soit le rapport qu'on trouve entre deux intensités en comparant des intensités de même espèce, un même rapport existe entre deux droites et *vice versa*. Car de la même façon qu'une droite est commensurable à une autre et incommensurable à une autre, pour ce qui est des intensités certaines sont commensurables entre elles et d'autres incommensurables de quelque façon que ce soit, du fait de leur continuité. Donc, la mesure des intensités peut être représentée de façon pertinente comme la mesure de droites [...].
> [...] une telle intensité doit être représentée par des droites, et au mieux par des droites élevées perpendiculairement au sujet. [...]
> Ainsi des intensités égales sont représentées par des droites égales, une intensité double par une droite double, et toujours ainsi si on continue de façon proportionnelle.
> Et on doit l'entendre ainsi, d'une façon tout à fait générale, de toute intensité qu'on se représente divisible, que ce soit l'intensité d'une qualité active ou non active, ou celle d'un sujet, d'un objet ou d'un milieu sensible ou non sensible, comme l'éclat du soleil et l'éclairement d'un milieu, l'aspect diffusé dans un milieu par influence ou par sa force propre, et aussi les autres choses, à l'exception peut-être de l'intensité de courbure[5].

Oresme précise bien le statut ontologique des droites ainsi obtenues :

> Cependant, la droite de l'intensité dont on vient de parler ne s'étend pas réellement en dehors du point ou du sujet, mais seulement dans la représentation, et elle pourrait s'étendre dans n'importe quelle direction.

---

5. Oresme, *Tractatus de configurationibus* [= *supra*, II, n° 4 – Appendice, pp. 88-100 : 88 s.], I 1.

Mais il convient mieux de la représenter élevée perpendiculairement au sujet doué de la qualité[6].

Cette représentation des intensités permet à Oresme d'obtenir pour les qualités intensives et les formes une représentation par des figures géométriques qu'il appelle leurs « configurations ». C'est cette étape, le passage à la « configuration », qui constitue la contribution spécifique, originale d'Oresme. Ici encore, on ne peut mieux faire que donner des extraits du texte même du *Tractatus de configurationibus* :

> I 5. DE LA REPRÉSENTATION DES QUALITÉS PAR DES FIGURES.
> Toute qualité linéaire est représentée par la figure formée par une surface élevée perpendiculairement sur une droite du sujet. Soit la droite *AB* douée d'une qualité. Puisque selon le chapitre précédent une surface correspond à cette qualité, il faut la représenter par la figure de la surface qui lui correspond, ou par laquelle elle est représentée. La hauteur de cette surface correspond à l'intensité de cette qualité […].

> I 6. DE LA CONSTRUCTION DES FIGURES
> […] une qualité ne peut pas être représentée par une figure quelconque. Seules représentent une qualité linéaire, ou lui correspondent, les figures dans lesquelles les intensités de cette qualité en des points quelconques sont entre elles dans le même rapport que les droites menées perpendiculairement de ces mêmes points au sommet de la figure. […] comme la qualité d'un point est représentée par une droite et celle d'une droite par une surface, de même la qualité d'une surface est représentée par un solide dont la base est la surface douée de la qualité.

V. Remarques sur la conception oresmienne des configurations

L'apparente redondance du texte est en fait pleinement justifiée par la très grande originalité de la représentation proposée. La figure – la « configuration » – obtenue est pour Oresme une représentation de la qualité dans un sens extrêmement général ; elle renseigne sur la grandeur intensive, non seulement par ses propriétés proprement

---

6. *Ibid.*

géométriques[7], mais également à travers l'inépuisable richesse des connotations que la figure peut inspirer à propos de cette qualité.

Oresme explore très largement ce champ illimité des idées suggérées par l'aspect de la configuration, et ne se prononce pas sur l'importance qu'il accorde aux différentes applications de sa théorie. On en est réduit à des considérations arithmétiques pour imaginer la distorsion entre sa propre appréciation de la portée de ses configurations et ce qui nous en semble rétrospectivement important : si on met de côté les vingt-deux chapitres de présentation générale indépendante des applications particulières, sur soixante-huit chapitres, quarante-cinq traitent de l'âme, de l'amitié, des affinités et de relations occultes, d'esthétique, de magie, de musique ou de médecine ; vingt-trois chapitres seulement traitent de mesure et de cinématique. De plus, la cinématique dont il est le plus généralement question concerne sans distinction les trois modalités aristotéliciennes du changement, rarement le mouvement local en particulier.

L'originalité du principe oresmien de génération de la configuration, en tant que doctrine développée, est actuellement unanimement reconnue. La question du rapport entre cette théorie et la géométrie analytique nous importe moins, ici, que ce qu'Oresme nous apprend sur ce qui était pensable au XIVe siècle. Je ne reviendrai pas sur la configuration en tant que figure géométrique, le sujet étant amplement traité – et même exagérément privilégié – dans toutes les histoires des sciences. Je souhaite, en revanche, insister sur cette vaste partie du traité – plus de la moitié des applications développées par Oresme ! – qui est généralement soit totalement ignorée, soit traitée comme une rémanence d'idéologies moyenâgeuses les plus étrangères à l'esprit scientifique. Sans doute des domaines comme la magie ou l'occultisme sont étrangers à la scientificité. Ce n'est pas du champ d'application que je veux parler ici, mais de la méthode qui consiste à accorder une valeur explicative à l'aspect de la configuration soit par la médiation d'une image mécanique, tout en étant parfaitement conscient que la configuration n'existe pas spatialement[8], soit même métaphoriquement. De tels procédés ont joué un rôle considérable dans l'histoire des sciences, même dans

7. Nous y reviendrons à propos de la mesure.
8. Cf. *Tractatus de configurationibus*, I 1 – cit. *supra*.

l'acception la plus positiviste du terme, et sont toujours omniprésents dans l'activité de recherche. On pourrait en multiplier les exemples – et cela serait très instructif – sans aller jusqu'à rapprocher les atomes crochus de la stéréochimie. Tout le monde admet actuellement que les fameuses orbites de Bohr n'ont pas plus d'existence spatiale que les « configurations » d'Oresme, et leur valeur heuristique est pourtant telle qu'on leur reconnaît, à juste titre, une valeur explicative. Un scientifique aussi peu mécaniste qu'Einstein a écrit qu'il avait toujours une image mécanique à l'esprit dans ses raisonnements physiques. Pour en revenir à Oresme et au *Traité des configurations*, je veux avancer deux idées : la première est que sa démarche d'exploitation aussi large que possible de la configuration n'est, en soi, ni préscientifique ni antiscientifique ; la seconde est que sa méthode de construction de la configuration est un moyen d'investigation heuristique nouveau, d'une grande universalité et d'une puissance considérable, dont on trouve aujourd'hui des équivalents dans de nombreux secteurs de l'activité sociale. Encore une fois, c'est dans la mesure où Oresme nous prouve que cela était pensable de son temps, et non pas par rapport à la peu intéressante problématique du précurseur, que la théorie des configurations est importante dans son ensemble.

VI. Les configurations et la mesure des qualités

À partir de la « configuration », Oresme élabore une solution très élégante du problème général de la mesure des grandeurs intensives :

> D'une façon absolument générale la mesure ou le rapport de deux qualités linéaires ou qualités de surfaces quelconques [...] est égal à celui des figures par lesquelles on les représente de façon comparable[9].

Ce qu'il faut entendre ici par « deux qualités » représentées « de façon comparable » est explicité précédemment par Oresme : les droites représentant les intensités, dans l'une et l'autre de ces deux formes, doivent être dans le même rapport que les intensités.

9. *Ibid.*, III 5.

Le caractère « absolument général » de cette définition de la mesure tient en particulier à deux propriétés : a) il est facile de constater que cette mesure coïncide avec celles déjà utilisées en pratique, dans la vie de tous les jours, dans nombre de cas où des qualités ou des formes – sans être qualifiées comme telles – se sont vu prescrire des modalités de mesure sans recourir à un appareil théorique sophistiqué ; b) cette définition attribue une mesure à toutes les grandeurs intensives, c'est-à-dire étend la mesurabilité bien au delà des mesures déjà disponibles dont il est question au paragraphe précédent. Je pense que la définition d'Oresme doit être comprise dans le sens où l'on entendait une définition à son époque : il s'agit d'une propriété permettant de reconnaître un objet, concret ou abstrait, et non pas comme on l'entend actuellement – et pas seulement en mathématiques – d'une propriété créant un objet théorique ou un concept. Je suis convaincu que pour Oresme, la mesure est, par nature, dans les grandeurs intensives, qui au demeurant sont telles également par nature, et non pas par définition. Oresme ne pense certainement pas qu'il a muni quelque catégorie d'objets d'une mesure, mais bien qu'il a découvert un moyen d'en connaître la mesure. La confirmation est que la mesure, telle qu'il la propose, a bien toutes les propriétés qu'il attend d'une mesure (et qu'il serait tout à fait incongru de chercher à expliciter), il peut s'en convaincre aisément. La distinction entre différentes conceptions de la définition, mentionnée plus haut, est en fait sans objet dans le cadre du mode de pensée médiévale ; elle s'adresse au lecteur de cet article pour le mettre en garde contre une lecture dogmatique ou simplement axiomatique de la définition oresmienne.

VII. La configuration des mouvements

Le changement, dans toutes les acceptions du terme, est une « forme », au sens aristotélicien. Dans le contexte culturel dans lequel pense Oresme, le changement d'une qualité est en soi une qualité intensive, dont l'intensité est le degré de vitesse (*gradus velocitatis*) par dénomination (plutôt que par définition, pour contourner la discussion de la fin du paragraphe précédent). En précisant que d'une façon tout à fait générale est dit absolument [*simpliciter*] plus intense, ou plus grand, le degré de vitesse par lequel est acquise ou perdue, en un temps égal, plus de la perfection selon laquelle il y a changement. Dans le mouvement [*motus localis*] par exemple, est plus grand ou plus intense le degré de vitesse par lequel serait parcouru un espace plus grand [...][10].

Oresme exprime certainement la réponse de ses contemporains à la question « qu'est-ce que l'intensité de la vitesse ? ». Que cette réponse soit peu opératoire, c'est précisément la source des difficultés que rencontrent les philosophes qui s'efforcent à partir du xiiie siècle de poser et parfois de résoudre des problèmes de cinématique.

En étendant au changement – aux formes successives – sa théorie des configurations, Oresme se donnera en particulier le moyen de lui appliquer sa solution « absolument générale » du problème de la mesure des grandeurs intensives. Pour y parvenir, il doit affecter (ou reconnaître) au changement une extension ; il le fait de la façon suivante :

tout changement d'un sujet étendu <spatialement> a deux extensions, une sur le sujet <c'est-à-dire son extension dans l'espace>, l'autre dans le temps[11].

Et pour simplifier, il se limite, dans ses discussions du changement, à des sujets indivisibles, ponctuels. Il reprécise alors qu'

on doit parler de la même façon [...] d'une vitesse, mais en prenant le temps pendant lequel dure cette vitesse pour l'extension[12].

Ce choix du temps pour l'extension de la qualité intensive qu'est le changement est pratiquement imposé à Oresme. On sait que Galilée, à l'époque de la lettre à Paolo Sarpi, adoptera l'espace parcouru, pour en venir ultérieurement à la même représentation qu'Oresme. Mais, au xive siècle, la situation est toute différente : précisément parce que le mouvement n'est pas encore privilégié dans la catégorie plus générale du changement, l'extension ne peut-être qu'un composant commun aux trois catégories aristotéliciennes du changement, et ne peut donc être que la durée du changement.

Disposant, pour les changements, d'une détermination univoque de l'extension, et d'une intensité, Oresme est en mesure de leur appliquer

10. *Ibid.*
11. *Ibid.*, II 1.
12. *Ibid.*, III 6.

mutatis mutandis sa théorie des configurations. L'un des résultats les plus remarquables, ou tout au moins le résultat dont la portée est la plus remarquable en terme du développement ultérieur de la cinématique, concerne l'application de la théorie à la mesure du mouvement.

VIII. Du degré de vitesse à la vitesse totale

Le traitement oresmien du changement est homogène, en ce sens qu'il est conçu pour s'appliquer uniformément à toutes les modalités – trois, en réalité – du changement. Pour me rapprocher des préoccupations des historiens des sciences plus intéressés par la période moderne, je limiterai dans la suite la discussion à l'application – qui est présente, même si c'est marginalement, dans le *Tractatus de configurationibus* – au seul mouvement entendu, comme partout dans cet article, comme mouvement local.

L'application de la théorie de la mesure élaborée dans le cadre de la théorie des configurations[13] s'applique immédiatement au cas du mouvement :

> on doit parler de la même façon de la mesure d'une vitesse, mais en prenant le temps pendant lequel dure cette vitesse pour l'extension et le degré <de vitesse> pour l'intensité[14].

Il est indispensable de préciser quelques questions de vocabulaire avant de poursuivre.

« Vitesse » (*velocitas*) est synonyme en général, à cette époque, du changement dont on parle pris dans son ensemble, *i.e.* du changement total, c'est-à-dire en fin de compte actualisé. Cela est patent dans les deux textes cités. Le changement acquis dans un intervalle de temps, c'est-à-dire le changement entre deux états (pour l'altération), entre deux aspects (pour la diminution) ou entre deux lieux (pour le mouvement), a pour mesure la quantité du changement total. Oresme utilise, pour le changement en général (et non pas seulement à propos du mouvement

---

13. Cf. *ibid.*, III 5 : « d'une façon absolument générale la mesure ou le rapport de deux qualités linéaires ou qualités de surfaces quelconques, ou de deux vitesses quelconques, est égal à celui des figures par lesquelles on les représente de façon comparable ».
14. *Ibid.*, III 6.

comme semble le retenir la critique), l'expression « quantitas velocitatis totalis ». Sa définition de la mesure produit ici, dans le cas du change-ment, l'effet de généralisation que nous avons vu au § 5 plus haut ; elle reproduit la mesure usuelle lorsqu'il en existe une, dans la pratique courante ou de façon stable dans le champ théorique, et elle en propose une qui a toutes les propriétés demandées à une mesure dans tous les cas où il n'en existe pas (pour éviter l'anachronisme, il faut entendre « dans tous les cas où la mesure n'est pas connue »). Et dans le cas du changement, une seule de ses modalités a une mesure bien établie à l'époque qui nous concerne : c'est précisément le changement selon le lieu, c'est-à-dire le mouvement. La raison en est que le mouvement est le seul changement dont la « perfection » est géométrisable par essence, puisque c'est la distance parcourue. La mesure de la vitesse est alors la mesure du mouvement, et est désignée comme « vitesse totale ». La vitesse totale est connue quand sont connus l'espace total parcouru et la durée ou le temps de parcours, et l'usage consacre l'assimilation de la vitesse totale à l'espace parcouru, étant sous-entendu le plus souvent de façon tout à fait non équivoque que la durée du parcours est une donnée de la situation discutée. Une question comme « la vitesse totale des médiévaux est-elle physiquement homogène à une longueur ou à une vitesse ? », est essentiellement mal posée. Ce qui est historiquement pourvu de sens est ceci : « la vitesse totale médiévale est la longueur d'un mouvement dont la durée est connue ». D'ailleurs, bien que cela soit très exceptionnel, on rencontre aussi comme mesure du mouvement, comme vitesse totale, l'inverse du temps de parcours lorsque le problème considéré implique *a priori* la connaissance de la longueur parcourue.

IX. De la vitesse totale au degré de vitesse selon les configurations

Nous pouvons maintenant considérer, pour conclure cet exposé, le concept de degré de vitesse qui se dégage de la démarche d'Oresme. Encore une fois, je me limiterai délibérément au cas du mouvement, le lecteur étant averti que ce choix privilégie une modalité du change-ment d'une façon qui ne reflète pas les préoccupations dominantes de l'auteur du *Traité des configurations*.

Appliquée directement au mouvement d'un sujet indivisible, la théorie des configurations conduit à une situation qu'il convient, aussi bien pour la clarté de l'exposé que par fidélité au texte d'Oresme, d'illustrer par la figure suivante :

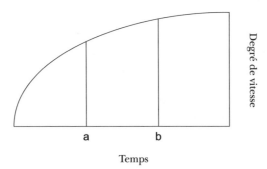

Temps

Le mouvement y est représenté par une figure plane : sa configuration ; la base de la configuration représente le temps de parcours, exactement de la façon dont nous représentons actuellement un temps par un segment de droite ; la surface de la figure mesure l'espace parcouru en ce sens précis, que le rapport de l'espace parcouru entre deux instants quelconques *a* et *b* du mouvement à l'espace total parcouru est égal au rapport de l'aire de la partie de la configuration située à la verticale du segment *ab* à la surface totale de la configuration ; les degrés de vitesse sont mesurés par les hauteurs de la figure.

Arrivé à ce point, où je peux n'avoir rien écrit qui ne soit oresmien, il apparaît que le statut du degré de vitesse des médiévaux (*gradus velocitatis*) se trouve radicalement transformé par la démarche d'Oresme. En effet, pour la première fois dans l'histoire, semble-t-il, le degré de vitesse, *i.e.* l'intensité de la vitesse à chaque instant d'un mouvement (pour rester strictement dans la terminologie médiévale), reçoit une représentation qui en donne théoriquement une mesure à partir de la connaissance des espaces parcourus et des temps de parcours. Il est nécessaire d'être très explicite, au risque d'être redondant, sur le sens d'une telle affirmation. L'essentiel est qu'il ne s'agit pas, pour les contemporains d'Oresme, de définir le degré de vitesse, mais bien de le trouver, de le découvrir comme on découvre une chose qui ne se voit pas directement mais dont on sait qu'elle existe. Et pareillement pour sa mesure. Dans ces conditions, si on accepte du moins cette donnée, il est indifférent qu'Oresme imagine la construction de la configuration d'un mouvement à partir des degrés de vitesse qu'il ne connaît pas plus *a priori* que Heytesbury, Swineshead ou, plus tard, Galilée. Ce qui importe, c'est qu'une configuration peut en principe être construite, c'est-à-dire qu'elle est en principe déterminée, à partir de la seule connaissance des espaces parcourus et des temps de parcours. Et, une fois la configuration construite, connue au sens géométrique du terme, la mesure des intensités, donc des degrés de vitesse, en résulte.

Qu'il en soit bien ainsi, qu'il ne s'agisse pas d'une relecture anachronique, ressort de la façon dont Oresme traite dans le *De configurationibus* un certain nombre de problèmes de cinématique. Que sa théorie lui permette en principe de mesurer les degrés de vitesse ne signifie évidemment pas qu'il soit en mesure, pratiquement, techniquement, de le faire dans toutes les situations imaginables ou simplement intéressantes. Tout comme un analyste se limite, en fin de compte, aux cas intégrables, Oresme traite les problèmes qu'il peut résoudre. Un peu plus que cela, à vrai dire : il parvient à poser des problèmes qui l'intéressent dans des termes où il est capable de les résoudre. Dans quelles conditions Oresme peut-il trouver les degrés de vitesse d'un mouvement connu par les données des espaces et des temps de parcours ? Il faut qu'il sache construire une configuration à partir de l'aire de la surface située entre la courbe – la « ligne des sommets », ou « linea summitatis » d'Oresme – et la base, pour dire les choses en langage moderne. Il y a au moins deux cas qui sont résolubles, en ce sens, dans le cadre de la géométrie disponible, c'est-à-dire d'une partie du *corpus* euclidien, et qui jouent un rôle fondamental dans la cinématique médiévale.

D'abord et avant tout le mouvement uniforme. Toutes les proportions, au sens euclidien, caractéristiques du mouvement uniforme sont connues, sous une forme limitée aux rapports rationnels depuis au moins Aristote, et Galilée sait bien qu'il n'apporte pas de connaissance nouvelle lorsqu'il en donne une laborieuse extension dans la troisième Journée des *Discours*. Que la configuration d'un mouvement uniforme, qui n'est jamais défini par référence à la constance du degré de vitesse, soit rectangulaire, cela ressort avec évidence de l'identité des proportions caractéristiques du mouvement uniforme et de celles démontrées pour les rectangles dans la proposition VI 23 des *Éléments* d'Euclide. L'uniformité du degré de vitesse dans le mouvement uniforme apparaît alors comme un résultat, résultat attendu ou même, probablement, anticipé de la théorie des configurations, en tout cas pas comme une donnée *a priori*.

Le deuxième cas est celui du mouvement uniformément accéléré, ou « uniformément difforme ». Le mouvement dont la configuration est un triangle rectangle a, comme tel, au moins deux caractéristiques qui n'impliquent que les espaces parcourus et les temps de parcours, et qui sont accessibles à un géomètre du XIVe siècle. L'une est qu'en des temps égaux successifs, les espaces parcourus à partir du repos sont comme les nombres impairs successifs. L'autre, qui sera sans doute plus significative pour Galilée que pour Oresme, est la relation entre les espaces parcourus et les carrés des temps, qui se déduit de la précédente. Un mouvement, ainsi donné sans référence au degré de vitesse, est parfaitement traitable par Oresme qui sait que sa configuration est un triangle rectangle et peut donc éventuellement le caractériser *a posteriori* par la relation linéaire entre le degré et le temps. La référence à la pratique de telles inversions de problématique ne me semble pas soulever le moindre problème historique, les exemples étant nombreux dans l'histoire de la philosophie et des mathématiques. Les deux cas discutés ci-dessus démontrent, par l'exemple de deux problèmes historiquement fondamentaux pour les scolastiques et traités de façon détaillée par Oresme, que la théorie des configurations conduit à une solution théorique du problème de la mesure du degré de vitesse et qu'Oresme en était parfaitement conscient. Que soit marginal l'intérêt d'Oresme pour le changement spécifiquement selon le lieu, ne change rien à la chose.

X. Oresme et la vitesse instantanée : reconsidération de la problématique

De nombreux historiens introduisent dans la discussion de la théorie des configurations l'idée qu'Oresme ne pouvait pas aboutir à une mathématisation de la vitesse instantanée, parce que celle-ci est la dérivée de l'espace par rapport au temps. Oresme n'ayant pas l'outillage du calcul infinitésimal, qui ne sera élaboré que par Leibniz, Newton et leurs contemporains, ces auteurs en concluent qu'Oresme n'a pas introduit un concept mathématique de ladite vitesse instantanée. C'est apparemment le point de vue de Marshall Clagett, par exemple, qui remarque que « Technics of integral *calculus* are needed for more rigorous proofs concerning areas under curves »[15]. Une telle façon de raisonner est discutable sur le plan de la méthode historique, sur le plan mathématique et sur le plan épistémologique.

Sur le plan de la méthode historique, la conclusion n'est juste que dans la mesure où elle ne porte pas sur ce dont il s'agit. La seule conclusion que l'absence de calcul infinitésimal chez Oresme autorise, c'est qu'il ne pouvait pas définir la vitesse instantanée comme dérivée de l'espace par rapport au temps. Et, bien sûr, il n'a rien fait de semblable. En revanche, la conclusion qu'il n'aurait pas pu produire une formalisation de la vitesse instantanée n'en découle que si cette grandeur n'a pas d'autre expression équivalente possible dans un formalisme mathématique disponible au XIVe siècle. Cette conviction est visiblement si enracinée chez nombre d'historiens qu'ils en arrivent à ne pas voir ce qui se trouve dans des textes, pourtant parmi les plus clairs de la scolastique, parce qu'ils ont décidé, par des arguments anhistoriques, que cela ne devait pas y être.

Sur le plan mathématique, précisément, la conclusion de l'absence (par impossibilité) de la vitesse instantanée chez Oresme est basée sur une méconnaissance totale du polymorphisme des mathématiques. La multiplicité des approches, des formalisations, des positions possibles d'un problème à l'intérieur des mathématiques mêmes est un caractère fondamental de cette discipline, et en est l'une des sources principales de développement. Pour rester près de notre problème, on sait bien qu'une même question peut être étudiée du point de vue de l'analyse, de la géométrie, ou de l'arithmétique, par exemple. Des résultats dont on peut démontrer l'équivalence sont obtenus au moyen d'outils théoriques extrêmement divers.

Enfin, sur le plan épistémologique, il n'est plus recevable actuellement, me semble-t-il, de continuer à parler d'un concept physique, en l'occurrence de la vitesse, comme s'il s'agissait d'un objet ayant une existence autonome, hors de toute théorie et antérieur à toute théorie, et qui plus est, ontologiquement dépendant d'une expression mathématique

---

15. *Clagett 1968*, p. 47.

particulière. Il est intenable de parler de la vitesse instantanée, de la mesure de laquelle il conviendrait de chercher l'expression ontologiquement vraie. Sans doute ce point de vue est-il celui d'une partie des scolastiques, et peut-être d'Oresme, mais nous avons appris que ce que produit la physique mathématique, c'est une définition de la vitesse instantanée, une mathématisation aux formes multiples, adéquate à un certain champ d'investigation. La dérivée de l'espace par rapport au temps de parcours est une définition particulièrement adéquate à un champ extrêmement étendu de la physique. Ce n'est cependant pas, par exemple, la définition la mieux adaptée à la physique des hautes énergies où les physiciens préfèrent une mathématisation différente qui a l'avantage de mieux répondre aux propriétés que l'on demande généralement à l'idée de vitesse. Ils appellent en général « célérité » ce concept modifié, afin de garder le mot « vitesse », consacré par l'usage, pour la dérivée temporelle de l'espace parcouru.

Il nous reste à examiner la façon dont le degré de vitesse, tel qu'il résulte de la théorie oresmienne des configurations, se compare aux conceptions ultérieures. Il faut d'abord reconnaître que les configurations conduisent de la façon la plus explicite possible à une mathématisation du concept de degré de vitesse. Qu'elle soit réalisée dans le langage de la géométrie ne restreint aucunement qu'il y ait effectivement mathématisation au sens moderne du terme, dans la mesure où la géométrie dont il est question est bien considérée, aujourd'hui encore, comme intérieure aux mathématiques. Par quelques abus de langage commis par souci de brièveté, nous pourrions dire que le degré de vitesse, tel qu'il ressort des configurations, est en définitive la hauteur d'une figure dont la base est le temps de parcours, et dont la surface est l'espace parcouru, en tous les instants du mouvement. Un résultat fondamental de l'analyse, dû à Newton, exprime que la grandeur ainsi définie est égale à la dérivée de l'espace parcouru par rapport au temps de parcours. Il s'agit de la relation fondamentale entre intégration et différenciation. Lagrange l'énonce de la façon suivante dans la première de ses *Leçons sur le calcul des fonctions* (1808) :

> Si on regarde l'aire d'une courbe comme fonction de l'abscisse, l'ordonnée en est la première fonction dérivée ou fonction prime [...] ; de même, si on regarde l'espace parcouru comme fonction du temps, la vitesse en est la fonction prime.

Nous devons donc conclure que le degré de vitesse d'Oresme coïncide avec la vitesse instantanée dans son acception usuelle actuelle.

Il est historiquement hautement significatif que cette théorie cinématique d'Oresme n'ait pas produit de résultat dans le domaine de la philosophie naturelle. Les raisons en sont multiples, et bien connues. Il n'en reste pas moins que lorsque les questions de cinématique seront orientées vers le monde physique, à la fin du xvie siècle, c'est la description par la configuration oresmienne qui constituera pour Galilée le cadre conceptuel du traitement quantitatif de la vitesse uniformément accélérée de la chute des graves.

Appendice

Les *Quæstiones* d'Oresme sur la *Géométrie* d'Euclide

Introduction à la traduction des deux premières *Quæstiones**

Nous donnons ci-dessous une traduction des deux premières *Questions sur la* Géométrie *d'Euclide*. Il s'agit d'une partie, sous une forme non tout à fait définitive, d'une traduction commentée de l'ensemble du texte que nous publierons ultérieurement.

Le texte présenté ici nous semble intéressant du point de vue de sa forme et du point de vue de son contenu. La forme, celle des *Quæstiones,* est la présentation la plus fréquente des discussions scientifiques chez les scolastiques. Elle a pris une forme à peu près *standard* au cours du XIIIe siècle, et s'est maintenue jusqu'au XVIe. Elle reflète celle des débats oraux qui avaient lieu dans les Universités (*Studia*).

Les questions présentées ci-dessous illustrent parfaitement cette forme *standard.* Un problème est énoncé sous forme de « Question » (*quæstio*). Une ou plusieurs propositions suivent, les « rationes principales », qui répondent positivement ou négativement à la Question. Ces propositions sont généralement en contradiction avec le point de vue que l'auteur veut soutenir en

---

* N.d.éd. : Publié en collaboration avec Jean-Pierre Weiss. Paru sous le titre « Les *Questions sur la Géométrie* d'Euclide de Nicole Oresme : Introduction à la traduction des deux premières *Questions* », dans *Cahiers du Séminaire d'Épistémologie et d'Histoire des Sciences de l'Université de Nice*, XIX, 1983, pp. *s.n°* – version revue et corrigée pour la présente édition.

définitive. La discussion critique des « rationes principales » porte sur les Questions de méthode, et pour une part très importante sur les Questions de vocabulaire. Les problèmes de terminologie sont en effet tout à fait caractéristiques des phases d'élaboration de concepts nouveaux, des périodes de changement de paradigmes. L'abus de langage, qui dans un contexte théorique très stable est le plus souvent trivial et sans conséquences réelles, au point de faire partie du langage usuel des scientifiques, est au contraire un point extrêmement sensible dans le développement de nouvelles problématiques et de nouveaux objets théoriques. Une des clés du raisonnement est alors justement la spécification de parties des énoncés comme abus de langage, ou comme confusions sur le sens. À la fin de cette discussion l'auteur présente sa propre conclusion. Il en considère les principales difficultés en soulevant des doutes qu'il élimine un à un et termine généralement par le rejet des conclusions opposées.

Par leur contenu, les deux premières *Questions sur la* Géométrie *d'Euclide* illustrent par le texte quelques résultats importants d'Oresme mentionnés dans *Ûškevič 1976-1977*, vol. II : 1) si on retire la n-ième partie d'une grandeur, puis la n-ième partie du reste, puis encore la n-ième partie du nouveau reste, etc., à l'infini, on retire la totalité de la grandeur (cf. lignes 71 ss.) ; 2) si on ajoute à une grandeur sa n-ième partie, puis la n-ième partie de ce qu'on vient d'ajouter, et ainsi à l'infini, le total aura le même rapport à la grandeur que la première partie ajoutée à la différence entre la première et la seconde (cf. lignes 189 ss.) : on reconnaît l'expression générale de la somme de la série géométrique de raison $^1/_n$; 3) si on ajoute la moitié, le tiers, le quart, etc., d'une grandeur, on obtient une grandeur infiniment grande (cf. lignes 206 ss.) : c'est la divergence de la série harmonique.

Le texte latin a été édité par Hubertus L.L. Busard, avec une paraphrase en anglais[1] ; John E. Murdoch en a publié une recension critique importante, bien que souvent injuste[2]. Une traduction anglaise presque intégrale de ces deux questions se trouve dans *Grant 1974*.

---

1. Cf. *Busard 1961*.
2. Cf. *Murdoch 1964*.

Nicolas Oresme
Questions sur Euclide[*]

<QVESTION Ire>

[11] À propos du livre d'Euclide, on se pose d'abord la question [12] concernant un certain énoncé de Campanus selon lequel une grandeur [13] décroît à l'infini.

[14] On se demande d'abord si une grandeur décroît à l'infini selon [15] des parties proportionnelles.

[16] Et on démontre d'abord que non. Un *continuum* ne contient pas un [17] nombre infini de parties égales, il ne peut donc pas non plus [18] contenir un nombre infini de parties dans un même rapport.

[19] Le point de départ est évident, car sinon le *continuum* serait [20] infini. La conséquence qu'on en tire est évidente, parce que toute [21] partie proportionnelle est partie de même grandeur vis-à-vis de [22] quelque autre, donc les mêmes sont des parties dans un même rapport [23] et de même grandeur.

[25] Le contraire est évident selon le commentaire de Campanus.

[26] Avant de traiter la question il faut considérer d'abord ce [27] qu'on appelle « parties proportionnelles » ou « parties dans un même [28] rapport », deuxièmement de combien de façons on peut changer de telles [29] parties, troisièmement comment telle chose peut être divisée en de [30] telles parties, quatrièmement hypothèses et conclusions.

[31] En ce qui concerne le premier point il faut remarquer qu'on [32] parle de « parties proportionnelles » à propos d'une proportion [33] continue, et une telle proportion est une égalité de rapports, comme [34] il est dit dans le IXe commentaire de la Ve définition où il est dit [35] qu'il faut au minimum deux rapports pour qu'il y ait proportion ; et [36] c'est pourquoi Euclide dit que le plus petit nombre de termes où on [37] peut trouver une proportion est trois, et on ne peut pas donner de [38] maximum puisqu'on peut continuer à l'infini. Il s'ensuit qu'à [39] proprement parler il n'y a pas une ou deux parties proportionnelles, [40] mais qu'il en faut au moins trois et qu'il peut y avoir un nombre [41] infini ; et on dit qu'on a une proportion continue lorsque la [42] première est à la seconde comme la seconde à la troisième, et ainsi [43] des autres si on en prend plus.

---

[*] N.d.éd. : Traduction publiée dans *Souffrin & Weiss 1983* comme « provisoire ». Les nombres entre crochets carrés renvoient aux lignes de l'édition Busard.

[44] En ce qui concerne le deuxième point, on répond que la division [45] selon de telles parties proportionnelles se fait d'autant de façons [46] qu'il y a de rapports, bien entendu un nombre infini : par exemple, [47] il se peut que la première <partie> soit le double de la seconde, et [48] la seconde le double de la troisième, etc., comme on dit communément [49] de la division d'un *continuum*; et il se peut que la première soit [50] le triple de la seconde, et la seconde le triple de la troisième [51], etc.

[52] En ce qui concerne le troisième point on dit qu'une droite et [53] tout *continuum* peuvent être divisés en de telles parties. Une droite [54] peut être divisée de deux façons, puisqu'elle a deux extrémités et [55] que l'on peut commencer <à prendre> de telles parties à n'importe [56] laquelle. <Pour> les surfaces d'une infinité de façons, et pour les [57] solides également.

[58] En ce qui concerne le quatrième point, la première hypothèse est [59] que si un tel rapport augmente à l'infini sans que soit changé le [60] terme le plus grand, alors le terme le plus petit diminuera à [61] l'infini. Ceci est évident car un rapport peut croître à l'infini de [62] deux manières : soit par la croissance à l'infini du terme le plus [63] grand, soit par la décroissance à l'infini du terme le plus petit.

[64] La deuxième hypothèse est que si on compose un [65] rapport quelconque avec un autre aussi grand, et encore avec un [66] autre aussi grand et ainsi à l'infini, alors il augmentera à [67] l'infini.

[68] La troisième hypothèse est qu'on peut ajouter à une grandeur [69] selon des parties proportionnelles, et qu'on peut, de la même façon, [70] faire une diminution selon des parties proportionnelles.

[71] La première conclusion est que, si de quelque grandeur on [72] enlève une certaine partie, et que du premier reste on enlève une [73] partie aussi grande, du deuxième reste une partie aussi grande et [74] ainsi à l'infini, alors par ces retranchements faits de cette [75] manière cette quantité sera exactement épuisée, ni plus ni moins, à [76] l'infini. Ceci est prouvé, car le tout donné, le premier reste, le [77] deuxième reste, le troisième reste, etc., sont continûment [78] proportionnels comme on pourrait le montrer à partir d'un rapport [79] déterminé ; on a donc un certain rapport, puis un rapport aussi grand [80] et ainsi de suite sans fin ; donc, d'après la seconde remarque, le [81] rapport du tout au reste, composé à partir de lui-même, croît à [82] l'infini ; comme l'un des termes, à savoir le tout, est supposé [83] constant, alors d'après la première hypothèse le [84] reste diminue à l'infini et la quantité totale est exactement [85] épuisée.

[86] Il s'ensuit ce corollaire : si on enlève d'un pied la moitié [87] d'un pied, puis la moitié de ce qui reste, puis la moitié du [88] deuxième reste, et ainsi à l'infini, alors on lui enlèvera [89] exactement un pied.

[90] Le deuxième corollaire est que si on enlève d'un <pied> la [91] 1000ᵉ partie d'un pied, puis la 1000ᵉ partie du reste de ce [92] pied, ainsi à l'infini, alors on lui retranchera exactement un pied.

[93] Mais ici il y a doute, car la moitié d'un pied, puis la moitié [94] du reste de ce pied, et ainsi à l'infini font un pied ; appelons le [95] tout *A*. De la même façon d'après le second corollaire, la 1000e [96] partie d'un pied, et la 1000e partie de cet autre reste et ainsi à [97] l'infini font un pied : appelons-le *B*. Il est alors évident que *A* et [98] *B* sont égaux ; mais on prouve que non, car la première partie de *A* [99] est plus grande que la première partie de *B* et la deuxième partie de [100] *A* est plus grande que la deuxième de *B*, et ainsi à l'infini, donc le [101] tout *A* est plus grand que le tout *B*, et cela se confirme : si en une [102] heure Socrate parcourt la distance *A* et Platon la distance *B*, qu'ils [103] divisent l'heure en parties proportionnelles et qu'ils parcourent *A* [104] et *B* par morceaux, alors Socrate se meut plus vite que Platon dans [105] la première partie proportionnelle, et de même dans la seconde, et [106] ainsi de suite, et Socrate parcourra une plus grande distance que [107] Platon, et donc *A* est une distance plus grande que *B*. Pour continuer [108] nous nions la proposition précédente selon laquelle de toute [109] évidence la première partie de *A* est plus grande, etc., parce que, [110] bien que la première partie de *A* soit plus grande que la première [111] partie de *B*, et la deuxième partie de *A* plus grande que la deuxième [112] partie de *B*, il n'en est pas ainsi à l'infini, car on arrive [113] finalement à une partie <de *A*> qui est non pas plus grande mais [114] plus petite que la <partie de *B* à laquelle elle est> comparée. Ainsi la [115] réponse à la question est évidente : tout *continuum* peut avoir une [116] infinité de parties proportionnelles et en particulier la première [117] partie peut être séparée des autres par suppression, et ensuite la [118] seconde et ainsi à l'infini.

[120] Je nie donc la conséquence de l'objection, et je donne pour [121] preuve que bien qu'une partie proportionnelle quelconque soit de la [122] même grandeur vis-à-vis de quelque autre, elle n'est cependant pas de [123] la même grandeur que celle vis-à-vis de laquelle elle est dans le même [124] rapport. Elles ne sont donc pas égales, puisqu'il s'ensuivrait : elles [125] sont égales, donc elles sont égales entre elles.

<QVESTION IIe>

[129] On se demande ensuite si on peut ajouter des parties [130] proportionnelles à l'infini à une grandeur.

[131] On démontre d'abord que non, car il s'ensuivrait qu'une grandeur [132] est, en acte, augmentable à l'infini. Cette conséquence contredit [133] Aristote dans le livre IIe de la *Physique*, ainsi que Campanus dans [134] le principe où il pose une différence entre la grandeur et le nombre [135] en ce que, contrairement à la grandeur, le nombre croît à l'infini [136] et ne décroît pas. On prouve en conséquence que si l'addition est [137] faite à l'infini, comme <la grandeur> est augmentée par addition, [138] elle augmente à l'infini.

[139] On démontre le contraire. Tout ce qui peut être enlevé à une [140] grandeur quelconque peut être ajouté à une autre ; mais il est possible [141] de soustraire à l'infini d'une grandeur de telles parties [142] <proportionnelles,> donc on peut prouver qu'elle est augmentable à [143] l'infini.

[144] Prenons comme exemple un angle droit et un angle aigu, ou deux [145] droites, et soit une droite faisant avec une autre deux angles [146] droits A et B. Puis qu'une droite s'incline vers une extrémité D. On [147] argumente alors de la façon suivante : autant l'angle <B> décroît [148] dans un tel mouvement, d'autant l'angle A s'accroît. Il est évident [149] que tout ce qui sera enlevé à l'angle B sera ajouté à l'angle A, [150] mais l'angle B décroît à la moitié, au tiers, au quart et ainsi à [151] l'infini ; il en résulte que l'angle A s'accroît à l'infini.

[152] Avant de traiter de la question, il faut d'abord noter qu'il y a [153] un rapport d'égalité, qui est entre choses égales. Il y a un rapport [154] de majoration, qui va du plus grand au plus petit, comme de quatre à [155] deux. Et il y a un rapport de minoration qui va du plus petit au [156] plus grand, comme de deux à quatre. Ces dénominations diffèrent [157] comme les termes relatifs aux positions supérieures et inférieures, [158] comme il est clair dans ce que nous avons dit plus haut, et ainsi on [159] peut ajouter à une quantité de trois façons.

[160] Notons en second lieu que si l'addition était faite à l'infini par [161] des parties proportionnelles selon un rapport d'égalité ou de [162] majoration, le tout deviendrait infini. Si, au contraire, on faisait [163] l'addition selon un rapport de minoration, on n'aurait jamais [164] l'infini, bien que l'addition fût faite à l'infini. La raison est [165] que le tout sera dans un rapport déterminé fini vis-à-vis de la [166] donnée initiale à laquelle on a ajouté, ainsi qu'il sera démontré [167] plus loin.

[168] En dernier lieu il faut noter que tout ce qui est plus petit que [169] quelque chose d'autre qui est avec lui dans un rapport déterminé en [170] est dit ou est dit être vis-à-vis <de cette autre chose> fraction [171] ou fractions, ou partie ou parties ; ceci est [172] clair dans le livre VII^c des *Éléments* d'Euclide, et on désigne [173] le plus petit par deux nombres, dont l'un est dit le [174] numérateur et l'autre le dénominateur, comme il est dit dans le même [175] passage. Par exemple un est plus petit que deux, et on parle de ½ [176] de deux, et de ⅓ de trois et ainsi de suite, on dit que deux est [177] les ⅔ de trois, et les ⅖ de 5 ; et on doit les [178] écrire de cette manière. Le 2 est le numérateur et le 5 est le [179] dénominateur.

[180] La première conclusion est que, si on prend une quantité égale à [181] un pied et qu'on fait une addition à l'infini selon un rapport [182] sous-double, c'est-à-dire qu'on lui ajoute ½ d'un pied, puis ¼, [183] puis ⅛, et ainsi de suite à l'infini en doublant les sous-doubles, [184] le tout sera exactement le double de la donnée initiale. Ceci est [185] évident, car si on enlevait ces parties dans l'ordre à quelque [186] chose, on lui enlèverait exactement le double de la première, comme [187] cela ressort clairement de la première

question, c'est-à-dire de la [188] précédente. Donc cela se passerait de la même façon si on ajoutait.

[189] La deuxième conclusion est que, si on ajoute à une quantité [190] quelconque, par exemple à un pied, son tiers, puis le tiers de ce [191] qu'on a ajouté et ainsi à l'infini, le tout sera exactement un pied [192] et demi, ou encore dans le rapport un et demi. Pour savoir cela il y [193] a une règle : nous devons déterminer de combien la deuxième partie [194] diffère de la première, et la troisième de la seconde, et ainsi de [195] suite, et désigner ceci par sa propre dénomination [196] et ainsi le rapport de la totalité des parties à la donnée sera [197] comme le rapport d'une dénomination à l'autre dénomination.

[198] Par exemple, dans notre cas, la deuxième partie, qui est le tiers [199] de la première, en diffère de deux tiers, et par suite le rapport du [200] tout à la première partie ou à la donnée est comme trois à deux, [201] c'est-à-dire un et demi.

[202] La troisième conclusion est qu'il est possible qu'on ajoute à une [203] quantité selon des rapports qui soient des rapports de minoration [204] sans faire une proportion, et que le tout soit cependant infini ; [205] mais si on fait une proportion, alors comme on l'a vu, le tout sera [206] fini. Par exemple : soit une quantité donnée, un pied, à qui on ajoute [207] pendant la première partie proportionnelle d'une heure la moitié [208] d'un pied, puis un tiers de pied, puis un quart, puis un cinquième [209] et ainsi de suite en suivant la suite des nombres ; je dis que le [210] tout sera infini, ce qu'on prouve ainsi : il existe une infinité de [211] parties qui sont chacune plus grande que la moitié d'un pied, donc [212] le tout sera infini. Ce qui précède est clair, car la IVᵉ et la IIIᵉ [213] partie <ensemble> dépassent un demi, et de même de la Vᵉ à la [214] VIIIᵉ, puis jusqu'à la XVIᵉ, et ainsi à l'infini.

[215] Pour ce qui est des arguments opposés : « il s'ensuit que la [216] grandeur, etc. », on peut attirer l'attention sur « la grandeur sera [217] augmentée à l'infini ». Une interprétation possible consiste à [218] rapporter l'infini à l'acte d'augmenter ; on peut l'admettre dans la [219] mesure où on peut poursuivre un tel acte d'une infinité de façon, [220] pour autant qu'on continue. Mais cette interprétation n'est pas [221] pertinente – ce qui ressort clairement de la question. C'est l'autre [222] interprétation qui est pertinente parce que <on dit> « sera augmentée [223] au double », « au quadruple », etc., à l'infini ; pourtant ceci est faux, [224] comme cela ressort de la question. En ce qui concerne l'autre [225] argument, qui lui est opposé, au sujet de l'angle : « on augmentera de [226] tant, etc. », je dis qu'il faut préciser, parce que le tant et tant [227] peut bien désigner un rapport arithmétique, qui considère les excès, [228] et alors j'admets la majeure et je rejette la mineure, parce qu'elle [229] n'est pas réalisée. Il pourrait d'autre part désigner un rapport [230] géométrique, et dans ces conditions je rejette la majeure, puisque A [231] n'augmentera pas dans le rapport ou B diminue, bien que A augmente [232] autant que B diminue. Et on peut raisonner de

cette façon vis-à-vis [233] de n'importe quelles quantités ou qualités. Ceci est évident parce que [234] lorsque l'angle B diminue de moitié, l'angle A ne double pas ; au [235] contraire, A ne sera double que lorsque la droite C vient sur D, et A [236] sera tel lorsque B aura totalement décru et aura été annulé. Ainsi [237] la réponse résulte de la question. J'en ai fini.

6

Velocitas totalis

Enquête sur une pseudo-dénomination médiévale[*]

Introduction

Des études de Pierre Duhem et Anneliese Maier aux éditions récentes de l'école de Marshall Clagett[1], les contributions médiévales à la théorie du mouvement ont acquis une place notable dans l'histoire des sciences. L'évolution des problématiques, les innovations conceptuelles, le mouvement de mathématisation du discours théorique, qui apparaissent en particulier au XIVᵉ siècle à Oxford, puis à Paris, ont suscité une littérature importante ; si les théories médiévales du mouvement restent un sujet de recherches vivant, il ne s'agit donc pas d'un sujet nouveau. En ce qui concerne l'analyse du mouvement *quoad effectum*, c'est-à-dire la cinématique, un certain consensus s'est dégagé parmi les médiévistes – consensus dont les éléments les plus

---

[*] N.d.éd. : Paru dans *La nouvelle physique du XIVᵉ siècle*, Études éditées par Stefano Caroti et Pierre Souffrin, Firenze, Olschki, 1997, pp. 251-275 – version revue et corrigée pour la présente édition.

1. Cf. *Duhem 1913-1959, Maier 1949-1968, Clagett 1959* et *Menut & Denomy 1968*.

significatifs ont été intégrés dans l'histoire de la cinématique telle qu'on la trouve dans les ouvrages de synthèse d'histoire des sciences, dans les histoires des mathématiques et dans certaines histoires de la philosophie médiévale. On peut dire qu'une sorte de vulgate de l'histoire de la cinématique, dont l'histoire de la dynamique est fortement marquée, s'est développée et diffusée à partir des travaux et des ouvrages des historiens.

De cette vulgate, je dirais que, si elle trahit l'histoire, c'est par fidélité à certaines interprétations que les médiévistes ont eux-mêmes données des textes qu'ils ont édités ou commentés. Lorsque je soutiens que l'histoire contemporaine des sciences a soit ignoré totalement, soit sous-apprécié l'historicité du concept holistique de vitesse pour réduire l'histoire de la cinématique théorique à celle du concept de vitesse instantanée, c'est bien la description proposée par les historiens que je conteste[2].

Dans l'exposition que j'ai donnée ailleurs de ma lecture de l'histoire de la cinématique[3], j'ai brièvement souligné, contre l'usage, que ni la cinématique du *Tractatus de configurationibus* d'Oresme, ni la dénomination « velocitas totalis » n'étaient représentatives de la tradition médiévale de la théorie du mouvement, si l'on entend bien par tradition un ensemble de définitions, de procédés discursifs ou opératoires et de relations à d'autres concepts, très largement acceptés par l'ensemble de la communauté philosophique concernée[4]. La

---

2. J'emploie « holistique » par opposition à « instantané ». Cela me permet d'éviter « vitesse totale » ou « vitesse globale », expressions qui présentent des inconvénients évidents : la première évoque la « velocitas totalis », dont il s'agit ici de clarifier le statut historique ; la seconde peut suggérer que l'ensemble de la structure spatio-temporelle entre le début et la fin du mouvement est pris en considération, ce qui exclurait le cas d'une partition de la durée totale du mouvement.

3. Cf. *Souffrin 1990, Souffrin 1992, Souffrin 1992b* ; *Souffrin 1993a* [= *supra*, II, n° 5, pp. 101-122 et *infra*, II, n° 7ª, pp. 157-193 ; II, n° 10, pp. 251-273 ; III, n° 14, pp. 321-361].

4. Cf. *Souffrin 1992*, p. 248 n. [= *infra*, II, n° 7ª, pp. 157-193 : 173 s., n. 22] (« Contrairement aux affirmations de Anneliese Maier et de Marshall Clagett, très largement reprises dans la littérature secondaire, "velocitas totalis" n'est rien moins qu'une dénomination usuelle au Moyen Âge. L'ensemble des *indices* des éditions d'Oresme par *Clagett 1968* et *Grant 1966*, ainsi que de *Clagett 1959* […], n'en fait apparaître qu'une seule et unique occurrence, et l'ensemble des textes médiévaux que j'ai pu consulter ne m'a permis d'en repérer qu'une seule autre, possible selon une lecture différente de celle de Clagett d'un passage voisin de l'occurrence unique qu'il donne lui-même. Ce

présente étude a précisément pour but de justifier et d'expliciter ces brèves remarques et, en ce sens, elle se situe dans la continuation de mes recherches précédentes.

Dans la première partie, je rappellerai d'abord quelques caractères de la description conventionnelle de l'histoire de la cinématique nécessaires à ma discussion ; je rappellerai ensuite les modifications que j'ai proposées à cette description conventionnelle, dont certaines ont des conséquences assez radicales sur la lecture des théories sur le mouvement antérieures au deuxième tiers du XVIIe siècle[5] ; j'examinerai également, pour les besoins de l'argumentation, le rôle de la théorie du changement uniforme dans le rapport entre mesure instantanée et mesure holistique. Dans la seconde partie, je présenterai une analyse de la dénomination « velocitas totalis », réputée usuelle dans le langage de la cinématique médiévale : je soutiendrai que, loin d'être « usuelle », cette expression est exceptionnellement rare, et je contesterai que son occurrence dans la littérature historique (en Oresme, *Tractatus de configurationibus*, III 8) renvoie spécifiquement à un concept médiéval ; je montrerai qu'il s'agit en fait d'une occurrence de « velocitas », dénomination simple d'un concept holistique de mouvement ; j'examinerai, enfin, la singularité du concept de mesure du mouvement qu'Oresme développe dans le traité *de Configurationibus*, et je considérerai les raisons qui l'ont conduit à cette cinématique en marge de la tradition préclassique.

I. La tradition médiévale de la cinématique théorique revisitée

On sait que la conception aristotélicienne du changement implique, pour sa mesure, une extension temporelle, et on peut dire brièvement que la formule « il n'y a pas de mouvement dans l'instant » exprime

---

mythe historique a très probablement contribué à occulter la valeur de / velocitas/ dans les textes médiévaux ») et 243 [= *infra*, pp. 168 s.] (« Il est peut-être nécessaire de justifier l'absence de référence, dans cette discussion, à la théorie des *Configurations* d'Oresme. En ce qui concerne la théorie de la mesure, celle-ci est tout à fait singulière »).

5. Cf. *Souffrin 1992, Souffrin 1992b* et *Souffrin 1993a* [= *infra*, II, n° 7ᵃ, pp. 157-193 ; II, n° 10, pp. 251-273 ; III, n° 14, pp. 321-361].

l'incongruité, dans cette physique, d'un concept de vitesse instantanée. Il me semble utile de remarquer, car cela n'est pas toujours clairement perçu, que cette conception holistique du changement est parfaitement compatible avec la notion de « changement continu » de la vitesse ; lorsqu'Aristote dit, à propos du mouvement de chute naturelle des corps lourds, que « leur vitesse s'accroît continûment »[6], il entend clairement que la distance parcourue dans une durée fixée – entre deux battements de pouls par exemple – augmente continûment, ou bien que le temps de chute sur une hauteur d'un pied diminue continûment.

D'autre part, cela ayant été maintes fois décrit, on sait que la scolastique modifie cette conception dans le cadre de la problématique de l'« intensio et remissio formarum » avec l'innovation littéralement révolutionnaire de la constitution théorique de la catégorie de qualité intensive : le champ du mesurable s'étend alors au delà des seules « quantitates », et le changement dans toutes ses déterminations, le « motus », se trouve doté d'une intensité dont la mesure reçoit les dénominations de « gradus velocitatis » ou de « velocitas instantanea ». Il est d'usage de reconnaître dans cette « intensio motus » un concept de vitesse instantanée, et il me semble difficile de ne pas en convenir.

Une tâche de l'historien est de mettre en évidence, par l'analyse des textes scolastiques où apparaissent ces termes clés du discours théorique sur le mouvement, leurs significations, leur évolution, leurs contenus conceptuels. Il est bien évident que les problèmes de traduction ou plus simplement d'interprétation des termes sont ici très délicats, les pièges étant nombreux qui peuvent dérouter même des spécialistes avertis. Si la moindre formation philosophique évitera toute confusion entre « corruptio » et sa traduction "littérale" en français (ou en anglais) contemporain : « corruption », des termes comme « motus » ou « mobilis » demandent déjà au lecteur une plus grande attention, une forte pression des termes modernes voisins tendant à occulter l'évolution des significations, et il est parfois très difficile d'éviter une lecture surdéterminée, voire fausse.

Il n'est pas surprenant que les difficultés soient d'autant plus grandes que les concepts en jeu sont supposés plus simples ou plus banals. Le cas du concept de vitesse, qui est précisément au centre de notre sujet,

6. Cf. Aristote, *Physique*, V 6 (230b24).

est de ce point de vue exemplaire : il concerne, de certaines façons, la vie quotidienne et l'expérience la plus commune. Son acception dominante aujourd'hui, la vitesse instantanée, est à la fois banalisée par divers instruments de mesure, et dotée depuis le xviie siècle d'une formulation mathématique sophistiquée mais raisonnablement maîtrisable par « l'honnête homme ». Quant à son acception holistique contemporaine, la « vitesse moyenne », elle semble à ce point évidente et incontournable qu'elle est souvent perçue comme dépourvue d'histoire[7] et indépendante de l'histoire de l'acception « instantanée ». On ne s'étonnera pas dans ces conditions que le mot « velocitas » et les concepts qu'il a désignés aient été l'objet d'appréciations historiquement discutables et demandent une attention particulière. On s'en tiendra donc, dans la suite, à la terminologie latine chaque fois que cela semblera nécessaire.

L'interprétation conventionnelle de la cinématique médiévale et de sa terminologie

La cinématique médiévale est très généralement reçue, dans la littérature historique actuelle, de la façon présentée par Clagett dans son ouvrage classique *The science of mechanics in the Middle Ages*[8]. Selon cette interprétation conventionnelle, les caractéristiques de la cinématique médiévale, en se limitant à ce qui concerne notre propos, pourraient être résumées ainsi :

a) « velocitas » est parfois mis dans les textes, du xive siècle en particulier, pour « motus », sans relation avec une quelconque idée de mesure ; cependant, s'il est question de mesure, c'est plutôt « velocitas » qui est employée ;

b) « velocitas » serait une désignation générique pouvant signifier soit un concept holistique, soit un concept « local » ou instantané, seul le contexte pouvant – dans le meilleur des cas – permettre de décider entre les deux acceptions ;

c) « velocitas » ne serait donc pas la désignation spécifique d'une grandeur, mais serait seulement susceptible de recevoir un statut de

---

7. Cf. *Hussey 1983*, p. 188.
8. *Clagett 1959*. Voir en particulier son tableau récapitulatif du vocabulaire, p. 210.

« quantitas » et d'être quantifiée[9] ; certains historiens soutiennent que la « velocitas » n'est pas une grandeur (*quantitas*) chez Aristote, ni par conséquent chez la plupart des scolastiques, en arguant de l'impossibilité de concevoir l'opération de division d'une longueur par un temps dans le cadre de la théorie des proportions[10] ; lorsque l'on reconnaît à une occurrence de « velocitas » une acception holistique, dans le cas du « motus localis », il est généralement considéré que sa mesure, du fait de sa restriction à la comparaison de mouvements soit sur des longueurs égales, soit pendant des temps égaux, n'est pas adéquate pour que l'on reconnaisse à cette occurrence le statut de « quantitas motus »[11] ;

d) « velocitas totalis » serait, justement, la dénomination spécifique usuelle, chez les auteurs médiévaux, du concept de mesure holistique du « motus localis » ; quant à la signification de cette « velocitas totalis », c'est-à-dire quant à sa définition, ou quant au sens de la mesure ainsi désignée, il règne une certaine confusion : pour les spécialistes de la physique médiévale, cette mesure est identique à, ou se confond avec, celle de la longueur du trajet parcouru[12] ; cependant certains – parfois les mêmes – lisent ce terme comme représentant « la longueur parcourue dans un temps donné », sans faire de distinction entre ces deux acceptions ; « velocitas totalis » est aussi identifiée, parfois par les mêmes auteurs et dans la même confusion, à notre vitesse moyenne[13] ;

9. Cf. *ibid.* : « 2. Velocity (*velocitas*) – Speed or velocity (without vectorial implications). It is not defined as a *ratio* of two unlike quantities, although it is considered as capable of quantification ».

10. Cf. *Carteron 1923, Wardy 1990, Caveing 1991* et *Caveing 1994.* Voir en opposition *Hussey 1983*, qui se livre cependant à un anachronisme extrême.

11. Cf. *Clagett 1959*, p. xxv : « Early kinematicists made simple proportionality statements comparing completed movements in terms of the space traversed in equal times or in terms of the time necessary to traverse some given space. Generally speaking, ancient authors did not assign to velocity a magnitude consisting of a ratio of space to time. However, from the period of Gerard of Brussel's *Liber de motu* in the thirteenth century, schoolmen began to think of velocity as a magnitude, although its definition was still not given as a ratio of the unlike magnitudes of space and time [...] ».

12. Cf. *ibid.*, p. 210 : « 4. Quantity of motion or total velocity (*quantitas motus, quantitas totalis velocitatis*) [...]. The velocity over a definite period of time, measured by the distance traversed in that time ».

13. Je me contenterai de citer un ouvrage de synthèse : *The Cambridge history of later medieval philosophy.* Dans un paragraphe intitulé « Total velocity and instantaneous velocity », *Weisheipl 1982* écrit que « The second basic distinction is between the whole

e) s'il s'agit d'une acception instantanée, la dénomination spécifique est constituée par « motus » ou « velocitas » complétée par un
qualificatif, comme dans « intensio motus », « gradus velocitatis », ou
« velocitas instantanea » ; on rencontre aussi la qualification « intensio »
ou « gradus » seule, le mot qualifié étant sous-entendu ; je reviendrai ci-dessous sur les problèmes soulevés par la mesure du « gradus
velocitatis ».

Pour la suite de cette étude, je retiendrai comme caractéristiques de cette description conventionnelle de la cinématique médiévale les trois propositions suivantes : 1) « velocitas » (ou éventuellement
motus, dans le même sens) est considérée comme une dénomination qui
demande à être complétée par une qualification explicite pour désigner
l'un ou l'autre des deux concepts quantifiables de mouvement considérés par les auteurs médiévaux, à savoir le concept holistique ou le
concept instantané ; 2) pour le concept holistique la dénomination
d'usage appropriée au « motus localis » serait « velocitas totalis », dont
la signification attestée serait 'distance parcourue dans le mouvement' ;
3) pour le concept instantané, les dénominations usuelles sont « intensio
motus », « gradus velocitatis » ou « velocitas instantanea ».

Une interprétation alternative de la tradition cinématique médiévale

J'ai été conduit, à partir d'études sur les travaux de jeunesse de
Galilée sur la théorie du mouvement, à contester cette interprétation
conventionnelle de la terminologie de la cinématique médiévale, tout
au moins sous la forme des trois propositions énoncées ci-dessus. Sans
reprendre l'argumentation que j'ai développée ailleurs, ici j'indiquerai
seulement les conclusions auxquelles je suis parvenu.

Contrairement à ce qu'on affirme d'après la description conventionnelle, je soutiens que c'est le terme « velocitas », employé seul et
sans qualification, qui représente dans la tradition médiévale, y compris
dans les traductions et commentaires d'Aristote, la conception holistique

---

motion (*velocitatis totalis*) from beginning to end and motion at any given instant (*velocitas
instantanea*) », en renvoyant à Maier et à Clagett. Dans l'*Index rerum*, le même ouvrage
donne ce passage sous l'entrée : « Velocity – total or average ». On pourrait multiplier
de pareilles citations en les tirant des meilleurs spécialistes.

du « motus » et de sa mesure. Cette conception holistique est précisée, et ceci dans la continuité de l'esprit et de la lettre des textes aristotéliciens, par des définitions du rapport des « velocitates » de deux « motus » comparables, c'est-à-dire par la définition de mesures de la « velocitas » puisque « mesurer », c'est mettre en rapport deux (ou plusieurs) situations comparables, dans des conditions complètement spécifiées.

Dans le cas du « motus localis », la tradition médiévale limite la comparabilité aux cas où l'une des deux extensions, le parcours ou la durée, des deux mouvements mis en rapport dans la mesure est la même ou est égale pour les deux mouvements. Une certaine généralité est associée à la possibilité de différentes conceptions de l'extension spatiale : il peut s'agir d'angles, d'arcs de cercles, de hauteurs (de chute), etc. ; le plus souvent dans les traités théoriques, sauf pour l'astronomie, il s'agit de parcours rectilignes. À ces deux possibilités de choix de l'extension commune correspondent les deux acceptions usuelles de la tradition médiévale qui sont, sans distinction, désignées par la seule et même dénomination de « velocitas », les textes précisant plus ou moins explicitement de quelle acception il est question si le contexte l'exige[14].

Pour respecter cet usage médiéval d'une dénomination unique pour les deux acceptions holistiques, et pour éviter la confusion avec toute conception post-newtonienne de la vitesse (par exemple celle de « vitesse moyenne »), je désignerai cet usage traditionnel de « velocitas » par « vitesse holistique »[15] – expression que je réserverai exclusivement à la désignation des deux acceptions usuelles dont je vais préciser les définitions. Ces deux acceptions usuelles de « velocitas » sont définies par les expressions suivantes – ou par des expressions équivalentes dans le langage de la théorie des proportions : 1) le rapport des « velocitates » de deux mouvements locaux qui ont lieu dans un même temps ou en des temps égaux, est égal à celui des espaces parcourus[16] ; 2) le rapport

14. Ce qui n'est pas le cas, par exemple, pour exprimer la notion d'accélération du mouvement naturel de chute des graves.
15. L'anachronisme de *Hussey 1983*, p. 188 m'a dissuadé d'utiliser vitesse « aristotélicienne », qui aurait pu convenir. Voir sur cette possibilité *Damerov 1992*.
16. Cf. Bradwardine, *Liber de motu* : « Omnium duorum motuum localium eodem tempore vel equalibus temporibus continuatorum velocitates et spatia illis pertransita proportionales existere » – cit. par *Clagett 1959*, p. 264.

des « velocitates » de deux mouvements locaux qui se déroulent sur un même espace, ou sur des espaces égaux, est égal à l'inverse du rapport des temps de parcours[17].

Il convient d'ajouter que ces deux définitions ou acceptions ne sont pas restreintes au cas de mouvements uniformes. L'ignorance de cette caractéristique essentielle de ces définitions est l'une des principales sources de mélecture des textes préclassiques sur la théorie du mouvement, qu'il s'agisse de cinématique ou de dynamique.

La première de ces deux acceptions est beaucoup plus fréquente dans les textes que la seconde jusqu'à la première moitié du xviie siècle ; je l'ai désignée par l'expression « définition préclassique *standard* ».

Puisque la mesure exprime le rapport de deux vitesses holistiques par le rapport de deux longueurs ou de deux temps, elle confère à la « velocitas » le statut de « quantitas » au même titre que la longueur ou le temps ; il ne s'agit pas d'une notion susceptible d'une certaine de quantification, mais bien au sens propre – aristotélicien – d'une grandeur, au sens même d'Euclide, si l'on se réfère à l'Euclide médiéval.

La conséquence la plus importante de cette description non conventionnelle de la cinématique pour les textes préclassiques (j'entends par là hellénistiques, scolastiques et modernes) est une clé de lecture que je rappelle en conclusion de ce chapitre : dans ces textes l'expression « la *velocitas* est comme telle grandeur » signifie en général soit « les espaces parcourus en des temps égaux sont entre eux comme ces grandeurs sont entre elles », soit « les temps de parcours d'une même distance sont entre eux inversement comme telles grandeurs sont entre elles », et ceci sans implication *a priori* sur l'uniformité ou la difformité du mouvement. Cette clé de lecture, qui rassemble les caractéristiques essentielles de mon interprétation de la cinématique préclassique, modifie profondément les interprétations usuelles des textes préclassiques sur la cinématique et sur la dynamique[18].

---

17. Cf. *ibid.* : « Omnium duorum motuum localium super idem spatium vel equalia deductorum velocitates et tempora proportionales econtrario semper esse, *i.e.*, sicut velocitas prima ad secundum ita tempus secunde velocitatis ad tempus prime ».

18. Cf. *Souffrin 1992* et *Souffrin 1993a* [= *infra*, II, n° 7[a], pp. 157-193 ; III, n° 14, pp. 321-361].

Naturellement, comme dans tout épisode de l'histoire de la pensée philosophique, diverses conceptions plus ou moins marginales par rapport à la tradition dominante se rencontrent : je montrerai que le traitement du « motus localis » dans le traité *de Configurationibus* d'Oresme, souvent considéré comme représentatif de la tradition médiévale de la cinématique, est au contraire un exemple particulièrement significatif de développement théorique extérieur à la tradition.

Le mouvement uniforme et la mesure du « gradus velocitatis »

Le concept d'« intensio motus » est clairement une première forme de ce qui deviendra, dans la cinématique post-newtonienne, la vitesse instantanée. Le « gradus velocitatis » en est la mesure, et sa définition appelle quelques remarques.

La définition médiévale du « gradus velocitatis » est typiquement illustrée par cette formule, due à Swineshead :

> cuicunque gradui in motu locali correspondet certa linealis que in tanto tempore et in tanto cum partibus tali gradu describeretur

ou par celle, encore plus explicite, de Heytesbury :

> in motu autem difformi, in quocunque instanti attendetur velocitas penes lineam quam describeret punctus [...] si per tempus moveretur uniformiter illo gradu velocitatis quo movetur in eodem instanti, quocunque dato[19].

On relève en général que cette définition de la mesure instantanée est circulaire ; cependant, il ne semble pas avoir été remarqué que dans un cas particulier elle n'est pas circulaire, et il se trouve que ce mouvement particulier est fondamental dans l'axiomatisation de la cinématique, puisqu'il s'agit du mouvement uniforme.

La définition et les propriétés du mouvement uniforme ont eu, en effet, un rôle historiquement déterminant dans toute la conceptualisation de la cinématique. Le mouvement uniforme est défini comme tel, *i.e.* comme uniforme, sans référence à un quelconque concept de vitesse jusqu'au renversement de perspective newtonien : l'uniformité est définie par l'acquisition de quantités égales en des temps égaux

---

19. *Clagett 1959*, documents n° 4 4 et n° 4 5.

de la perfection qui est acquise par le mouvement. Dans le « motus localis » la perfection acquise est une distance ou une longueur, et le mouvement uniforme est par définition celui où les espaces parcourus en des temps égaux sont égaux.

Quoique l'uniformité du mouvement soit définie par référence à des temps et à des longueurs, sans référence donc à la « velocitas », le mouvement uniforme n'implique pas seulement les concepts de temps et de longueur ; il implique essentiellement autre chose : il serait précis mais évidemment anachronique de dire que se trouve impliquée une relation fonctionnelle entre des longueurs et des temps ; il est historiquement plus juste de dire qu'un mobile, réel ou idéel, se trouve impliqué qui met en relation des espaces et des temps. Le « motus », en tant que distinct de la longueur et du temps, appelle pour sa mesure autre chose que la mesure des temps ou la mesure des longueurs ; le concept de « velocitas » est précisément celui qui peut exprimer la mesure du mouvement en tant que tel. Il est *a priori* plausible, et attesté par les usages très anciens des astronomes de la haute Antiquité (on peut renvoyer à la Mésopotamie) d'un mot qu'on ne peut traduire que par « vitesse », que c'est sur le cas particulier du mouvement uniforme qu'ont été précisées quantitativement ou mathématiquement les notions communes, antérieures à la théorisation, de mouvement plus fort, moins fort ou également fort. Ainsi la notion même qu'un mouvement uniforme est un mouvement dont la « force », ou la quantité, en tant que mouvement, est toujours la même, conduit-elle à demander à la mesure d'un tel mouvement d'être toujours égale, c'est-à-dire à demander à la « velocitas » d'être toujours la même pour un même mouvement uniforme ; cette notion ne demande qu'un concept holistique de mesure, et la définition même du mouvement uniforme comme celui qui parcourt des distances égales en des temps égaux impose, pour la définition de l'égalité des « velocitates » ou de la constance de la « velocitas », celles des vitesses holistiques.

Je suis convaincu, et ici encore les usages de l'astronomie antique apportent quelque soutien à cette hypothèse, que cette description des origines de la mathématisation de la notion d'égalité de vitesses peut s'étendre à celle du rapport de vitesses, c'est-à-dire que les propriétés du rapport des vitesses de deux mouvements uniformes qu'exprime explicitement par exemple Aristote en différents lieux[20], sont des réquisits constitutifs du concept (holistique) de vitesse, issus de l'usage pratique. Je veux dire que c'est *a priori* et d'abord implicitement que l'on a demandé à une mesure, pour l'admettre comme mesure du mouvement, de donner pour double d'un mouvement uniforme celui qui parcourt dans un même temps une distance double.

J'en reviens maintenant à la définition réputée circulaire du « gradus velocitatis ». Lorsque la scolastique, dans le cadre du développement de la nouvelle catégorie – non aristotélicienne – des grandeurs ou qualités intensives, en est arrivée à appliquer cette nouvelle catégorie aux qualités successives, et à introduire une notion de mesure instantanée du mouvement, cette notion dut satisfaire à quelques préréquisits, surtout dans le cas du mouvement uniforme. Il est bien évident que pour un mouvement uniforme, le « gradus velocitatis » ne peut être que constant pour satisfaire à la notion d'uniformité ; mais rien n'impose *a priori* le rapport entre la « velocitas » et le « gradus velocitatis » d'un mouvement uniforme.

Or, si l'on prend en considération la clé de lecture que j'ai donnée plus haut en conséquence de mes propositions, la définition « le degré de vitesse se mesure par l'espace que parcourrait dans un temps donné le mobile s'il continuait son mouvement avec le même degré de vitesse » est exactement équivalente à la suivante : « le degré de vitesse se mesure par la vitesse holistique qu'aurait le mouvement s'il continuait avec le même degré de vitesse ». Cette équivalence est directement évidente dans le cadre du vocabulaire banal des théoriciens médiévaux de la philosophie naturelle, et sous cette dernière forme il apparaît clairement que dans le cas d'un mouvement uniforme, cette définition du « gradus velocitatis » n'est plus circulaire, mais produit un résultat précis, à savoir précisément l'identification du « gradus velocitatis » et de la « velocitas » pour les mouvements uniformes.

Il ne m'importe pas, ici, de savoir si cette équivalence était postulée antérieurement, et aurait alors été à l'origine de la définition contestée, ou si au contraire cette définition aurait plutôt elle-même imposé cette équivalence ; je constate seulement qu'appliquée au mouvement

---

20. Par exemple en *Physique*, VI 7 (237b28).

uniforme, elle n'est pas circulaire, et qu'elle valide formellement, axiomatiquement en quelque sorte, cette équivalence.

Cette identité des mesures du « gradus velocitatis » et de la « velocitas » pour un mouvement uniforme a été, en tout état de cause, une caractéristique fondamentale de la tradition de la cinématique médiévale ; sa cohérence tient en particulier à ce que dans cette tradition la vitesse holistique que l'on associe de façon triviale à un seul et même mouvement uniforme (en le considérant sur différentes parties de même durée) et sa vitesse instantanée sont l'un et l'autre constants.

II. « Velocitas » ou « velocitas totalis »

La dénomination usuelle du concept holistique : « velocitas » ou « velocitas totalis » ?

Ma proposition relative au sens médiéval du terme « velocitas » s'oppose à l'interprétation conventionnelle et met en question le statut de dénomination usuelle qu'elle accorde à « velocitas totalis ». On pourrait m'objecter qu'il existe bien, pour le concept de vitesse instantanée, différentes dénominations et, cela, chez un même auteur. On pourrait ajouter que, si ma propre interprétation admet pour la seule et même dénomination usuelle – « velocitas » – deux acceptions holistiques, il est concevable qu'il en ait existé une troisième, désignée par cette dénomination particulière : « velocitas totalis ». Car il s'agirait bien d'une troisième acception : si l'on suit Maier et Clagett, la « velocitas totalis » serait bien « la longueur du trajet parcouru par le mobile », et non pas « la longueur du trajet parcouru par le mobile *dans un temps donné* » comme dans la définition *standard* préclassique de la « velocitas ». La différence entre les deux définitions est tout à fait essentielle, et est fréquemment mal appréciée : la première n'impose pas l'identité de la durée des deux mouvements, mis en rapport dans l'acte de mesure ; cette « velocitas totalis » n'est alors rien d'autre, en tant que « quantitas », qu'une longueur dont le rapport des valeurs pour deux « motus » donnés est le rapport des espaces parcourus, quelles que soient les durées respectives des deux mouvements ; la deuxième mesure, en revanche, n'a de sens que pour deux mouvements de même durée. Comme nous le verrons, ces deux mesures sont qualitativement et quantitativement différentes.

Pour être différentes ces acceptions de la mesure holistique du mouvement n'en sont pas moins également cohérentes logiquement, sinon également satisfaisantes en tant que concepts de mesure du « motus localis ». Même si l'on admet mes propositions, on ne peut donc exclure sur la seule base de la cohérence logique, que « velocitas totalis » soit effectivement dans les textes médiévaux un autre concept usuel que celui de vitesse holistique qui a reçu, selon ma lecture, la dénomination simple de « velocitas ». Seul l'examen des acceptions que les différentes occurrences de « velocitas totalis » ont dans les textes peut nous permettre de confirmer ou récuser une telle possibilité. C'est à un tel examen que je vais maintenant procéder.

Occurrences et significations médiévales de « velocitas » et de « velocitas totalis »

J'ai donc procédé à une recherche et à une analyse systématiques d'occurrences de l'expression « velocitas totalis ». Cette démarche nécessaire a confirmé l'extrême rareté de cette expression dans les textes édités, comme je l'avais soupçonné d'emblée. Il s'agit d'une "propriété" bien singulière pour une expression qualifiée d'usuelle et caractéristique d'une tradition.

Qui plus est, on ne peut qu'être frappé par le fait que, lorsqu'il y a <dans la littérature historique> référence explicite à un texte, c'est toujours une seule et même occurrence de « velocitas totalis » qui est citée, celle que l'on trouve à l'intérieur de la discussion de la mesure des qualités intensives développée par Oresme au chapitre 8 de la partie III de son *Tractatus de configurationibus*[21]. C'est à cette occurrence que renvoie Clagett dans son commentaire, et c'est la seule occurrence mentionnée dans le chapitre « *Velocitas totalis* und Momentumsgeschwindigkeit » du classique *Die Vorlaüfer Galileis* de A. Maier. L'examen de cette occurrence singulièrement privilégiée va se révéler très instructive, et même déterminante, pour mon propos.

---

21. Cit. ici dans l'éd. donnée par *Clagett 1968*.

1. « Velocitas » et « velocitas totalis » dans Oresme,
Tractatus de configurationibus, *III 8*

Voici le passage dans lequel on trouve l'occurrence en question[22] :

[1] Quo facto, ymaginetur basis *AB* dividi per partes continue proportionales secundum proportionem duplam, eundo versus *B*. Et statim patebit quod super primam partem proportionalem linee *AB* stat superficies alta per unum pedem, et super secundam partem stat superficies alta per duos pedes, et super tertiam per tres et super quartam per quatuor, et sic ulterius per infinitum, et tamen *totalis superficies* non sit nisi duo pedalia prius data in nullo augmentata. Et per consequens *totalis superficies* que stat super lineam *AB* est precise quadrupla ad *illam sui partem que stat super primam partem* proportionalem eiusdem linee *AB*.

[2] Illa ergo qualitas sive velocitas que proportionaretur in intensione huic figure in altitudine esset precise quadupla ad partem sui que foret in prima parte temporis vel subiecti secundum huiusmodi divisionem.

Verbi gracia :

[3] sit prima pars proportionalis secundum proportionem duplam ipsius linee *AB* versus extremum *A* alba seu calida aliquantum et secunda duplo albior et tertia triplo albior et quarta quadruplo et sic consequenter in infinitum utrinque secundum seriem numerorum. Tunc ex predictis apparet quod *totalis albedo* linee *AB* est precise quadrupla ad *albedinem prime partis*,

[4] et ita esset de albedine superficiali, ac etiam de corporali si conformiter esset intensa.

[5] Eodem modo si aliquod mobile moveretur in prima parte proportionali alicuius temporis taliter divisi aliquali velocitate, et in secunda moveretur duplo velocius, et in tertia triplo, et in quarta quadruplo, et sic consequenter in infinitum semper intendendo, *velocitas totalis* esset precise quadrupla ad *velocitatem prime partis*,

[6] ita quod mobile in tota hora pertransiret precise quadruplum ad illud quod pertransivit in prima mediate illius hore ; ut si in prima mediate vel parte proportionali pertransiret unum pedem, in toto residuo pertransiret tres pedes et in toto tempore pertransiret quatuor pedes.

Curieusement, et d'une façon qu'il nous faudra expliquer, ce passage très fréquemment cité n'a reçu, en ce qui concerne l'intérêt qu'il présente pour l'histoire de la philosophie naturelle et plus particulièrement de la cinématique, qu'une analyse superficielle et partielle ; le § 3 a été

---

22. Pour la commodité de la discussion, j'ai numéroté les paragraphes et fait ressortir en italiques quelques mots et expressions.

systématiquement négligé ; or, nous verrons qu'il éclaire de façon décisive la terminologie oresmienne. De quoi s'agit-il, en effet, dans ce chapitre III 8 du *De configurationibus*?

Dans tout ce passage, les surfaces et les « qualitates », permanentes ou successives, considérées ont une base ou « extensio » divisée en série géométrique de rapport ½ (*continua proportio secundum proportionem duplam*), et sont elles-mêmes divisées en « partes » déterminées – trivialement – par les « partes » de l'extension ainsi divisée.

Le § 1 est purement géométrique ; il y est établi, fort élégamment, que « totalis superficies [...] est precise quadrupla ad illam sui partem que stat super primam partem proportionalem ». Je pense qu'il sera difficile de ne pas reconnaître que « totalis superficies » et « sua pars super primam partem » sont l'une et l'autre des surfaces, et que les spécifications « totalis » ou « pars » ne changent en rien leur statut géométrique, de sorte qu'aucun autre concept géométrique que celui de surface n'est désigné par ces termes.

Le § 2 donne de façon absolument générale la conséquence de cette propriété géométrique sur les mesures selon la théorie des configurations des « qualitates » et des « motus », dont l'« extensio » est divisée selon la même partition que la base de la surface dans la première partie. Il s'agit d'une application directe de la propriété géométrique démontrée précédemment, complètement déterminée par la théorie générale de la mesure propre à la théorie oresmienne des *Configurations*. Il convient de remarquer que, dans ce § 2, ce sont bien les acceptions holistiques d'une qualité ou d'un changement qui sont désignées respectivement par « qualitas » et par « velocitas ». On retrouve, apparemment, exactement la même situation qu'à propos de la discussion purement géométrique précédente : « totalis » n'est apparemment pas requis pour spécifier le caractère holistique de l'objet mesuré, à savoir la « qualitas sive velocitas ».

La comparaison des §§ 3 et 5 confirme cette remarque. Il s'agit d'une illustration, selon un format didactique classique, de ce qui a été dit précédemment de façon absolument générale, par une application aux cas d'une qualité particulière, l'« albedo », et d'un changement particulier, le « motus localis » d'un mobile. Les deux exemples sont développés de façon absolument parallèle et parallèlement à la discussion géométrique du § 1. À « totalis superficies » répondent respectivement, dans les deux exemples, « totalis albedo » et « velocitas totalis » ; à « pars <superficiei> que stat super primam partem » répondent respectivement « albedo prime partis » et « velocitas prime partis ». Ce strict parallélisme implique clairement que « totalis » a le même sens dans les trois cas, et ce sens apparaît de façon indiscutable dans la discussion de l'objet géométrique : « totalis » ne modifie pas la nature géométrique de « superficies », mais distingue une surface – celle construite sur l'extension totale – d'une autre surface – celle basée sur la première partie proportionnelle de l'extension. Je ne vois pas, dans ce texte, ce qui pourrait suggérer d'accorder un autre sens à « totalis » dans le § 3 : « totalis albedo » et « albedo prime partis » sont des blancheurs de nature strictement identique, c'est-à-dire tout simplement des « albedines » de sujets linéaires étendus (ce que j'entends par holistique), et « totalis » distingue celle de tout le sujet de celle de sa première partie proportionnelle. De la même façon, dans le § 5, « totalis » distingue entre deux mouvements, entre deux « velocitates », relatifs respectivement à toute l'extension temporelle et à sa première partie proportionnelle qui est désignée par « velocitas prime partis ». « Velocitas totalis » n'est donc, ici, pas plus la dénomination d'un concept spécifique de mesure du mouvement différent de « velocitas » que « totalis albedo » la dénomination spécifique d'un concept d'aspect lumineux autre que celui d'« albedo », ou « totalis superficies » la dénomination spécifique d'un concept géométrique différent de celui de « superficies ».

Le § 6 et dernier explicite clairement le fait que le rapport entre les mouvements dans la première moitié du temps et dans la totalité du temps est le rapport des distances parcourues.

Cette discussion me conduit, en ce qui concerne « velocitas » et « velocitas totalis » dans ce passage du traité d'Oresme, aux conclusions qui vont suivre.

a) La mesure du « motus localis » dans ce passage est bien, comme dans la totalité de ce traité, la longueur parcourue et non « la longueur parcourue dans un temps donné », comme le voudrait la tradition ; cette définition hors de la tradition est justifiée, ou plutôt imposée, par la volonté d'unité et d'universalité qui domine la théorie des *Configurations*; à son tour, cette volonté s'exprime par la récurrence d'expressions comme « de velocitate vero omnino dicendum est sicut de qualitate ».

C'est une même théorie qui doit s'appliquer aux qualités et aux changements, au seul prix d'un choix adéquat de l'extension – le temps, dans le dernier cas. La mesure des qualités permanentes par l'aire de la configuration est l'une des plus remarquables propositions théoriques de la philosophie naturelle du XIVᵉ siècle ; elle est fondée sur sa pertinence dans le cas des qualités uniformes ; pour que la même démarche s'applique aux changements, il est nécessaire de mesurer le changement – *i.e.* toutes les catégories du changement – également par l'aire de la configuration. Dans le cas du « motus localis », la considération du mouvement uniforme dont les propriétés sont bien connues, même si elles n'ont pas encore reçu de démonstrations formelles rigoureuses, conduisent par généralisation à reconnaître en l'aire de la configuration une mesure de l'espace parcouru. Ainsi, c'est la cohérence interne du traité, et non un mouvement de pensée arbitraire et injustifié, comme le pensait A. Maier[23], qui conduit Oresme à l'extraordinaire intuition de la relation entre l'aire de la configuration, le « gradus velocitatis » et la distance parcourue. Il faudra attendre Newton pour en démontrer la pertinence.

b) La dénomination du mouvement dans ce passage est « velocitas » tout court. « Velocitas totalis » n'est pas, ici, la dénomination d'un concept ; elle n'est pas non plus la dénomination de la mesure du mouvement, comme tous les commentateurs modernes l'ont pensé, ni de quelque autre concept ; « totalis » est dans tout ce passage en relation avec « pars » et avec la partition en proportion continue de l'extension du sujet de la qualité ou du mouvement considéré. Cet emploi de « totalis » corrélativement avec les « partes » de la partition d'une grandeur géométrique est tout à fait *standard* dans les textes médiévaux de géométrie[24].

---

23. Cf. *Maier 1949-1968*, vol. I, 1966, p. 129.
24. On peut l'observer, par exemple, dans la traduction latine des *Éléments* d'Euclide dite « Version II d'Adelard de Bath », où 10 des 12 occurrences de « totalis » vont avec une occurrence de « pars ». Cf. *Busard & Folkerts 1992*.

2. La dénomination de la mesure du mouvement
dans le De configurationibus

Cette conclusion pose le problème de la dénomination de la mesure du mouvement dans ce traité. En effet, j'ai signalé plus haut que, dans la tradition, « velocitas » désigne aussi bien le « motus » que la mesure elle-même, et que les définitions traditionnelles autorisent – ou valident – l'identification conventionnelle du « gradus velocitatis » et de la « velocitas » dans le cas des mouvements uniformes. Le fondement de l'identification réside en ceci, que la mesure holistique d'un mouvement uniforme, que l'on désigne aussi par « velocitas », est constante d'après les définitions traditionnelles du mouvement uniforme et de la vitesse holistique.

Or, Oresme adopte ici une mesure différente, et dans le cas des mouvements uniformes cette mesure augmente proportionnellement au temps. Comme le « gradus velocitatis » du mouvement uniforme ne saurait être conçu autrement que constant[25], l'adoption de la dénomination traditionnelle de « velocitas » pour la mesure du mouvement aurait mis Oresme dans une situation difficilement tenable : il lui aurait fallu admettre une « velocitas » croissante pour un « gradus velocitatis » constant. Il est évident qu'Oresme ne pouvait accepter de se mettre à ce point en désaccord avec une convention aussi solidement fondée.

Un examen attentif montre qu'Oresme contourne la difficulté en renonçant dans le *De configurationibus* à l'abus de langage, alors banal, qui donnait « velocitas » aussi bien pour le changement que pour sa mesure. Lorsqu'il s'agit de mesure d'un changement, Oresme l'exprime presque toujours explicitement par un terme équivalent à « rapport », ou par un terme équivalent à « mesure » (*duarum qualitatum linearum sive superficierum*

---

25. Et effectivement Oresme restitue dans le *De configurationibus* le « in tempore equali » dans la mesure du « gradus velocitatis » : « Dico ergo quod universaliter ille gradus velocitatis est simpliciter intensior sive maior quo in tempore equali plus acquiritur vel deperditur de illa perfectione secundum quam fit motus. Verbi gratia, in motus locali ille gradus est maior et intensior quo plus de spatio » (II 3), et « universaliter in omnibus ille gradus velocitatis est intensior sive maior quo in tempore equali subiectum fit magis tale secundum illam denominationem qua dicitur velociter acquiri, quecunque sit illa » (II 4). Mais notons que le déterminant « equali tempore » peut-être sous-entendu : « verbi gratia in motu locali ille gradus velocitatis est maior et intensior quo plus pertransiretur de spatio vel de distantia » (II 3). Seul le contexte peut donc, éventuellement, permettre de décider entre le non-requis et le sous-entendu.

ac etiam velocitatum mensura sive proportio). Dans le traité, « velocitas » et
« motus » sont absolument interchangeables, et ne désignent pas une
mesure. Oresme parlera d'un mouvement uniforme (ou de la partie
uniforme d'un mouvement uniforme par morceaux, comme nous dirions
aujourd'hui) comme d'une « velocitas » constante dont la mesure, *i.e.* le
parcours, croît comme la durée du mouvement : « Verbi gracia, velocitas
uniformis que durat per tres dies est equalis velocitati triplo intensiori que
durat per unam diem » (III 8). « Uniformis » peut qualifier un changement,
mais non une mesure. Et la singularité de la mesure du changement dans
le traité d'Oresme apparaît clairement : le rapport des deux changements
uniformes est ici donné égal à 1, alors que selon les définitions de la tradition préclassique, le rapport de ces deux changements est évidemment
égal au rapport des intensités, c'est-à-dire à 3.

3. Autres occurrences de « velocitas totalis »

Arrivé à la conclusion que l'occurrence citée par Maier et Clagett pour
illustrer et discuter ce qu'ils désignent comme la dénomination usuelle
d'un concept médiéval ne validait pas leur proposition, j'ai bien sûr
cherché d'autres occurrences.

En ce qui concerne le *Des configurations*, le résultat est simple : il n'y
a, au mieux, qu'une seule autre occurrence de « velocitas totalis » dans
l'ensemble de ce texte. Je dis « au mieux », car cette seconde occurrence
éventuelle dépend de la lecture que l'on fait d'un passage ambigu : il
s'agit du début de II 3, intitulé *De quantitate intensionis velocitatis* :

> Cum utraque uniformitas motus primo capitulo posita consistat in intensionis
> equalitate et utraque difformitas ex inequalitate proveniat premittendum est penes
> quid attendatur quantitas gradualis intensionis ipsius velocitatis. Verumptamen
> circa velocitatem tria sibi invicem propinqua possunt considerari. Unum est
> quantitas ipsius velocitatis totalis pensatis intensione et extensione, et de hoc
> dicetur in tertia parte.

Dans la dernière phrase, Duhem associe « totalis » à « quantitas » et non
à « velocitatis », Maier et Zubov lisent « velocitas totalis ». Clagett hésite
dans ses commentaires, où il donne l'une et l'autre lecture, mais il suit
Duhem dans sa traduction de ce passage[26]. Cette seconde occurrence, si

---

26. *Clagett 1968*, p. 277.

on la retenait, ne modifierait en rien la conclusion précédente : s'il n'est pas question ici de « partes », il y a cependant deux aspects, l'« intensio » et l'« extensio », et « totalis » a pour fonction d'impliquer la prise en considération simultanée des deux aspects ; le concept dont il est question est bien, ici encore, désigné simplement par « velocitas ».

Puisqu'on s'interroge ici sur l'existence et le statut éventuel de la prétendue dénomination médiévale « velocitas totalis » d'un concept de cinématique, et non plus généralement sur les usages du substantif spécifiquement tardo-médiéval « totalis », je pense que ce qui importe à la discussion est le résultat de la recherche d'occurrences médiévales de cette dénomination. Avec toutes les réserves qu'implique un résultat négatif dans une telle recherche, je dois indiquer que je n'ai trouvé aucune autre occurrence indiscutable dans un texte de cinématique antérieur au début du XVIe siècle. Alvarus Thomas, cité par Clagett[27], traite dans son *Liber de triplici motu* (1509) d'une généralisation du problème étudié par Oresme en *De configurationibus*, III 8 : il désigne la même grandeur par « velocitas » (*talis velocitas totius illius temporis*) ou par « totalis velocitas » (*totalis illa velocitas totius illius temporis*), ou encore par « tota velocitas » pour référer à un mouvement sur la totalité d'un temps et « velocitas prime partis » pour référer au mouvement sur la première partie proportionnelle ; chez lui comme chez Oresme, « totalis » ne modifie pas conceptuellement la dénomination « velocitas ». Mais là s'arrête la similitude, car pour Alvarus Thomas la mesure d'un mouvement uniforme n'est pas la distance parcourue, mais bien une longueur dans un temps donné, c'est-à-dire la vitesse holistique de la tradition préclassique[28].

III. Réflexions sur la formation d'un artefact historique et quelques enseignements que l'on peut en tirer

La variété du vocabulaire d'Alvarus Thomas peut suggérer que l'affirmation du caractère usuel, voire canonique, de l'interprétation

---

27. Cf. *ibid.*, pp. 496 ss.

28. Alvarez Thomas donne le rapport 3 pour les mouvements comparés ; Oresme donnerait le rapport des espaces parcourus, qui est égal à 9 dans cet exemple.

conventionnelle de « velocitas totalis » pourrait en quelque sorte être "sauvée" en l'entendant dans un sens large. On admettrait alors que Maier, Clagett et les auteurs contemporains en général assimilent à « velocitas totalis », pour y voir une même dénomination, l'ensemble des expressions (telles que *tota velocitas, tota latitudo, tota latitudo totalis*, etc.) que l'on rencontre effectivement dans les textes médiévaux. Mais, outre que cela impliquerait une représentation curieuse de désignations authentiques par une dénomination introuvable, on se heurterait au fait que ces expressions variées, loin de désigner un même concept déterminé chez différents auteurs, recouvrent une variété d'acceptions plus ou moins précisément définies quantitativement, et témoignent plutôt de l'instabilité de vocabulaire caractéristique de la phase de constitution d'une discipline à la recherche de concepts adéquats, que d'une tradition. L'étude détaillée de l'histoire de ces expressions et de ces concepts ne saurait manquer d'être fructueuse et d'éclairer la transition entre la tradition préclassique et la cinématique moderne ; elle ne me semble pas de nature à pouvoir modifier ma conclusion ; dans l'état actuel de la documentation que j'ai pu consulter, en tant que dénomination canonique de la cinématique médiévale, « velocitas totalis » apparaît comme un artefact qui relève de l'historiographie et non de l'histoire des sciences.

Une proposition aussi radicale demande au moins une tentative d'explication. Je vais soumettre à cette fin les quelques suggestions suivantes.

Le consensus sur la prétendue « dénomination médiévale usuelle » ou *standard* me semble ne s'être bâti que sur un double argument d'autorité. D'une part, Oresme est une personnalité exceptionnellement importante à de nombreux titres pour l'histoire de la philosophie naturelle et le chapitre III 8 du *De configurationibus* contient sans doute son résultat le plus cité dans les manuels d'histoire des sciences après la démonstration du théorème de Merton du chapitre précédent (III 7). Il y a bien des raisons à cela : l'historien des mathématiques y trouve la sommation non constructiviste d'une série géométrique ainsi que la première construction historiquement repérée d'une surface d'aire finie contenant un diamètre infini, et la mention de l'extension évidente de cette construction à trois dimensions (extension contenue dans le § 4). Il faudra attendre Torricelli, et le solide hyperbolique qu'il considérera comme l'un de ses principaux titres de gloire, pour retrouver un résultat équivalent.

D'autre part, dans un ouvrage dont le titre même, *Die Vorlaüfer Galileis*, indique assez qu'il traite d'un sujet idéologiquement sensible, qui attirera l'attention des historiens (et non seulement des médiévistes) dans un contexte de vive polémique avec P. Duhem, A. Maier intitule un chapitre précisément « *Velocitas totalis* und Momentangeschwindigkeit ». Quelques passages significatifs nous éclaireront sur sa démarche.

En ce qui concerne la mesure du mouvement par la distance parcourue, Maier écrit (p. 112) :

> Die Beziehung zwischen der erworbenen Vollkommenheit und der Zeit ist aber nicht […] als proportion zwischen den beiden Grössen anzufassen. […] Die Folge ist, dass die Geschwindigkeit für die Schkolastik tatsächlich bestimmt ist durch den zurückgelegten Weg.

Maier ne déduit apparemment pas cette définition de la vitesse des « scolastiques » de la seule lecture rigoureuse des textes ; elle entend en quelque sorte en démontrer la nécessité (*die Folge ist*) dans le contexte de la théorie des proportions. Et cette prétendue justification par l'incommensurabilité d'une longueur et d'un temps, pour être récusable parce que non pertinente à la question[29], n'en est pas moins un lieu commun des plus répandus dans la littérature historique contemporaine. Ce qui me semble devoir être relevé ici est que Maier a une idée préconçue, fondée sur sa propre perception de ce que la théorie des proportions autorise ou n'autorise pas, et j'imagine que cela a pu déterminer sa conviction sur ce que « devait être » la vitesse pour les scolastiques. Toujours est-il qu'elle n'appuie pas son affirmation sur des témoignages et que, telle qu'elle l'exprime, la mesure est bien celle – singulière – d'Oresme dans le *De configurationibus*. Le fait avéré que les inexactitudes de Maier sur les contraintes qu'impose la théorie des proportions sont très répandues dans la communauté des historiens des sciences me semble de nature à avoir favorisé la réception de son idée de la définition scolastique de la vitesse comme un reflet fidèle de l'histoire.

---

29. Curieusement, cela semble une idée assez commune que « contrairement aux Anciens », nous saurions donner un sens au rapport d'une longueur à un temps. Il semble hors de propos de commenter ici cette tenace aberration.

En ce qui concerne la dénomination usuelle, Maier est tout aussi affirmative : c'est « velocitas totalis ». Elle l'assène par le titre du chapitre, et le réitère avec insistance :

> der in einer bestimmten Zeit zurückgelegte Weg, gleichgültig ob er mittels einer konstanten oder einer beliebig beschleunigten Bewegung zurückgelegt worden ist, ist einfach *per definitionem* die Geschwindigkeit, die sogenannte *velocitas totalis*

ou bien

> die « Totalgeschwindigkeit » [ist] einfach gleich dem in der Gesamtzeit zurückgelegten Gesamtweg

ou encore

> Oresme setzt nämlich […] diese seine *quantitas velocitatis* gleich mit des üblichen *velocitas totalis*, die aus ganz andern Zusammenhängen stammt und die, wie wir wissen, *per definitionem* identisch ist mit dem zurückgelegten Weg[30].

Il est évident que de telles affirmations, venant d'une telle autorité scientifique, produisent dans l'esprit du lecteur la certitude que de nombreuses occurrences dans la littérature médiévale attestent la dénomination et sa signification affirmées. Je peux seulement dire que je n'en ai pas trouvé. La dénomination ne pouvant cependant être plus « usuelle » dans la littérature médiévale que la chose dénommée, les propositions avancées plus haut pour expliquer la confusion sur le « concept scolastique » expliquent peut-être, du même coup, le discours sur la « dénomination ».

Dans l'état actuel de mon information, je suis enclin à voir dans *Die Vorläufer Galileis im 14. Jahrhundert* de A. Maier et dans ses ouvrages qui y ont fait suite l'origine précise de la thèse généralement admise selon laquelle « *velocitas totalis* est la dénomination scolastique usuelle de la mesure du "motus localis", et représente la distance parcourue ».

L'autorité d'Anneliese Maier, et le fait que ses idées sur les conséquences de la théorie des proportions quant aux conceptions recevables au Moyen Âge sont partagées par la plupart des historiens des sciences, me semblent expliquer suffisamment la diffusion de sa thèse. L'adoption

---

30. *Maier 1949-1968*, vol. I, pp. 118, 119 et 129 respectivement.

de cette thèse dans l'ouvrage de référence obligé qu'est aujourd'hui le *Mechanics in the Middle Ages* de Marshall Clagett a probablement achevé de l'imposer dans la littérature comme doctrine historique, et de la constituer en artefact. La constitution de cet artefact historique a été rendue possible par l'ignorance du statut historique de la vitesse holistique dans la description conventionnelle de la tradition médiévale, du fait qu'elle n'avait ainsi pas d'alternative à proposer aux thèses de Maier. En ce sens, la description de la tradition préclassique que j'ai proposée peut être une contribution à l'élucidation de cet artefact.

Sur l'histoire du concept de vitesse

D'Aristote à Galilée[*]

Je conteste ici l'idée généralement reçue de l'anhistoricité du concept de vitesse holistique. Je soutiens qu'elle résulte d'interprétations systématiquement anachroniques de la terminologie et des concepts de la cinématique dans les textes antérieurs à la seconde moitié du xviiᵉ siècle.

L'analyse critique des textes disponibles fait apparaître une tradition de la cinématique théorique s'étendant de la *Physique* d'Aristote à la période contemporaine des disciples de Galilée, dans laquelle « velocitas » sans autre qualification désigne la conception holistique de la mesure du mouvement. Dans cette tradition préclassique, « velocitas » reçoit deux acceptions, qui correspondent à la comparaison de mouvements soit sur des durées égales, soit sur des parcours égaux. L'acception représentée par l'expression « les vitesses sont entre elles comme les espaces parcourus en des temps égaux » est largement dominante et joue de ce fait un rôle normatif dans la tradition, indépendamment de l'uniformité ou de la difformité du mouvement.

---

[*] N.d.éd. : Paru dans *Revue d'Histoire des Sciences*, XLV, 1992, pp. 231-267 – version revue et corrigée pour la présente édition.

La méconnaissance de cette tradition a conduit la critique à considérer illégitime toute référence à cet énoncé dans le cas de mouvements non uniformes, en particulier dans le cas de certaines démonstrations de Galilée. Le théorème IIe du traité sur le mouvement uniforme des *Discorsi* a été invoqué en ce sens comme un argument probant ; l'analyse de sa démonstration me conduit à une réappréciation du statut de ce théorème, et à préciser la relation entre les conceptions cinématiques de Galilée et la tradition préclassique.

Partie Ire : LES ACCEPTIONS PRÉCLASSIQUES DE « VELOCITAS »

I. Une nécessaire (ré)vision de l'histoire de la cinématique

Une vitesse sans histoire ?

Dans l'histoire des sciences comme dans celle de la philosophie, le concept de vitesse jouit de cette particularité singulière qu'aucune étude d'ensemble ne lui a été spécifiquement consacrée. Cela est d'autant plus remarquable qu'il s'agit, on en conviendra, de l'un des concepts constitutifs de celui, plus général, de mouvement, dont l'histoire est aussi ancienne que celle de la philosophie[1]. Le préambule d'Aristote à sa *Physique* n'a rien perdu, avec le temps, de sa pertinence : il n'est de science de la nature sans science du mouvement. D'innombrables études ont été consacrées à l'histoire des concepts d'espace et de temps, d'importants ouvrages à celle des concepts de « force », d'« impetus » ou de « momentum »[2]. La vitesse elle-même, en tant qu'objet central de la cinématique, n'a donné lieu à des études historiques approfondies que dans la seule acception particulière de « grandeur ou mesure du mouvement dans l'instant » ; en d'autres termes, ce n'est que sous la forme de « vitesse instantanée » que la vitesse a été considérée comme pouvant faire l'objet d'une histoire. Cette histoire s'est ainsi trouvée

---

1. Cette étude est centrée sur le « motus localis ». Cette restriction serait tout à fait indéfendable si l'on s'intéressait à la formation des concepts fondamentaux de la théorie du mouvement – ce qui n'est pas notre propos.
2. Cf. *Wolff 1978* et *Galluzzi 1979*.

assimilée à celle qui aboutit à sa mathématisation sous forme de la dérivée de l'espace par rapport au temps, et de ce fait réduite à un aspect – au demeurant important, sans doute – de l'histoire de l'analyse infinitésimale.

Or, l'analyse quantitative du mouvement a largement précédé les premières conceptions théoriques de vitesse instantanée. Aristote en donne, dans la *Physique*, la seule authentique mathématisation de la nature présente, je crois, dans tous le *corpus* aristotélicien ; il désigne la mesure du mouvement par des substantifs qui seront rendus par « velocitas » ou par « celeritas » dans les traductions latines qui les feront connaître en Occident. On sait que l'ontologie aristotélicienne du mouvement exclut la possibilité de « mouvement dans l'instant », et il s'agit dans ses discussions exclusivement de mouvements considérés sur un certain temps, sur une certaine durée, et en aucun cas d'une forme quelconque de mesure instantanée. J'appellerai par la suite « holistique »[3], par opposition à « instantanée », toute conception ainsi relative à un mouvement considéré sur une durée.

La mesure holistique du mouvement, donc, est très antérieure aux premières ébauches de conceptualisation de la vitesse instantanée. Ce n'est que dans le cadre de la catégorie scolastique des qualités intensives qu'apparaît au XIVe siècle, à côté du concept holistique de « velocitas », un concept théorique de vitesse instantanée désigné par « gradus velocitatis »[4].

Les historiens semblent ne pas s'être étonnés de l'absence de toute histoire de la conception holistique de la vitesse, et se sont encore moins préoccupés de la rechercher. La raison, simple sinon bonne, en est qu'il est généralement admis que ce concept holistique n'a pas d'histoire. Nous verrons que cette position est apparemment fondée

---

3. On pourrait aussi bien utiliser « vitesse totale » ou « vitesse globale ». Ces deux expressions présentent cependant des inconvénients que j'ai souhaité éviter : la première évoque trop directement la « velocitas totalis » médiévale, dont le statut historique est mal établi ; la seconde peut suggérer que l'ensemble de la structure spatio-temporelle entre le début et la fin du mouvement est pris en considération. Une qualification comme « holistique » me semble mieux préserver la possibilité de préciser historiquement – par la suite – le contenu du concept.

4. Mais aussi, dès le XIVe siècle, par « velocitas instantanea », « intensio motus » ou « impetus ». Chez Galilée on trouvera aussi « momentum <velocitatis> ». Sur la cinématique médiévale, voir *Clagett 1959* et *Souffrin 1990* [= *supra*, II, n° 5, pp. 101-129].

sur la conviction, jamais mise en doute, qu'il n'existerait et qu'il n'a jamais existé dans l'histoire qu'une et une seule conception holistique cohérente, précisément celle qui est actuellement désignée par « vitesse moyenne » et mathématisée sous la forme du rapport $^L/_T$ de la distance parcourue au temps de parcours. C'est ce qu'illustre, par exemple, l'appréciation suivante, tirée d'une récente édition de la *Physique* d'Aristote :

> What Aristotle calls « speed » is just what ordinary people would call « speed ». As a mathematical quantity, it is defined as the *ratio* of distance to time. Though ratios where not treated as numbers there is evidence to suggest that the Greek mathematicians of the fourth century were able to operate freely with ratios, just as if they were numbers. Aristotle's « speed » then, is the average speed over a period of time, defined by a *ratio* between two numbers (with suitable units of distance and time)[5].

On voit que l'auteur attribue à Aristote, sans l'ombre d'une hésitation et sans nuances, précisément le même concept holistique de vitesse que l'on trouve dans la plupart des dictionnaires et encyclopédies contemporains modernes sous l'entrée « vitesse ». Or, si les textes aristotéliciens attestent effectivement deux conceptions quantitatives de la vitesse, nous verrons qu'aucune ne correspond d'une façon quelconque au rapport de la longueur au temps de parcours, c'est-à-dire à notre vitesse moyenne.

Le concept holistique de vitesse a en effet une histoire, et l'objet de cette étude est précisément d'en dégager les traits caractéristiques en suivant la démarche qu'a empruntée cette recherche, c'est-à-dire par la mise en évidence des acceptions de « velocitas » effectivement attestées par des textes disponibles. Il s'agit évidemment des occurrences de ce terme sans l'une des qualifications ou spécifications explicites (comme *gradus* ou *intensio*) en liaison avec lesquelles il désigne une mesure non holistique du mouvement.

Sur la traduction de « velocitas »

La question de la traduction de « velocitas » est clairement au centre de la problématique présentée ci-dessus. Une façon apparemment

5. *Hussey 1983*, p. 188.

raisonnable de traduire « velocitas » consiste à considérer qu'il s'agit d'un mot latin, et à chercher sa traduction dans un dictionnaire latin-français. On trouvera, à côté d'acceptions sans intérêt pour notre propos, l'acception « vitesse ». Le même résultat sera obtenu avec n'importe quelle autre langue contemporaine : l'allemand, par exemple, donnera « Geschwindigkeit » qui, dans un dictionnaire allemand-français, sera rendu par « vitesse ». On sera donc conduit, sans surprise, à traduire « velocitas » par « vitesse ».

Sous quelles conditions peut-on dire que cette traduction est correcte ? Une condition minimale est certainement qu'un dictionnaire de la langue latine donne, en latin, une définition de « velocitas » qui traduite en français coïncide (essentiellement) avec la (ou une) définition donnée de « vitesse », en français, par un dictionnaire de la langue française. Il est évident que pour que la traduction soit fidèle, il faut que le dictionnaire latin que l'on utilise pour avoir la définition en latin soit contemporain, ou en accord sur ce point avec les dictionnaires contemporains de l'écriture du texte que l'on traduit. Le dictionnaire donnant la définition en français (ou dans toute autre langue contemporaine) doit au contraire être moderne, puisqu'il doit rendre la notion, ou les idées, ou les connotations de « vitesse » pour le lecteur moderne. Il est tout à fait classique, en histoire de la philosophie comme en histoire des sciences, que la tradition impose des traductions "incorrectes" selon un tel critère. Par exemple, le concept aristotélicien rendu en latin par « corruptio » l'est en français par « corruption » dans les traductions modernes ; cette traduction est cependant validée par le fait que le lecteur est supposé suffisamment averti en philosophie grecque pour savoir que « corruption » a, dans le contexte de la philosophie d'Aristote, une acception fort différente de celle qu'il trouvera dans un dictionnaire français contemporain. Le lecteur non prévenu mais prudent évitera, lui aussi, toute méprise en se référant à quelque ouvrage d'introduction à la philosophie aristotélicienne ; on peut même assurer qu'un lecteur attentif trouvera dans la version française du texte d'Aristote les éléments lui permettant de repérer la technicité du terme « corruption » et d'en apprécier correctement le sens.

Il en va tout autrement du concept qui nous occupe. Nulle tradition historique ou philosophique n'avertit le lecteur sur de possibles méprises quant au sens de « velocitas » employé dans une acception holistique. Une remarquable naïveté scientifique semble avoir incité les historiens à considérer le concept de « vitesse holistique » comme simple et trivial, et la mathématisation de celui de « vitesse instantanée » en termes de dérivée de l'espace par rapport au temps comme la seule mathématisation correcte possible. En fait, les historiens des sciences (et de la philosophie) traduisent systématiquement « velocitas » par « vitesse » entendue dans l'un des sens que le mot revêt actuellement en cinématique et, cela, quelle que soit l'époque du texte étudié. Or, le cadre dans lequel nous pensons actuellement la cinématique théorique est celui de la tradition consécutive à sa reformulation en termes de concepts de l'analyse infinitésimale, que j'appellerai par la suite « tradition classique » : dans cette tradition, le concept central désigné par « velocitas » sans qualification est celui de « vitesse instantanée »[6], et la mesure holistique est la vitesse moyenne $^L/_T$ qui s'en déduit. Le transfert mécanique des connotations modernes du terme a conduit les historiens, dans un consensus sans faille, à interpréter « velocitas » soit dans le sens de vitesse instantanée, soit par le rapport $^L/_T$ (ou l'équivalent dans le langage formel de l'époque du texte) lorsqu'il est reconnu qu'il s'agit d'une acception holistique. L'examen critique de cette interprétation me conduira à la récuser lorsqu'il s'agit de textes antérieurs, schématiquement, à la seconde moitié du XVIIe siècle, et à mettre en évidence certains aspects de l'histoire de la cinématique théorique que l'ignorance de l'historicité de la terminologie a occultés jusqu'ici.

Dans ces conditions, la traduction de « velocitas » par « vitesse » pourrait se comparer à une traduction de « corruptio » par « corruption » qui ignorerait la distanciation qu'un usage consacré par une longue histoire impose dans un texte scolastique par rapport aux connotations modernes. L'importance évidente des questions de sémantique et de terminologie pour mon analyse m'a semblé rendre nécessaire d'employer « velocitas » sans proposer de traduction moderne : j'adopterai

---

6. Il en va ainsi, à titre d'exemple, dans le *De gravitatione et æquipondio fluidorum et solidorum in fluidis* de Newton : « Def. 14. Velocitas est motus intensio, ac tarditas remissio hujus ».

donc par la suite la *scriptio* « /*velocitas*/ » pour indiquer dans toutes ses acceptions le latin « velocitas »[7].

II. /*Velocitas*/ dans la cinématique antique et médiévale

Les définitions, ou des énoncés équivalents à des définitions de /*velocitas*/, sont remarquablement rares dans les textes anciens. Il en est de même des définitions de l'uniformité ou de la non-uniformité du mouvement, dont le rapport aux acceptions de /*velocitas*/ est historiquement significatif. Il faut y voir, sans doute, un reflet du caractère fondamental, pour ainsi dire primordial, des concepts en question. On peut penser que des usages vernaculaires des notions d'uniformité et de vitesse ont largement précédé l'apparition d'une quelconque nécessité de les formaliser ainsi que l'élaboration d'outils conceptuels en rendant possibles des expressions mathématiques. Dans ces conditions, les termes correspondants semblent appartenir le plus souvent, dans les textes anciens, à une sorte de métalangage qui peut servir à définir, mais qu'il ne convient pas de définir. Le concept central est évidemment ici celui de « mouvement », et on sait que la tentative d'Aristote d'en donner une définition est singulière dans l'histoire de la philosophie[8]. *De facto*, on ne trouve de définitions explicites ou implicites que dans des textes délibérément théoriques.

Je présente brièvement ci-dessous les textes pertinents que j'ai pu trouver dans une recherche ignorant délibérément le domaine de l'astronomie. On trouvera les passages cités rassemblés en Appendice. Les textes grecs sont donnés en traduction latine tirée d'éditions représentatives de la réception de la tradition hellénique et, surtout, seules pertinentes vis-à-vis des problèmes de vocabulaire dont nous avons vu l'importance[9]. Les paraphrases proposées dans la discussion

---

7. Et je ferai de même pour les termes équivalents ou directement rattachés : « /*celeritas*/ », « /*tarditas*/ », etc.

8. Voir à ce sujet Rémi Brague, « La définition du mouvement », dans *de Gandt & Souffrin 1991*, pp. 11-40.

9. La comparaison avec des éditions actuelles ne fait pas apparaître, en ce qui concerne les textes cités, de nuances significatives.

font apparaître clairement, le cas échéant, ma propre interprétation des textes.

Uniformité et /velocitas/ égale(s)

Les références à l'uniformité du mouvement impliquent /velocitas/ de plusieurs façons. Quand il caractérise les différents modes de l'uniformité du mouvement en *Physique*, V (228b), Aristote déclare le mouvement uniforme si la /velocitas/ « est la même », mais on n'apprend pas, dans ce passage, ce qu'il faut entendre par là, ou, disons, à quoi on reconnaît cette égalité de la /velocitas/, et donc l'uniformité (cf. Appendice, n° 3). On en est éclairé en *Physique*, VI (237b28), où Aristote considère un mouvement uniforme, qui est dit de /velocitas/ égale (cf. Appendice, n° 2). La propriété invoquée est que si un espace donné est parcouru dans un temps donné, un multiple de cet espace est parcouru en un temps égal au même multiple de ce temps. C'est la proportionnalité de l'espace parcouru et du temps de parcours, mais dans le cas particulier des rapports entiers. Ce qui rend la propriété triviale est que des espaces égaux sont parcourus en des temps égaux. C'est là, donc, la propriété demandée au mouvement pour qu'on le dise également ou uniformément véloce. Si un mouvement qui a la propriété nécessaire à la déduction de la proposition énoncée est dit de « /velocitas/ égale », cela signifie au moins que « /velocitas/ égale » connote le fait que des espaces égaux sont parcourus en des temps égaux.

On ne peut affirmer aussi catégoriquement qu'en *Physique*, VI (236b34) Aristote traite d'un mouvement uniforme (cf. Appendice, n° 1). Le premier passage est d'interprétation difficile. Il semble cependant qu'il s'agisse là de la même proposition que dans le passage précédent dans le cas particulier du rapport 2 – ou plutôt ½. La deuxième partie du passage exprime en tout cas sans ambiguïté que l'égalité des /velocitates/ implique l'égalité des espaces parcourus en des temps égaux.

Le livre *Des sphères en mouvement* d'Autolycos est un traité de cinématique plutôt qu'un traité d'astronomie, bien que sa perspective astronomique soit évidente. Le préambule (cf. Appendice, n° 7) est considéré comme un scholie tardif; il atteste, à l'ancienneté du plus ancien manuscrit (ixe-xe siècle), une définition du mouvement uniforme sans mention de la / *velocitas*/, et la proportionnalité entre l'espace et le temps pour des rapports quelconques, donc sous une forme plus générale que dans les textes d'Aristote.

Héron d'Alexandrie définit dans les *Mécaniques* l'égalité des / *veloci*tates/ de deux mouvements également par comparaison sur des durées égales (cf. Appendice, n° 9). La nature des mouvements n'est pas spécifiée et le texte n'implique pas *a priori* l'uniformité, sans qu'on puisse affirmer qu'une plus grande généralité soit dans l'intention de l'auteur.

Le passage de la proposition Ire du livre *Des spirales* d'Archimède (cf. Appendice, n° 8) est particulièrement intéressant pour nous dans la mesure où, comme nous le verrons plus loin, la proposition dont il est extrait est reprise presque textuellement par Galilée, dans la troisième Journée des *Discorsi*. Archimède ne se réfère pas directement à la / *velocitas*/, si ce n'est à travers la dénomination du mouvement uniforme (que le latin rend littéralement par *equevelociter*). Le texte implique que « uniforme » ou « également véloce » doit être compris comme équivalent à « parcourant des espaces égaux en des temps égaux ». Enfin, les textes de Swineshead et de Heytesbury (cf. Appendice, n° 15 et n° 16) attestent cette même définition au XIVe siècle chez les oxoniens.

On peut résumer cette discussion en relevant que dans les textes théoriques rencontrés (1) le mouvement uniforme est défini, en dernière analyse, non par référence à la / *velocitas*/ mais par l'égalité des espaces parcourus en des temps égaux ; (2) deux mouvements sont dits de / *velocitas*/ égale si, en des temps égaux, des distances égales ont été parcourues ; cette définition de l'égalité des / *veloci*tates/ n'apparaît pas restreinte à la comparaison de mouvements uniformes ; (3) dans les textes considérés, la comparaison des mouvements sur des intervalles de temps égaux joue un rôle constitutif dans les concepts de « mouvement uniforme » et de « mouvements d'égale / *velocitas*/ ».

*La mesure ou le rapport des/*veloci*tates/*

La définition de l'égalité des / *veloci*tates/ de deux mouvements n'est pas une définition de la mesure des mouvements, puisqu'elle ne dit rien du rapport de deux mouvements en dehors du cas d'égalité qu'elle définit. Les inégalités dont Galilée fera les axiomes IIIe et IVe de son *De motu æquabili*, et qui sont attestées à travers toute la littérature au moins depuis Aristote[10], ne suffisent pas à étendre de façon univoque cette définition au delà de l'égalité : si une définition du rapport des /*velocit*ates/ est compatible avec celle de l'égalité et avec les inégalités en question, il en sera de même de toute fonction monotone croissante de la /*velocitas*/ ainsi définie.

Les textes explicitant la mesure du rapport de /*velocit*ates/ inégales font apparaître une situation plus complexe. La raison en est un aspect fondamental du concept de mesure mis en œuvre : mesurer, c'est mettre en rapport deux (ou plusieurs) situations comparables dans des conditions intégralement spécifiées et, si la nature du problème peut impliquer différents modes de comparaison, la mesure peut recevoir différentes déterminations[11]. Il en est précisément ainsi dans le cas de la mesure des mouvements : les textes attestent deux mesures correspondant respectivement à la comparaison des mouvements sur des intervalles de temps égaux ou sur des parcours égaux.

*a) Les /*velocit*ates/ sont entre elles comme les espaces parcourus en des temps égaux*

Dans le cas, le plus fréquemment rencontré, où les mouvements sont comparés sur des durées égales, le rapport des /*velocit*ates/ est mesuré, donné ou, si l'on préfère, défini par le rapport des longueurs parcourues en des temps égaux.

Cette définition, ou propriété caractéristique, est donnée sous des formes variables, sous des conditions plus ou moins générales, en fonction de la situation considérée, des préoccupations de l'auteur et du style de son discours. Ainsi, en *Physique*, VI (233b19) Aristote se contente de dire qu'une /*velocitas*/ double conduit deux fois plus loin dans le même temps, et une /*velocitas*/ une fois et demie plus grande une fois et demie plus loin (cf. Appendice, n° 5). La suite précise que pour chacun des deux mouvements les espaces parcourus sont proportionnels aux durées, c'est-à-dire qu'ils sont uniformes ; le texte ne nous permet pas de décider si dans l'esprit d'Aristote la relation entre les /*velocit*ates/

---

10. Cf. par exemple *Physique*, VI (233b19). Voir *infra* : Appendice, n° 5, pp. 189 s..

11. Il faut évidemment entendre ici « mettre en rapport » dans le double sens, eucli-dien, de la considération conjointe et de la comparaison quantitative.

et les espaces parcourus dans un même temps est indépendante ou non de l'uniformité des mouvements. On peut seulement remarquer qu'Oresme interprétera ce passage (cf. Appendice, n° 14) dans un sens très large : d'une part la proportionnalité n'est plus limitée à des rapports rationnels de /*veloci*tates/, et d'autre part il ne fait plus aucune référence à l'uniformité. Gérard de Bruxelles (cf. Appendice, n° 10) exprime de la même façon le rapport des /*veloci*tates/, apparemment dans le cas des rapports quelconques. Ici encore, le contexte est peut-être celui du mouvement uniforme, mais ce n'est pas attesté de façon formelle, et en tout cas il n'est pas question d'asseoir cette mesure sur une démonstration quelconque ; il s'agit soit d'une propriété consti-tutive, soit de la reconnaissance de l'essence même de la /*velocitas*/, la distinction, bien qu'importante, n'étant pas l'objet de notre enquête. Chez Swineshead (cf. Appendice, n° 15), la même définition est donnée explicitement dans le cas particulier du mouvement uniforme.

Ces auteurs expriment donc tous, sous une forme plus ou moins générale, une même conception du rapport de deux /*veloci*tates/ et, partant, de la mesure de la /*velocitas*/, fondée sur la comparaison des mouvements sur un même intervalle de temps.

b) Les /velocitates/ sont entre elles inversement comme les temps pour des parcours égaux

Les deux « suppositiones » du livre *De continuo* de Bradwardine (cf. Appendice, n° 12 et n° 13) illustrent bien la façon dont la nature du problème considéré influence la définition même de la mesure dans la cinématique médiévale. En effet, dans le même traité, Bradwardine propose deux définitions de la mesure du rapport des /*veloci*tates/, selon que les mouvements sont considérés sur un même intervalle de temps (hypothèse 7e) ou sur un même parcours (hypothèse 8e). Rien n'autorise à affirmer que le texte de Bradwardine traiterait là spécifiquement de mouvements uniformes, et il s'agit bien de deux définitions différentes qui, appliquées à des mouvements non uniformes, ne donneraient pas en général le même rapport.

Cette définition de la /*velocitas*/ par l'inverse du rapport des temps pour un même parcours est, semble-t-il, beaucoup plus rare que celle impliquant la comparaison sur un même temps. Je reviendrai plus loin sur les raisons qui pourraient rendre compte d'une telle situation ;

toujours est-il que je n'ai trouvé, pour la période ici considérée, que deux autres occurrences de cette seconde acception de / *velocitas*/. La plus ancienne est la discussion d'Aristote sur la vitesse de chute d'un même corps dans deux milieux différents (cf. Appendice, n° 6). Je pense, contrairement à l'idée généralement reçue, qu'il est difficile de soutenir que pour Aristote la chute des corps dans un milieu est uniforme, puisqu'il semble bien que dans le traité *Du ciel* il considère qu'elle doit être de plus en plus rapide lorsque le mobile s'approche du centre du monde[12]. On a donc là, et c'est particulièrement significatif pour notre propos, une occurrence de cette acception de / *velocitas*/ dans le cas de mouvements non uniformes et, qui plus est, dans un texte important d'Aristote.

La troisième occurrence que j'ai pu trouver de cette acception de / *velocitas*/ se trouve dans le commentaire d'Oresme déjà évoqué (cf. Appendice, n° 14). Il ne s'agit pas, ici, du mouvement local, mais du changement au sens général, aristotélicien du terme ; je pense qu'on peut y voir un argument pour retenir que l'uniformité n'est pas requise par l'énoncé.

Je risquerai l'hypothèse que la plus grande fréquence observée des occurrences de l'acception fondée sur des temps égaux n'est probablement pas un effet de la sélection des textes. Pour comprendre cette dissymétrie, l'on pourrait faire appel au fait que le temps est la seule extension commune à toutes les catégories aristotéliciennes du changement, et que le « motus localis » n'a pas alors l'importance singulière à laquelle il accédera à partir du xvie siècle. Cependant, cette possibilité ne semble pas pouvoir être déterminante, et je pense que la raison soit plutôt à rechercher à l'intérieur de la problématique du « motus localis », dans l'antériorité de la maîtrise technique de la mesure du rapport des longueurs sur celle des rapports de temps. En définitive, la comparaison des longueurs parcourues par deux mouvements pendant un même temps ne nécessite pas d'horloge, contrairement à la mesure du rapport des temps de parcours d'une même longueur.

Il est peut-être nécessaire de justifier l'absence de référence, dans cette discussion, à la théorie des *Configurations* d'Oresme. En ce qui

---

12. En particulier dans *Du ciel*, 277b4 – passage commenté par Galilée dans ses *De motu antiquiora*. Cf. *Favaro 1980-1909*, vol. I, p. 259.

concerne la théorie de la mesure, celle-ci est tout à fait singulière, et profondément novatrice ; sa problématique centrale est la relation entre la mesure holistique et l'intensité, et l'on ne saurait considérer cette œuvre comme représentative de la cinématique scolastique. On pourrait montrer qu'elle se situe néanmoins dans le même espace conceptuel, et nous pourrions en tirer la même conclusion quant à la tradition dont elle témoigne. Une telle discussion dépasserait toutefois nécessairement le cadre de notre propos actuel, de sorte que je renvoie le lecteur à des études spécialement consacrées à ce sujet[13].

Je relèverai en conclusion de cette partie que dans les textes examinés (1) / *velocitas*/ désigne un concept de mesure holistique du mouvement ; (2) selon le problème considéré, la mesure implique une comparaison de mouvements sur une même durée ou sur un même parcours, et il en résulte deux acceptions différentes de / *velocitas*/ ; (3) l'acception la plus fréquente est celle définie par l'expression « les / *veloci*tates/ sont entre elles comme les espaces parcourus en des temps égaux », ou par une expression équivalente dans le langage de la théorie des proportions.

III. / *Velocitas*/ dans la cinématique contemporaine de Galilée

La plus grande confusion règne dans les interprétations modernes des occurrences de / *velocitas*/ dans les textes de cinématique ou de dynamique de la fin du XVIe et de la première moitié du XVIIe siècle. En particulier dans les textes de Galilée et des écoles d'Italie, les occurrences de / *velocitas*/ ou / *velocità*/ sans qualification, sont interprétées systématiquement, comme je l'ai remarqué plus haut, soit comme « vitesse instantanée », soit comme le « rapport $^L/_T$ de l'espace au temps de parcours », c'est-à-dire comme notre vitesse moyenne. Cette lecture ne présente aucun inconvénient apparent lorsqu'il s'agit d'un texte suffisamment peu technique pour que sa signification soit indifférente au sens précis

---

13. Cf. *Clagett 1968*, où l'on trouvera une bibliographie étendue. J'ai présenté plusieurs remarques sur ces questions dans *Souffrin 1990* et *Souffrin & Weiss 1988* [= *supra*, II, n° 5, pp. 101-122 et II, n° 4, pp. 77-100].

de /*velocitas*/ ; dans les autres cas, le texte semble généralement fautif, et le commentaire de l'historien <des sciences> consiste alors à justifier par le contexte culturel les "erreurs" ainsi repérées. L'éventualité que /*velocitas*/ puisse recouvrir, jusqu'à cette période historique, précisément le concept holistique que nous avons rencontré dans la cinématique scolastique ne semble pas avoir été soupçonnée[14]. J'ai pourtant été conduit à cette conclusion par l'étude d'une classe de textes galiléens contestables selon les lectures usuelles, auxquels les acceptions de /*velocitas*/ mises plus haut en évidence rendent clarté et cohérence. J'ai observé alors que cette nouvelle lecture de /*velocitas*/ conduisait à des lectures cohérentes dans tous les textes de cinématique et de dynamique de la seconde moitié du xvie et de la première moitié du xviie siècle que j'ai pu consulter. J'en ai acquis la conviction que mon interprétation était au moins tout aussi plausible et, dans le cas des textes galiléens évoqués, plus satisfaisante que celles en usage[15]. Il ne s'agissait cependant que d'une « preuve indirecte » que l'on peut toujours récuser quand bien même on ne pourrait la réfuter. Une recherche systématique dans les écrits *de Motu* datant de 1600 environ m'a toutefois, par la suite, permis d'identifier des témoignages irrécusables attestant de façon tout à fait explicite que les acceptions usuelles de /*velocitas*/ sont bien, jusqu'au milieu du xviie siècle, celles de la tradition que j'ai décrite.

Je citerai ci-dessous deux passages parmi les plus explicites, choisis dans l'environnement scientifique le plus proche de Galilée, en vue des applications que je fais ailleurs de mon hypothèse aux écrits de Galilée lui-même.

La loi galiléenne des « impairs successifs » selon Baliani

Dans une lettre écrite en 1627 au père Benedetto Castelli, Giovanni Battista Baliani expose les difficultés qu'il a rencontrées dans ses efforts pour découvrir les lois du mouvement des liquides. Il y exprime sa conviction que le mouvement de liquides ne se fait pas dans les mêmes

---

14. Fait exception et témoigne d'une démarche proche de la mienne *Damerow 1992*, paru après ma communication présente.

15. Cf. *Souffrin 1992b* [= *infra*, II, n° 10, pp. 251-273], *Manzochi & Souffrin 1992* et *Gautero & Souffrin 1992* [= *infra*, II, n° 9, pp. 239-250].

proportions que la chute libre des corps solides, proportion qu'il dit avoir connue par Galilée et démontrée d'une façon indépendante. On considère actuellement que la rencontre avec Galilée à laquelle Baliani fait ici allusion n'a pu avoir lieu qu'en 1615. Les termes en lesquels il décrit la chute des corps solides nous apportent une précieuse indication sur la terminologie de la cinématique en usage :

> Travaillant à mon traité sur le mouvement des solides, il advint que sans la chercher je parvins, par une voie étonnante, à une démonstration apparemment convaincante d'une proposition que Galilée m'avait dans le temps dit être vraie, sans cependant m'en donner la démonstration, à savoir que dans le mouvement naturel de chute les / *velocità* / des corps augmentent dans le même rapport que les nombres 1, 3, 5, 7, etc.[16]

Il est bien évident que Baliani désigne ici par l'expression « les / *velocità* / des corps augmentent dans le même rapport que les nombres 1, 3, 5, 7, etc. » précisément la loi fondamentale que Galilée admet depuis au moins 1604 et sa lettre à Sarpi qui l'atteste, et qu'il exprime lui-même dans les textes qui nous sont parvenus sous la forme « Les espaces parcourus en des temps égaux successifs augmentent dans le même rapport que les nombres 1, 3, 5, 7 »[17].

Cette lettre ne nous prouve pas seulement que Baliani entend / *velocità* / au sens de l'acception la plus fréquente dans la tradition médiévale. La personnalité de Baliani, l'un des rares non-professionnels à parvenir au niveau d'interlocuteur scientifique apprécié de Galilée, me semble soutenir l'hypothèse que le vocabulaire technique qu'il emploie est vraisemblablement banal dans le milieu des amateurs éclairés et des professionnels « plus ordinaires » – de ceux, en un mot, qui suivent la terminologie en usage plus qu'ils ne la font évoluer. Enfin, relevons que Baliani ne prouve aucun besoin de s'expliquer sur le sens de / *velocità* /, qui doit être aussi évident pour son correspondant que pour lui-même.

---

16. Cf. *Favaro 1890-1909*, vol. XIII, p. 348 : « Facendo il trattato de' solidi, che io ho detto, avvenne, che senza cercarla, mi riuscì a parer mai ben demostrata una proposizione per una via molto stravagante, la quale già il Sig. Galileo m'aveva detta per vera, senza però addumerne la dimostrazione, ed è, che i corpi di moto naturale vanno aumentando le velocità loro con la proporzione di 1, 3, 5, 7, etc. »

17. Il convient de remarquer que Galilée lui-même n'utilise jamais, à ma connaissance, cette formulation de Baliani. L'examen de cette attitude, qui me semble délibérée, sort du cadre de la présente étude.

Une lettre de Torricelli à Mersenne

En février 1645, Evangelista Torricelli écrit à Marin Mersenne pour répondre aux doutes que celui-ci avait émis (en y associant Roberval) sur la validité de l'hypothèse de la proportionnalité entre / *velocitas*/ et « momentum gravitatis »[18], hypothèse que Torricelli emprunte à Galilée pour l'ériger en principe fondamental de ses propres *De motu antiquiora*[19]. Voici en quels termes Torricelli propose de vérifier par l'expérience cette proportionnalité :

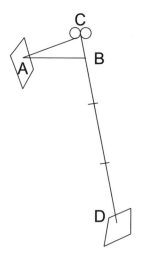

soient le plan horizontal *AB* et les deux plans *AC*, *CB* tels que, par exemple, la longueur *AC* soit le triple de celle de *CB*; d'après ce que nous avons déjà obtenu, le moment d'un grave sur *CB* sera le triple du moment sur *CA*. Je montre par une expérience que la / *velocitas*/ est également triple sur le plan *CB*. Prolongeons *CB* jusqu'en *D*, tel que *CD* soit le triple de *AC*. Disposons ensuite en *A* et en *D* des obstacles en bois ou en quelque autre matière dure et sonore. Si on lâche simultanément en *C* deux sphères de la même matière et que l'on ferme les yeux, on pourra entendre si les sphères atteignent au même instant les deux obstacles. Il est certain que si l'expérience est menée avec tout le soin nécessaire, on ne percevra qu'un seul choc.

Pour Torricelli, donc, montrer que la / *velocitas*/ sur *CB* est le triple de celle sur *CA* revient à montrer que la longueur parcourue dans un même temps sur le plan *CB* est triple de celle parcourue sur le plan *AC*.

Comme dans la lettre de Baliani, aucun commentaire n'est ajouté pour justifier cette acception de / *velocitas*/, dont le champ de validité n'est pas limité au mouvement uniforme, car il est bien évident qu'en 1645 Torricelli n'ignore rien du caractère accéléré du mouvement d'une sphère sur un plan incliné. On se convaincra aisément, en recourant au texte, que cette conclusion s'applique à l'ensemble du *De motu* que

---

18. Cf. *Belloni 1975*, p. 165 ; *De Waard & Rochot & Beaulieu 1977*, vol. XIII : *1644-1645*, Lettre n 1345.

19. Cf. *Loria & Vassura 1919-1944*, vol. II.

Torricelli écrit pour réorganiser, fidèlement quant au fond, la substance du traité sur le mouvement des *Discorsi* de Galilée.

Torricelli emploie donc /*velocitas*/ dans le même sens que Baliani, celui de l'acception scolastique la plus fréquente. Le format éditorial de l'étude présente ne se prête pas à une illustration plus étendue de cet usage de la terminologie[20], mais je mentionne pour mémoire que le traitement du mouvement « géométriquement décroissant » par Neper fournit un exemple tout aussi explicite, et indépendant de la tradition galiléenne[21].

IV. La tradition préclassique de la cinématique théorique

Tradition préclassique et définition préclassique standard *de* /*velocitas*/

Je soutiens donc que l'on observe l'existence, dans une tradition s'étendant sur plus de vingt siècles, d'un concept holistique de mesure du mouvement essentiellement stable. Compte tenu des résultats bien acquis de la recherche historique relatifs au concept de « mesure instantanée », nous pouvons distinguer une tradition de cinématique théorique bien définie, profondément différente de la tradition classique. La cohérence des principaux traits de cette tradition me semble justifier une appellation générique, et je propose de la désigner sous le nom de « tradition préclassique de la cinématique théorique ». Rassemblons ci-dessous les caractéristiques de cette tradition préclassique : a) le concept fondamental de la mesure du mouvement est la mesure holistique ; b) c'est cette mesure holistique qui est désignée par /*velocitas*/ sans qualification (ou par des termes équivalents, tels que *celeritas* ou *motus*)[22] ; le concept "local", « instantané », est désigné

20. On pourrait mentionner aussi Cavalieri et Cabeo, cités par *Lewis 1980*, p. 295, et les textes de Descartes sur la chute des corps cités par *Damerow 1992*, n. 14.

21. Cf. *Souffrin 1992b* [= *infra*, II, n° 10, pp. 251-273].

22. Contrairement aux affirmations de Anneliese Maier et de Marshall Clagett, très largement reprises dans la littérature secondaire, « velocitas totalis » n'est rien moins qu'une dénomination usuelle au Moyen Âge. L'ensemble des *indices* des éditions d'Oresme par *Clagett 1968* et *Grant 1966*, ainsi que de *Clagett 1959* déjà cité, n'en fait

– dès lors qu'il existe – par une qualification explicite de /*velocitas*/ comme dans « intensio motus », « gradus velocitatis » ou « velocitas instantanea », ou bien par des termes tout à fait différents (*impetus*, *momentum*) ; c) la mesure holistique admet différentes acceptions, dépendant des caractéristiques du problème de cinématique étudié ; deux acceptions sont présentes dans la tradition, définies respectivement par « les /*velocit*ates/ sont entre elles inversement comme les temps de parcours sur une même longueur », et par « les /*velocit*ates/ sont comme les longueurs parcourues en des temps égaux », ou des formes équivalentes dans le langage de la théorie des proportions ; d) aucune de ces deux définitions n'implique *a priori* l'uniformité du mouvement ; elles sont attestées, l'une comme l'autre, dans des problèmes relatifs à des mouvements difformes, particulièrement dans la première moitié du XVIIᵉ siècle ; e) l'acception définie par l'expression « les /*velocit*ates/ sont entre elles comme les espaces parcourus en des temps égaux » est la plus fréquente dans la tradition cinématique préclassique ; je la désignerai par la suite sous la dénomination de « définition préclassique *standard* ».

Une clé de lecture: la tradition préclassique et le langage de la théorie des proportions

Nous avons vu que la théorie euclidienne des proportions est un élément constitutif du concept préclassique de mesure, et donc de la tradition cinématique préclassique. Cette relation intrinsèque a des implications au niveau sémantique, et les énoncés de la cinématique doivent être lus dans le langage de la théorie des proportions. Considérons par exemple l'énoncé « la /*velocitas*/ est mesurée par la distance parcourue dans un temps donné », rencontré dans un texte médiéval : il ne renvoie pas explicitement à la théorie des proportions, et peut sembler n'impliquer que la prise en considération, conjointement, des espaces et des temps sans spécifier de modalité particulière ;

apparaître qu'une seule et unique occurrence, et l'ensemble des textes médiévaux que j'ai pu consulter ne m'a permis d'en repérer qu'une seule autre, possible selon une lecture différente de celle de Clagett d'un passage voisin de l'occurrence unique qu'il donne lui-même. Ce mythe historique a très probablement contribué à occulter la valeur de /*velocitas*/ dans les textes médiévaux.

ainsi entendu, il ne serait rien de plus qu'une définition générique susceptible de différentes déterminations et qui s'appliquerait, par exemple, aussi bien à l'une qu'à l'autre des deux mesures de / *velocitas*/ que nous avons rencontrées. La similitude formelle de cet énoncé et de la définition de notre vitesse moyenne incitera le lecteur moderne à interpréter l'expression par le rapport $^L/_T$ du parcours au temps. On trouve ainsi, par exemple, dans le dictionnaire *Littré*, à l'entrée « vitesse » :

> 2° Terme de mécanique. La vitesse d'un mouvement uniforme est le rapport de l'espace parcouru au temps employé à le parcourir, ou, ce qui revient au même, l'espace parcouru dans l'unité de temps[23].

Cette définition du *Littré* montre clairement tous les ingrédients responsables d'une lecture anachronique du texte : en effet, au lecteur qui entendrait l'expression rencontrée comme équivalente à « la vitesse […] est […] l'espace parcouru dans l'unité de temps », le *Littré* indique que cela « revient au même » que d'entendre « la vitesse […] est le rapport de l'espace parcouru au temps employé à le parcourir ». De plus, le *Littré* indique que la vitesse, en tant qu'elle est le rapport de l'espace au temps, se réfère nécessairement à un mouvement uniforme. La littérature historique démontre effectivement que non seulement le lecteur moderne interprétera très généralement l'énoncé cité plus haut comme équivalent à $^L/_T$, mais qu'il ne le considérera comme valable que s'il s'agit de mouvements uniformes.

Il en va tout autrement si on lit le texte dans le cadre de la tradition préclassique, où « mesurer » signifie « mettre en rapport », et où par « dans un temps donné » il faut entendre que 'les temps de deux mouvements mis en rapport dans la comparaison sont égaux'. L'énoncé exprime alors le processus de comparaison de deux mouvements : il signifie précisément, et sans qu'on puisse parler d'abus de langage « les / *velocit*ates/ sont entre elles comme les espaces parcourus dans un même temps ». Ainsi entendu, il est strictement équivalent à la définition préclassique *standard*, et ne nous paraît moins explicite que parce que la théorie des proportions ne forme plus le cadre canonique de notre conception de la mesure des grandeurs.

---

23. *Littré 1958.*

C'est précisément cette possibilité formelle de deux lectures qui est source d'anachronismes. La clé de lecture qui ressort des discussions précédentes consiste à reconnaître que dans un texte antérieur à la période classique « la /velocitas/ est comme telle grandeur » renvoie implicitement à la comparaison de deux ou plusieurs mouvements, et signifie en général[24], selon le contexte, soit « les espaces parcourus en des temps égaux sont entre eux comme telles grandeurs sont entre elles », soit « les temps de parcours d'une même distance sont entre eux inversement comme telles grandeurs sont entre elles ».

Partie IIe : /VELOCITAS/ DANS LE TRAITÉ SUR LE MOUVEMENT UNIFORME DES DISCORSI DE GALILÉE

I. Le problème du statut du théorème IIe du traité sur le mouvement uniforme dans les Discorsi

Si nous avons montré que la définition préclassique *standard* était bien une acception tout à fait usuelle de la cinématique contemporaine de Galilée, un texte galiléen important semble cependant impliquer formellement que son expression aurait eu, pour Galilée lui-même, au moins à l'époque tardive des *Discorsi*, le statut radicalement différent de propriété de la /velocitas/ démontrée et spécifique du mouvement uniforme. En effet, dans la troisième Journée des *Discorsi*, la « définition préclassique *standard* » apparaît comme un théorème, à savoir le théorème IIe du livre *de Motu æquabili*.

La question du statut de cet énoncé chez Galilée est bien autre chose qu'un point de détail qui ne concernerait qu'un chapitre relativement mineur – celui réservé au mouvement uniforme – de l'ouvrage fondamental de Galilée, dont les développements essentiels sont, bien sûr,

---

24. Cette précaution est nécessaire pour tenir compte de certaines occurrences de /velocitas/, rares dans les textes théoriques, où ce terme est mis pour « gradus velocitatis » par abus de langage. Je reconnais l'abus de langage à ce qu'il est caractérisé (et du même coup autorisé) par un contexte immédiat qui ne laisse aucune place au doute : ainsi, dans la lettre de Galilée à Sarpi d'octobre 1604 (dans *Favaro 1890-1909*, vol X, p. 115 ; et cf. *ibid.*, vol. VIII, p. 273), on rencontre une occurrence de « velocità » où le terme est mis indiscutablement pour « grado di velocità ». Cf. *Manzochi & Souffrin 1992*.

ceux relatifs au mouvement uniformément accéléré et au mouvement des projectiles. L'appréciation de la signification que Galilée lui-même accordait à l'énoncé de ce théorème a en effet des conséquences déterminantes sur la lecture d'un ensemble de textes traitant précisément du mouvement sur les plans inclinés et de la chute libre des corps. C'est devenu un lieu commun dans la littérature de l'histoire des sciences, à la suite, semble-t-il, d'Alexandre Koyré, que de considérer que Galilée propose, pour certaines propositions justes, des démonstrations fausses, qui seraient fautives précisément du fait de l'application de propriétés spécifiques du mouvement uniforme à des mouvements non uniformes. Les exemples les plus connus concernent les démonstrations des théorèmes IIIe et VIe de la troisième Journée des *Discorsi*[25].

Sans doute Galilée a commis des erreurs, mais il semble que les historiens n'ont pas fait de distinction entre des erreurs historiquement plausibles, ou même inévitables, et des erreurs peu plausibles chez un savant donné, à une époque donnée. En l'occurrence, je trouve extrêmement surprenant que des historiens des sciences aient pu attribuer à Galilée des manipulations trivialement incorrectes de rapports et de proportions, ou bien penser qu'il appliquait à un mouvement qu'il définissait comme « uniformément accéléré » une propriété valable exclusivement dans un mouvement uniforme – et, qui plus est, qu'il l'ait fait dans un texte édité. Je pense que nombre de ces « erreurs de Galilée » sont bien plutôt des « erreurs des historiens », dues à la méconnaissance de la tradition cinématique préclassique, et en particulier à des lectures de l'énoncé du théorème IIe du mouvement uniforme de Galilée en un sens restrictif par rapport à cette tradition. En développant une remarque déjà ancienne[26], ici je me limiterai à montrer qu'un examen détaillé

25. Voir, sur le théorème IIIe, *Souffrin 1986* [= *infra*, II, n° 8, pp. 227-237].

26. Cf. *Cahiers du Séminaire d'Épistémologie et d'Histoire des Sciences de l'Université de Nice*, IX-X : *Actes des « Journées Galilée (Nice, 1980) »*, 1980, pp. 14 s. en particulier, où je remarquais que « la définition de la vitesse est un problème difficile quand le mouvement est varié, difforme, mais c'est déjà une question, semble-t-il, quand le mouvement est uniforme, puisqu'il s'agit de savoir si on a ou non une définition opératoire, une *définition* de la vitesse. / La définition du mouvement uniforme par Galilée ne fait pas allusion à la vitesse. [...] Quant au théorème IIe, Galilée laisse au lecteur le soin de faire la démonstration "de la même façon que pour la Proposition Ire". Si on explicite la démonstration pas à pas, on s'aperçoit qu'au passage il considère

de la démonstration de ce théorème, telle qu'elle est indiquée par Galilée, met en évidence une situation plus conforme à la tradition qu'il n'y paraît à première vue.

La démonstration du théorème IIe s'appuie sur celle du théorème précédent d'une façon telle qu'il est indispensable de considérer en premier lieu le théorème Ier du même traité, bien que celui-ci ne présente, sinon aucun intérêt propre, du moins aucune difficulté. Autant que la clarté de l'exposé, des raisons historiques imposent de mener cet examen parallèlement à celui des deux premières propositions du traité *Des spirales* d'Archimède.

Le théorème Ier du De motu æquabili

Dans les *Discorsi*, le premier théorème sur le mouvement uniforme est présenté ainsi :

> Si mobile æquabiliter latum eademque cum velocitate duo pertranseat spatia, tempora lationum erunt inter se ut spatia peracta[27].

On en a conservé un énoncé manuscrit, « della mano giovanile di Galileo » selon Antonio Favaro, qui ne contient pas / *velocitas*/[28]. L'énoncé des *Discorsi* peut sembler "affaibli", du point de vue axiomatique, précisément par l'addition de « eademque cum velocitate », puisque le concept de / *velocitas*/ n'est pas requis par la définition du mouvement uniforme des *Discorsi*. En fait, en ce qui concerne ce théorème, la référence à / *velocitas*/ n'intervient qu'en tant que simple dénomination d'un mouvement uniforme.

---

comme admis, et cela a alors une valeur axiomatique, une valeur de définition, que si les vitesses sont entre elles dans des rapports entiers, alors les longueurs parcourues en des temps égaux sont entre elles comme ces mêmes nombres entiers. Cet énoncé implicite a valeur de définition : la vitesse a bien une définition, et grâce à sa manipulation sur les nombres entiers et à son utilisation de la théorie des proportions <d'Euclide>, Galilée peut se contenter de cette définition quasi triviale <pour l'étendre au cas général> […] ».

27. *Favaro 1890-1909*, vol. VIII, p. 192 (« Si un mobile animé d'un mouvement uniforme parcourt deux espaces avec la même / *velocitas*/, les durées des mouvements seront entre elles comme les espaces parcourus »).

28. Cf. *ibid.*, p. 192n.

La démonstration de Galilée se déroule ainsi : a) construction des équimultiples des espaces *e, E* et des temps *t, T* soit *ne, nt* et *NE, NT*; b) si *t* est le temps pour parcourir *e, nt* est le temps pour *ne* et de même pour *T, E, NT* et *NE*[29]; c) ensuite si *ne* = *NE*, alors *nt* = *NT* par la définition; et si *ne* > ou < *NE*, alors *nt* > ou < *NT* par les axiomes Ier et IIe, la conclusion – par Euclide, Définition V-5 – étant donc *e*: *E*:: *t*: *T*.

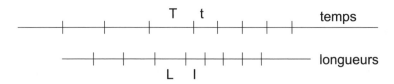

On sait que ce théorème est la première proposition du traité *Des spirales* d'Archimède. Galilée connaissait bien ce texte qui lui a fait, selon les termes qu'il emploie lui-même – dans le traité sur la théorie des proportions d'Euclide, la "cinquième Journée" des *Discorsi* –, une impression durable. La démonstration de Galilée n'est en fait, à peu de chose près, qu'une simple reproduction de celle d'Archimède. On remarquera que, dans le texte du savant de Syracuse[30], le statut de la définition galiléenne du mouvement uniforme est réduit à celui d'évidence (*è manifesta*, lit-on en effet dans le manuscrit en italien de la main de Guiducci), la deuxième étape (*b*) est également avancée sans démonstration (*è chiaro*), la mise en œuvre d'Euclide V-5 est identiquement reprise par Galilée. La seule différence notable entre les deux textes est précisément la présence dans l'énoncé galiléen de la référence à la /*velocitas*/, dont il a déjà été question.

L'essentiel de la démonstration, et en fait la seule partie explicitée, est consacré au passage du cas des multiples – où le théorème est « évident » – au cas général des rapports quelconques, rationnels ou non. Cette extension, obtenue par la mise en œuvre de la théorie

29. C'est la proposition d'Aristote dans *Physique*, VI (237b28) ; elle est donnée ici comme conséquence évidente de la définition du mouvement uniforme. Remarquons que ce n'est pas autre chose que la restriction du théorème à démontrer au cas où « l'une des longueurs mesure l'autre ».

30. *Favaro 1890-1909*, vol. VIII, p. 649, en donne une traduction en italien, écrite de la main de Guiducci « probablement à la suggestion ou sous la dictée du Maître ».

euclidienne des proportions, est rendue possible par les deux inégalités exprimées par les axiomes Ier et IIe du traité[31].

Plutôt qu'une connaissance nouvelle – on sait en effet qu'Aristote et Autolycos connaissent ou, si l'on veut, admettent la proposition –, la démonstration a établi un point de rigueur[32].

Le théorème IIe du De motu æquabili

Théorème IIe, proposition IIe :

Si mobile temporibus æqualibus duo pertranseat spatia, erunt ipsa spatia inter se ut velocitates. Et si spatia sint ut velocitates, tempora erunt æqualia[33].

Il s'agit, présentée comme un théorème suivi de sa démonstration, de la définition préclassique *standard* de la /*velocitas*/. Voyons en détail ce qui est proposé en guise de démonstration.

La démonstration de Galilée

Galilée décrit la figure qui s'obtient à partir de celle utilisée par la démonstration de la proposition précédente en y échangeant le rôle des temps et des /*velocit*ates/ : les espaces qui étaient précédemment parcourus dans un mouvement uniforme en des temps représentés par des segments sont maintenant parcourus en des temps égaux avec des /*velocit*ates/ représentées de la même façon par ces segments. En lieu et place de démonstration, Galilée se contente de dire que le résultat

31. Avec les notations que nous avons déjà utilisées, on a la paraphrase : « Axiome Ier : si $T > t$, alors $L > l$; et axiome IIe : si $L > l$, alors $T > t$ ». L'adéquation de ces deux axiomes à la démonstration a pu faire penser qu'ils ont été introduits par Galilée précisément dans ce but – cf. *Merleau-Ponty 1974*. L'histoire nous prouve qu'il n'en est rien : ces inégalités (comme celles données par Galilée dans les axiomes IIIe et IVe) sont attestées dès l'Antiquité.

32. Cette stratégie, déjà employée par Galilée dans les *De motu antiquiora* pour la démonstration du lemme « Gravitates inequalium molium corporum æque gravium eam inter se habent proportionem, quam ipsæ moles » (*Favaro 1890-1909*, vol. I, p. 348), n'est pas une innovation : cf. le théorème XIIIe du *Subtilium indagationum liber* de Valerio, dans *Napolitani 1982*, pp. 121 ss.

33. *Favaro 1890-1909*, vol. VIII, p. 193 (« Si un mobile parcourt deux espaces en des temps égaux, ces espaces seront entre eux comme les /*velocit*ates/. Et si les espaces sont comme les /*velocit*ates/, les temps seront égaux »).

s'obtient « eodem modo ut supra ». On notera que, grâce à la qualification du mouvement uniforme par le caractère égal ou constant de la / *velocitas*/, on passe du premier au second théorème par substitution des / *velocitas*tes/ aux temps. En effet, on passe ainsi de « Avec la même / *velocitas*/ les parcours sont comme les temps », à « En des temps égaux, les parcours sont comme les / *velocitas*tes/ ».

Que la démonstration du second théorème soit laissée au soin du lecteur contribue certainement à occulter le fait que les démonstrations des deux théorèmes diffèrent cependant considérablement. En suivant point par point la transposition proposée, on s'aperçoit que les situations n'ont pas la symétrie suggérée. Schématiquement, les deux démonstrations se présentent ainsi[34] :

Théorème Iᵉʳ du mouvement uniforme *Démonstration du théorème Iᵉʳ*	Théorème IIᵉ du mouvement uniforme « *Remplacer temps par* /velocitas/ *dans la démonstration* »
$<$pour v donné :$>$ si (e, t) et (E, T) : e égaux $\Leftrightarrow$ t égaux $(e, t) \Rightarrow (ne, nt)$ $ne = NE \Rightarrow nt = NT$ $ne > NE \Rightarrow nt > NT$ $ne < NE \Rightarrow nt < NT$ – d'où, par Euclide, Déf. 5 du livre V: $e : E :: t : T$	pour t donné : si (e, v) et (E, V) : e égaux $\Leftrightarrow$ v égales $(e, v) \Rightarrow (ne, nv)$ $ne = NE \Rightarrow nv = NV$ $ne > NE \Rightarrow nv > NV$ $ne < NE \Rightarrow nv < NV$ – d'où, par Euclide, Déf. 5 du livre V: $e : E :: v : V$

Comparons-en les différentes étapes : 1) le théorème Iᵉʳ s'appuie sur la définition du mouvement uniforme : « Avec une / *velocitas*/ égale, en des temps égaux les espaces parcourus sont égaux », dans laquelle la permutation temps-/ *velocitas*/ change l'énoncé en « Dans un même temps, avec des / *velocitas*tes/ égales les espaces parcourus sont égaux » ; on conçoit qu'une telle propriété de la / *velocitas*/ ne demande ni à être explicitée, ni à être justifiée : elle fait partie des propriétés qui

---

34. Avec les notations évidentes suivantes : *e*, *E* pour les espaces ; *t*, *T* pour les temps de parcours ; *v*, *V* pour les / *velocitas*tes/ ; « (*e, t*) » pour « *e* est parcouru dans le temps *t* » ; « (*e, v*) » pour « *e* est parcouru avec la / *velocitas*/ *v* » ; *n*, *N* nombres entiers quelconques.

sont demandées *a priori* à une mesure pour être reconnue comme mesure du mouvement, c'est-à-dire pour recevoir la dénomination de « /*velocitas*/ », et nous reconnaissons précisément la conception préclassique de l'égalité des /*velocitas*/ ; 2) si cet énoncé « transposé » peut être accepté sans problème, il ne suffit pas à justifier la suite de la démonstration : comme nous l'avons déjà remarqué, la définition de l'égalité des /*velocit*ates/ ne se généralise pas directement au cas de l'inégalité ; plus explicitement, si « *e* est parcouru dans le temps *t,* donc *ne* est parcouru, à la même /*velocitas*/, dans le temps *nt* » pouvait être considéré, dans la démonstration du théorème Ier, comme une conséquence évidente de la définition du mouvement uniforme sur laquelle s'ouvre le traité, sa transposition « *e* est parcouru avec la /*velocitas*/ *v*, donc *ne* est parcouru, dans le même temps, avec la /*velocitas*/ *nv* » n'est en revanche d'aucune façon justifiée par ce qui précède ; en fait, la démonstration du théorème IIe implique la validité *a priori* de cette dernière propriété de la /*velocitas*/, c'est-à-dire de la considérer, en définitive, comme acquise par définition[35] ; il y a là une différence essentielle de structure logique entre les deux démonstrations ; 3) à partir de là, les inégalités traditionnelles relatives à la /*velocitas*/ – les axiomes IIIe et IVe de Galilée[36] – permettent de mettre en œuvre la théorie des proportions d'Euclide pour passer du cas des multiples au cas des rapports quelconques, rationnels ou non, exactement de la façon dont il était procédé dans la démonstration du théorème Ier à l'aide des axiomes Ier et IIe.

Sur une remarque de S. Drake

Stillman Drake a remarqué que le théorème IIe, bien que démontré dans le cadre du *De motu æquabili* des *Discorsi*, n'est aucunement limité au

---

35. Je soutiens donc ici le même point de vue que dans le passage cit. *supra*, n. 26. À ma connaissance, seul *Giusti 1986*, p. 89 a également relevé cette implication incontournable de la démonstration ; il en fait cependant une analyse radicalement différente de la mienne, en lui refusant notamment tout statut de définition.

36. Paraphrase : « Axiome IIIe : dans un même temps, si $V > v$, alors $L > l$ » ; et « axiome IVe : si $L > l$, alors $V > v$ ».

seul mouvement uniforme[37]. La question ayant été assez controversée[38], il n'est pas inutile d'y regarder de plus près.

On remarquera en premier lieu que la propriété de *l'égalité* des / *veloci*tates/ impliquée par Galilée (soit *Dans un même temps, avec des* / veloci*tates/ égales les espaces parcourus sont égaux*) n'est en rien spécifique du mouvement uniforme, et qu'il est effectivement attesté par un célèbre passage du *Dialogo* que Galilée l'entendait bien ainsi[39]. La démonstration n'est alors limitée au cas des mouvements uniformes que s'il en est ainsi soit pour la définition impliquée, c'est-à-dire pour le théorème *restreint* au cas des multiples entiers, soit pour les inégalités exprimées par les axiomes IIIe et IVe. Or ces axiomes sont clairement indépendants de l'uniformité du mouvement, et je ne pense pas qu'il soit possible de soutenir qu'une proposition comme « Si on va N fois plus loin dans le même temps, on dira qu'on va N fois plus vite » ait pu être considérée par Galilée comme n'ayant de sens que dans le cas de l'uniformité. Dans ces conditions, on doit reconnaître que Drake se trouve parfaitement fondé à considérer que ni l'énoncé ni la démonstration du théorème IIe n'impliquent sa restriction aux seuls mouvements uniformes.

On peut ajouter un argument historique aux arguments logiques que nous venons d'évoquer en faveur de cette thèse de Drake. On sait que la démonstration des *Discorsi* n'est que la copie fidèle de celle de la proposition Ire du traité *Des spirales* d'Archimède. Il est tout à fait improbable que Galilée ait pu connaître la première proposition d'Archimède et non la seconde. Dans cette seconde proposition sur les spirales, Archimède démontre que les espaces parcourus en des temps égaux par deux mobiles, animés chacun d'un mouvement uniforme,

---

37. Cf. *Drake 1974*, nn. 3 et 5, pp. 148 et 150.

38. *Wisan 1984*, nn. 19 et 36, remarque que ce théorème est appliqué « illegitimately » au mouvement accéléré dans les théorèmes IIIe et VIe sur le mouvement accéléré des *Discorsi*. Il invoque, à l'appui de cette thèse, une note marginale manuscrite de Galilée dans son exemplaire personnel des *Discorsi* conservé à Florence (vol. LXXIX des mss. galiléens). L'examen du ms. fait cependant apparaître que cette note marginale n'est justement pas de la main de Galilée.

39. Cf. *Favaro 1890-1909*, vol. VII, p. 48. Voir ma discussion dans *Souffrin 1992b* [= *infra*, II, n° 10, pp. 251-273].

sont toujours dans le même rapport[40]. Il ne précise pas que ce rapport est celui des /*velocit*ates/. Si on admet que la dénomination de rapport des /*velocit*ates/ s'impose pour le rapport constant qui intervient dans l'énoncé et dans la démonstration, la proposition est identique au théorème IIe de Galilée dans le cas du mouvement uniforme.

Dans ces conditions, on peut – je veux dire : on doit – s'interroger sur le fait que Galilée n'ait pas, comme pour le théorème Ier, repris la démonstration archimédéenne. Cela conduit à un certain nombre de remarques. En premier lieu, l'énoncé d'Archimède contient explicitement la précision que les deux mouvements sont uniformes, et la démonstration dépend explicitement du fait que les deux mouvements sont uniformes, alors que, comme nous l'avons vu, ce n'est pas le cas de celle de Galilée. Il est, de plus, indiscutable que la démonstration d'Archimède[41] est plus simple que celle de Galilée. Enfin, si le théorème de Galilée est entendu comme limité au cas du mouvement uniforme, sa démonstration est logiquement moins satisfaisante que celle d'Archimède ; l'économie rédactionnelle réalisée en remplaçant la démonstration d'Archimède par une simple référence à la démonstration de la proposition précédente aurait-elle justifié, aux yeux de Galilée, l'affaiblissement du caractère démonstratif du traité en ce point ? Ce point de vue peut sans doute être soutenu ; je le trouve, pour ma part, peu plausible. Je pense qu'il est bien plus crédible de considérer que les différences entre les deux propositions sont significatives, c'est-à-dire de penser que le théorème IIe de Galilée est effectivement un théorème de portée plus étendue que le théorème d'Archimède, qu'il a été introduit dans le traité sur le mouvement uniforme parce que Galilée disposait antérieurement de sa démonstration, établie dans une perspective plus large, et qu'il vaut, bien sûr, également dans le cas particulier du mouvement uniforme.

---

40. Cf. Archimède, *Des spirales*, II : « Si duobus signis utroque per aliquam lineam moto non eandem equeveliciter ipsum sibi delato accipiantur in utraque linearum due linee, primeque in equalibus temporibus a signis permeentur et secunde, eandem habebunt proportionem advicem accepte linee ».

41. On peut la paraphraser ainsi : « Soient deux mouvements uniformes, parcourant respectivement les espaces e_1 et e_2 dans un temps t, et les espaces E_1 et E_2 dans un temps T. D'après la proposition Ire, on a $e_1 : E_1 :: t : T$ et $e_2 : E_2 :: t : T$, d'où $e_1 : e_2 :: E_1 : E_2$ ».

II. Le *De motu æquabili* et la tradition cinématique préclassique

Il a été souvent remarqué que si le théorème Ier s'appuie sur une définition du mouvement uniforme, le théorème IIe n'est pas précédé par une définition de la / *velocitas*/. Curieusement, les commentateurs modernes considèrent à la fois que sa démonstration est mathématiquement rigoureuse et qu'elle ne requiert pas de définition de la / *velocitas*/. C'est évidemment beaucoup demander à un théorème, ou accorder peu de géométrie à Galilée. En réalité, nous avons vu qu'il y a bien une définition relative à la / *velocitas*/ dans le texte galiléen, mais qu'elle se trouve non explicitée du fait que l'auteur se contente de laisser au lecteur le soin de développer la démonstration. Cette définition, nous l'avons vu, n'est autre qu'une forme, restreinte aux multiples, de la définition préclassique *standard*. Les inégalités requises par l'énoncé sous la forme la plus générale font également partie intégrante de la tradition cinématique préclassique.

Je pense avoir montré en outre, en étendant une remarque de Drake, que toutes les formes, restreinte et générale, du théorème IIe ont le même champ d'application que la définition traditionnelle, c'est-à-dire qu'elles ne sont pas limitées au mouvement uniforme. Le théorème IIe coïncide ainsi avec la définition préclassique *standard* prise dans toute son extension[42]. Galilée transforme donc bien la définition préclassique *standard* de la / *velocitas*/ en théorème, mais la définition sur laquelle il construit ce théorème n'est que la restriction de la définition traditionnelle au cas des multiples. C'est en ce sens que je dis que la définition alternative substituée à la définition préclassique *standard* n'est pas une propriété alternative essentiellement distincte.

Comme dans le cas du théorème Ier, le résultat obtenu par la démonstration du théorème IIe donnée, si l'on peut dire, par Galilée est essentiellement un point de rigueur, plutôt qu'un résultat nouveau : il est seulement démontré que l'énoncé général de la définition préclassique

---

42. Cette interprétation du théorème IIe nous a permis une lecture cohérente de la démonstration « ex mechanicis » du théorème VIe sur le mouvement accéléré de la troisième Journée des *Discorsi*. Cf. *Gautero & Souffrin 1992* [= *infra*, II, n° 9, pp. 239-250].

standard – que l'on rencontre chez Autolycos – peut être obtenu à partir d'une forme restreinte – que l'on rencontre chez Aristote – si l'on tient compte des inégalités traditionnelles relatives à la notion de plus grande (ou plus petite) /*velocitas*/. La différence entre les deux formes, c'est-à-dire chez Galilée entre sa définition implicite et son théorème, ne reflète pas des acceptions significativement différentes de /*velocitas*/. Le concept reste essentiellement le même, affiné plutôt que modifié par ce résultat de la démarche galiléenne[43].

Je mentionnerai enfin, en faveur de la thèse selon laquelle le *De motu æquabili* exprime essentiellement la conception préclassique *standard* de la /*velocitas*/, quelques indices de nature sémantique qui me semblent constituer des reflets, dans ce même livre des *Discorsi*, de la tradition préclassique. Sur les quatre axiomes donnés au début du traité, les deux premiers ne concernent pas la /*velocitas*/ et précisent que l'on parle de mouvements uniformes. Ce sont les deux derniers axiomes qui introduisent explicitement la /*velocitas*/ dans le traité, mais leurs énoncés ne disent rien de l'uniformité ou de la difformité du mouvement, et ils sont ainsi absolument conformes à la tradition préclassique. Et sur les six théorèmes qui constituent le traité, deux seulement ne contiennent pas, dans leur énoncé, la précision qu'il s'agit de mouvement(s) uniforme(s) : le théorème IIe et le théorème III[e44]. Or le théorème IIIe exprime que si les parcours sont égaux, les temps sont entre eux comme l'inverse des /*veloci*tates/. Les deux théorèmes dont les énoncés ne précisent pas le caractère uniforme des mouvements sont donc précisément ceux que nous avons rencontrés dans notre recherche sur les acceptions de « velocitas » et de « velocità » dans la tradition préclassique.

---

43. *Napolitani 1988* a relevé l'analogie entre cette démarche galiléenne et celle d'une tradition relative à l'étude des poids spécifiques. L'importance du sujet justifierait un approfondissement de cette comparaison.

44. Si l'énoncé du théorème IIIe ne contient pas de référence à l'uniformité du mouvement, la démonstration qu'en donne Galilée utilise le théorème Ier et n'est donc valable que pour les mouvements uniformes, contrairement à ce qu'affirme *Drake 1974*, n. 34. Cette démonstration et celles des (trois) théorèmes suivants de ce livre renouent avec le style démonstratif de la proposition IIe du traité *Des spirales* d'Archimède. L'ensemble du *De motu æquabili* ne présente pas, malgré son apparence, la cohérence logique des modèles euclidiens et archimédéens auxquels l'auteur se réfère.

Conclusions

J'ai mis en évidence, dans la première partie de cette étude, certains aspects d'une tradition préclassique de la cinématique théorique sur une période s'étendant d'Aristote à l'école galiléenne, dont l'unité et la continuité ne semblent pas avoir été perçues par la critique moderne dans les textes, pourtant tous connus, sur lesquels j'appuie mon argumentation. La méconnaissance de cette tradition a eu pour conséquence la sous-appréciation du renversement de structure conceptuelle qui sépare la tradition préclassique de la tradition post-newtonienne. Il en est résulté des confusions sur la terminologie qui ont conduit à des lectures anachroniques systématiquement falsifiantes de textes préclassiques relatifs à la théorie du mouvement. L'analyse détaillée de la place du concept holistique de vitesse dans la tradition préclassique, et la description précise de ses acceptions attestées m'ont conduit à proposer des clés de lecture resituant ces textes dans la tradition dont ils relèvent.

Dans la seconde partie, j'ai analysé dans cette optique le traité sur le mouvement uniforme des *Discorsi* de Galilée. Je pense avoir montré que l'interprétation restrictive de l'énoncé du théorème IIe (proportionnalité entre /*veloci*tates/ et espaces parcourus dans un même temps), interprétation généralement retenue par la critique moderne, n'est pas fondée ; la position de Galilée par rapport à la tradition préclassique de la cinématique s'en trouve profondément modifiée.

Dans de prochaines études, je montrerai que ces propositions permettent une nouvelle lecture cohérente des textes édités ou manuscrits dans lesquels Galilée met en jeu une proportionnalité entre « momentum » et « velocitas », et qu'en retour l'interprétation de cette classe jette un éclairage nouveau sur le projet galiléen d'élaboration d'une nouvelle dynamique[45].

---

45. Cf. *Souffrin 1992b* [= *infra*, II, n° 10, pp. 251-273].

APPENDICE

Extraits des textes cités[*]

1. ARISTOTE, *PHYS.*, VI (236b34)

Nam si in tempore *AC* primo per magnitudinem *KL* motum sit, id quod æque celeriter movetur, et simul incipit, per demidium in dimidio movebitur. Iam si æque velox per spacium aliquod eodem tempore motum est, reliquum quoque per idem motum sit necesse est.

Si la grandeur *KL* a effectué son mouvement dans un premier temps *AC*, ce qui se meut avec une célérité égale et commence en même temps parcourra la moitié de la distance dans la moitié du temps. Mais si ce qui est aussi rapide a parcouru un espace dans le même temps, l'autre doit nécessairement avoir parcouru une distance égale.

2. ARISTOTE, *PHYS.*, VI (237b28)

Ac illud quidem constat, si æqua celeritate quidpiam moveatur, necessario finitam finito transire. Nam sumpta parte, quæ totum metiatur, in tot æqualibus temporibus, quot magnitudinis sunt partes, totam transibit : quare cum

[*] Les textes empruntés à *Clagett 1959*, sont indiqués par « Clagett » et tirés de l'éd. italienne, plus complète que l'édition originale en langue anglaise. Les textes d'Aristote sont cités en traduction latine d'après *Aristote 1616*. Le passage du *De proportionibus proportionum* d'Oresme est cité d'après *Grant 1966*. La version italienne de la Proposition Ire du *Des spirales* d'Archimède est celle donnée par *Favaro 1890-1909*, vol. VIII, p. 653. J'ai choisi d'expliciter clairement mes interprétations, que le lecteur pourra comparer aux textes.

hæ finitæ sint, et singulæ quantæ, et omnes numero conclusæ, et tempus quoque erit finitum. Tantum enim toties erit, quantum est tempus partis multitudine partium multiplicatum.

Il est évident que si la /velocitas/ d'un mobile reste égale, il traverse nécessairement une grandeur finie en un temps fini. Soit en effet une partie qui mesure le tout : le mobile traversera la totalité de la grandeur en autant de temps égaux qu'il y aura de parties dans la grandeur. Comme elles sont finies, chacune par sa grandeur et toutes ensemble par leur nombre, le temps sera aussi fini ; ce sera le temps d'une partie multiplié par le nombre de parties.

3. ARISTOTE, *PHYS.*, V (228b27)

Cuius enim eadem est celeritas, is æquabilis est ; cuius non est, inæquabilis.

<Le mouvement> dont la /velocitas/ est égale, est uniforme ; celui dont la /velocitas/ n'est pas égale, est non uniforme.

4. ARISTOTE, *PHYS.*, VII (249a8)

Sic et in motu æque celere illud est, quod æquali tempore per æquale est motum. Si igitur in hoc longitudinis aliud quidem alteratum est, aliud delatum, eritne lationi alteratio hæc æqualis, eiusdemque celeritas ? At absurdum est.

De même, dans le mouvement la /velocitas/ est égale quand des mouvements égaux ont lieu en des temps égaux. Mais si dans ce temps une partie est altérée, et l'autre transportée, cette altération sera-t-elle égale à ce transport, et de même /velocitas/ ? Cela est absurde.

5. ARISTOTE, *PHYS.*, VI (233b19)

Cum enim in omni tempore velocius et tardius sit, quod autem velocius est in tempore æquali, maius conficiat, potest et duplicem, et sesquialteram longitudinem conficere, cum hæc esse possit velocitatis proportio. Quod igitur velocius est, eodem tempore per sesquialteram delatum sit, et magnitudines dividantur, velocioris quidem in tria individua, *A[B] BC CD* tardioris autem in duo, *EF FG* dividetur itaque et tempus in tria individua, cum æquale in tempore æquali conficiat.

En effet, comme dans tout temps il y a le plus rapide et le plus lent, et que dans un temps égal celui qui est le plus rapide parcourt plus, ce peut être une longueur double ou une fois et demie plus grande ; disons que ce soit là le rapport des /velocitates/. Supposons donc que le parcours du plus rapide soit, dans le même temps, une fois et demie supérieur, et divisons les parcours, celui du plus rapide en trois indivisibles *AB, BC, CD* et celui du plus lent en deux, *EF* et *FG*, le temps sera aussi divisé en trois indivisibles, puisque des parcours égaux sont effectués en des temps égaux.

6. ARISTOTE, *PHYS.*, IV (215a29)

A igitur per *B* in *C* tempore feretur, per *D* autem, quod tenuium est partium, in tempore, si *B* et *D* longitudines æquales sint inter se pro corporis impedientis ratione. Sit enim *B* aqua, *D* autem aer : quo igitur aer aqua est tenior, et minus corporeus, eo celerius *A* per *D* quam aer *B* feretur. Habeat vero celeritas ad celeritatem rationem eandem, quam aer ad aquam habet. Quare, si duplo tenior est, duplo tempore spacium *B* quam *D* conficiet : atque erit *C* tempus temporis *E* duplum.

Que *A* traverse *B* dans le temps *C*, et *D*, dans un milieu plus ténu, dans le temps *E*, *B* et *D* étant égaux en longueur les temps sont entre eux dans le rapport des résistances. Si *B* est de l'eau et *D* de l'air : *A* traverse *D* d'autant plus vite que *B*, que l'air est plus ténu que l'eau. Le rapport entre les célérités est donc le même que le rapport de l'air à l'eau. Si la ténuité est double, le temps pour parcourir *B* est donc le double du temps pour parcourir *D* : ainsi le temps *C* sera le double du temps *E*.

7. AUTOLYCOS DE PITANE, *LA SPHÈRE EN MOUVEMENT*, Déf. et Th. I 1 (SCHOLIE)

Punctum equali motu dicitur moveri cum quantitates equales et similes in equalibus pertransit temporibus. Cum aliquod punctum super arcum circuli aut super rectam existens lineam duas pertransit lineas equali motu, proportio temporis in quo super unam duarum linearum pertransit ad tempus in quo transit super alteram est sicut proportio unius duarum linearum ad alteram. [Clagett, p. 187, n. 4 : tr. lat. de Gérard de Crémone].

On dit qu'un point se meut d'un mouvement égal quand il parcourt des grandeurs égales et semblables en des temps égaux. Quand un point quelconque, situé sur un arc de cercle ou sur une droite, parcourt deux lignes d'un mouvement égal, le rapport du temps de parcours de l'une des deux lignes au temps de parcours de la seconde est égal au rapport de la première ligne à la seconde.

8. ARCHIMÈDE, *DES SPIRALES*, I

Perché dunque abbiamo supposto che il punto si muove sempre uniformemente, è manifesto che nell'istesso tempo [...] passerà uno spatio eguale. [*Favaro 1890-1909*, vol. VIII, p. 653, ll. 19-21].

Puisque nous avons supposé que le point se meut uniformément, manifestement il traversera un espace égal dans le même temps.

Quoniam igitur supponitur signum equevelociter delatum esse [...] palam quod in quanto tempore per lineam *CD* delatum est in tanto [per] unamquamque [delatum est] equalem ei que est *CD*. [Clagett, p. 194, n. 15].

Puisqu'on suppose que le point se déplace uniformément [...] il est manifeste qu'il parcourra une ligne quelconque égale à *CD* dans un temps égal au temps pendant lequel il parcourt *CD*.

9. Héron d'Alexandrie, *Les mécaniques*, I

Lorsque des choses se déplacent en des temps égaux de quantités égales, leurs mouvements sont égaux en vitesse. [*Les mécaniques ou l'élévateur de Héron d'Alexandrie*, dans *Le journal asiatique*, 1844 – traduction de Carra de Vaux].

10. Gérard de Bruxelles, *De motv*

Proportio motuum punctorum est tanquam linearum in eodem tempore descriptarum. [Clagett, p. 223, l. 3]

Le rapport des /*veloci*tates/ de points en mouvement est égal au rapport des lignes décrites en des temps égaux.

11. Bradwardine, *Tractatvs de proportionibvs velocitatvm in motibvs*, Th. I 2

Quorumlibet duorum motuum localium, velocitates et maximæ lineæ a duobus punctis duorum mobilium eodem tempore descriptæ, eodem ordine proportionales existunt. [Clagett, p. 253].

Dans le cas de deux mouvements locaux quelconques, les /*veloci*tates/ sont dans le même rapport que les distances maximales décrites, dans un même temps, par deux points pris respectivement sur les deux mobiles.

12. Bradwardine, *Liber de continvo*

Omnium duorum motuum localium eodem tempore vel equalibus temporibus continuatorum velocitates et spatia illis pertransita proportionales existere. [Clagett, p. 264].

Le rapport des /*veloci*tates/ de deux mouvements locaux qui ont lieu continûment dans un même temps ou en des temps égaux, est égal à celui des espaces parcourus.

13. Bradwardine, *Liber de continvo*

Omnium duorum motuum localium super idem spatium vel equalia deductorum velocitates et tempora proportionales econtrario semper esse, *i.e.*, sicut velocitas prima ad secundum ita tempus secunde velocitatis ad tempus prime. [Clagett, p. 264].

Le rapport des /*velocit*ates/ de deux mouvements locaux qui se déroulent sur un même espace, ou sur des espaces égaux, est toujours égal à l'inverse du rapport des temps de parcours, c'est-à-dire que la /*velocitas*/ du premier mouvement est à celle du second comme la durée du second mouvement est à celle du premier.

14. Oresme, *De proportionibvs proportionvm*, IV

Cumque proportio quantitatum sit sicut proportio velocitatum quibus ille quantitates pertransirentur in eodem tempore vel in equalibus temporibus. Et proportio temporum sicut velocitatum quibus contingeret illis temporibus equalia pertransiri et econverso ut patet ex sexto *Phisicorum*. [*Grant 1966*, p. 302].

Puisque le rapport des grandeurs est égal au rapport des /*velocit*ates/ avec lesquelles ces grandeurs seraient traversées en un même temps ou en des temps égaux, et que le rapport des temps est égal à l'inverse de celui des /*velocit*ates/ avec lesquelles des grandeurs égales seraient traversées en des temps égaux, ainsi qu'il ressort du <Livre> VI de la *Physique* <d'Aristote>.

15. Swineshead (?), *De motv*

Unde pro motu locali uniformi est illud sciendum, quod velocitas in motu locali uniformi attenditur simpliciter penes lineam descriptam a puncto velocissime moto in tanto tempore et in tanto […]. [Clagett, p. 275, ll. 5 ss.]

Et, pour ce qui est du mouvement local uniforme, il faut savoir que la /*velocitas*/ du mouvement local uniforme est mesurée simplement par la ligne décrite par le point dont le mouvement est le plus rapide dans le temps considéré.

Unde sciendum quod motus localis uniformis est quo in omni parte temporis equali equalis distantia describitur. [*Ibid.*, ll. 17 ss.]

Et il faut savoir que le mouvement local uniforme est tel que dans tous intervalles de temps égaux les distances parcourues sont égales.

16. HEYTESBURY, *REGVLE SOLVENDI SOPHISMATA*, VI 1

Motuum igitur localium dicitur uniformis quo equali velocitate continue in equali parte temporis spacium pertransitur equale. [Clagett, p. 269, 1. 14].

Parmi les mouvements locaux, on appelle uniforme celui qui continûment, avec une / *velocitas* / égale, parcourt des espaces égaux en des temps égaux.

7^b

Sur l'histoire du concept de vitesse

Galilée et la tradition scolastique*

Le rôle central du concept de « vitesse instantanée » dans la cinématique et dans la dynamique post-galiléenne, et d'une certaine façon
chez Galilée lui-même, a conduit les historiens à négliger la place du
concept de « vitesse holistique (ou globale) » dans l'histoire de la théorie
du mouvement. Ce concept holistique intervient dans les recherches
de Galilée sur le rapport entre le mouvement et le moment statique
(*momentum ponderis*) d'un mobile sur un plan incliné ou, si l'on veut, la
pente de ce plan. La classe des textes galiléens traitant de cette question
présente quelques caractéristiques remarquables : elle s'étend chronologiquement sur toute l'activité de Galilée, elle est restée pour l'essentiel
manuscrite, et les historiens considèrent en général ces textes comme
obscurs, incohérents ou simplement mathématiquement erronés.

Je soutiens que ces textes sont restés incompris du fait d'une mauvaise
appréciation – schématiquement sous la pression du sens post-newtonien

---

* N.d.éd. : Paru dans *Le temps, sa mesure et sa perception au Moyen-Âge*, Actes du Colloque :
Orléans, 12-13 avril 1991, Sous la direction de Bernard Ribémont, Caen, Paradigme,
1992, pp. 243-268 – version revue et corrigée pour la présente édition.

des termes « velocitas » / « velocità » chez Galilée. L'examen de l'histoire de la (ou plutôt des) conception(s) de « vitesse holistique » me conduit à une interprétation cohérente et homogène de la classe de textes en question, obtenue en resituant les acceptions galiléennes de vitesse dans le cadre des conceptions cinématiques scolastiques. Cette interprétation est illustrée ici sur le chapitre 14 des *De motu antiquiora*, le plus ancien et le plus important représentant de cette classe de textes contestés.

I. Une nécessaire (ré)vision de l'histoire de la cinématique

Une vitesse sans histoire ?

Dans l'histoire des sciences comme dans celle de la philosophie, le concept de vitesse jouit de cette particularité singulière qu'aucune étude d'ensemble ne lui a été spécifiquement consacrée. Cela est d'autant plus remarquable qu'il s'agit, on en conviendra, de l'un des concepts constitutifs de celui, plus général, de mouvement, dont l'histoire est aussi ancienne que celle de la philosophie[1]. Le préambule d'Aristote à sa *Physique* n'a rien perdu, avec le temps, de sa pertinence : il n'est de science de la nature sans science du mouvement. D'innombrables études ont été consacrées à l'histoire des concepts d'espace et de temps, d'importants ouvrages à celle des concepts de « force », d'« impetus » ou de « momentum »[2]. La vitesse elle-même, en tant qu'objet central de la cinématique, n'a donné lieu à des études historiques approfondies que dans la seule acception particulière de « grandeur ou mesure du mouvement dans l'instant » ; en d'autres termes, ce n'est que sous la forme de « vitesse instantanée » que la vitesse a été considérée comme pouvant faire l'objet d'une histoire. Cette histoire s'est ainsi trouvée assimilée à celle qui aboutit à sa mathématisation sous forme de la dérivée de l'espace par rapport au temps et, de ce fait, réduite à un

---

1. Cette étude est centrée sur le « motus localis ». Cette restriction serait tout à fait indéfendable si l'on s'intéressait à la formation des concepts fondamentaux de la théorie du mouvement – ce qui n'est pas notre propos.
2. Cf. *Wolff 1978* et *Galluzzi 1979*.

aspect – au demeurant important, sans doute – de l'histoire de l'analyse infinitésimale.

Or, l'analyse quantitative du mouvement a largement précédé les premières conceptions théoriques de « vitesse instantanée ». Aristote en donne, dans la *Physique*, la seule authentique mathématisation de la nature présente, je crois, dans tous le *corpus* aristotélicien ; il désigne la mesure du mouvement par des substantifs qui seront rendus par « velocitas » ou par « celeritas » dans les traductions latines qui les feront connaître en Occident. On sait que l'ontologie aristotélicienne du mouvement exclut la possibilité de « mouvement dans l'instant », et il s'agit dans ses discussions exclusivement de mouvements considérés sur un certain temps, sur une certaine durée, et en aucun cas d'une forme quelconque de mesure instantanée. J'appellerai dans la suite « holistique »[3], par opposition à « instantanée », toute conception ainsi relative à un mouvement considéré sur une durée.

La mesure holistique du mouvement, donc, est très antérieure aux premières ébauches de conceptualisation de la vitesse instantanée. Ce n'est que dans le cadre de la catégorie scolastique des qualités intensives qu'apparaît au XIVe siècle, à côté du concept holistique de « velocitas », un concept théorique de vitesse instantanée désigné par « gradus velocitatis »[4].

Les historiens semblent ne pas s'être étonnés de l'absence de toute histoire de la conception holistique de la vitesse, et se sont encore moins préoccupés de la rechercher. La raison, simple sinon bonne, en est qu'il est généralement admis que ce concept holistique n'a pas d'histoire. Nous verrons que cette position est apparemment fondée sur la conviction, jamais mise en doute, qu'il n'existerait et qu'il n'a jamais existé dans l'histoire qu'une et une seule conception holistique cohérente,

---

3. On pourrait aussi bien utiliser « vitesse totale » ou « vitesse globale ». Ces deux expressions présentent cependant des inconvénients que j'ai souhaité éviter : la première évoque trop directement la « velocitas totalis » médiévale, dont le statut historique est mal établi ; la seconde peut suggérer que l'ensemble de la structure spatio-temporelle entre le début et la fin du mouvement est pris en considération. Une qualification comme « holistique » me semble mieux préserver la possibilité de préciser historiquement – par la suite – le contenu du concept.

4. Mais aussi, dès le XIVe siècle, par « velocitas instantanea », « intensio motus » ou « impetus ». Chez Galilée on trouvera aussi « momentum <velocitatis> ». Sur la cinématique médiévale, voir *Clagett 1959* et *Souffrin 1990* [= *supra*, II, n° 5, pp. 101-122].

précisément celle qui est actuellement désignée par « vitesse moyenne » et mathématisée sous la forme du rapport $^L/_T$ de la distance parcourue au temps de parcours. C'est ce qu'illustre, par exemple, l'appréciation suivante, tirée d'une récente édition de la *Physique* d'Aristote :

> What Aristotle calls « speed » is just what ordinary people would call « speed ». As a mathematical quantity, it is defined as the *ratio* of distance to time. Though ratios where not treated as numbers there is evidence to suggest that the Greek mathematicians of the fourth century were able to operate freely with ratios, just as if they were numbers. Aristotle's « speed » then, is the average speed over a period of time, defined by a *ratio* between two numbers (with suitable units of distance and time)[5].

On voit que l'auteur attribue à Aristote, sans l'ombre d'une hésitation et sans nuance, précisément le même concept holistique de vitesse que l'on trouve dans la plupart des dictionnaires et encyclopédies contemporains modernes sous l'entrée « vitesse ». Or, si les textes aristotéliciens attestent effectivement deux conceptions quantitatives de la vitesse, nous verrons qu'aucune ne correspond d'une façon quelconque au rapport de la longueur au temps de parcours, c'est-à-dire à notre vitesse moyenne.

Le concept holistique de vitesse a en effet une histoire, et l'objet de cette étude est précisément d'en dégager les traits caractéristiques en suivant la démarche qu'a empruntée cette recherche, c'est-à-dire par la mise en évidence des acceptions de « velocitas » effectivement attestées par des textes disponibles. Il s'agit évidemment des occurrences de ce terme sans l'une des qualifications ou spécifications explicites (comme *gradus* ou *intensio*) en liaison avec lesquelles il désigne une mesure non holistique du mouvement.

Sur la traduction de « velocitas »

La question de la traduction de « velocitas » est clairement au centre de la problématique présentée ci-dessus. Une façon apparemment raisonnable de traduire « velocitas » consiste à considérer qu'il s'agit d'un mot latin, et à chercher sa traduction dans un dictionnaire latin-français. On trouvera, à côté d'acceptions sans intérêt pour notre propos,

5. *Hussey 1983*, p. 188.

l'acception « vitesse ». Le même résultat sera obtenu avec n'importe quelle autre langue contemporaine : l'allemand, par exemple, donnera « Geschwindigkeit » qui, dans un dictionnaire allemand-français, sera rendu par « vitesse ». On sera donc conduit, sans surprise, à traduire « velocitas » par « vitesse ».

Sous quelles conditions peut-on dire que cette traduction est correcte ? Une condition minimale est certainement qu'un dictionnaire de la langue latine donne, en latin, une définition de « velocitas » qui traduite en français coïncide (essentiellement) avec la (ou une) définition donnée de « vitesse », en français, par un dictionnaire de la langue française. Il est évident que pour que la traduction soit fidèle, il faut que le dictionnaire latin que l'on utilise pour avoir la définition en latin soit contemporain, ou en accord sur ce point avec les dictionnaires contemporains de l'écriture du texte que l'on traduit. Le dictionnaire donnant la définition en français (ou dans toute autre langue contemporaine) doit au contraire être moderne, puisqu'il doit rendre la notion, ou les idées, ou les connotations de « vitesse » pour le lecteur moderne. Il est tout à fait classique, en histoire de la philosophie comme en histoire des sciences, que la tradition impose des traductions "incorrectes" selon un tel critère. Par exemple, le concept aristotélicien rendu en latin par « corruptio » l'est en français par « corruption » dans les traductions modernes ; cette traduction est cependant validée par le fait que le lecteur est supposé suffisamment averti en philosophie grecque pour savoir que « corruption » a, dans le contexte de la philosophie d'Aristote, une acception fort différente de celle qu'il trouvera dans un dictionnaire français contemporain. Le lecteur non prévenu mais prudent évitera, lui aussi, toute méprise en se référant à quelque ouvrage d'introduction à la philosophie aristotélicienne ; on peut même assurer qu'un lecteur attentif trouvera dans la version française du texte d'Aristote les éléments lui permettant de repérer la technicité du terme « corruption » et d'en apprécier correctement le sens.

Il en va tout autrement du concept qui nous occupe. Nulle tradition historique ou philosophique n'avertit le lecteur sur de possibles méprises quant au sens de « velocitas » employé dans une acception holistique. Une remarquable naïveté scientifique semble avoir incité les historiens à considérer le concept de « vitesse holistique » comme simple et trivial, et la mathématisation de celui de « vitesse instantanée » en termes de dérivée de l'espace par rapport au temps comme la seule mathématisation correcte possible. En fait, les historiens des sciences (et de la philosophie) traduisent systématiquement « velocitas » par « vitesse » entendue dans l'un des sens que le mot revêt actuellement en cinématique et, cela, quelle que soit l'époque du texte étudié. Or, le cadre dans lequel nous pensons actuellement la cinématique théorique est celui de la tradition consécutive à sa reformulation en termes de concepts de l'analyse infinitésimale, que j'appellerai par la suite « tradition classique » : dans cette tradition, le concept central désigné par « velocitas » sans qualification est celui de « vitesse instantanée »[6], et la mesure holistique est la vitesse moyenne $^L/_T$ qui s'en déduit. Le transfert mécanique des connotations modernes du terme a conduit les historiens, dans un consensus sans faille, à interpréter « velocitas » soit dans le sens de vitesse instantanée, soit par le rapport $^L/_T$ (ou l'équivalent dans le langage formel de l'époque du texte) lorsqu'il est reconnu qu'il s'agit d'une acception holistique. L'examen critique de cette interprétation me conduira à la récuser lorsqu'il s'agit de textes antérieurs, schématiquement, à la seconde moitié du XVIIe siècle, et à mettre en évidence certains aspects de l'histoire de la cinématique théorique que l'ignorance de l'historicité de la terminologie a occultés jusqu'ici.

Dans ces conditions, la traduction de « velocitas » par « vitesse » pourrait se comparer à une traduction de « corruptio » par « corruption » qui ignorerait la distanciation qu'un usage consacré par une longue histoire impose dans un texte scolastique par rapport aux connotations modernes. L'importance évidente des questions de sémantique et de terminologie pour mon analyse m'a semblé rendre nécessaire d'employer « velocitas » sans proposer de traduction moderne : j'adopterai donc par la suite la *scriptio* « /*velocitas*/ » pour indiquer dans toutes ses acceptions le latin « velocitas »[7].

---

6. Il en va ainsi, à titre d'exemple, dans le *De gravitatione et æquipondio fluidorum et solidorum in fluidis* de Newton : « Def. 14. Velocitas est motus intensio, ac tarditas remissio hujus ».

7. Et je ferai de même pour les termes équivalents ou directement rattachés : « /*celeritas*/ », « /*tarditas*/ », etc.

II. / *Velocitas*/ dans la cinématique antique et médiévale

Les définitions, ou des énoncés équivalents à des définitions de / *velocitas*/, sont remarquablement rares dans les textes anciens. Il en est de même des définitions de l'uniformité ou de la non-uniformité du mouvement, dont le rapport aux acceptions de / *velocitas*/ est historiquement significatif. Il faut y voir, sans doute, un reflet du caractère fondamental, pour ainsi dire primordial, des concepts en question. On peut penser que des usages vernaculaires des notions d'uniformité et de vitesse ont largement précédé l'apparition d'une quelconque nécessité de les formaliser ainsi que l'élaboration d'outils conceptuels en rendant possibles des expressions mathématiques. Dans ces conditions, les termes correspondants semblent appartenir le plus souvent, dans les textes anciens, à une sorte de métalangage qui peut servir à définir, mais qu'il ne convient pas de définir. Le concept central est évidemment ici celui de « mouvement », et on sait que la tentative d'Aristote d'en donner une définition est singulière dans l'histoire de la philosophie[8]. *De facto*, on ne trouve de définitions explicites ou implicites que dans des textes délibérément théoriques.

Je présente brièvement ci-dessous les textes pertinents que j'ai pu trouver dans une recherche ignorant délibérément le domaine de l'astronomie. On trouvera les passages cités rassemblés en Appendice. Les textes grecs sont donnés en traduction latine tirée d'éditions représentatives de la réception de la tradition hellénique et, surtout, seules pertinentes vis-à-vis des problèmes de vocabulaire dont nous avons vu l'importance[9]. Les paraphrases proposées dans la discussion font apparaître clairement, le cas échéant, ma propre interprétation des textes.

---

8. Voir à ce sujet Rémi Brague, « La définition du mouvement », dans *de Gandt & Souffrin 1991*, pp. 11-40.
    9. La comparaison avec des éditions actuelles ne fait pas apparaître, en ce qui concerne les textes cités, de nuances significatives.

Uniformité et /velocitas/ égale(s)

Les références à l'uniformité du mouvement impliquent /*velocitas*/ de plusieurs façons. Quand il caractérise les différents modes de l'uniformité du mouvement en *Physique*, V (228b), Aristote déclare le mouvement uniforme si la /*velocitas*/ « est la même », mais on n'apprend pas, dans ce passage, ce qu'il faut entendre par là, ou, disons, à quoi on reconnaît cette égalité de la /*velocitas*/, et donc l'uniformité (cf. Appendice, n° 3). On en est éclairé en *Physique*, VI (237b28), où Aristote considère un mouvement uniforme, qui est dit de /*velocitas*/ égale (cf. Appendice, n° 2). La propriété invoquée est que si un espace donné est parcouru dans un temps donné, un multiple de cet espace est parcouru en un temps égal au même multiple de ce temps. C'est la proportionnalité de l'espace parcouru et du temps de parcours, mais dans le cas particulier des rapports entiers. Ce qui rend la propriété triviale est que des espaces égaux sont parcourus en des temps égaux. C'est là, donc, la propriété demandée au mouvement pour qu'on le dise également ou uniformément véloce. Si un mouvement qui a la propriété nécessaire à la déduction de la proposition énoncée est dit de « /*velocitas*/ égale », cela signifie au moins que « /*velocitas*/ égale » connote le fait que des espaces égaux sont parcourus en des temps égaux.

On ne peut affirmer aussi catégoriquement qu'en *Physique*, VI (236b34) Aristote traite d'un mouvement uniforme (cf. Appendice, n° 1). Le premier passage est d'interprétation difficile. Il semble cependant qu'il s'agisse là de la même proposition que dans le passage précédent dans le cas particulier du rapport 2 – ou plutôt ½. La deuxième partie du passage exprime en tout cas sans ambiguïté que l'égalité des /*velocitates*/ implique l'égalité des espaces parcourus en des temps égaux.

Le livre *Des sphères en mouvement* d'Autolycos est un traité de cinématique plutôt qu'un traité d'astronomie, bien que sa perspective astronomique soit évidente. Le préambule (cf. Appendice, n° 7) est considéré comme un scholie tardif; il atteste, à l'ancienneté du plus ancien manuscrit (ixe-xe siècle), une définition du mouvement uniforme sans mention de la /*velocitas*/, et la proportionnalité entre l'espace et le temps pour des rapports quelconques, donc sous une forme plus générale que dans les textes d'Aristote.

Héron d'Alexandrie définit dans les *Mécaniques* l'égalité des /*veloci*tates/ de deux mouvements également par comparaison sur des durées égales (cf. Appendice, n° 9). La nature des mouvements n'est pas spécifiée et le texte n'implique pas *a priori* l'uniformité, sans qu'on puisse affirmer qu'une plus grande généralité soit dans l'intention de l'auteur.

Le passage de la proposition Ire du livre *Des spirales* d'Archimède (cf. Appendice, n° 8) est particulièrement intéressant pour nous dans la mesure où, comme nous le verrons plus loin, la proposition dont il est extrait est reprise presque textuellement par Galilée, dans la troisième Journée des *Discorsi*. Archimède ne se réfère pas directement à la /*velocitas*/, si ce n'est à travers la dénomination du mouvement uniforme (que le latin rend littéralement par *equevelociter*). Le texte implique que « uniforme » ou « également véloce » doit être compris comme équivalent à « parcourant des espaces égaux en des temps égaux ». Enfin, les textes de Swineshead et de Heytesbury (cf. Appendice, n° 15 et n° 16) attestent cette même définition au xive siècle chez les oxoniens.

On peut résumer cette discussion en relevant que dans les textes théoriques rencontrés (1) le mouvement uniforme est défini, en dernière analyse, non par référence à la /*velocitas*/ mais par l'égalité des espaces parcourus en des temps égaux ; (2) deux mouvements sont dits de /*velocitas*/ égale si, en des temps égaux, des distances égales ont été parcourues ; cette définition de l'égalité des /*veloci*tates/ n'apparaît pas restreinte à la comparaison de mouvements uniformes ; (3) dans les textes considérés, la comparaison des mouvements sur des intervalles de temps égaux joue un rôle constitutif dans les concepts de « mouvement uniforme » et de « mouvements d'égale /*velocitas*/ ».

La mesure ou le rapport des /velocitates/

La définition de l'égalité des /*veloci*tates/ de deux mouvements n'est pas une définition de la mesure des mouvements, puisqu'elle ne dit rien du rapport de deux mouvements en dehors du cas d'égalité qu'elle définit. Les inégalités dont Galilée fera les axiomes IIIe et IVe de son *De motu æquabili*, et qui sont attestées à travers toute la littérature au moins depuis Aristote[10], ne suffisent pas à étendre de façon univoque

---

10. Cf. par exemple *Physique*, VI (233b19). Voir *infra* : Appendice, n° 5, pp. 222 s.

cette définition au delà de l'égalité : si une définition du rapport des /*velocit*ates/ est compatible avec celle de l'égalité et avec les inégalités en question, il en sera de même de toute fonction monotone croissante de la /*velocitas*/ ainsi définie.

Les textes explicitant la mesure du rapport de /*velocit*ates/ inégales font apparaître une situation plus complexe. La raison en est un aspect fondamental du concept de mesure mis en œuvre : mesurer, c'est mettre en rapport deux (ou plusieurs) situations comparables dans des conditions intégralement spécifiées et, si la nature du problème peut impliquer différents modes de comparaison, la mesure peut recevoir différentes déterminations[11]. Il en est précisément ainsi dans le cas de la mesure des mouvements : les textes attestent deux mesures correspondant respectivement à la comparaison des mouvements sur des intervalles de temps égaux ou sur des parcours égaux.

*a) Les /*velocit*ates/ sont entre elles comme les espaces parcourus en des temps égaux*

Dans le cas, le plus fréquemment rencontré, où les mouvements sont comparés sur des durées égales, le rapport des /*velocit*ates/ est mesuré, donné ou, si l'on préfère, défini par le rapport des longueurs parcourues en des temps égaux.

Cette définition, ou propriété caractéristique, est donnée sous des formes variables, sous des conditions plus ou moins générales, en fonction de la situation considérée, des préoccupations de l'auteur et du style de son discours. Ainsi, en *Physique*, VI (233b19) Aristote se contente de dire qu'une /*velocitas*/ double conduit deux fois plus loin dans le même temps, et une /*velocitas*/ une fois et demie plus grande une fois et demie plus loin (cf. Appendice, n° 5). La suite précise que pour chacun des deux mouvements les espaces parcourus sont proportionnels aux durées, c'est-à-dire qu'ils sont uniformes ; le texte ne nous permet pas de décider si dans l'esprit d'Aristote la relation entre les /*velocit*ates/ et les espaces parcourus dans un même temps est indépendante ou non de l'uniformité des mouvements. On peut seulement remarquer qu'Oresme interprétera ce passage (cf. Appendice, n° 14) dans un

---

11. Il faut évidemment entendre ici « mettre en rapport » dans le double sens, eucli-dien, de la considération conjointe et de la comparaison quantitative.

sens très large : d'une part la proportionnalité n'est plus limitée à des rapports rationnels de /*veloci*tates/, et d'autre part il ne fait plus aucune référence à l'uniformité. Gérard de Bruxelles (cf. Appendice, n° 10) exprime de la même façon le rapport des /*veloci*tates/, apparemment dans le cas des rapports quelconques. Ici encore, le contexte est peut-être celui du mouvement uniforme, mais ce n'est pas attesté de façon formelle, et en tout cas il n'est pas question d'asseoir cette mesure sur une démonstration quelconque ; il s'agit soit d'une propriété constitutive, soit de la reconnaissance de l'essence même de la /*velocitas*/, la distinction, bien qu'importante, n'étant pas l'objet de notre enquête. Chez Swineshead (cf. Appendice, n° 15), la même définition est donnée explicitement dans le cas particulier du mouvement uniforme.

Ces auteurs expriment donc tous, sous une forme plus ou moins générale, une même conception du rapport de deux /*veloci*tates/ et, partant, de la mesure de la /*velocitas*/, fondée sur la comparaison des mouvements sur un même intervalle de temps.

b) Les /*veloci*tates/ *sont entre elles inversement comme les temps pour des parcours égaux*

Les deux « suppositiones » du livre *De continuo* de Bradwardine (cf. Appendice, n° 12 et n° 13) illustrent bien la façon dont la nature du problème considéré influence la définition même de la mesure dans la cinématique médiévale. En effet, dans le même traité, Bradwardine propose deux définitions de la mesure du rapport des /*veloci*tates/, selon que les mouvements sont considérés sur un même intervalle de temps (hypothèse 7e) ou sur un même parcours (hypothèse 8e). Rien n'autorise à affirmer que le texte de Bradwardine traiterait là spécifiquement de mouvements uniformes, et il s'agit bien de deux définitions différentes qui, appliquées à des mouvements non uniformes, ne donneraient pas en général le même rapport.

Cette définition de la /*velocitas*/ par l'inverse du rapport des temps pour un même parcours est, semble-t-il, beaucoup plus rare que celle impliquant la comparaison sur un même temps. Je reviendrai plus loin sur les raisons qui pourraient rendre compte d'une telle situation ; toujours est-il que je n'ai trouvé, pour la période ici considérée, que deux autres occurrences de cette seconde acception de /*velocitas*/. La plus ancienne est la discussion d'Aristote sur la vitesse de chute d'un même corps dans deux milieux différents (cf. Appendice, n° 6). Je pense, contrairement à l'idée généralement reçue, qu'il est difficile de soutenir que pour Aristote la chute des corps dans un milieu est uniforme, puisqu'il semble bien que dans le traité *Du ciel* il considère qu'elle doit être de plus en plus rapide lorsque le mobile s'approche du centre du monde[12]. On a donc là, et c'est particulièrement significatif pour notre propos, une occurrence de cette acception de /*velocitas*/ dans le cas de mouvements non uniformes et, qui plus est, dans un texte important d'Aristote.

La troisième occurrence que j'ai pu trouver de cette acception de /velocitas/ se trouve dans le commentaire d'Oresme déjà évoqué (cf. Appendice, n° 14). Il ne s'agit pas, ici, du mouvement local, mais du changement au sens général, aristotélicien du terme ; je pense qu'on peut y voir un argument pour retenir que l'uniformité n'est pas requise par l'énoncé.

Je risquerai l'hypothèse que la plus grande fréquence observée des occurrences de l'acception fondée sur des temps égaux n'est probablement pas un effet de la sélection des textes. Pour comprendre cette dissymétrie, l'on pourrait faire appel au fait que le temps est la seule extension commune à toutes les catégories aristotéliciennes du change- ment, et que le « motus localis » n'a pas alors l'importance singulière à laquelle il accédera à partir du xvie siècle. Cependant, cette possibilité ne semble pas pouvoir être déterminante, et je pense que la raison soit plutôt à rechercher à l'intérieur de la problématique du « motus localis », dans l'antériorité de la maîtrise technique de la mesure du rapport des longueurs sur celle des rapports de temps. En définitive, la comparaison des longueurs parcourues par deux mouvements pendant un même temps ne nécessite pas d'horloge, contrairement à la mesure du rapport des temps de parcours d'une même longueur.

Il est peut-être nécessaire de justifier l'absence de référence, dans cette discussion, à la théorie des *Configurations* d'Oresme. En ce qui concerne la théorie de la mesure, celle-ci est tout à fait singulière, et profondément novatrice ; sa problématique centrale est la relation entre la mesure holistique et l'intensité, et l'on ne saurait considérer

---

12. En particulier dans *Du ciel*, 277b4 – passage commenté par Galilée dans ses *De motu antiquiora*. Cf. *Favaro 1980-1909*, vol. I, p. 259.

cette œuvre comme représentative de la cinématique scolastique. On pourrait montrer qu'elle se situe néanmoins dans le même espace conceptuel, et nous pourrions en tirer la même conclusion quant à la tradition dont elle témoigne. Une telle discussion dépasserait toutefois nécessairement le cadre de notre propos actuel, de sorte que je renvoie le lecteur à des études spécialement consacrées à ce sujet[13].

Je relèverai en conclusion de cette partie que dans les textes examinés (1) /velocitas/ désigne un concept de mesure holistique du mouvement ; (2) selon le problème considéré, la mesure implique une comparaison de mouvements sur une même durée ou sur un même parcours, et il en résulte deux acceptions différentes de /velocitas/ ; (3) l'acception la plus fréquente est celle définie par l'expression « les /velocitates/ sont entre elles comme les espaces parcourus en des temps égaux », ou par une expression équivalente dans le langage de la théorie des proportions.

III. /Velocitas/ dans la cinématique contemporaine de Galilée

La plus grande confusion règne dans les interprétations modernes des occurrences de /velocitas/ dans les textes de cinématique ou de dynamique de la fin du XVIe et de la première moitié du XVIIe siècle. En particulier dans les textes de Galilée et des écoles d'Italie, les occurrences de /velocitas/ ou /velocità/ sans qualification, sont interprétées systématiquement, comme je l'ai remarqué plus haut, soit comme « vitesse instantanée », soit comme le « rapport $^L/_T$ de l'espace au temps de parcours », c'est-à-dire comme notre vitesse moyenne. Cette lecture ne présente aucun inconvénient apparent lorsqu'il s'agit d'un texte suffisamment peu technique pour que sa signification soit indifférente au sens précis de /velocitas/ ; dans les autres cas, le texte semble généralement fautif, et le commentaire de l'historien <des sciences>

---

13. Cf. *Clagett 1968*, où l'on trouvera une bibliographie étendue. J'ai présenté plusieurs remarques sur ces questions dans *Souffrin 1990* et *Souffrin & Weiss 1988* [= *supra*, II, n° 5, pp. 101-122 et II, n° 4, pp. 77-100].

consiste alors à justifier par le contexte culturel les "erreurs" ainsi repérées. L'éventualité que /*velocitas*/ puisse recouvrir, jusqu'à cette période historique, précisément le concept holistique que nous avons rencontré dans la cinématique scolastique ne semble pas avoir été soupçonnée[14]. J'ai pourtant été conduit à cette conclusion par l'étude d'une classe de textes galiléens contestables selon les lectures usuelles, auxquels les acceptions de /*velocitas*/ mises plus haut en évidence rendent clarté et cohérence. J'ai observé alors que cette nouvelle lecture de /*velocitas*/ conduisait à des lectures cohérentes dans tous les textes de cinématique et de dynamique de la seconde moitié du XVIᵉ et de la première moitié du XVIIᵉ siècle que j'ai pu consulter. J'en ai acquis la conviction que mon interprétation était au moins tout aussi plausible et, dans le cas des textes galiléens évoqués, plus satisfaisante que celles en usage[15]. Il ne s'agissait cependant que d'une « preuve indirecte » que l'on peut toujours récuser quand bien même on ne pourrait la réfuter. Une recherche systématique dans les écrits *de Motu* datant de 1600 environ m'a toutefois, par la suite, permis d'identifier des témoignages irrécusables attestant de façon tout à fait explicite que les acceptions usuelles de /*velocitas*/ sont bien, jusqu'au milieu du XVIIᵉ siècle, celles de la tradition que j'ai décrite[16].

M'appuyant sur un passage célèbre de Galilée, je montrerai plus loin aussi bien la confusion des interprétations habituelles que la façon dont la remise en histoire du concept holistique de vitesse proposée ici restitue la cohérence du texte. Mais avant de le faire, il n'est pas inutile de rassembler les résultats obtenus à ce point de l'enquête.

14. Fait exception et témoigne d'une démarche proche de la mienne *Damerow 1992*, paru après ma communication présente.

15. Cf. *Souffrin 1992b* [= *infra*, II, n° 10, pp. 251-273], *Manzochi & Souffrin 1992* et *Gautero & Souffrin 1992* [= *infra*, II, n° 9, pp. 239-250].

16. J'ai cité plusieurs de ces témoignages dans *Souffrin 1992* [= *supra*, II, n° 7ᵃ, pp. 157-193].

IV. La tradition préclassique de la cinématique théorique

Tradition préclassique et définition préclassique standard *de /velocitas/*

Je soutiens donc que l'on observe l'existence, dans une tradition s'étendant sur plus de vingt siècles, d'un concept holistique de mesure du mouvement essentiellement stable. Compte tenu des résultats bien acquis de la recherche historique relatifs au concept de « mesure instantanée », nous pouvons distinguer une tradition de cinématique théorique bien définie, profondément différente de la tradition classique. La cohérence des principaux traits de cette tradition me semble justifier une appellation générique, et je propose de la désigner sous le nom de « tradition préclassique de la cinématique théorique ». Rassemblons ci-dessous les caractéristiques de cette tradition préclassique : a) le concept fondamental de la mesure du mouvement est la mesure holistique ; b) c'est cette mesure holistique qui est désignée par */velocitas/* sans qualification (ou par des termes équivalents, tels que *celeritas* ou *motus*)[17] ; le concept "local", « instantané », est désigné – dès lors qu'il existe – par une qualification explicite de */velocitas/* comme dans « intensio motus », « gradus velocitatis » ou « velocitas instantanea », ou bien par des termes tout à fait différents (*impetus, momentum*) ; c) la mesure holistique admet différentes acceptions, dépendant des caractéristiques du problème de cinématique étudié ; deux acceptions sont présentes dans la tradition, définies respectivement par « les */velocita*tes/ sont entre elles inversement comme les temps de parcours sur une même longueur », et par « les */velocita*tes/ sont comme les longueurs parcourues en des temps égaux », ou des formes

---

17. Contrairement aux affirmations de Anneliese Maier et de Marshall Clagett, très largement reprises dans la littérature secondaire, « velocitas totalis » n'est rien moins qu'une dénomination usuelle au Moyen Âge. L'ensemble des *indices* des éditions d'Oresme par *Clagett 1968* et *Grant 1966*, ainsi que de *Clagett 1959* déjà cité, n'en fait apparaître qu'une seule et unique occurrence, et l'ensemble des textes médiévaux que j'ai pu consulter ne m'a permis d'en repérer qu'une seule autre, possible selon une lecture différente de celle de Clagett d'un passage voisin de l'occurrence unique qu'il donne lui-même. Ce mythe historique a très probablement contribué à occulter la valeur de */velocitas/* dans les textes médiévaux.

équivalentes dans le langage de la théorie des proportions ; d) aucune de ces deux définitions n'implique *a priori* l'uniformité du mouvement ; elles sont attestées, l'une comme l'autre, dans des problèmes relatifs à des mouvements difformes, particulièrement dans la première moitié du XVIIᵉ siècle ; e) l'acception définie par l'expression « les / *velocit*ates/ sont entre elles comme les espaces parcourus en des temps égaux » est la plus fréquente dans la tradition cinématique préclassique ; je la désignerai par la suite sous la dénomination de « définition préclassique *standard* ».

Tableau schématique de l'histoire du concept de /velocitas/

En rassemblant cette proposition nouvelle et les éléments bien connus de l'histoire de la cinématique, je suis amené à proposer, sous la forme du tableau schématique suivant, une synthèse qui reste à approfondir :

	TRADITION PRÉCLASSIQUE	
	PRÉMODERNE	SCOLASTIQUE ET MODERNE
Mesure instantanée du mouvement	Sans objet	/*velocitas*/ + qualification : *intensio velocitatis* ou *gradus velocitatis* ou *velocita* *instantanea* ou *intensio motus*, etc. CONCEPT DÉRIVÉ, DÉDUIT
Mesure holistique du mouvement	/*velocitas*/ CONCEPT FONDAMENTAL MULTIPLE Adapté au problème traité (Deux acceptions principales : déf. préclassique *standard* dominante	
Définition du mouve-ment uniforme	Espaces égaux en des temps égaux	

La transition entre les deux grandes traditions s'étend, semble-t-il, sur une grande partie de la seconde moitié du XVIIᵉ siècle. Du fait de la sous-appréciation de l'histoire de la mesure holistique, elle n'est que partiellement traitée dans les histoires de la mécanique[18].

---

18. Sur les origines de la mécanique théorique, voir *Blay 1991*.

Une clé de lecture

La clé de lecture qui ressort de cette proposition consiste à reconnaître que dans un texte de la période préclassique « la / *velocitas*/ est
comme telle grandeur » signifie en général, selon le contexte, soit
« les espaces parcourus en des temps égaux sont entre eux comme
telles grandeurs sont entre elles », soit « les temps de parcours d'une
même distance sont entre eux inversement comme telles grandeurs
sont entre elles ».

V. Le mouvement sur les plans inclinés dans les *De motu antiquiora* de Galilée

TRADITION CLASSIQUE
/*velocitas*/
CONCEPT FONDAMENTAL UNIQUE (dérivée $^{ds}/_{dt}$)
/*velocitas*/ + qualification CONCEPT DÉRIVÉ UNIQUE Déduit de la vitesse instantanée par une opération de moyenne ($^{L}/_{T}$)
/*velocitas*/ (instantanée) constante

Un recueil de notes de jeunesse de
Galilée est particulièrement propre à
illustrer le problème historique dont il est
question. Il s'agit de l'étude du mouvement d'un corps pesant, un « grave »,
sur un plan incliné, au chapitre 14 des
De motu antiquiora, les plus anciennes
réflexions connues de Galilée sur la
théorie du mouvement[19]. Galilée pose
deux questions relatives au mouvement
d'un même mobile sur différents plans
inclinés : 1) pourquoi la / *celeritas*/ est-
elle plus grande si l'inclinaison est plus
grande ? 2) quel est le rapport des *motus*
sur deux plans ayant des inclinaisons
différentes ?

19. Dans *Favaro 1890-1909*, vol. I, pp. 245 ss.

Pour éviter toute confusion, précisons tout de suite que si, dans ce texte, Galilée emploie presque partout /*celeritas*/ pour la mesure du mouvement, nous pouvons sans hésitation aucune entendre /*velocitas*/, car le sens est dans les deux cas exactement le même, et /*velocitas*/ est effectivement substitué à /*celeritas*/ en plusieurs endroits du texte ; de même, quand il s'agit de la mesure du mouvement, « motus » est exactement équivalent à /*celeritas*/ ou /*velocitas*/. La configuration géométrique considérée dans cette discussion est représentée par la figure suivante :

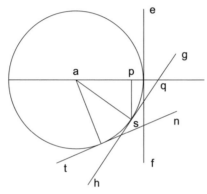

Le texte justifierait bien sûr une analyse d'ensemble, mais une appréciation correcte de l'acception de /*celeritas*/ est évidemment un préalable indispensable. Ce qui nous importe, de ce point de vue, est la réponse de Galilée à la deuxième question. Galilée démontre d'abord la proposition suivante :

> la /*celeritas*/ sur *ef* sera dans le même rapport à la /*celeritas*/ sur *gh* [...] que *qs* à *sp*, c'est-à-dire dans le même rapport que la descente oblique à la descente verticale.

La démonstration, dont la structure fort sophistiquée sur le plan des relations entre statique et dynamique sort du cadre de cette étude et ne nous concerne pas en ce moment, repose en dernière analyse sur la proportionnalité – postulée – entre /*velocitas*/ et la « gravité sur le plan incliné » (*gravitas in plano*) du mobile.

À partir de cette proposition, Galilée obtient trivialement la réponse à la deuxième question, reformulée en termes inspirés par les conditions du protocole expérimental :

> Étant donnés deux plans inclinés de même hauteur, trouver le rapport des /celeritates/ d'un même mobile sur ces deux plans.
> Soient AB la descente verticale, BD le plan horizontal, et soient AC et AD les descentes obliques. On demande le rapport de la /celeritas/ sur AC à la /celeritas/ sur AD. Puisqu'on a montré que la /tarditas/ sur AD est à la /tarditas/ sur AB comme AD est à AB, et que AB est à AC comme la /tarditas/ sur AB est à la /tarditas/ sur AC, il en résulte *ex equalis* que la /tarditas/ sur AD est à la /tarditas/ sur AC comme AD est à AC ; donc la /celeritas/ sur AC est à la /celeritas/ sur AD comme AD est à AC. Il est donc clair que les /celeritates/ d'un même mobile sur des plans d'inclinaison différente sont entre elles comme les inverses des descentes obliques correspondant à une même descente verticale.

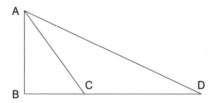

L'interprétation moderne : un texte fautif ou confus

Les historiens <des sciences> qui ont analysé ce passage ont unanimement considéré que ce résultat est faux et marqué du sceau de la dynamique péripatéticienne. W.L. Wisan consacre un chapitre à cette partie des *De motu antiquiora*. Après avoir relevé avec force l'usage fait par Galilée « of key ideas which may be found in the medieval tradition », il écrit :

> Now, the *ratio* between the lengths of these lines gives the *ratio* of the speeds along the indefinite lines *ef* and *gh*. Galileo assumes the motion along these lines to be uniform, and the distances found measure the speeds because they measure the forces which produce the speeds, not the distance traversed in a given time[20].

---

20. *Wisan 1974*, p. 103. Cf. *ibid.*, pp. 150 ss.

Wisan estime donc que ce passage implique que selon Galilée le mouvement de descente sur les plans inclinés est uniforme. Je ne pense pas
trahir sa pensée en voyant deux raisons à cette affirmation. La première
est d'ordre stylistique et terminologique. De façon répétée, Galilée
parle au singulier de la / *celeritas*/ sur un plan incliné donné (« /*celeritas*/
sur *ef* [...] » ; « / *tarditas*/ sur *AD* [...] ») – ce qui ne serait compatible,
selon Wisan, qu'avec le mouvement uniforme. La deuxième raison
est dans sa lecture de la démonstration de la proposition liminaire
comparant le mouvement oblique à la chute verticale. Je reviendrai
ailleurs sur la démonstration, fondée sur des arguments dynamiques ;
ici, il suffit de dire que le nœud de la démonstration réside dans la
notion (de statique) qu'un même corps est plus pesant (*gravius*) sur
un plan incliné que le long d'un plan vertical dans le rapport de la
hauteur à la longueur du plan incliné *(sp: qs* dans le cas du plan *gh*)
et dans l'hypothèse (c'est le présupposé dynamique) que les / *celeri-*
tates/ sur deux plans sont entre elles comme les « gravités ». Cette
proportionnalité entre / *celeritas*/ et « gravitas » sur le plan suggère
apparemment à Wisan l'idée que la vitesse est constante, puisque la
« gravité » d'un corps est constante sur un même plan, et donc l'idée
de l'uniformité du mouvement.

Cette argumentation de Wisan illustre parfaitement l'ensemble de la
critique historique sur ce texte de Galilée. S. Drake, par exemple, estime
que « Except for its treatment of speeds on inclined planes, chapter 14
[of the *De motu antiquiora*] was sound »[21], et plus précisément

> [Galileo] retained in 1602 two incorrect assumptions from De motu. There
> [1] he believed [...] that acceleration could be neglected in comparing
> ratios of speeds ; [2] he supposed that for two inclined planes of the same
> vertical height but different slopes, the speeds were inversely proportional
> to the length of the planes[22].

Il semble évident aussi à P. Galluzzi, dans son livre sur « momentum »
/ « momento », que Galilée suppose l'uniformité du mouvement sur
le plan incliné. Invoquant de la même façon que Wisan la proportionnalité « force : vitesse », il commente :

21. *Drake 1978*, p. 24.
22. *Drake 1979*, p. xv.

il nostro scienzato si è finora sforzato di ricondurre ogni tipo di movimento a forze costanti che producono velocità costanti[23].

I.E. Drabkin se montre plus prudent que les commentateurs précédents. Auteur de la traduction anglaise des *De motu antiquiora,* Drabkin relève qu'il y a une difficulté d'interprétation, que l'acception galiléenne de « velocitas », de « celeritas » et des termes équivalents n'est pas évidente. À propos de la discussion du mouvement d'un mobile plongé dans un milieu, il questionne :

> But what does Galileo mean by the speed of a body which, let us say, is falling freely in a medium? Is not the speed changing at every moment? Not in Gallileo's view, as we shall see; in that view acceleration is an external accident and does not persist. Perhaps the speed is that which is established when acceleration ceases, but it is not made clear. In some contexts the distance traversed in a fixed time, beginning from rest, seems to be taken as the measure of speed. But actually, Galileo is not concerned with the speed as such but with the ratio of the speeds of the natural motion of different bodies in the same medium, or of the same body in different media, or of different bodies in different media[24].

Drabkin a le mérite de relever qu'il peut y avoir plusieurs acceptions de /velocitas/, et que l'une d'entre elles est définie en relation avec la distance parcourue dans un temps donné. Il remarque aussi qu'à bien y regarder, il n'est jamais question chez Galilée que de rapports de /velocitates/, jamais de la /velocitas/ elle-même d'un mouvement. Il ne tire cependant pas toutes les conséquences de ces remarques, et tente une interprétation du chapitre 14 des De motu antiquiora qui, bien qu'elle apparaisse moins anachronique que celles que nous avons citées jusqu'ici, reste non concluante :

> We may understand Galileo's theorem as stating that the times required for descent are directly proportional to the lengths of the oblique paths, or, alternately, that the speeds attained in fixed intervals of time are inversely proportional to the length of the oblique paths. In that limited sense the theorem would be sound. But there is no indication that this is what Galileo had in minds, and, in any case, the inadequacy of Galileo's doctrine of the

---

23. *Galluzzi 1979,* pp. 215 ss. : 217, § 2.
24. *Drabkin & Drake 1960,* p. 7.

velocity of free fall prevents any fruitful generalisation and extension of these results[25].

Le résultat galiléen est donc en définitive, pour Drabkin aussi, incorrect.

Dans une étude plus récente sur l'ensemble de la cinématique galiléenne[26], E. Giusti considère également que les mouvements dont il est question dans ce passage des *De motu antiquiora* sont les mouvements uniformes que Galilée attribue alors (tout en les déclarant inobservables pratiquement) aux mobiles après usure complète de la « vis impressa ». De plus, Giusti considère que le fait d'avoir trouvé que la /*velocitas*/ est proportionnelle à l'inverse de la longueur L du plan incliné, pour une hauteur donnée, devrait conduire Galilée à l'embarrassant résultat que le temps serait comme le carré de la longueur : en effet si, dans ce passage de Galilée, on assimile la /*celeritas*/ sur le plan à notre vitesse moyenne $^L/_T$, on obtient bien que T est comme L^2. Je pense avoir montré que rien ne permet de penser que Galilée puisse faire pareille confusion.

En résumé, les commentateurs s'accordent pour trouver ce texte fautif ; à l'exception d'une tentative de Drabkin, aucun d'entre eux ne semble avoir soupçonné un problème d'interprétation de /*velocitas*/. Pour ne négliger aucun des arguments importants dans la formation de ce consensus, il faut enfin mentionner une prétendue invalidation expérimentale de ces propositions par Galilée lui-même. Immédiatement après l'énoncé, Galilée avertit le lecteur que les rapports trouvés ne sont pas observés (dans les expériences), et justifie le désaccord par les imperfections des dispositifs expérimentaux. Il pousse même l'esprit d'observation jusqu'à invoquer explicitement, outre les divers types de frottements, les effets dus à la différence de la « gravitas » d'un même corps sur des plans diversement inclinés ; tout se passe alors comme si l'expérience réelle n'était pas faite avec le même poids sur deux plans inclinés différents, ce qu'il apprécie – et nous savons qu'il a raison – comme une source d'imperfections expérimentales supplémentaires. Drake, qui est convaincu que la proposition de Galilée est fausse, voit dans l'écart reconnu par Galilée la preuve de la fausseté de la proposition. Avant toute autre analyse, nous relèverons que Galilée ne laisse

25. *Ibid.*, p. 68, n. 16.
26. Cf. *Giusti 1981.*

rien entendre de semblable, qu'il affirme tout au contraire que les disparités observées sont parfaitement justifiables, et qu'enfin il est indiscutablement convaincu que son résultat est correct, à savoir que – dans des conditions expérimentales idéales : absence de frottements et de déformations – les /*celeritates*/ sont comme les longueurs des plans pour des hauteurs égales.

Le chapitre 14 des De motu antiquiora *dans la tradition préclassique : un énoncé correct et cohérent*

Les lectures critiques modernes ont ceci en commun, qu'elles entendent « celeritas » dans l'un des sens que nous donnons actuellement à « vitesse » en cinématique, soit « vitesse moyenne », soit « vitesse instantanée ». Or, nous avons vu qu'il s'agit d'acceptions spécifiques de la tradition classique et, de ce fait, les interprétations se trouvent marquées par un anachronisme fondamental relatif au concept central de notre discussion. Si je le resitue dans son contexte conceptuel préclassique, le texte prend une tout autre signification. En effet, la clé de lecture proposée conduit alors à lire la première proposition du chapitre 14 :

> la /*celeritas*/ sur *ef* sera dans le même rapport à la /*celeritas*/ sur *gh* [...] que *qs* à *sp*, c'est-à-dire dans le même rapport que la descente oblique à la descente verticale

comme exactement équivalente à :

> les espaces parcourus dans un même temps sur *ef* et sur *gh* seront dans le même rapport [...] que *qs* à *sp*, c'est-à-dire dans le même rapport que la descente oblique à la descente verticale.

Avec les notations de la figure, cela signifie que les espaces parcourus en des temps égaux (à partir du repos) sur les plans *ef* et *gh* sont dans le même rapport que *qs* à *ps* – ce qui est parfaitement exact (en théorie).

De la même façon, le problème qui suit se lit aussi :

> Étant donnés deux plans inclinés de même hauteur, trouver le rapport entre les distances parcourues dans un même temps par un même mobile sur ces deux plans.

Soient *AB* la descente verticale, *BD* le plan horizontal, et soient *AC* et *AD* les descentes obliques. On demande le rapport des distances parcourues dans un même temps sur *AC* et sur *AD*.

En notant que le rapport des /*tardit*ates/ est l'inverse du rapport des /*celerit*ates/, la suite ne présente aucune difficulté, et la conclusion se lit comme suit :

> Il est donc clair que le rapport des espaces parcourus dans un même temps par un même mobile sur des plans d'inclinaisons différentes est égal à l'inverse du rapport des descentes obliques sur ces mêmes plans correspondant à une même descente verticale, c'est-à-dire que les espaces parcourus en des temps égaux, à partir du repos sur deux plans inclinés, sont dans le rapport inverse des longueurs pour une même hauteur descendue.

Ce qui est évidemment, à nouveau, théoriquement parfaitement exact. Nous arrivons ainsi, par la seule restitution à /*velocitas*/ de l'acception préclassique *standard*, à la conclusion exactement opposée à celle proposée par les historiens des sciences jusqu'ici : les propositions ainsi énoncées au chapitre 14 des *De motu antiquiora* sont théoriquement exactes, précisément comme est exact le théorème de l'isochronisme de la descente le long des cordes d'un cercle qui n'en est qu'une expression géométriquement équivalente.

Ce théorème, sous l'une quelconque de ses formes, ne dit rien sur ce que nous appelons aujourd'hui la « loi du mouvement », c'est-à-dire sur la façon dont un « grave » tombe en chute libre, ou sur un plan incliné. Mais il est dit que les espaces parcourus dans un même temps sur deux plans inclinés différents, à partir du repos, restent dans un même rapport, et c'est le rapport exact qui est donné en terme de la géométrie du problème.

Cette discussion met clairement en évidence la différence radicale de signification du mot rendu en français par « vitesse » dans les traditions préclassique et classique : ici, un même rapport est effectivement égal à celui des /*velocit*ates/ dans le langage de la première tradition et à celui des accélérations dans le langage de la seconde. La source de la confusion des analyses réside clairement dans le fait que, quand on les lit ensemble, les deux expressions paraissent incompatibles, par anachronisme, avec le langage de la tradition classique.

VI. La « classe des textes *velocitas / momentum* » chez Galilée

La clé de lecture proposée ne présenterait que peu d'intérêt si elle ne concernait, dans l'ensemble des écrits de Galilée qui nous sont parvenus, que ce seul texte de jeunesse. J'ai pu montrer que cette même lecture restitue également leur pleine cohérence à deux autres écrits qui traitent des mêmes objets, la « pente » des plans inclinés et la / *velocitas/* du mobile, en les insérant dans une classe d'écrits de Galilée dont l'unité semble avoir échappé à l'historiographie[27].

Ces trois textes sont à ma connaissance les seuls où Galilée traite explicitement de la proportionnalité entre la /velocitas/ d'un mobile sur un plan incliné et une expression géométrique de la pente du plan : $\frac{H}{L}$, *i.e.* descente sur longueur d'un trajet. L'interprétation préclassique que nous avons restituée au vocabulaire cinématique fait cependant apparaître qu'il ne s'agit pas de trois textes singuliers et isolés, mais qu'ils font partie d'une classe d'écrits de Galilée définie par un ensemble de caractéristiques remarquables. Il s'agit des textes traitant de la proportionnalité entre / *velocitas/* (ou une forme équivalente) et « momentum gravitatis » (ou une forme équivalente), que je désigne comme « classe des textes *velocitas / momentum* ». Par « forme équivalente », j'entends deux types d'équivalences : le premier, inhérent à la lecture proposée de la cinématique, identifie « rapport des / *velocit*ates/ » et « rapport des espaces parcourus en des temps égaux » ; le second type d'équivalence résulte de l'égalité – ou, mieux, de la proportionnalité – entre l'expression géométrique de la « pente » d'un plan incliné et la qualité que Galilée – à partir des *Meccaniche* – appelle « momentum gravitatis » ou simplement « momentum » d'un « grave ». Cette égalité est explicitement exprimée au f° 172*v*; elle est en fait présente dans le chapitre 14 des *De motu antiquiora* où, s'il n'utilise pas l'expression même de « momentum gravitatis », Galilée parle de « gravitas in plano », et l'analyse de cette même « gravité » sur le plan incliné qu'il fait dans ce texte est en tous points identique à celle qu'il

---

27. Cf. *Favaro 1890-1909*, vol. VIII, pp. 378 et 386. Voir *Souffrin 1992b* et *Souffrin 1992* [= *infra*, II, n° 10, pp. 251-273 ; et *supra*, II, n° 7ᵃ, pp. 157-193].

donnera du « moment de gravité » dans *Le meccaniche,* les deux qualités ayant pour mesure la même mesure géométrique de la pente du plan incliné. En anticipant sur le vocabulaire introduit ultérieurement par Galilée pour décrire précisément la même situation physique, on peut dire que l'égalité entre « momentum » et « pente » du plan est exprimée et démontrée dans les *De motu antiquiora.* Les deux types d'équivalences que j'invoque sont donc attestés, chez Galilée, au moins depuis ses premiers travaux connus sur la théorie du mouvement.

La « classe des textes *velocitas / momentum* » est alors constituée par des écrits exprimant la proportionnalité (1) soit entre les distances atteintes en des temps égaux et une expression géométrique de la pente des plans ; (2) soit entre les /*velocit*ates/ et une expression géométrique de la pente des plans ; (3) soit entre les /*velocit*ates/ et les moments de « gravité » ; (4) soit entre les distances atteintes en des temps égaux et les moments de « gravité ».

L'unité conceptuelle qui sous-tend cette classe à mon sens homogène de textes[28] réside dans le fait, dont je pense avoir montré la plausibilité historique, qu'ils expriment tous, pour Galilée, une même propriété du mouvement des « graves ». J'espère pouvoir un jour m'arrêter sur cet aspect de ses recherches sur la dynamique, lequel n'a pas encore reçu l'attention qu'il mérite.

---

28. À ce jour, je considère comme membres de cette classe les textes suivants : *Favaro 1890-1909,* vol. I, p. 296 ; *ibid.,* vol. VIII, p. 278 ; *ibid.,* p. 377 ; *ibid.,* pp. 378 s. (1-6) ; *ibid.,* p. 379 (21-26) ; *ibid.,* p. 385.

Extraits des textes cités[*]

1. ARISTOTE, *PHYS.*, VI (236b34)

Nam si in tempore *AC* primo per magnitudinem *KL* motum sit, id quod æque celeriter movetur, et simul incipit, per demidium in dimidio movebitur. Iam si æque velox per spacium aliquod eodem tempore motum est, reliquum quoque per idem motum sit necesse est.

Si la grandeur *KL* a effectué son mouvement dans un premier temps *AC*, ce qui se meut avec une célérité égale et commence en même temps parcourra la moitié de la distance dans la moitié du temps. Mais si ce qui est aussi rapide a parcouru un espace dans le même temps, l'autre doit nécessairement avoir parcouru une distance égale.

2. ARISTOTE, *PHYS.*, VI (237b28)

Ac illud quidem constat, si æqua celeritate quidpiam moveatur, necessario finitam finito transire. Nam sumpta parte, quæ totum metiatur, in tot æqualibus temporibus, quot magnitudinis sunt partes, totam transibit : quare cum

---

[*] Les textes empruntés à *Clagett 1959*, sont indiqués par « Clagett » et tirés de l'éd. italienne, plus complète que l'édition originale en langue anglaise. Les textes d'Aristote sont cités en traduction latine d'après *Aristote 1616*. Le passage du *De proportionibus proportionum* d'Oresme est cité d'après *Grant 1966*. La version italienne de la Proposition Ire du *Des spirales* d'Archimède est celle donnée par *Favaro 1890-1909*, vol. VIII, p. 653. J'ai choisi d'expliciter clairement mes interprétations, que le lecteur pourra comparer aux textes.

hæ finitæ sint, et singulæ quantæ, et omnes numero conclusæ, et tempus quoque erit finitum. Tantum enim toties erit, quantum est tempus partis multitudine partium multiplicatum.

Il est évident que si la /*velocitas*/ d'un mobile reste égale, il traverse nécessairement une grandeur finie en un temps fini. Soit en effet une partie qui mesure le tout : le mobile traversera la totalité de la grandeur en autant de temps égaux qu'il y aura de parties dans la grandeur. Comme elles sont finies, chacune par sa grandeur et toutes ensemble par leur nombre, le temps sera aussi fini ; ce sera le temps d'une partie multiplié par le nombre de parties.

3. ARISTOTE, *PHYS.*, V (228b27)

Cuius enim eadem est celeritas, is æquabilis est ; cuius non est, inæquabilis.

<Le mouvement> dont la /*velocitas*/ est égale, est uniforme ; celui dont la /*velocitas*/ n'est pas égale, est non uniforme.

4. ARISTOTE, *PHYS.*, VII (249a8)

Sic et in motu æque celere illud est, quod æquali tempore per æquale est motum. Si igitur in hoc longitudinis aliud quidem alteratum est, aliud delatum, eritne lationi alteratio hæc æqualis, eiusdemque celeratis ? At absurdum est.

De même, dans le mouvement la /*velocitas*/ est égale quand des mouvements égaux ont lieu en des temps égaux. Mais si dans ce temps une partie est altérée, et l'autre transportée, cette altération sera-t-elle égale à ce transport, et de même /*velocitas*/ ? Cela est absurde.

5. ARISTOTE, *PHYS.*, VI (233b19)

Cum enim in omni tempore velocius et tardius sit, quod autem velocius est in tempore æquali, maius conficiat, potest et duplicem, et sesquialteram longitudinem conficere, cum hæc esse possit velocitatis proportio. Quod igitur velocius est, eodem tempore per sesquialteram delatum sit, et magnitudines dividantur, velocioris quidem in tria individua, *A[B] BC CD* tardioris autem in duo, *EF FG* dividetur itaque et tempus in tria individua, cum æquale in tempore æquali conficiat.

En effet, comme dans tout temps il y a le plus rapide et le plus lent, et que dans un temps égal celui qui est le plus rapide parcourt plus, ce peut être une longueur double ou une fois et demie plus grande ; disons que ce soit là le rapport des /*veloci*tates/. Supposons donc que le parcours du plus rapide soit, dans le même temps, une fois et demie supérieur, et divisons les parcours, celui du plus rapide en trois indivisibles *AB, BC, CD* et celui du plus lent en deux, *EF* et *FG*, le temps sera aussi divisé en trois indivisibles, puisque des parcours égaux sont effectués en des temps égaux.

6. ARISTOTE, *PHYS.*, IV (215a29)

A igitur per *B* in *C* tempore feretur, per *D* autem, quod tenuium est partium, in tempore, si *B* et *D* longitudines æquales sint inter se pro corporis impedientis ratione. Sit enim *B* aqua, *D* autem aer : quo igitur aer aqua est tenior, et minus corporeus, eo celerius *A* per *D* quam aer *B* feretur. Habeat vero celeritas ad celeritatem rationem eandem, quam aer ad aquam habet. Quare, si duplo tenior est, duplo tempore spacium *B* quam *D* conficiet : atque erit *C* tempus temporis *E* duplum.

Que *A* traverse *B* dans le temps *C*, et *D*, dans un milieu plus ténu, dans le temps *E*, *B* et *D* étant égaux en longueur les temps sont entre eux dans le rapport des résistances. Si *B* est de l'eau et *D* de l'air : *A* traverse *D* d'autant plus vite que *B*, que l'air est plus ténu que l'eau. Le rapport entre les célérités est donc le même que le rapport de l'air à l'eau. Si la ténuité est double, le temps pour parcourir *B* est donc le double du temps pour parcourir *D* : ainsi le temps *C* sera le double du temps *E*.

7. AUTOLYCOS DE PITANE, *LA SPHÈRE EN MOUVEMENT*, Déf. et Th. I 1 (SCHOLIE)

Punctum equali motu dicitur moveri cum quantitates equales et similes in equalibus pertransit temporibus. Cum aliquod punctum super arcum circuli aut super rectam existens lineam duas pertransit lineas equali motu, proportio temporis in quo super unam duarum linearum pertransit ad tempus in quo transit super alteram est sicut proportio unius duarum linearum ad alteram. [Clagett, p. 187, n. 4 : tr. lat. de Gérard de Crémone].

On dit qu'un point se meut d'un mouvement égal quand il parcourt des grandeurs égales et semblables en des temps égaux. Quand un point quelconque, situé sur un arc de cercle ou sur une droite, parcourt deux lignes d'un mouvement égal, le rapport du temps de parcours de l'une des deux lignes au temps de parcours de la seconde est égal au rapport de la première ligne à la seconde.

8. ARCHIMÈDE, *DES SPIRALES*, I

Perché dunque abbiamo supposto che il punto si muove sempre uniformemente, è manifesto che nell'istesso tempo […] passerà uno spatio eguale. [*Favaro 1890-1909*, vol. VIII, p. 653, ll. 19-21].

Puisque nous avons supposé que le point se meut uniformément, manifestement il traversera un espace égal dans le même temps.

Quoniam igitur supponitur signum equevelociter delatum esse […] palam quod in quanto tempore per lineam *CD* delatum est in tanto [per] unamquamque [delatum est] equalem ei que est *CD*. [Clagett, p. 194, n. 15].

Puisqu'on suppose que le point se déplace uniformément […] il est manifeste qu'il parcourra une ligne quelconque égale à *CD* dans un temps égal au temps pendant lequel il parcourt *CD*.

9. HÉRON D'ALEXANDRIE, *LES MÉCANIQUES*, I

Lorsque des choses se déplacent en des temps égaux de quantités égales, leurs mouvements sont égaux en vitesse. [*Les mécaniques ou l'élévateur de Héron d'Alexandrie*, dans *Le journal asiatique*, 1844 – traduction de Carra de Vaux].

10. GÉRARD DE BRUXELLES, *DE MOTV*

Proportio motuum punctorum est tanquam linearum in eodem tempore descriptarum. [Clagett, p. 223, l. 3]

Le rapport des /*veloci*tates/ de points en mouvement est égal au rapport des lignes décrites en des temps égaux.

11. BRADWARDINE, *TRACTATVS DE PROPORTIONIBVS VELOCITATVM IN MOTIBVS*, Th. I 2

Quorumlibet duorum motuum localium, velocitates et maximæ lineæ a duobus punctis duorum mobilium eodem tempore descriptæ, eodem ordine proportionales existunt. [Clagett, p. 253].

Dans le cas de deux mouvements locaux quelconques, les /*veloci*tates/ sont dans le même rapport que les distances maximales décrites, dans un même temps, par deux points pris respectivement sur les deux mobiles.

12. BRADWARDINE, *LIBER DE CONTINVO*

Omnium duorum motuum localium eodem tempore vel equalibus temporibus continuatorum velocitates et spatia illis pertransita proportionales existere. [Clagett, p. 264].

Le rapport des /*veloci*tates/ de deux mouvements locaux qui ont lieu continûment dans un même temps ou en des temps égaux, est égal à celui des espaces parcourus.

13. Bradwardine, *Liber de continvo*

Omnium duorum motuum localium super idem spatium vel equalia deductorum velocitates et tempora proportionales econtrario semper esse, *i.e.*, sicut velocitas prima ad secundum ita tempus secunde velocitatis ad tempus prime. [Clagett, p. 264].

Le rapport des /*veloci*tates/ de deux mouvements locaux qui se déroulent sur un même espace, ou sur des espaces égaux, est toujours égal à l'inverse du rapport des temps de parcours, c'est-à-dire que la /*velocitas*/ du premier mouvement est à celle du second comme la durée du second mouvement est à celle du premier.

14. Oresme, *De proportionibvs proportionvm*, IV

Cumque proportio quantitatum sit sicut proportio velocitatum quibus ille quantitates pertransirentur in eodem tempore vel in equalibus temporibus. Et proportio temporum sicut velocitatum quibus contingeret illis temporibus equalia pertransiri et econverso ut patet ex sexto *Phisicorum*. [*Grant 1966*, p. 302].

Puisque le rapport des grandeurs est égal au rapport des /*veloci*tates/ avec lesquelles ces grandeurs seraient traversées en un même temps ou en des temps égaux, et que le rapport des temps est égal à l'inverse de celui des /*veloci*tates/ avec lesquelles des grandeurs égales seraient traversées en des temps égaux, ainsi qu'il ressort du <Livre> VI de la *Physique* <d'Aristote>.

15. Swineshead (?), *De motv*

Unde pro motu locali uniformi est illud sciendum, quod velocitas in motu locali uniformi attenditur simpliciter penes lineam descriptam a puncto velocissime moto in tanto tempore et in tanto [...]. [Clagett, p. 275, ll. 5 ss.]

Et, pour ce qui est du mouvement local uniforme, il faut savoir que la /*velocitas*/ du mouvement local uniforme est mesurée simplement par la ligne décrite par le point dont le mouvement est le plus rapide dans le temps considéré.

Unde sciendum quod motus localis uniformis est quo in omni parte temporis equali equalis distantia describitur. [*Ibid.*, ll. 17 ss.]

Et il faut savoir que le mouvement local uniforme est tel que dans tous intervalles de temps égaux les distances parcourues sont égales.

16. HEYTESBURY, *REGVLE SOLVENDI SOPHISMATA*, VI 1

Motuum igitur localium dicitur uniformis quo equali velocitate continue in equali parte temporis spacium pertransitur equale. [Clagett, p. 269, 1. 14].

Parmi les mouvements locaux, on appelle uniforme celui qui continû-ment, avec une */velocitas/* égale, parcourt des espaces égaux en des temps égaux.

8

Du mouvement uniforme
au mouvement uniformément accéléré

Une nouvelle lecture de la démonstration du théorème du plan incliné dans les *Discorsi* de Galilée[*]

1. Il est actuellement bien reconnu que l'histoire des idées scientifiques ne peut se désintéresser des étapes confuses, des voies abandonnées, des erreurs qui jalonnent l'activité de ses protagonistes, et particulièrement des chercheurs les plus influents. On sait bien, également, que la notion d'erreur, et plus précisément de faute de logique, doit être maniée avec beaucoup de précaution, et cela d'autant plus que les discours considérés se situent en dehors des schémas constitués de la science contemporaine. Autrement dit, dans un discours qui semble ou qui est faux il est important de chercher des acceptions de termes compatibles avec son contexte intellectuel, acceptions qui permettent de recevoir ce discours en lui restituant sa cohérence ou, du moins, d'en comprendre la validité au regard de l'auteur.

[*] N.d.éd. : Paru dans *Bollettino di Storia delle Scienze matematiche*, VI, 1986, pp. 135-144 – version revue et corrigée pour la présente édition.

Il ne s'agit pas d'une démarche visant à valider systématiquement sur le plan logique les textes étudiés, ce qui ne serait qu'une variante historiciste de l'argument d'autorité ; la conclusion de l'enquête ne saurait être la cohérence interne *a priori* de tel ou tel texte. Je veux seulement dire que la démarche proposée peut conduire, dans certains cas, à réapprécier comme logiquement corrects des textes réputés entachés d'erreurs.

Le risque d'une lecture anachronique est particulièrement grand lorsque le raisonnement met en jeu un concept réputé simple, mais ayant ultérieurement reçu une formulation mathématique assez sophistiquée. C'est le cas du concept de vitesse, qui présente de ce point de vue toutes les caractéristiques favorisant une lecture biaisée : c'est un concept fondamental de la physique et de la philosophie ; son acception vernaculaire est très usitée ; comparé par exemple au *spin* en mécanique quantique, il est considéré comme simple ; et sa mathématisation comme dérivée temporelle de l'espace parcouru est à la fois assez sophistiquée, ne pouvant être antérieure à Newton, et largement connue.

Il en est résulté une tendance par les historiens des sciences à considérer la dérivée temporelle de l'espace parcouru comme la seule mathématisation correcte de la vitesse. Le fait qu'il s'agisse exclusivement de la définition mathématique d'un concept de vitesse, certes particulièrement adéquat à la description d'un vaste ensemble de phénomènes, est fréquemment ignoré. La cohérence des textes traitant de vitesse spatiale est ainsi très généralement analysée par référence à cette conceptualisation particulière, laquelle se trouve par conséquent dotée d'une sorte de valeur universelle et anhistorique.

Cette forme subtile d'anachronisme me semble s'être manifestée dans certaines études sur les recherches de Galilée sur la *Science nouvelle* du mouvement local, c'est-à-dire du mouvement de chute libre des corps pesants. Le but du présent article est de réexaminer, dans l'esprit des remarques qui précèdent, la démonstration par Salviati du théorème du plan incliné des *Discorsi*[1]. Cette démonstration est généralement considérée comme erronée, et je soutiendrai qu'un tel jugement est basé sur une lecture incorrecte du texte. Dans une

---

1. Cf. *Favaro 1890-1909*, vol. VIII, p. 215.

prochaine étude[2], je développerai des considérations très proches concernant la deuxième démonstration, dite « mécanique », de l'isochronisme de la chute des corps pesants suivant les cordes d'un cercle, soit le théorème VI[e3].

2. Le théorème dit « du plan incliné », *i.e.* le théorème IIIe sur le mouvement naturellement accéléré des *Discorsi*, est énoncé ainsi :

> Si super plano inclinato atque in perpendiculo, quorum eadem sit altitudo, feratur ex quiete idem mobile, tempora lationum erunt inter se ut plani ipsius et perpendiculi longitudines[4].

Il affirme donc que dans la chute libre et la descente sur un plan incliné de même hauteur, le rapport des temps est égal au rapport des longueurs parcourues. Par la suite, on le désignera sous le nom de théorème IIIe.

Galilée donne dans les *Discorsi* deux démonstrations : la première, qui fait l'objet de cet article, suit immédiatement l'énoncé et est présentée par Salviati, en latin ; la seconde est présentée ultérieurement par Sagredo, en italien, comme démonstration alternative (*Si poteva concludere il medesimo…*).

Les deux démonstrations sont basées sur ce que Salviati définit comme « le seul principe que l'Auteur demande d'accepter »[5], à savoir que les degrés de vitesse acquis dans le mouvement de chute le long de différents plans inclinés sont égaux si les hauteurs de chute sont égales. On sait que Galilée a développé ultérieurement une justification dynamique de ce principe qui, ayant été mise en dialogue par Viviani, est connue sous le nom de « *Scholio* de Viviani »[6].

Dans sa démonstration, Salviati/Galilée remarque d'abord que, selon ce principe, les points de la verticale et d'un plan incliné situés à un même niveau sont des points ayant « des mêmes degrés de vitesse ». Ce résultat est exprimé par

Conficiuntur itaque spatia *AC, AB* iisdem gradibus velocitatis

---

2. Cf. *Gautero & Souffrin* 1992 [= *infra*, II, n° 9, pp. 239-250].
3. Cf. *Favaro 1890-1909*, vol. VIII, p. 222.
4. *Ibid.*, p. 215.
5. Cf. *ibid.*, p. 205.
6. Cf. *ibid.*, p. 215n.

suivi sans transition par

> sed demonstratum est, quod si duo spatia conficiantur a mobili quod iisdem
> velocitatis gradibus feratur, quam rationem habent ipsa spatia, eamdem
> habent tempora lationum

c'est-à-dire

> les espaces *AC* et *AB* sont donc parcourus avec les mêmes degrés de vitesse.
> Mais on a démontré que si un mobile parcourt deux espaces avec les mêmes
> degrés de vitesse, le rapport de ces espaces est égal au rapport des temps.

C'est précisément ce renvoi à ce qu'« on a démontré » qui fait
problème. En effet, l'interprétation usuelle voit dans cette expression
une référence au théorème Ier du mouvement uniforme de la même
Journée des *Discorsi*. L'énoncé de ce théorème Ier est

> Si mobile æquabiliter latum eademque cum velocitate duo pertranseat
> spatia, tempora lationum erunt inter se ut spacia peracta[7]

c'est-à-dire

> si deux espaces sont parcourus uniformément avec une même vitesse, le
> rapport des temps est égal au rapport des espaces.

Il est clair que ce théorème ne peut, sans abus de langage, s'appliquer
directement à la situation considérée. Winifred Wisan affirme que

> The demonstration referred to can only be Galileo's first proposition on
> uniform motion.

Il remarque de façon tout à fait judicieuse

> That the argument does not depend on Theorem I on accelerated motion is
> made clear by the fact that Sagredo is allowed to suggest such a proof [...].
> If Sagredo's argument were that on which the proof in the Latin text depen-
> ded, there would be no point in offering it as another way of reaching the
> same argument[8].

Cet argument de Wisan est tout à fait indiscutable : si Galilée n'avait pas
explicitement donné la démonstration de Sagredo, le lecteur aurait été
inévitablement conduit à interpoler l'application successive du théorème

---

7. *Ibid.*, p. 192.
8. *Wisan 1974*, p. 220.

du degré moyen et du théorème Ier du mouvement uniforme… c'est-à-dire précisément la démonstration de Sagredo ; l'intervention de Sagredo prouve bien que la première démonstration, celle de Salviati, n'est pas basée sur la comparaison des mouvements uniformes équivalents aux mouvements accélérés. Wisan conclut qu'il s'agit d'une application « not formally justified » du théorème Ier du mouvement uniforme. Enrico Giusti précise « utilizzando in maniera impropria il teorema I del moto uniforme »[9]. Pour Maurice Clavelin également, il s'agit du théorème Ier du mouvement uniforme[10] ; il interprète l'expression « avec les mêmes degrés de vitesse » comme signifiant que les deux mouvements sont caractérisés par une même « quantité de vitesse », et il conclut que « les deux mouvements […] peuvent alors être assimilés à deux mouvements uniformes animés d'une même vitesse »[11]. Cette interprétation ne peut être retenue : Wisan a bien montré qu'il ne s'agit pas ici des mouvements uniformes équivalents. De plus, lorsque Galilée emploie, même sous d'autres dénominations, le concept médiéval de « quantité de vitesse », c'est dans le même sens que les médiévaux : « mêmes quantités de vitesse » signifie « même parcours » et non pas « mêmes degrés de vitesse ».

3. La question de l'interprétation du renvoi non explicité par Galilée est importante dans la mesure où, s'il s'agissait effectivement d'une utilisation injustifiée du théorème Ier du mouvement uniforme, cela impliquerait un abus de langage extrêmement significatif concernant le terme « vitesse ». Plus précisément il y aurait là une rémanence extrêmement tardive de tentatives de conceptualisation et de mathématisation de la vitesse dépassées au moment où Galilée publie les *Discorsi*.

Cette hypothèse me semble très difficile à soutenir, et à mon avis il s'agit d'autre chose. Je pense que les analyses citées ci-dessus sont erronées – non pas en ce qu'elles considèrent l'application du théorème Ier du mouvement uniforme comme mal justifiée, mais précisément en ce que ce n'est pas à ce théorème que Salviati/Galilée se réfère. Je rejoins de ce point de vue Stillman Drake, pour qui

---

9. *Giusti 1981*, p. 41.
10. Cf. *Clavelin 1970*, p. 150.
11. *Clavelin 1968*, p. 192.

the plural « degrees of speed » shows that the reference is not directly to Prop. I on uniform motion[12].

L'enjeu de l'interprétation de ce passage consiste effectivement à comprendre le sens que Galilée donne à l'expression « mêmes degrés de vitesse ».

Si je partage précisément l'opinion de Drake sur ce dont il ne s'agit pas, je ne puis le suivre dans son analyse de ce dont il s'agirait. La proposition de Drake est que l'extension sous-jacente du théorème Ier du mouvement uniforme pourrait être démontrée facilement sur la base de l'argument par lequel Galilée rejette la proportionnalité « vitesse : distance » dans le *Dialogue sur les deux grands systèmes du monde* et de la définition qu'il y donne de mouvements ayant des vitesses égales[13]. Or, cette définition est la suivante :

> chiamarsi ancora le velocità esser eguali, quando gli spazi passati hanno la medesima proporzione che i tempi ne' quali son passati[14].

S'il fallait, par « velocità », comprendre « impeti » ou « gradus velocitatis », une démonstration du théorème des plans inclinés serait inutile : celui-ci serait vrai par définition, précisément par cette définition. Mais il est bien clair que dans ce passage du *Dialogo* les vitesses dont il est question ne sont pas des vitesses instantanées, qui y sont nommées « impeti », puisque les « impeti » des deux mouvements comparés sont déclarés égaux *a priori*[15], alors que l'égalité des « velocità » est précisément ce que Salviati veut faire accepter, à défaut d'une démonstration pour laquelle il renvoie à plus tard (*ma la scienza aspettala un'altra volta*)[16]. S'agissant donc de vitesses rapportées à des parcours accomplis, et non de degrés de vitesse, cette définition du *Dialogo* ne peut être d'aucun secours pour démontrer le théorème du plan incliné.

4. J'entends soutenir que le passage de Salviati/Galilée renvoie à un autre théorème, à savoir le théorème figurant au f° 138*v* du vol. 72

---

12. *Drake 1974*, p. 176, n. 30.
13. Cf. *Favaro 1890-1909*, vol. VIII, p. 203.
14. *Ibid.*, vol. VII, p. 48.
15. Ce sera un principe dans les *Discours*. Cf. *ibid.*, p. 47.
16. Cf. *ibid.*, p. 51.

des manuscrits de Galilée[17], au *verso* précisément d'un énoncé du théorème Ier du mouvement uniforme[18]. Il s'agit d'une généralisation du théorème Ier au cas de mouvements que nous appellerions « uniformes par morceaux ». Il s'énonce ainsi :

> Si fuerint quotlibet spacia, et alia illis multitudine paria, quæ bina sumpta eandem habeant rationem, et per ipsa duo moveantur mobilia, ita ut in binis quibusque spaciis sibi respondentibus lationes sint æquales et æquabiles, erunt ut omnia antecedentia spatia ad omnia consequentia, ita tempora lationum omnium antecedentium ad tempora lationum omnium consequentium spaciorum.

Comme l'indique Antonio Favaro en note[19], le manuscrit porte « sint æquabiles » corrigé, d'abord en « sint æquabiles et æque celeres », puis en « sint æquales et æquabiles », qui est la leçon définitive. On peut le paraphraser de la façon suivante :

> soient deux ensembles de longueurs se correspondant deux à deux dans un rapport constant. Si deux mobiles parcourent respectivement les deux ensembles de longueurs, de façon à ce que sur chaque paire d'éléments se correspondant les mouvements soient uniformes avec des vitesses égales, alors le rapport de la somme des espaces parcourus par chacun des deux mobiles est égal au rapport de la somme des temps de parcours.

Sur le plan logique, la différence entre le théorème Ier et sa généralisation tient à ce que le premier n'implique qu'une seule vitesse, alors que le second en implique essentiellement une multiplicité. Or, dans le théorème IIIe, la multiplicité de degrés de vitesse impliquée par le pluriel dans l'expression « si duo spatia conficiantur a mobili quod iisdem velocitatis gradibus feratur » ne peut être justifiée par le fait qu'il y a deux espaces parcourus. Elle renvoie bien au fait que chacun est parcouru avec une pluralité de degrés de vitesse. L'expression « conficiuntur itaque spatia AC, AB iisdem gradibus velocitatis », qui précède, montre que c'est bien le sens de ce pluriel de « degrés de vitesse ». L'examen des modifications successives apportées par Galilée sur le f° 138*v*, indiquées par Favaro dans son édition, confirme bien qu'il ne peut y avoir d'imprécision sur une telle distinction : pour comparer

---

17. Cf. *ibid.*, vol. VIII, p. 372.
18. Cf. *Wisan 1974*, p. 217 ; *Giusti 1981*, p. 25.
19. Cf. *Favaro 1890-1909*, vol. VIII, p. 372.

deux ensembles de vitesses, Galilée écrit d'abord « sint æquabiles », puis
corrige en « sint æquabiles et æque celeres » pour finalement adopter
« sint æquales et æquabiles » ; par contre, pour comparer deux espaces
parcourus avec une même vitesse, il emploie soit « eodem celeritate et
motu æquabili », soit « eodem motu et æquabili ».

La référence impliquée par « sed demonstratum est » doit donc être
une proposition impliquant une multiplicité de vitesses pour chaque
mouvement considéré, ce qui n'est pas le cas du théorème Ier du mouvement uniforme, mais est précisément le sens de sa généralisation.

Les vitesses égales dont il est question cette fois ne sont plus,
comme dans la définition du *Dialogo*[20], relatives à la totalité des espaces
parcourus par deux mouvements : ce sont les vitesses sur les parties qui
se correspondent deux à deux dans les deux mouvements uniformes
« par morceaux ». Ce ne sont, en termes modernes, ni les « vitesses
moyennes » comme la vitesse totale, ni des « vitesses instantanées »
comme les degrés de vitesse. Nous verrons plus loin que lorsque les
« morceaux » deviendront de plus en plus petits et « quasi innumera »,
la comparaison de ces « vitesses totales partielles » deviendra, pour
Galilée, une comparaison de degrés de vitesse.

Cette généralisation du théorème Ier du mouvement uniforme
n'a jamais été publiée par Galilée, qui l'a cependant utilisée dans
une mouture ancienne du théorème III[e21]. Dans la démonstration
du théorème IIIe, la référence à la généralisation du théorème Ier du
mouvement uniforme n'est faite que sous la forme d'un « ex præce-
denti » non explicité, mais les détails de la démonstration justifient sans
ambiguïté l'identification, signalée d'ailleurs par Drake[22]. Il semble
donc plausible que dans la démonstration publiée finalement dans les
Discorsi la référence soit à ce même théorème[23].

En fait, si dans la justification que Salviati propose dans le *Dialogo*
on prend en compte le pluriel dans le sens que j'ai indiqué, on reconnaît non pas un énoncé du théorème Ier du mouvement uniforme,
mais précisément un énoncé de sa généralisation comparant deux
mouvements uniformes par morceaux et ayant les « mêmes vitesses »

20. Cf. *ibid.*, vol. VII, p. 48.
21. Cf. *ibid.*, vol. VIII, p. 387, ainsi que *Wisan 1974*, pp. 217 s. et *Giusti 1981*, p. 24.
22. Cf. *Wisan 1974*, p. 217, n. 12.
23. *I.e.* celui qui est exposé dans *Favaro 1890-1909*, vol. VIII, p. 372.

dans le sens qui convient à la situation. Pour expliciter complètement sa démonstration, Salviati ne pouvait se contenter de se référer au théorème Ier du mouvement uniforme ; il lui aurait fallu reprendre une bonne partie du texte de l'ancienne mouture[24], que Galilée n'a jamais publiée.

5. Les critiques relatives à une utilisation infondée du théorème Ier du mouvement uniforme apparaissent donc injustifiées, mais la question de la rigueur de la démonstration de Salviati/Galilée se pose alors d'une façon nouvelle. La généralisation du théorème Ier du mouvement uniforme au cas des mouvements « uniformes par morceaux » a sans doute, quant à la rigueur, le même caractère euclidien que le théorème Ier lui-même, la généralisation étant basée sur l'utilisation d'*Éléments* V 12 :

$$\text{si } {}^a/_b = {}^c/_d = \ldots = {}^p/_q, \text{ alors } {}^a/_b = {}^{(a+c+\ldots+p)}/{}_{(b+d+\ldots+q)}$$

Mais le passage à la comparaison de deux mouvements non plus « uniformes par morceaux », mais « uniformément difformes » implique deux opérations qui sortent des normes constructivistes du *corpus* euclidien.

La première opération concerne la cinématique. Il s'agit du passage à la limite qui substitue à chaque mouvement uniformément accéléré une infinité de mouvements uniformes d'extension infinitésimale, ce qui a pour effet de remplacer par des couples de points les espaces associés deux à deux. Du même coup, les degrés de vitesse se trouvent définis comme « vitesses totales » ou « moyennes » des mouvements uniformes, procédé déjà utilisé au XIVe siècle par les oxoniens.

La deuxième opération relève de la géométrie, ou plus précisément de la théorie des proportions d'Euclide. Elle consiste à appliquer la proposition V 12 des *Éléments* au cas d'une infinité de rapports égaux, sommant ainsi une infinité d'antécédents et une infinité de conséquents. Comme l'a remarqué Giusti, ce passage à la limite est l'une des deux extrapolations « completely arbitrary » sur lesquelles Bonaventura Cavalieri construit sa *Géométrie des indivisibles*[25]. Nous remarquerons

24. *Sc.* celle publiée *ibid.*, p. 387, par A. Favaro.
25. Cf. *Giusti 1980*, § 7.

cependant que Galilée évite la principale difficulté de la seconde extrapolation de Cavalieri qui identifie la somme des antécédents à son concept controversé de « omnis linea » : les antécédents (et les conséquents) de Galilée sont des espaces homogènes à la distance totale parcourue, à laquelle leur somme est égale par construction.

La mise en œuvre de méthodes infinitésimales par ces deux opérations ne pouvait recevoir de justification rigoureuse de la part de Galilée. La démonstration n'en est pas pour autant fautive, mais cela lui confère un caractère heuristique. Parmi les différentes façons dont le point de rigueur pourrait être ajouté à la démonstration de Salviati/Galilée, l'une au moins était en principe disponible dans l'outillage théorique de Galilée : la méthode d'exhaustion. De ce point de vue, la situation est très proche de celle de la démonstration galiléenne du théorème du degré moyen sur lequel s'ouvre le chapitre des *Discorsi* sur le mouvement uniformément accéléré.

6. La situation que je décris est en somme différente de celle qu'ont pensé voir les auteurs mentionnés au § 2 ; elle me semble éclairer différemment la démarche de Galilée. Les éléments caractéristiques de cette démarche peuvent être distingués de la façon suivante : d'une part, la démonstration proposée par Salviati/Galilée a, telle qu'elle peut être reconstituée, un caractère heuristique et, d'autre part, cette démonstration est finalement publiée par Galilée. On peut donc penser qu'elle est importante pour Galilée et même, précisément dans la mesure où il la met dans la bouche de Salviati, qu'il la considère, d'une certaine façon, comme la plus importante ou la plus intéressante. Il dispose pourtant d'une démonstration bien plus directe basée sur le théorème du degré moyen, mais il nous semble significatif qu'il en confie l'exposé à Sagredo.

On a là, à mon avis, une indication intéressante du rôle de la rigueur et des méthodes heuristiques pour Galilée : il me semble, en effet, voir ici une préférence pour la méthode heuristique, dont témoignerait le maintien de la démonstration de Salviati/Galilée dans le texte finalement publié, en même temps qu'une certaine réticence à exposer au lecteur un raisonnement qui n'obéisse pas aux canons de la rigueur euclidienne. Cette réticence expliquerait le caractère partiel du raisonnement publié, bien que Galilée en eût pourtant une rédaction explicite disponible dans ses notes.

En ce qui concerne le théorème IIIe, cette conclusion est renforcée par la prise en considération de l'évolution des idées de Galilée sur la chute des graves. En effet, la contrepartie du caractère heuristique des démonstrations basées sur la généralisation citée du théorème Ier du mouvement uniforme est la très grande généralité du résultat ainsi obtenu : la propriété du mouvement sur des plans diversement inclinés ne dépend alors que du « principe », et non de la loi de vitesse. Cet avantage sur la démonstration de Sagredo n'a pas pu laisser Galilée indifférent : les corrections autographes que porte le f° 179r, reproduites dans l'édition Favaro[26], montrent qu'il a d'abord rédigé la démonstration du théorème III[e][27] en pensant à une vitesse proportionnelle aux espaces parcourus, et en le mentionnant explicitement, bien que cela n'intervienne en rien dans la démonstration. Ses ajouts et ses notes marginales prouvent que Galilée a vu que cette démonstration ne dépend pas de la loi de vitesse. Cette indépendance assurait la stabilité du résultat vis-à-vis de l'évolution de ses idées sur la loi de vitesse elle-même tant que le « principe », qui est la pierre de touche de l'articulation de sa cinématique et de sa dynamique, n'était pas mis en cause.

---

26. Cf. aussi *Wisan 1974*, p. 217.
27. *Sc.* celle publiée dans *Favaro 1890-1909*, vol. VIII, p. 387.

9

Sur la démonstration « ex mechanicis » du théorème de l'isochronisme des cordes du cercle dans les *Discorsi* de Galilée[*]

I. Introduction

Les concepts de « moment » (*momento*) et de « vitesse » (*prestezza, velocità, grado di velocità, momento di velocità,* etc.) sont de ceux dont le statut a été particulièrement marqué par l'intervention de Galilée. *Momento* de Paolo Galluzzi a bien montré l'ampleur et la complexité du champ sémantique couvert par ce terme[1]. Le concept de « vitesse » de Galilée ne nous paraît pas avoir reçu de la recherche historique une attention comparable, et nous pensons que cette lacune est responsable d'un certain nombre de difficultés, d'obscurités ou d'interprétations contestables dans la critique contemporaine. Il ne s'agit pas de prétendre que le concept de « vitesse » est simple, ou plus simple que ce qu'en dit tel ou tel commentateur ; nous pensons, au contraire, que

[*] N.d.éd. : Publié en collaboration avec Jean-Luc Gautero. Paru sous le titre « Note sur la démonstration "mécanique" du théorème de l'isochronisme des cordes du cercle dans les *Discorsi* de Galilée », dans *Revue d'Histoire des Sciences*, XLV, 1992, pp. 269-280 – version revue et corrigée pour la présente édition.

1. *Galluzzi 1979.*

c'est une conception quelque peu naïve du concept post-newtonien de « vitesse » qui rend anhistoriques les analyses qui confèrent un rôle normatif au concept mathématique de « dérivée d'une fonction d'une variable »[2]. Le concept physique de « vitesse », par son rapport à l'idée de changement, reste aujourd'hui encore un concept complexe, aux potentialités multiples et en évolution, ne serait-ce qu'en reflet de la complexité du concept de « changement » lui-même.

Quoi qu'il en soit, le concept de « vitesse » est une source de difficultés dans la lecture des écrits de Galilée sur la théorie du mouvement, et nous proposons ici une nouvelle lecture d'un texte où ce concept et son rapport à celui de « moment » jouent un rôle central. Il s'agit de la démonstration dite « mécanique » du théorème de l'isochronisme de la chute des corps le long de cordes d'un cercle vertical. Dans la troisième Journée des *Discorsi*, cette démonstration contient une référence à la deuxième proposition du livre Ier; or le livre Ier de la troisième Journée est consacré au mouvement uniforme, et la critique moderne a très généralement considéré cette démonstration comme fautive du fait précisément de cette référence[3]. Dans la mesure où elle a interprété ce renvoi à une proposition du livre Ier comme une utilisation d'une propriété du mouvement uniforme hors de son champ de validité, cette critique est sans aucun doute cohérente, mais son interprétation soulève une difficulté considérable : il est extrêmement peu plausible que Galilée ait commis une telle confusion à l'époque de la rédaction des *Discorsi*. Nous montrerons ci-après qu'une appréciation affinée de la terminologie de la cinématique contemporaine de Galilée conduit à une interprétation de la démonstration contestée toute différente et exempte de la confusion évoquée[4].

---

2. Cf. *Souffrin 1990* [= *supra*, II, n° 5, pp. 101-122].

3. Cf. *Wisan 1984*, en particulier n. 36, p. 286 ; et *Clavelin 1970*, n. 90. De son côté, *Drake 1974*, p. 179, n. 35, dit seulement que la démonstration est « rather inconclusive ».

4. Nous allons nous référer aux textes de Galilée par leur pagination dans *Favaro 1890-1909*, vol. VIII. Les *Frammenti* sont également édités, avec une traduction italienne mais sans l'apparat critique, par *Carugo & Geymonat 1958*.

II. La démonstration « ex mechanicis » du théorème de l'isochronisme des cordes[5]

Le théorème de l'isochronisme des cordes constitue le théorème VIe du livre sur le mouvement accéléré, dans les *Discorsi*. Il y est énoncé ainsi :

> Si a puncto sublimi vel imo circuli ad horizontem erecti ducantur quælibet plana usque ad circonferentiam inclinata, tempora descensuum per ipsa erunt æqualia.

La démonstration qui nous intéresse est la deuxième proposée dans les *Discorsi*. Elle y est introduite par

> idem *aliter demonstratum ex mechanicis* : nempe, in sequenti figura, mobile temporibus æqualibus pertransire *AC, AD*

et elle se déroule ainsi :

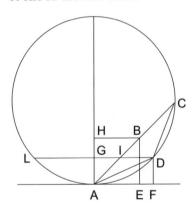

Sit enim *AB* æqualis ipsi *AD*, et ducantur perpendiculares *BE, DF* : <constat> ex elementis mechanicis, momentum ponderis super plano secundum lineam *ABC* elevato ad momentum suum totale esse ut *BE* ad *AB*, eiusdemque <vero> ponderis momentum super elevatione *AD* ad totale suum momentum <eamdem ob causam> esse ut *DF* ad *AD* vel *AB* ; ergo eiusdem ponderis momentum super plano secundum *AD* inclinator ad momentum super inclinatione secundum *ABC* est ut linea *DF* ad lineam *BE* ; quare spatia, quæ pertransibit idem pondus temporibus æqualibus super inclinationibus *AC, AD*, erunt inter se ut lineæ *BE, DF*<. At> *ex propositione secunda primi libri.* Verum ut *BE* ad *DF*, ita demonstratur se habere *AC* ad *AD* ; ergo idem mobile temporibus æqualibus pertransibit lineas *AC, AD.*

Suit la démonstration géométrique de l'égalité $^{BE}/_{DF} = ^{AC}/_{AD}$[6].

III. Avant les *Discorsi*: la démonstration d'après les manuscrits[7]

Considérons d'abord le texte de la démonstration telle qu'elle apparaît dans les deux manuscrits, qui datent de l'époque padouane et sont donc très antérieurs à la rédaction des *Discorsi*. Par rapport à la version des *Discorsi*, est significative l'absence de la référence « ex propositione secunda primi libri ».

On peut paraphraser le texte des manuscrits de la façon suivante : 1) la mécanique nous enseigne que le rapport des moments sur deux cordes AC et AD, issues du point le plus bas d'un cercle d'un plan vertical, est égal au rapport $^{BE}/_{DF}$; 2) donc, le rapport des espaces parcourus en des temps égaux, sur les deux cordes, est égal au rapport $^{BE}/_{DF}$; 3) or, on montre que $^{BE}/_{DF}$ est égal au rapport $^{AC}/_{AD}$ des longueurs des deux cordes; 4) les deux cordes sont donc parcourues en des temps égaux. Le passage, essentiel, de (1) à (2) est laissé complètement implicite : c'est le « donc » (*quare*) qui nous indique qu'il est admis que « le rapport des espaces parcourus en des temps égaux, sur deux plans inclinés, est égal au rapport des moments ». Que cette relation fondamentale ne soit pas mentionnée est tout à fait significatif quant au style dans lequel Galilée rédige ses résultats dans les manuscrits non destinés à être publiés. On peut penser qu'une implication évidente est d'autant plus certainement présente à l'esprit de l'auteur qu'elle est laissée implicite dans un manuscrit, et on pourrait multiplier les cas semblables dans les *Frammenti*.

---

6. Contrairement à l'édition Favaro, nous donnons en italiques les passages qui ne figurent que dans le texte imprimé des *Discorsi*, et qui sont donc absents des deux mss. autographes (*ibid.*, pp. 221n. et 222n.), lesquels contiennent en revanche les mots et passages que nous donnons, nous éloignant à nouveau de l'édition Favaro, entre crochets aigus. La référence à la mécanique (*aliter demonstratum ex mechanicis*) est donc également absente des deux mss.

7. *Ibid.*

IV. Des manuscrits à la publication : la démonstration des *Discorsi*

Des moments aux vitesses

Lorsqu'il s'agit de publier, il apparaît cependant nécessaire d'indiquer de façon plus ou moins explicite les "chaînons manquants" des manuscrits et, en l'occurrence, Galilée ajoute dans les *Discorsi* deux indications destinées à éclairer le lecteur.

La première indication est la référence à la mécanique (*aliter demonstratum ex mechanicis*) ajoutée au début. Elle ne renvoie pas, selon nous, à l'expression géométrique du rapport des moments qu'on trouve exprimée au point (1) avec le commentaire « ex elementis mechanicis », le théorème de l'isochronisme des cordes ne pouvant se déduire d'un principe de statique ; un principe dynamique ou une relation cinématique jouant ce rôle doit nécessairement intervenir. C'est, selon nous, d'une telle relation qu'il est question ici et, dans la mesure où elle implique le concept de moment (*momentum ponderis*), elle ne peut correspondre chez Galilée qu'à l'un ou l'autre de deux énoncés : soit « les espaces parcourus en des temps égaux à partir du repos sont proportionnels aux moments », soit « les vitesses sont proportionnelles aux moments », sans préjuger pour l'instant de l'acception de « vitesse » dans la seconde expression.

Nous reviendrons en détail sur le rôle de ces deux expressions dans l'œuvre de Galilée, mais il suffit ici de noter que la seconde indication que Galilée juge nécessaire d'ajouter pour les lecteurs des *Discorsi* est précisément la référence « ex propositione secunda primi libri », la deuxième étape de la démonstration prenant la forme « donc, le rapport des espaces parcourus en des temps égaux, sur les deux cordes, est égal au rapport $^{BE}/_{DF}$, *d'après la proposition IIe du livre Ier* » qui est contestée par la critique contemporaine. Cette seconde addition introduit dans le texte un élément absent précédemment, la notion de « vitesse ». Nous apprenons par là même que la relation impliquant le moment à laquelle se réfère Galilée correspond à la seconde des expressions proposées plus haut : il s'agit de la relation « moments : vitesses ». Pour poursuivre l'analyse du texte, il est indispensable de faire ici quelques remarques sur le statut du concept de vitesse dans les premières années du XVIIe siècle.

Remarques sur le champ sémantique de « vitesse » au début du XVIIe siècle

Galilée reçoit de sa formation universitaire deux concepts liés à « vitesse » qui, s'ils soulèvent de nombreuses difficultés théoriques, n'en sont pas moins bien distincts : ils sont désignés respectivement par « velocitas » et « gradus velocitatis ».

Le premier remonte au moins à Aristote, et se réfère – dans le cadre général du changement – à un mouvement dans sa totalité ou tout au moins considéré sur un intervalle de temps (fini ou infini). Il convient de remarquer que dans ce premier sens "non local" « velocitas » peut avoir différentes significations. En effet, sa mesure est toujours un rapport, mais l'expression de ce rapport dépend des conditions dans lesquelles sont comparés deux mouvements : si on compare deux mouvements pendant des temps égaux, le rapport sera celui des espaces parcourus ; mais s'il s'agit des vitesses avec lesquelles sont parcourus des espaces égaux, ce sera l'inverse du rapport des temps.

Le second concept de vitesse est de formation beaucoup plus tardive, et est associé au développement de la problématique des qualités intensives et de l'« intensio et remissio formarum ». Il correspond qualitativement à notre vitesse instantanée, et l'expression même « velocitas instantanea » est utilisée, par exemple, par Nicolas Oresme.

Le contexte spécifie parfois explicitement l'acception du terme, mais il est bien connu que ce n'est pas toujours le cas ; si le texte paraît ambigu, le problème pour l'historien est de savoir si l'ambiguïté du texte reflète une ambiguïté de la pensée de l'auteur[8]. En ce qui concerne notre discussion, nous voulons retenir de ces brefs rappels que, pour les contemporains de Galilée, « rapport des espaces parcourus en des temps égaux par deux mobiles » était une acception usuelle, la plus usuelle même[9], de l'expression « rapport des vitesses de deux mobiles »,

---

8. Cf. par exemple la discussion du théorème IIIe (dans *Favaro 1890-1909*, vol. VIII, p. 215) par *Souffrin 1986* [= *supra*, II, n° 8, pp. 227-237].

9. Cf. *Souffrin 1992* [= *supra*, II, n° 7[a], pp. 157-193].

et ceci indépendamment de toute référence à l'« uniformité » ou à la « difformité » du mouvement.

Des vitesses aux espaces parcourus en des temps égaux

Si on nous accorde qu'une proportionnalité « moments : vitesses » est bien évoquée par la référence à la mécanique ajoutée au début du passage tel qu'il paraît dans les *Discorsi*, la proportionnalité entre moments et espaces parcourus en des temps égaux exprimée dans le texte de la version manuscrite – *i.e.* les points (1) et (2) selon notre paraphrase – implique nécessairement une seconde référence implicite, en l'occurrence à une proportionnalité entre vitesses et espaces parcourus en des temps égaux[10].

Pour expliciter ce qu'il a laissé implicite dans le raisonnement tel qu'il est rédigé dans les deux manuscrits autographes qui nous sont parvenus, Galilée devait donc exprimer sous quelque forme, précisément à l'endroit où il a introduit la référence à la proposition IIe du livre Ier, les explications (ou explicitations) suivantes : « puisque les moments sont entre eux comme les vitesses », et que « les espaces parcourus en des temps égaux sont entre eux comme les vitesses ». Or, la seconde de ces "interpolations" est très précisément l'énoncé qui constitue, dans les *Discorsi*, le théorème IIe du livre Ier de la troisième Journée :

> Si mobile temporibus æqualibus duo pertranseat spatia, erunt ipsa spatia inter se ut velocitates.

Tel qu'il est ainsi exprimé dans les *Discorsi*, en termes de vitesses et non de degrés de vitesse, cet énoncé est littéralement correct quelle que soit la « difformité » du mouvement, et s'applique donc au mouvement considéré. Cette référence apparaît nécessaire et parfaitement justifiée si elle est lue comme renvoyant à l'énoncé désigné *stricto sensu*, en donnant à « velocitas » son acception la plus fréquente aussi bien à l'époque de Galilée, comme nous l'avons vu plus haut, que dans l'œuvre même de Galilée. Le fait, précisément, que ni l'énoncé ni la démonstration – que

---

10. Nous ne suivons pas *Giusti 1981*, en particulier p. 11, qui suggère que la relation sous-entendue est la proportionnalité « momento : impeto », impliquant donc le degré de vitesse. Sur cette possibilité, voir plus loin notre discussion.

Galilée laisse au lecteur le soin de développer suivant le modèle de la proposition Ire – de la proposition IIe ne sont restreints au mouvement uniforme a été très justement souligné par Stillman Drake[11].

Nous sommes ainsi amenés à proposer de lire la référence contestée comme renvoyant strictement au texte de l'énoncé indépendamment du contexte – celui du mouvement uniforme – dans lequel il intervient dans l'ouvrage.

Le sens historique du passage par l'intermédiaire des « vitesses »

Selon notre lecture, la proportionnalité « moments : vitesses » est en définitive précisément équivalente, du fait de l'acception retenue pour « vitesse », à la proportionnalité entre les moments et les espaces parcourus en des temps égaux (quelle que soit la « difformité » du mouvement). Il devient alors nécessaire de justifier le passage par l'intermédiaire des vitesses : le principe mécanique ne pouvait-il pas être directement exprimé justement par cette proportionnalité « moments : espaces parcourus en des temps égaux » ? La réponse à une telle question ne peut être cherchée dans la seule logique interne de l'enchaînement des énoncés ; seule l'analyse historique peut nous informer valablement.

Il est bien connu que la recherche d'une relation cinématique relative au mouvement sur des plans inclinés et impliquant le « momentum ponderis » se trouve dans les œuvres de jeunesse de Galilée et en particulier au quatorzième chapitre des *De motu antiquiora*[12], où il a le rôle d'un principe de dynamique (au sens moderne de ce terme). En fait, on ne trouve dans ce texte ni le terme « moment » ni l'expression « espaces parcourus en des temps égaux ». Il y est seulement affirmé que le rapport de deux « vitesses » (*celeri*tates) est égal à un certain rapport de longueurs. Dans *Le meccaniche*, il est enseigné que ce même rapport est celui des moments – mais il n'y est pas question des vitesses. Nous pensons qu'il ne fait, dans ces conditions, aucun doute que la relation des *De motu antiquiora* est perçue comme une relation « vitesses :

---

11. Cf. *Drake 1974*, n. 5, p. 150. Voir la discussion de cette proposition galiléenne dans *Souffrin 1992* [= *supra*, II, n° 7[a], pp. 157-193].
12. Dans *Favaro 1890-1909*, vol. I, p. 298.

moments », bien que cela ne soit pas dit. Le problème d'interprétation porte alors sur le sens à donner à « vitesse ». Le fait que, dans ce passage des *De motu*, aucune distance n'intervient qui soit relative aux mouvements considérés, qui ne sont spécifiés que par leurs points de départ (sur deux tangentes à un même cercle), suggère d'interpréter ici « vitesses » (*celeri*tates) dans le sens des « espaces parcourus en des temps égaux ». L'intention de Galilée de faire, très tôt, de cette relation « vitesse : moment » un principe fondateur d'une dynamique ressort de façon particulièrement claire du *Frammento* suivant :

> Si hoc sumatur, reliqua demonstrari possent. Ponatur igitur, augeri vel imminui motus velocitatem secundum proportionem qua augentur vel minuuntur gravitatis momenta […][13].

Ce qui nous importe, ici, est le fait que Galilée emploie le vocable « vitesse » et non pas l'expression quantitativement équivalente « espaces parcourus en des temps égaux ». L'explication de cette attitude est à rechercher dans le fait que le concept de vitesse, antérieurement à toute mathématisation ou formalisation, est précisément celui qui généralise ou exprime l'idée qu'un mouvement peut donner lieu, en tant que tel, à une appréciation quantitative. Dans la tradition médiévale du mouvement que les contemporains de Galilée s'efforcent de dépasser, le concept de vitesse est celui qui réfère de la façon la plus générale à la fois au mouvement, à l'espace et au temps – pour s'en tenir au « motus localis »[14]. Dans ces conditions, on peut comprendre, et en tout cas on doit constater, que lorsqu'il exprime un principe ayant valeur de principe dynamique, Galilée utilise le concept de « vitesse » pour représenter quantitativement le mouvement. La seule exception possible que nous connaissions est dans le texte, postérieur aux *Discorsi*, du « Scholie dit de Viviani »[15] – lequel mérite en réalité une attention particulière, car le statut de la relation moment/mouvement est en effet profondément enrichi dans ce texte tardif.

---

13. *Ibid.*, vol. VIII, p. 379.
14. Cf. par exemple *Clagett 1959*.
15. Dans *Favaro 1890-1909*, vol. VIII, p. 218, l. 27 : « (essendo i momenti come gli spazii) » – les parenthèses sont dans le texte. Il n'est pas clair que cet énoncé intervienne effectivement ici comme un principe, ainsi que nous le verrons plus loin.

V. Après les *Discorsi* : le « scholie de Viviani » et la relation « degrés de vitesse : moments »

On sait qu'au cours de l'année 1639, soit plus de deux ans après la fin de la composition de la troisième Journée des *Discorsi*, Galilée parvient à une démonstration du « seul principe qu'il demande d'accepter pour vrai » dans le texte tel qu'il est édité en 1638[16]. La démonstration en question, dont deux rédactions presque identiques nous sont parvenues[17], constitue probablement le terme de l'évolution de la pensée de Galilée sur la théorie du mouvement des « graves » ; il déclare lui-même sans ambiguïté qu'il s'agit d'un théorème « essenzialissimo ». Maurice Clavelin remarque, fort justement, qu'elle modifie, potentiellement, toute l'économie des *Discorsi*[18].

En ce qui concerne notre propos, ce qui importe est que le pivot de la transformation du « principe » en « théorème » est la démonstration par Galilée que les degrés de vitesse atteints en des temps égaux à partir du repos, sur des plans inclinés différents, sont proportionnels aux moments (statiques). Il s'agit bien d'une proposition nouvelle, contrairement à ce que semble en penser Clavelin[19] : sans entrer ici dans une analyse détaillée, le fait que Galilée en développe une démonstration complète, dans ce scholie, nous semble le montrer clairement.

Il nous semble intéressant de remarquer que la nouvelle relation obtenue met à la disposition de Galilée une nouvelle démonstration « mécanique » du théorème VIe, exactement parallèle à la démonstration du théorème IIIe qu'il n'a pas publiée, mais dont subsiste un manuscrit autographe[20]. Rappelons que, comme S. Drake a été le premier à

---

16. Sur la genèse des *Discorsi* voir par exemple l'introduction de *Costabel & Lerner 1973*.

17. Cf. *Favaro 1890-1909*, vol. VIII, pp. 214-219 pour le texte dialogué paru dans l'édition des *Discorsi* de 1656 ; *ibid.*, pp. 442-445 pour le ms. de la main de Viviani d'une rédaction antérieure. Voir aussi *ibid.*, p. 23, la lettre de Galilée à Castelli du 3 décembre 1639.

18. Cf. *Clavelin 1968*, p. 358 : « Faite vingt ans plus tôt, cette découverte était de nature à bouleverser toute l'économie des *Discours* » – Engl. tr. p. 351.

19. Cf. *ibid.* – Engl. tr. p. 350.

20. Cf. *Wisan 1974*, p. 217 ; *Giusti 1981* ; *Souffrin 1986* [= *supra*, II, n° 8, pp. 227-237].

le remarquer, la démonstration du f° 179*r*, vol. 72[21] s'appuie sur une extension du théorème Ier du mouvement uniforme au cas de mouvements « uniformes par morceaux »[22]. Galilée ne développe pas, dans les *Discorsi*, la démonstration du théorème IIe du mouvement uniforme ; il se contente d'indiquer au lecteur qu'elle se déduit de celle du théorème Ier en substituant aux temps les vitesses. La même substitution appliquée au texte du f° 138*v* conduit à une extension du théorème IIe aux « mouvements uniformes par morceaux ». Le théorème VIe peut alors se déduire de la relation « degrés de vitesse : moments » par le passage à la limite pratiqué par Galilée sur le f° 179*r*.

Nous n'entendons pas soutenir que Galilée ait eu à l'esprit une telle démonstration ; à l'époque où elle eût été à sa disposition, c'est-à-dire vers 1639, probablement elle n'aurait pas présenté d'intérêt pour lui. Nous voulons seulement relever le fait qu'une situation nouvelle était créée, en rapport avec la démonstration « mécanique » du théorème VIe, par la relation « moments : degrés de vitesse » obtenue postérieurement à l'édition des *Discorsi*.

VI. Conclusion : la cohérence de la démonstration publiée dans les *Discorsi*

La démonstration du théorème VIe publiée dans les *Discorsi* n'est pas complètement explicitée, et il faut reconnaître qu'en l'absence de découverte de nouvelles preuves matérielles manuscrites, la préférence entre diverses lectures qu'on en peut proposer est en définitive matière d'opinion. Cependant, tel qu'il est, le texte pose de toute façon problème, et nous pensons avoir montré en particulier que la solution « simple » proposée par la critique, à savoir que Galilée appliquerait erronément un théorème qui ne vaut que pour le mouvement uniforme, est en réalité simpliste et difficilement compatible avec les conceptions de Galilée contemporaines de la composition des *Discorsi*. Nous avons proposé une autre lecture, cohérente au prix de la seule hypothèse

21. Dans *Favaro 1890-1909*, vol. VIII, p. 387.
22. Cf. f° 138*v* (*ibid.*, p. 372).

que la référence à la proposition IIe du livre Ier renvoie strictement à l'énoncé et seulement à l'énoncé de cette proposition.

Le genre de problématique historique que nous avons abordé ici ne se prête pas à la démonstration. Aux incertitudes déjà évoquées, il convient à notre avis d'ajouter la possibilité, voire la probabilité que l'interprétation de l'auteur lui-même ne soit pas unique, même à un moment donné, qu'il ait en somme lui-même plusieurs lectures possibles, et que celle qu'il considère comme la plus significative change au cours du temps. Nous pensons toutefois avoir proposé une lecture plausible, et que cette lecture correspond très probablement aux intentions de Galilée lors de la rédaction des *Discorsi*[23].

---

23. Dans son traité du mouvement publié en 1644, Evangelista Torricelli entend explicitement la démonstration « mécanique » du théorème VIe par Galilée dans le sens que nous avons proposé. Cf. sa *Propositio Galilei sexta cum ipso Galileo mechanice demonstrata* dans *Loria & Vassura 1919-1944*, p. 110. Si cela ne démontre pas formellement notre proposition, du moins prouve-t-il qu'elle est historiquement plausible.

10

Galilée et la tradition cinématique préclassique[*]

Le rôle central du concept de « vitesse instantanée » dans la cinématique et dans la dynamique post-galiléenne et, d'une certaine façon,
chez Galilée lui-même, a conduit les historiens des sciences à négliger
la place du concept de « vitesse holistique (ou globale) » dans les
recherches de Galilée. Ce concept intervient cependant dans ses études
du rapport entre la vitesse et le « moment » (*momentum ponderis*) d'un
mobile sur un plan incliné ou, si l'on veut, la pente de ce plan.

Les textes galiléens traitant de cette question présentent quelques
caractéristiques remarquables : ils datent de toutes les époques de l'activité de Galilée, sont restés pour l'essentiel manuscrits et sont considérés
en général par les historiens comme obscurs, incohérents ou simplement
mathématiquement erronés. Je soutiens qu'ils demeurent incompris
du fait d'une mauvaise appréciation – schématiquement, parce qu'ils
sont lus sous la pression des acceptions post-newtoniennes des termes
« velocitas »/« velocità ». L'examen de l'histoire du, ou plutôt des,
concept(s) de « vitesse holistique du mouvement » me conduit à une

---

* N.d.éd. : Paru sous le titre « Galilée et la tradition cinématique préclassique : La
proportionnalité *velocitas-momentum* revisitée » dans *Cahiers du Séminaire d'Épistémologie
et d'Histoire des Sciences de l'Université de Nice*, XXII, 1992, pp. 89-104 – version revue et
corrigée pour la présente édition.

interprétation cohérente et homogène de la classe de textes en question, en resituant les acceptions galiléennes de « velocitas »/« velocità »
dans le cadre des conceptions cinématiques scolastiques. Le problème
central est ici l'appréciation historique de l'expression « les vitesses
sont comme les espaces parcourus en des temps égaux ». L'acception
retenue dans mon interprétation des textes de Galilée est l'acception
dominante dans la cinématique médiévale.

J'illustre ici mon point de vue en présentant les nouvelles interprétations
qui en résultent de trois textes galiléens impliquant la proportionnalité
entre « momentum » et « velocitas » : le chapitre 14 des *De motu antiquiora*
de Galilée, et les f°s 172*v* et 177*r* du vol. 72 de ses manuscrits.

I. L'histoire de la cinématique théorique revisitée : une vitesse sans histoire ?

Dans l'histoire des sciences comme dans celle de la philosophie, le
concept de vitesse jouit de cette particularité singulière qu'aucune étude
d'ensemble ne lui a été spécifiquement consacrée. Cela est d'autant plus
remarquable qu'il s'agit, on en conviendra, de l'un des concepts constitutifs
de celui, plus général, de mouvement dont l'histoire est aussi ancienne
que celle de la philosophie. Le préambule d'Aristote à sa *Physique* n'a rien
perdu, avec le temps, de sa pertinence : il n'est de science de la nature
sans science du mouvement. D'innombrables études ont été consacrées
à l'histoire des concepts d'espace et de temps, d'importants ouvrages à
celles des concepts de « force », d'« impetus » ou de « momentum ». La
vitesse elle-même, en tant qu'objet central de la cinématique, n'a donné
lieu à des études historiques approfondies que dans la seule acception
particulière de « grandeur ou mesure du mouvement dans l'instant » ; en
d'autres termes, ce n'est que sous la forme de « vitesse instantanée » que
la vitesse a été considérée comme pouvant faire l'objet d'une histoire.
Cette histoire s'est ainsi trouvée assimilée à celle qui aboutit à sa mathématisation sous forme de la dérivée de l'espace par rapport au temps et,
de ce fait, réduite à un aspect – au demeurant important, sans doute – de
l'histoire de l'analyse infinitésimale.

Or l'analyse quantitative du mouvement a largement précédé les
premières conceptions théoriques de « vitesse instantanée ». Aristote

en donne, dans la *Physique*, la seule authentique mathématisation de la nature présente, je crois, dans tout le *corpus* aristotélicien ; il désigne la mesure du mouvement par des substantifs qui seront rendus par « velocitas » ou par « celeritas » dans les traductions latines qui les feront connaître en Occident. On sait que l'ontologie aristotélicienne du mouvement exclut la possibilité de « mouvement dans l'instant », et il s'agit dans ses discussions exclusivement de mouvements considérés sur un certain temps, sur une certaine durée, et en aucun cas d'une forme quelconque de mesure instantanée. J'appelle « holistique », par opposition à « instantanée », toute conception ainsi relative à un mouvement considéré sur une durée.

La mesure holistique du mouvement, donc, est très antérieure aux premières ébauches de conceptualisation de la vitesse instantanée. Ce n'est que dans le cadre de la catégorie scolastique des qualités intensives qu'apparaît au XIVe siècle, à côté du concept holistique de « velocitas », un concept théorique de vitesse instantanée désigné par « gradus velocitatis ».

Les historiens semblent ne pas s'être étonnés de l'absence de toute histoire de la conception holistique de la vitesse, et se sont encore moins préoccupés de la rechercher. La raison, simple sinon bonne, en est qu'il est généralement admis que ce concept holistique n'a pas d'histoire. Nous verrons que cette position est apparemment fondée sur la conviction, jamais mise en doute, qu'il n'existerait et qu'il n'a jamais existé dans l'histoire qu'une et une seule conception holistique cohérente, précisément celle qui est actuellement désignée par « vitesse moyenne » et mathématisée sous la forme du rapport $^L/_T$ de la distance parcourue au temps de parcours. C'est ce qu'illustre, par exemple, l'appréciation suivante, tirée d'une récente édition de la *Physique* d'Aristote :

> What Aristotle calls « speed » is just what ordinary people would call « speed ». As a mathematical quantity, it is defined as the *ratio* of distance to time. Though ratios where not treated as numbers there is evidence to suggest that the Greek mathematicians of the fourth century were able to operate freely with ratios, just as if they were numbers. Aristotle's « speed » then, is the average speed over a period of time, defined by a *ratio* between two numbers (with suitable units of distance and time)[1].

1. *Hussey 1983*, p. 188.

On voit que l'auteur attribue à Aristote, sans l'ombre d'une hésitation et sans nuance, précisément le même concept holistique de vitesse que l'on trouve dans la plupart des dictionnaires et encyclopédies contemporains modernes sous l'entrée « vitesse ». Or, si les textes aristotéliciens attestent effectivement deux conceptions quantitatives de la vitesse, nous verrons qu'aucune ne correspond d'une façon quelconque au rapport de la longueur au temps de parcours, c'est-à-dire à notre vitesse moyenne.

Le concept holistique de vitesse a en effet une histoire, dont j'ai proposé ailleurs une première ébauche[2]. Je n'en présente ici les conclusions que pour montrer les conséquences qui en résultent pour l'interprétation d'une classe de textes galiléens réputés jusqu'ici fautifs ou confus.

Tradition préclassique et définition préclassique standard *de* /velocitas/

Je pense avoir démontré que l'on observe, dans une tradition de discours sur le mouvement s'étendant d'Aristote à la fin de la première moitié du XVIIe siècle, la présence d'un concept holistique de mesure du mouvement essentiellement stable. Compte tenu des résultats bien acquis de la recherche historique relatifs au concept de « mesure instantanée », nous pouvons distinguer une tradition de cinématique théorique bien définie, profondément différente de la tradition issue de sa reformulation produite par le développement de l'analyse. La cohérence des principaux traits de cette tradition me semble justifier une appellation générique, et je l'appelle « tradition préclassique de la cinématique théorique » par opposition à la « tradition classique » que nous avons reçue de la seconde moitié du XVIIe siècle. Par ailleurs, l'importance évidente des questions de sémantique et de terminologie pour mon analyse m'a semblé rendre nécessaire d'employer « velocitas » sans proposer de traduction moderne : j'ai donc adopté la *scriptio* « /*velocitas*/ » pour indiquer dans toutes ses acceptions le latin « velocitas ».

---

2. Cf. *Souffrin 1992* et *Souffrin 1992a* [= *supra*, II, n° 7[a], pp. 157-193 et n° 7[b], pp. 195-226]. Voir *Damerow 1992*, pour un point de vue très proche.

J'ai proposé de retenir les caractéristiques suivantes comme spécifiques de cette tradition préclassique : a) le concept fondamental de la mesure du mouvement est la mesure holistique ; b) c'est cette mesure holistique qui est désignée par / *velocitas* / sans qualification (ou par des termes équivalents tels que *celeritas* ou *motus*)[3] ; le concept "local", « instantané », est désigné – dès lors qu'il existe – par une qualification explicite de / *velocitas* / comme dans « intensio motus », « gradus velocitatis » ou « velocitas instantanea », ou bien par des termes tout à fait différents (*impetus, momentum*) ; c) la mesure holistique admet différentes acceptions, dépendant des caractéristiques du problème de cinématique étudié ; deux acceptions sont présentes dans la tradition, définies respectivement par « les / *veloci*tates/ sont entre elles inversement comme les temps de parcours sur une même longueur », et par « les / *veloci*tates/ sont comme les longueurs parcourues en des temps égaux », ou des formes équivalentes dans le langage de la théorie des proportions ; d) aucune de ces deux définitions n'implique *a priori* l'uniformité du mouvement ; elles sont attestées, l'une comme l'autre, dans des problèmes relatifs à des mouvements difformes, particulièrement dans la première moitié du XVIIe siècle ; e) l'acception définie par l'expression « les / *veloci*tates/ sont entre elles comme les espaces parcourus en des temps égaux » est la plus fréquente dans la tradition cinématique préclassique ; je la désignerai par la suite sous la dénomination de « définition préclassique *standard* ».

Tableau schématique de l'histoire du concept de /velocitas/

En rassemblant cette proposition nouvelle et les éléments bien connus de l'histoire de la cinématique, je suis amené à proposer, sous la forme du tableau schématique suivant, une synthèse qui reste à approfondir :

---

3. Contrairement aux affirmations de Anneliese Maier et de Marshall Clagett, très largement reprises dans la littérature secondaire, « velocitas totalis » n'est rien moins qu'une dénomination usuelle au Moyen Âge. L'ensemble des *indices* des éditions d'Oresme par *Clagett 1968* et *Grant 1966*, ainsi que de *Clagett 1959*, n'en fait apparaître qu'une seule et unique occurrence, et l'ensemble des textes médiévaux que j'ai pu consulter ne m'a permis d'en repérer qu'une seule autre, possible selon une lecture différente de celle de Clagett d'un passage voisin de l'occurrence unique qu'il donne lui-même. Ce mythe historique a très probablement contribué à occulter la valeur de / *velocitas* / dans les textes médiévaux.

	TRADITION PRÉCLASSIQUE	
	PRÉMODERNE	SCOLASTIQUE ET MODERNE
MESURE INSTANTANÉE DU MOUVEMENT	[sans objet]	/velocitas/ + qualification : intensio velocita ou gradus velocitatis ou velocitas instantan ou intensio motus, etc. CONCEPT DÉRIVÉ, DÉDUIT
MESURE HOLISTIQUE DU MOUVEMENT	/velocitas/ CONCEPT FONDAMENTAL MULTIPLE Adapté au problème traité (Deux acceptions principales : déf. préclassique standard dominante	
DÉFINITION DU MOUVEMENT UNIFORME	Espaces égaux en des temps égaux	

La transition entre les deux grandes traditions s'étend, semble-t-il, sur une grande partie de la seconde moitié du XVIIᵉ siècle. Du fait de la sous-appréciation de l'histoire de la mesure holistique, elle n'est que partiellement traitée dans les histoires de la mécanique[4].

Une clé de lecture

La clé de lecture qui ressort de cette proposition consiste à reconnaître que dans un texte de la période préclassique « la /velocitas/ est comme telle grandeur » signifie en général, selon le contexte, soit « les espaces parcourus en des temps égaux sont entre eux comme telles grandeurs sont entre elles », soit « les temps de parcours d'une même distance sont entre eux inversement comme telles grandeurs sont entre elles ».

---

4. Sur les origines de la mécanique théorique, voir Blay 1991.

TRADITION CLASSIQUE

ocitas /

CEPT FONDAMENTAL UNIQUE
(dérivée $^{ds}/_{dt}$)

ocitas / + qualification
CONCEPT DÉRIVÉ UNIQUE
duit de la vitesse instantanée par
ne opération de moyenne ($^{L}/_{T}$)

ocitas / (instantanée) constante

II. Le mouvement sur les plans inclinés dans les *De motu antiquiora* de Galilée

Un recueil de notes de jeunesse de Galilée est particulièrement propre à illustrer le problème historique dont il est question. Il s'agit de l'étude du mouvement d'un corps pesant, un « grave », sur un plan incliné, au chapitre 14 des *De motu antiquiora*, les plus anciennes réflexions connues de Galilée sur la théorie du mouvement. Galilée pose deux questions relatives au mouvement d'un même mobile sur différents plans inclinés : 1) pourquoi la /*celeritas*/ est-elle plus grande si l'inclinaison est plus grande ? 2) quel est le rapport des *motus* sur deux plans d'inclinaisons différentes ?

Pour éviter toute confusion, précisons tout de suite que si, dans ce texte, Galilée emploie presque partout /*celeritas*/ pour la mesure du mouvement, nous pouvons sans hésitation aucune entendre /*velocitas*/, car le sens est dans les deux cas exactement le même, et /*velocitas*/ est effectivement substitué à /*celeritas*/ en plusieurs endroits du texte ; de même, quant il s'agit de la mesure du mouvement, « motus » est exactement équivalent à /*celeritas*/ ou /*velocitas*/. La configuration géométrique considérée dans cette discussion est représentée par la figure suivante.

Le texte justifierait bien sûr une analyse d'ensemble, mais une appréciation correcte de l'acception de /*celeritas*/ est évidemment un préalable indispensable. Ce qui nous importe, de ce point de vue, est la réponse de Galilée à la deuxième question. Galilée démontre d'abord la proposition suivante :

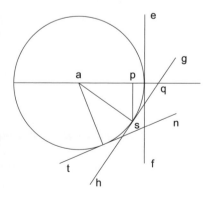

la / *celeritas* / sur *ef* sera dans le même rapport à la / *celeritas* / sur *gh* [...] que *qs* à *sp*, c'est-à-dire dans le même rapport que la descente oblique à la descente verticale.

La démonstration, dont la structure fort sophistiquée sur le plan des relations entre statique et dynamique sort du cadre de cette étude et ne nous concerne pas en ce moment, repose en dernière analyse sur la proportionnalité – postulée – entre / *velocitas* / et la « "gravité" sur le plan incliné » (*gravitas in plano*) du mobile.

À partir de cette proposition, Galilée obtient trivialement la réponse à la deuxième question, reformulée en termes inspirés par les conditions du protocole expérimental :

> Étant donnés deux plans inclinés de même hauteur, trouver le rapport des / *celerit*ates/ d'un même mobile sur ces deux plans.
> Soient *AB* la descente verticale, *BD* le plan horizontal, et soient *AC* et *AD* les descentes obliques. On demande le rapport de la / *celeritas* / sur *AC* à la / *celeritas* / sur *AD*. Puisqu'on a montré que la / *tarditas* / sur *AD* est à la / *tarditas* / sur *AB* comme *AD* est à *AB*, et que *AB* est à *AC* comme la / *tarditas* / sur *AB* est à la / *tarditas* / sur *AC*, il en résulte *ex equalis* que la / *tarditas* / sur *AD* est à la / *tarditas* / sur *AC* comme *AD* est à *AC*; donc la / *celeritas* / sur *AC* est à la / *celeritas* / sur *AD* comme *AD* est à *AC*. Il est donc clair que les / *celerit*ates/ d'un même mobile sur des plans d'inclinaison différente sont entre elles comme les inverses des descentes obliques correspondant à une même descente verticale.

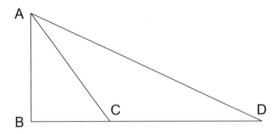

L'interprétation moderne : histoire d'une erreur

Les historiens <des sciences> qui ont analysé ce texte ont unanimement considéré que ce résultat est faux et marqué du sceau de la dynamique péripatéticienne. W.L. Wisan consacre un chapitre à cette partie des *De motu antiquiora*. Après avoir relevé avec force l'usage fait par Galilée « of key ideas which may be found in the medieval tradition », il écrit :

> Now, the *ratio* between the lengths of these lines gives the *ratio* of the speeds along the indefinite lines *ef* and *gh*. Galileo assumes the motion along these lines to be uniform, and the distances found measure the speeds because they measure the forces which produce the speeds, not the distance traversed in a given time[5].

Wisan estime donc que ce passage implique que selon Galilée le mouvement de descente sur les plans inclinés est uniforme. Je ne pense pas trahir sa pensée en voyant deux raisons à cette affirmation. La première est d'ordre stylistique et terminologique. De façon répétée, Galilée parle au singulier de la / *celeritas*/ sur un plan incliné donné (« /*celeritas*/ sur *ef* [...] » ; « / *tarditas*/ sur *AD* [...] ») – ce qui ne serait compatible, selon Wisan, qu'avec le mouvement uniforme. La deuxième raison est dans sa lecture de la démonstration de la proposition liminaire comparant le mouvement oblique à la chute verticale. Je reviendrai ailleurs sur la démonstration, fondée sur des arguments dynamiques ; ici, il suffit de dire que le nœud de la démonstration réside dans la notion (de statique) qu'un même corps est plus pesant (*gravius*) sur un plan incliné que le long d'un plan vertical dans le rapport de la hauteur à la longueur du plan incliné (*sp*: *qs* dans le cas du plan *gh*) et dans l'hypothèse (c'est le présupposé dynamique) que les / *celerit*ates/ sur deux plans sont entre elles comme les « gravités ». Cette proportionnalité entre / *celeritas*/ et « gravitas » sur le plan suggère apparemment à Wisan l'idée que la vitesse est constante, puisque la « gravité » d'un corps est constante sur un même plan, et donc l'idée de l'uniformité du mouvement.

Cette argumentation de Wisan illustre parfaitement l'ensemble de la critique historique sur ce texte de Galilée. S. Drake, par exemple, estime que « Except for its treatment of speeds on inclined planes, chapter 14 [of the *De motu antiquiora*] was sound »[6], et plus précisément

> [Galileo] retained in 1602 two incorrect assumptions from *De motu*. There [1] he believed [...] that acceleration could be neglected in comparing ratios of speeds ; [2] he supposed that for two inclined planes of the same

---

5. *Wisan 1974*, p. 103. Cf. *ibid.*, pp. 150 ss.
6. *Drake 1978*, p. 24.

vertical height but different slopes, the speeds were inversely proportional to the length of the planes[7].

Pour ne négliger aucun des arguments importants dans la formation de ce *consensus*, il faut enfin mentionner une prétendue invalidation expérimentale de ces propositions par Galilée lui-même. Immédiatement après l'énoncé, Galilée avertit le lecteur que les rapports trouvés ne sont pas observés (dans les expériences), et justifie le désaccord par les imperfections des dispositifs expérimentaux. Il pousse même l'esprit d'observation jusqu'à invoquer explicitement, outre les divers types de frottements, les effets dus à la différence de la « gravitas » d'un même corps sur des plans diversement inclinés ; tout se passe alors comme si l'expérience réelle n'était pas faite avec le même poids sur deux plans inclinés différents, ce qu'il apprécie – et nous savons qu'il a raison – comme une source d'imperfections expérimentales supplémentaires. Drake, qui est convaincu que la proposition de Galilée est fausse, voit dans l'écart reconnu par Galilée la preuve de la fausseté de la proposition. Avant toute autre analyse, nous relèverons que Galilée ne laisse rien entendre de semblable, qu'il affirme tout au contraire que les disparités observées sont parfaitement justifiables et qu'enfin il est indiscutablement convaincu que son résultat est correct, à savoir que – dans des conditions expérimentales idéales : absence de frottements et de déformations – les /*celeritates*/ sont comme les longueurs des plans pour des hauteurs égales.

Réévaluation du chapitre 14 des De motu antiquiora

Les lectures critiques modernes ont ceci en commun qu'elles entendent « celeritas » dans l'un des sens que nous donnons actuellement à « vitesse » en cinématique, soit « vitesse moyenne », soit « vitesse instantanée ». Or nous avons vu qu'il s'agit d'acceptions spécifiques de la tradition classique et, de ce fait, les interprétations se trouvent marquées par un anachronisme fondamental relatif au concept central de la discussion. Si je le resitue dans son contexte conceptuel préclassique, le texte

---

7. *Drake 1979*, p. xv.

prend une tout autre signification. En effet, la clé de lecture proposée alors conduit à lire la première proposition du chapitre 14 :

> la / *celeritas*/ sur *ef* sera dans le même rapport à la / *celeritas*/ sur *gh* [...] que *qs* à *sp*, c'est-à-dire dans le même rapport que la descente oblique à la descente verticale

comme exactement équivalente à :

> les espaces parcourus dans un même temps sur *ef* et sur *gh* seront dans le même rapport [...] que *qs* à *sp*, c'est-à-dire dans le même rapport que la descente oblique à la descente verticale.

Avec les notations de la figure, cela signifie que les espaces parcourus en des temps égaux (à partir du repos) sur les plans *ef* et *gh* sont dans le même rapport que *qs* à *ps* – ce qui est parfaitement exact (en théorie).

De la même façon, le problème qui suit se lit aussi :

> Étant donnés deux plans inclinés de même hauteur, trouver le rapport entre les distances parcourues dans un même temps par un même mobile sur ces deux plans.
> Soient *AB* la descente verticale, *BD* le plan horizontal, et soient *AC* et *AD* les descentes obliques. On demande le rapport des distances parcourues dans un même temps sur *AC* et sur *AD*.

En notant que le rapport des / *tardi*tates/ est l'inverse du rapport des / *celeri*tates/, la suite ne présente aucune difficulté, et la conclusion se lit comme suit :

> Il est donc clair que le rapport des espaces parcourus dans un même temps par un même mobile sur des plans d'inclinaisons différentes est égal à l'inverse du rapport des descentes obliques sur ces mêmes plans correspondant à une même descente verticale, c'est-à-dire que les espaces parcourus en des temps égaux, à partir du repos sur deux plans inclinés, sont dans le rapport inverse des longueurs pour une même hauteur descendue.

Ce qui est évidemment, à nouveau, théoriquement parfaitement exact. Nous arrivons ainsi, par la seule restitution à / *velocitas*/ de l'acception préclassique *standard*, à la conclusion exactement opposée à celle proposée par les historiens des sciences jusqu'ici : les propositions ainsi énoncées au chapitre 14 des *De motu antiquiora* sont théoriquement exactes, précisément comme est exact le théorème de l'isochronisme de la descente le long des cordes d'un cercle qui n'en est qu'une expression géométriquement équivalente.

Ce théorème, sous l'une quelconque de ses formes, ne dit rien sur ce que nous appelons aujourd'hui la « loi du mouvement », c'est-à-dire sur la façon dont un « grave » tombe en chute libre, ou sur un plan incliné. Mais il est dit que les espaces parcourus dans un même temps sur deux plans inclinés différents, à partir du repos, restent dans un même rapport, et c'est le rapport exact qui est donné en terme de la géométrie du problème.

Cette discussion met clairement en évidence la différence radicale de signification du mot rendu en français par « vitesse » dans les traditions préclassique et classique : ici, un même rapport est effectivement égal à celui des / *velocit*ates/ dans le langage de la première tradition et à celui des accélérations dans le langage de la seconde. La source de la confusion des analyses réside clairement dans le fait que, quand on les lit ensemble, les deux expressions paraissent incompatibles, par anachronisme, avec le langage de la tradition classique.

III. Nouvelles interprétations d'écrits galiléens relatifs au mouvement sur le plan incliné

La clé de lecture proposée ci-dessus ne présenterait que peu d'intérêt si elle ne concernait, dans l'ensemble des textes de Galilée qui nous sont parvenus, que ce seul texte de jeunesse. Sa validité même en resterait irrémédiablement conjecturale. La situation sera toute différente quand nous aurons montré que cette même lecture restitue leur pleine cohérence également aux deux autres écrits qui traitent des mêmes objets (la « pente » des plans inclinés et la / *velocitas*/ du mobile), et les insère dans une classe de textes galiléens dont l'unité semble avoir échappé à la critique. Nous allons considérer successivement ces deux écrits.

Le f° 172v du vol. 72[8]

Les traductions proposées par les critiques modernes présentant des différences importantes, il est nécessaire de présenter le texte

---

8. Dans *Favaro 1890-1909*, vol. VIII, p. 378.

original – dont j'omets seulement quelques lignes de considérations géométriques triviales, sans intérêt pour la discussion :

Sit planum horizontis secundum lineam *abc*, ad quam sint duo plana inclinata secundum lineas *bd*, *ad* : dico, idem mobile tardius moveri per *ad* quam per *bd* secumdum rationem longitudinis ad longitudinem *bd*.

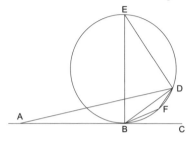

Erigatur enim ex *b* perpendicularis ad horizontem, quæ sit *be*, ex *d* vero ipsi *bd* perpendicularis *de*, occurens *be* in *e*, et circa *bde* triangulum circulus describatur, qui tanget *ac* in puncto *b*, ex quo ipsi *ad* parallela ducatur *bf*, et connectatur *df*. Patet, tarditatem per *bf* esse consimilem tarditati per *ad* ; quia vero tempore eodem movetur mobile per *bd* et *bf*, patet velocitates per *db* ad velocitates per *bf* esse ut *bd* ad *bf*, ita ut semper iisdem temporibus duo mobilia, ex punctis *d*, *f* venentia, linearum *bd*, *bf* partes integris lineis proportione respondentes peregerint. [...] ut *bd* ab *bf*, ita *ad* ad *bd* : ergo ut *ad* ad *bd*, ita velocitas per *bd* ad velocitatem per *ad*, et ex opposito, tarditas per *ad* ad tarditatem per *bd*.

Si hoc sumatur, reliqua demonstrari possent : ponatur igitur augeri vel imminui motus velocitatem secundum proportionem qua augentur vel minuuntur gravitatis momenta ; et cum constet, eiusdem mobilis momenta gravitatis super plano *bd* ad momenta super plano *ad* esse ut longitudo *ad* ad longitudinem *bd*, idcirco velocitatem per *bd* ad velocitatem per *ad* esse ut *ad* ad *bd*.

Comme le chapitre 14 des *De motu antiquiora*, ce fragment donne lieu dans la littérature historique à des analyses complexes, aucun critique n'ayant accordé à ce texte tel qu'il est écrit la cohérence interne de chacune des deux parties, ni l'exactitude (théorique) de leurs énoncés. L'objet de la présente étude étant plutôt l'étude de la pensée de Galilée que la critique de la littérature secondaire, je renvoie le lecteur aux analyses publiées[9], et propose directement celle qui résulte de mon hypothèse accordant à / *velocitas* / l'acception de la définition préclassique *standard*.

9. Sur ce fragment voir *Wisan 1974*, p. 223 et *Wisan 1984*, p. 272 ; *Drake 1978*, p.80 ; *Giusti 1980*, p. 12 ; *Caveing 1991*, IV, ch. 6 ; *Galluzzi 1979*, p. 289.

Je traduis donc une expression comme « la /*velocitas*/ sur *A* est à la /*velocitas*/ sur *B* dans le rapport de *C* à *D* » par « les espaces parcourus dans un même temps sur *A* et sur *B* sont dans le rapport de *C* à *D* ». Pour ne pas alourdir le texte, je laisse /*tarditas*/, étant bien entendu que le rapport des /*tarditates*/ est l'inverse de celui des /*velocitates*/. La traduction qui en résulte est la suivante :

a)[10]

> Soit *ABC* une droite du plan plan horizontal et soient *BD* et *AD* deux droites de deux plans inclinés. Je dis qu'un même mobile se meut /*tardius*/ sur *AD* que sur *BD* dans le rapport de la longueur *AD* à la longueur *BD*.
> On élève *BE* perpendiculaire au plan horizontal en *B*, et on tire de *D* la perpendiculaire *DE* à *BD*, qui rencontre *BE* en *E*. On trace le cercle circonscrit au triangle *BDE*, qui est tangent en *B* à la droite *AC*. On mène de *B* la parallèle *BF* à *AD*, et on joint *F* et *D*. Il est clair que l'espace parcouru dans un même temps sur *BF* est égal à celui parcouru sur *AD*. Mais puisqu'un mobile parcourt *BD* et *BF* dans le même temps <d'après le théorème VIe « des cordes »>, il est clair que les espaces parcourus dans un même temps sur *BD* et sur *BF* sont dans le rapport de *BD* à *BF*, de sorte que deux mobiles partant de *D* et de *F* parcourront toujours en des temps égaux des parties de *BD* et de *BF* entre elles dans le rapport de *BD* à *BF*. [...] *AD* est à *BD* comme *BD* est à *BF*, donc les espaces parcourus dans un même temps sur *BD* et sur *AD* sont entre eux comme *AD* à *BD* et par inversion la /*tarditas*/ sur *AD* est à la /*tarditas*/ sur *BD* comme *AD* à *BD*.

Ainsi traduit, au seul prix de l'interprétation de /*velocitas*/, le texte ne présente aucune obscurité, et le résultat est parfaitement correct. En effet, s'agissant de montrer que « les espaces parcourus dans un même temps sur *AD* et sur *BD* sont dans le rapport $^{BD}/_{AD}$ », la démonstration se déroule ainsi : 1) il est évident que les espaces parcourus dans un même temps sur *BF* et sur *AD* sont égaux [c'est effectivement évident, puisque les deux plans ont la même inclinaison] ; 2) le temps pour *BD* est égal au temps pour *BF* [le théorème de l'isochronisme des cordes du cercle est supposé admis] ; 3) donc il est évident que les espaces parcourus dans un même temps sur *BD* et sur *BF* sont dans le rapport $^{BD}/_{BF}$ [il est admis que le rapport des /*velocitates*/ sur deux plans inclinés différents

---

10. Première partie du feuillet (jusqu'à *tarditem per bd*).

est constant au cours du mouvement[11]] ; 4) de sorte que des parties de BD et BF qui sont entre elles comme BD est à BF seront toujours parcourues en des temps égaux [cela résulte effectivement de (2) et (3)[12]] ; 5) et comme $BD/BF = AD/BD$, le rapport des espaces parcourus sur BD et sur AD est égal à AD/BD [immédiat en remplaçant le plan passant par F par le plan parallèle passant par D, ce qui est autorisé par (1)]. Aucune incohérence n'apparaît dans ce texte ainsi traduit. L'énoncé démontré dans ce feuillet est que

> les espaces parcourus en des temps égaux sur des plans inclinés de mêmes hauteurs sont entre eux inversement comme les longueurs des plans

– énoncé parfaitement exact (théoriquement), dont on trouve de nombreuses versions dans les écrits de Galilée, et dont le théorème des cordes n'est qu'une expression singulière que Galilée a mise en avant dans ses *Discorsi* en raison, peut-être, de son aspect "spectaculaire" (*Sagredo : Qui nasce la mia miraviglia [...] ; Salviati : La contemplazione è veramente bellissima [...]*).

Au total, dans ce passage les prémisses sont : 1) l'isochronisme des cordes du cercle sur deux plans inclinés : les espaces correspondant à un même temps de parcours à partir du repos sont dans un rapport constant et la conclusion démontrée est que le rapport en question est l'inverse de celui du rapport des longueurs des plans pour une même hauteur ; c'est donc précisément la proposition du chapitre 14 des *De motu antiquiora*, tandis qu'ici comme là rien n'est supposé quant à la loi du mouvement sur un plan : il n'y a comparaison que des mouvements en des temps égaux sur deux plans différents ; 2) l'hypothèse, très forte, de la constance du rapport des /*velocita*tes/ au deuxième point est déjà impliquée, selon mon analyse, dans les *De motu antiquiora* ; son rôle et son importance dans les travaux de Galilée ne me semblent pas avoir été appréciés à leurs justes valeurs : elle marque la totalité de sa pensée dynamique, de ses tout premiers travaux à la fin de ses jours ; je reviendrai plus loin sur le rapport de cette hypothèse à la dynamique scolastique.

---

11. Cf. *infra*, le fragment du f° 177r, dans *Favaro 1890-1909*, vol. VIII, p. 386, ll. 12 ss.
12. La traduction par Wisan de « ita ut » par « since » fait perdre sa cohérence à ce passage.

b)[13]

Ce passage a semblé particulièrement difficile à interpréter, en particulier du fait de la désignation au pluriel des moments de « gravités »
relatifs à un même mobile. Lisant /*velocitas*/ dans le même sens que
dans le passage précédent, il se traduit ainsi :

> Si on admet cela, on peut démontrer le reste. Admettons donc que l'es-
> pace parcouru dans un même temps augmente ou diminue proportion-
> nellement à l'augmentation ou à la diminution des moments de gravité.
> Comme nous savons que le rapport des moments de gravité d'un mobile
> sur le plan *BD* aux moments de gravité du même mobile sur le plan *AD*
> est égal au rapport de la longueur *AD* à la longueur *BD*, il en résulte que
> le rapport des espaces parcourus en des temps égaux sur *BD* et sur *AD* est
> égal au rapport de *AD* à *BD*.

La deuxième phrase propose d'ériger en principe la proportionnalité
de la /*velocitas*/ et du « momentum gravitatis » pour obtenir trivialement
le résultat précédent à l'aide de l'expression géométrique classique que
Galilée professait[14], après d'autres, du moment de « gravité » d'un corps
sur un plan incliné. La variation des moments de « gravité » dont il
est question s'interprète simplement et, me semble-t-il, naturellement
par les différentes inclinaisons considérées du plan sur lequel a lieu
le mouvement. L'interprétation en termes de variations au cours du
mouvement sur un plan rend difficilement compte de l'alternative
proposée : « augmentation ou diminution des moments ». Si Galilée
faisait allusion ici à une conséquence de l'évolution de la « vis impressa »
dans un mobile qui joue un rôle fondamental dans ses *De motu anti-*
quiora, il parlerait soit d'une diminution, soit d'une augmentation, et il
serait difficile de comprendre une allusion à l'une ou l'autre des deux
modifications.

De la même façon, le pluriel attribué plus loin aux moments d'un
« même mobile » me semble être interprétable par les multiplicités
liées à la configuration du problème. J'ai attiré plus haut l'attention
sur les relations essentielles entre la notion de mesure et la théorie des
proportions. Il en résulte la possibilité qu'un pluriel de « vitesse », par
exemple, se rapporte à différentes parties du mouvement d'un même

13. Deuxième partie du feuillet.
14. Cf. par exemple *Le meccaniche*.

mobile sur un même plan, ou aux mouvements d'un même mobile sur différents plans – c'est-à-dire, proprement, à deux mouvements différents. La possibilité d'utiliser pour la même situation un singulier ou un pluriel peut alors n'être qu'une simple clause de style pour exprimer la même chose, en latin comme en italien ou en français : S. Drake a fort opportunément fait remarquer que dans la première partie du texte que nous étudions Galilée avait d'abord mis les deux premières occurrences de « velocitas » au singulier, puis les avait surchargées pour les mettre au pluriel. D'une certaine façon la pluralité est la même dans le cas du moment de « gravité » sur un plan d'inclinaison donnée, bien que pour un corps donné le moment de « gravité » soit dans un rapport constant à son moment "total" sur un plan vertical[15]. Un mobile donné a bien un moment constant sur un plan donné, qui peut être comparé à son moment sur un autre plan. Mais sur un plan donné le moment de « gravité » dépend du poids du mobile et peut donc avoir, le plan étant fixé, n'importe quelle valeur. Quand il est question du rapport du moment d'un mobile sur un plan au moment de ce même mobile sur un autre plan, la géométrie du problème ne fixe que la valeur du rapport, les moments eux-mêmes étant proportionnels au poids du mobile, qui ne joue aucun rôle dans le problème. Galilée peut donc – et c'est ma lecture – avoir écrit « les moments d'un même mobile » pour exprimer l'idée que nous rendrions en style moderne par « quels que soient le moment d'un mobile sur un plan, son rapport à sa valeur sur un autre plan, etc. » : seul importe le fait que le mobile, qui peut être quelconque, soit le même sur les deux plans.

Ce passage est donc une variante de la démonstration précédente, visant à éviter d'utiliser le théorème des cordes et à prendre la proportionnalité « velocitas » : « momentum » comme point de départ, ou comme principe. Galilée indiquera dans ses *Discorsi*, sans la développer, la possibilité de démontrer le théorème de l'isochronisme des cordes sur la base précisément de ce principe[16], et c'est enfin sur ce même principe que Torricelli fondera son propre *De motu* et y démontrera en particulier le théorème des cordes en se référant explicitement à l'ébauche de démonstration publiée par Galilée.

---

15. Cf. *ibid.*
16. Cf. *Gautero & Souffrin 1992* [= *supra*, II, n° 9, pp. 239-250].

Le début du passage exprime la conviction de Galilée qu'il doit être possible de donner à ce principe un rôle fondateur dans la science du mouvement. Cependant, il ne réalisera pas ce programme, auquel il ne renoncera jamais complètement, comme l'atteste le scholie dit « de Viviani » de ses dernières années. C'est en fait Torricelli qui développera très précisément la possibilité "de démontrer le reste" sur cette base.

Le f° 177r du vol. 72[17]

Ce feuillet contient deux fragments. Le premier est raturé sur toute sa hauteur, et interrompu au milieu d'un mot. Pour ce fragment également les traductions diffèrent, et je donne donc le texte original. Il s'agit d'une copie de la main d'Arrighi, datée de 1603 selon S. Drake. L'édition Favaro ne reproduit pas le point *b* marqué sur la figure du manuscrit, qui n'intervient pas dans la partie du texte original recopiée sur ce feuillet : tous les commentateurs l'ont ignoré ou négligé, faute sans doute d'une interprétation ; nous verrons que ce point *b* donne une clé pour relier ce fragment au suivant. Voici le texte de ce fragment rayé :

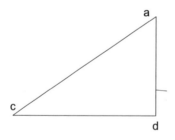

Velocitates mobilium quæ inæquali momento incipiunt motum, sunt semper inter se in eadem proportione ac si æquabili motu progrederentur ut verbi gratia mobile per .*ac.* incipit motum cum momento ad momentum per .*ad.* ut .*ad.* ad .*ac.* si æquabili motu progredetur tempus per .*ac.* ad tempus per .*ad.* esset ut .*ac.* ad .*ad.* quod in accelerato dubito quidem, et ideo demonstra.

En lisant ici encore la même acception préclassique de / *velocitas* /, je traduis le texte ainsi :

Les espaces parcourus en des temps égaux par des mobiles qui se mettent en mouvement avec des moments inégaux restent toujours dans le même rapport, comme si les mobiles étaient en mouvement uniforme. Par exemple, pour le mobile qui se met en mouvement sur *AC* le moment est au

17. Dans *Favaro 1890-1909*, vol. VIII, p. 386.

moment sur *AD* comme *AD* est à *AC*. S'il avait un mouvement uniforme, le rapport des temps de parcours sur *AC* et sur *AD* serait comme le rapport de *AC* à *AD*; si le mouvement est accéléré, je le mets en doute et je dois donc le démontrer[18].

Texte du deuxième fragment :

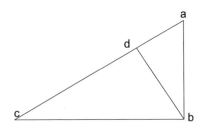

> aliter sic
> tempus per .*ac.* ad tempus per .*ab.*
> ex præcedentibus est ut linea .*ac.*
> ad linea .*ab.* sed etiam ad tempus
> .*ad.* habet eamdem rationem, cum
> .*ab.* sit media inter .*ac.ad.* ergo
> tempora .*ad.ab.* erunt æqualia

Traduction du deuxième fragment :

> ainsi autrement.
> D'après les propositions précédentes, le rapport du temps pour *AC* au temps pour *AB* est égal au rapport de *AC* à *AB*. Mais comme *AB* est la moyenne proportionnelle de *AC* et *AD*, ce rapport est aussi celui du temps pour *AC* au temps pour *AD*. Donc les temps de parcours de *AD* et de *AB* sont égaux.

Ces deux fragments sont généralement considérés comme indépendants et sans rapport[19], le « aliter sic » étant traité comme non significatif, de sorte qu'on renonce à comprendre non seulement le rôle de cet « aliter sic », mais également le sens du fragment rayé lui-même.

Ma traduction de / *velocitas* / dans le premier fragment fait apparaître immédiatement une situation toute différente : la proposition démontrée dans le second fragment apparaît avoir une relation très étroite avec l'énoncé proposé en tête du premier fragment. En effet, le début du premier fragment pose que les espaces parcourus en des temps égaux sont dans un rapport constant, tandis que la conclusion du second fragment est précisément une construction géométrique de ce rapport. Si, d'autre part, on admet que, sur la figure du premier fragment, le point *B* est tel que *AD* est la moyenne proportionnelle de *AB* et *AC*, ce qui est compatible avec la position de *B* entre *A* et *D*,

---

18. La dernière phrase a un format canonique de la didactique scolastique, et j'ai complété le texte en « demonstrandum mihi est », d'où ma traduction.

19. Cf. *Galluzzi 1979*, p. 293, n. 71.

on retrouve dans ce fragment et sa figure tous les éléments géométriques qui interviennent dans le fragment suivant et sont nécessaires à l'expression géométrique du rapport dont il est question. Je suis ainsi amené a considérer que les deux fragments sont étroitement reliés sur le plan logique, et plus précisément que le premier est une tentative abandonnée de démonstration de la proposition démontrée dans le second, le « aliter sic » exprimant naturellement cette relation. Nous allons voir que l'analyse de l'ensemble des deux fragments est pour le moins compatible, dans tous ses détails, avec cette proposition.

Considérons d'abord le contenu du premier fragment. La proposition sur laquelle il s'ouvre indique ce qu'il s'agit de démontrer : le rapport des /velocitates/, c'est-à-dire le rapport des espaces parcourus en des temps égaux, sur un plan incliné et sur la verticale est constant, comme dans le cas de mouvements uniformes – et cela, c'est sous-entendu, bien que ces mouvements ne soient pas uniformes. L'indication du point B sur la verticale suggère que la troisième proportionnelle de AC et AD, soit AB, doit jouer un rôle dans la démonstration. Visiblement le rapport des moments doit aussi intervenir, soit dans la démonstration soit dans le résultat, puisqu'il en est question.

Il est ensuite dit que si ses longueurs AC et AD étaient parcourues par un (même) mouvement uniforme les temps de parcours seraient comme les longueurs des plans, mais dans le cas présent – précise le texte – « dubito quidem, et ideo demonstrandum est ». Cette formule est une expression *standard* de la didactique scolastique tardive signifiant que la proposition qui vient d'être énoncée – ce sera le théorème IIIe du mouvement accéléré dans les *Discorsi* – va être démontrée, et non pas que l'auteur a des doutes sur sa validité. La démonstration ainsi annoncée n'est pas le but du fragment, mais un intermédiaire nécessaire à la démonstration du résultat de la proposition énoncée en tête du fragment. On remarquera que Galilée exprime ici explicitement que les propriétés du mouvement uniforme ne peuvent suffire à démontrer ce qui sera dans les *Discorsi* le théorème IIIe du mouvement accéléré : c'est précisément le sens du « dubito »[20].

---

20. Sur la relation entre le théorème IIIe et le mouvement uniforme, voir *Souffrin 1986* [= *supra*, II, n° 8, pp. 227-237].

La référence ainsi attestée au théorème IIIe montre que ce fragment ne pouvait avoir pour objet de démontrer la proposition proposée par simple référence à la relation « vitesses : moments »[21], auquel cas le théorème IIIe serait inutile. La référence aux moments demande donc une explication : on peut la trouver dans le fait que le rapport constant dont il est question est justement, effectivement, celui des moments de « gravité ». Il paraît plausible que le fragment ait été commencé dans l'intention de développer une démonstration de la constance du rapport et d'en obtenir sur de nouvelles bases, en passant, une expression admise de longue date[22]. Au cours de la copie, il est décidé de changer de stratégie, et la copie est interrompue pour être reprise sous la forme de la copie du texte du deuxième fragment, que l'on peut paraphraser avec les notations usuelles comme suit.

D'après les propositions précédentes, on a « $T_{AC}/T_{AB} = {AC}/{AB}$ », *i.e.* le théorème IIIe, mais comme « ${AC}/{AB} = {AB}/{AD}$ » par construction, *AD* étant troisième proportionnelle de *AC* et *AB*, on a aussi « T_{AC}/T_{AB} $[= {AB}/{AD}] = T_{AC}/T_{AD}$ », *i.e.* le corollaire IIe du théorème IIe[23], donc « T_{AD}/T_{AB} ».

Par rapport au premier fragment (rayé) les principales différences sont les suivantes : 1) le théorème IIIe est considéré comme acquis (*ex præcedentibus*) ; il en résulte évidemment un grand allègement de la démonstration, et l'avantage sur le plan didactique est indiscutable ; 2) le fragment établit que dans les espaces parcourus en des temps égaux par un même mobile, à partir du repos, sur un plan incliné et sur la verticale, se correspondent par projection de la verticale sur le plan incliné ; leur rapport est effectivement obtenu par la construction effective, par projection, de la troisième proportionnelle des longueurs des deux plans, alors que sur la tentative du premier fragment elle n'était que portée sans construction sur le côté vertical du triangle ; que le rapport soit celui des moments n'est pas dit, mais il s'agit de l'un des résultats les plus anciennement et les plus constamment admis par Galilée. Ce fragment peut donc se lire ainsi : dans le mouvement sur la verticale et sur un plan incliné, à partir du repos, « des espaces qui sont entre eux comme les moments sont parcourus en des temps

---

21. Comme dans le fragment du f° 180*r*, dans *Favaro 1890-1909*, vol. VIII, p. 385, ll 21 ss.

22. Au moins depuis les *De motu antiquiora*.

23. Cf. *Favaro 1890-1909*, vol. VIII, p. 214.

égaux », ou bien encore « les vitesses sont entre elles dans un rapport constant, qui est celui des moments ».

En définitive, nous avons donné du premier fragment une lecture dépourvue des obscurités qui l'affectent dans les commentaires publiés jusqu'ici ; et nous avons proposé un lien logique entre les deux fragments, dans le cadre d'une interprétation cohérente prenant en considération l'ensemble des éléments figurant sur le feuillet, y compris le *b* de la première figure.

IV. La classe des textes *velocitas / momentum*

Les trois textes dont il a été question, à savoir le chapitre 14 des *De motu antiquiora* ainsi que le f° 172*v* et le f° 177*r*, sont à ma connaissance les trois seuls textes où Galilée traite explicitement de la proportionnalité entre la / *velocitas*/ d'un mobile sur un plan incliné et une expression géométrique de la pente du plan – ici $^H/_L$, *i.e.* descente sur longueur d'un trajet. L'interprétation préclassique que nous avons restituée au vocabulaire cinématique fait cependant apparaître qu'il ne s'agit pas de trois textes singuliers et isolés, mais qu'ils font partie d'une classe d'écrits galiléens définie par un ensemble de caractéristiques remarquables.

Il s'agit des textes traitant de la proportionnalité entre / *velocitas*/ (ou une forme équivalente) et le / *momentum gravitatis*/ (ou une forme équivalente), que je désignerai par la suite comme « classe des textes *velocitas / momentum* ».

Par « forme équivalente », j'entends deux types d'équivalences. La première est inhérente à la lecture proposée de la cinématique, qui identifie « rapport des / *veloci*tates/ » et « rapport des espaces parcourus en des temps égaux ». La seconde équivalence résulte de l'égalité – ou, strictement parlant, de la proportionnalité – entre l'expression géométrique de la « pente » d'un plan incliné et la qualité qu'à partir des *Meccaniche* Galilée appelle « momentum gravitatis » ou simplement « momentum » d'un « grave ». Nous avons trouvé explicitement cette égalité dans le f° 172*v* ; elle est en fait présente dans le chapitre 14 des *De motu antiquiora* où, s'il n'introduit pas l'expression même de « momentum gravitatis », Galilée introduit la « gravitas in plano » ; l'étude de cette « gravité » sur le plan incliné dans les *De motu antiquiora*

est en tous points identique à celle qu'il fera, dans les *Meccaniche*, du
« moment de "gravité" », les deux qualités ayant pour mesure la même
mesure géométrique de la « pente » du plan incliné. En anticipant sur
le vocabulaire introduit ultérieurement par Galilée pour décrire précisément la même situation physique, on peut dire que l'égalité entre
« momentum » et « pente » du plan est exprimée et démontrée dans
les *De motu antiquiora*. Les deux équivalences que j'invoque sont donc
attestées, chez Galilée, au moins depuis ses premiers travaux connus
sur la théorie du mouvement.

La « classe des textes *velocitas / momentum* » est alors constituée par des
textes exprimant la proportionnalité, soit entre les distances atteintes en
des temps égaux et une expression géométrique de la pente des plans,
soit entre les /*velocit*ates/ et une expression géométrique de la pente
des plans, soit entre les /*velocit*ates/ et les moments de « gravité », soit
enfin entre les distances atteintes en des temps égaux et les moments
de « gravité ». L'unité conceptuelle qui me conduit à considérer que
ces textes forment une classe homogène réside dans le fait, dont je
pense avoir montré la plausibilité historique, que tous expriment pour
Galilée une même propriété du mouvement des « graves ».

11

Galilée, Torricelli et la « loi fondamentale de la dynamique scolastique »

La proportionnalité « *velocitas: momentum* » revisitée*

L'historicité du concept de vitesse holistique (ou globale) du mouvement (ou du changement) est généralement sous-appréciée, voire ignorée dans la littérature historique contemporaine. Ce concept joue un rôle fondamental dans les efforts développés par Galilée en vue de constituer une dynamique sur la base de la relation entre « velocitas » (ou *celeritas*) et « momentum <ponderis> » d'un mobile sur des plans inclinés. La classe des textes galiléens traitant de cette question présente quelques caractéristiques remarquables : elle s'étend chronologiquement sur toute l'activité de Galilée, elle est restée pour l'essentiel manuscrite, et les historiens considèrent en général ces textes comme obscurs, incohérents ou simplement mathématiquement erronés. La même appréciation négative est portée sur le traité de Torricelli *Sur le mouvement naturel des graves* (1644), dans la mesure où le disciple

---

* N.d.éd. : Paru dans *Sciences et Techniques en Perspectives*, XII, n° 25, 1993, pp. 122-134 – version revue et corrigée pour la présente édition.

déclare précisément supposer « comme Galilée lui-même » la proportionnalité entre « velocitas » et « momentum » pour un même mobile sur différents plans inclinés.

Je soutiens que ces textes de Galilée et de Torricelli ont été mal compris du fait d'une mauvaise appréciation, schématiquement sous la pression de l'acception post-newtonienne des termes, de l'histoire du (ou plutôt des) concept(s) de mesure holistique du mouvement. Je montre, dans le cadre d'une réévaluation de cette histoire présentée ailleurs, que la restitution de leurs acceptions préclassiques aux termes « velocitas »/« velocità » rend à ces textes la cohérence qui leur est contestée, c'est-à-dire que la proportionnalité « momentum : velocitas » évoquée est, dans la terminologie utilisée, une relation dynamiquement correcte et validée par les développements ultérieurs de la dynamique.

Une proposition « fausse » des *De motu antiquiora* de Galilée (1590 *ca.*)

Vers 1590, Galilée jette sur le papier des notes sur la théorie du mouvement, probablement en relation avec une série de cours. Jeune professeur, il organise son argumentation selon l'usage du milieu intellectuel qu'il fréquente à l'université de Pise, c'est-à-dire par référence, non nécessairement révérencieuse, à la tradition scolastique et dans le style de cette tradition.

Ces notes, qu'il n'a jamais entrepris de publier, nous sont parvenues rassemblées par son disciple Viviani sous le titre de *De motu antiquiora*[1]. Au chapitre 14 (selon la classification de Viviani) se trouve une discussion assez singulière par rapport à l'ensemble du texte, qui traite du mouvement de descente d'un mobile sur des plans inclinés. Ce chapitre a été particulièrement commenté par les historiens modernes de la théorie du mouvement de Galilée, qui jugent unanimement « fausse » sa proposition centrale, en récusant également sa démonstration quand, bien entendu, elle est prise en considération.

Il s'agit de la descente d'un même mobile, à partir du repos en *A*, le long de plans d'inclinaisons différentes illustrés par la figure suivante :

1. Cf. *Favaro 1890-1909*, vol. I, pp. 245 ss.

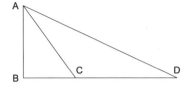

La proposition est la suivante[2] :

sicut celeritas in *AC* ad celeritatem in *AD*, ita linea *AD* ad linea *AC*

– que je noterai conventionnellement comme suit :

$$\frac{celeritas \text{ sur } AC}{celeritas \text{ sur } AD} = \frac{AD}{AC}$$

Le texte atteste que « celeritas » est strictement synonyme de « velocitas »[3], et cette proposition, entendue comme la proportionnalité entre la vitesse sur un plan et la pente de ce plan, est récusée par la critique moderne sur la base du fait, bien connu, que ce sont les accélérations, et non les vitesses, qui sont proportionnelles à la pente[4]. Il y a, bien sûr, le problème de savoir ce que représente cette « celeritas » au singulier sur le plan, disons, *AD*. Il est le plus souvent soutenu que Galilée se réfère à une vitesse uniforme, inobservable pratiquement, caractéristique de la descente de ce corps sur ce plan lorsqu'on dépasse le caractère accidentel du mouvement observé. On observe également, parfois, que cette vitesse pourrait être comprise comme la vitesse moyenne sur *AC* ou *AD*. Dans un cas comme dans l'autre, la proposition galiléenne est fausse. I.E. Drabkin a remarqué que la proposition serait correcte si l'on entendait par « celeritas » la vitesse instantanée atteinte par le mobile en un même temps sur les différents plans, mais ajoute très justement que rien ne permet de penser que Galilée l'entendrait ainsi ; je dirai que cela est absolument invraisemblable à la date du texte. La glose des historiens modernes s'appuie sur des références à la physique scolastique rien moins que naïves, mais d'une cohérence imparfaite, ce

2. *Ibid.*, p. 301.

3. Cf. par exemple *ibid.*, vol. I, p. 301, l. 34. Pour des raisons qui apparaîtront clairement par la suite, je garderai le terme latin dans toute référence aux textes, et n'emploierai « vitesse » que dans l'une quelconque des acceptions classiques, et donc actuelles, du mot.

4. J'emploie ici, pour exprimer la proportion euclidienne entre quatre grandeurs homogènes deux à deux, un raccourci qui est rare, mais n'est pas sans exemples dans les textes théoriques des XVIe et XVIIe siècles. C'est dans ce sens que je parlerai plus loin de proportionnalité « vitesse : force », etc.

qui n'est pas surprenant dans la critique de textes aussi difficiles dans leur ensemble que ces *De motu antiquiora*.

Faute de Galilée – donc, dans tous les cas, faute. Je reconnais avoir accepté longtemps, bien qu'avec réticence, cette lecture de la proposition, et j'ai présenté ailleurs les analyses historiques qui m'ont conduit à la réviser. Mais pour en revenir à la "lecture traditionnelle" des historiens modernes du texte qui nous occupe, la démonstration proposée par Galilée semble précisément justifier et confirmer le jugement négatif porté sur la proposition elle-même. C'est l'interprétation historique du contenu physique de cette démonstration qui fait l'objet de cette étude.

Les étapes de cette démonstration, pour réduire les choses à l'essentiel quant à mon propos[5], se présentent ainsi: 1) le mouvement de descente sur un plan incliné est d'autant plus facile que la « gravité » sur le plan (*gravitas in plano*) est plus grande (*tanto facilius descendit mobile per lineam <AD> […] quanto gravius est <in plano>*) ; 2) or, la mécanique nous apprend que le rapport de la « gravité » du mobile sur le plan AD et de la « gravité » du mobile sur le plan AC est égal à $^{AC}/_{AD}$ (*est autem tantogravius <in plano> quanto longior est linea <AB>*)[6] ; 3) donc « $^{celeritas sur AC}/_{celeritas sur AD} = {}^{AD}/_{AC}$ », de sorte qu'en définitive l'on semble autorisé à schématiser l'essence de la démonstration en disant qu'elle repose sur la fameuse proportionnalité entre force et vitesse dont l'énoncé remonte, sinon à Aristote lui-même, du moins au commentaire d'Averroès à la *Physique* d'Aristote[7], que Duhem a qualifié de « loi fondamentale de la dynamique péripatéticienne »[8].

La proposition (fausse) de Galilée reposerait donc sur la référence à une dynamique (fausse) selon laquelle la vitesse, et non l'accélération comme c'est le cas, serait proportionnelle à la force. Cette discussion serait ainsi fortement marquée par la physique péripatéticienne dont Galilée commence seulement, à cette époque, à entreprendre le renversement. Démonstration fausse pour une proposition fausse: l'image globale qui se dégage de la lecture traditionnelle de ce texte serait donc fort cohérente.

---

5. La validité de cette réduction peut, bien sûr, être contestée, mais je ne puis ici que me contenter de renvoyer à une étude beaucoup plus complète de ces *De motu antiquiora* que j'entends publier ultérieurement.

6. Cf. la figure suivante, avec une justification par la statique.

7. Cf. par exemple *Grant 1964*.

8. *Duhem 1904*.

La même « erreur » dans le *De motu* de Torricelli (1644) ?

Les choses deviennent embarrassantes pour les apologètes de cette lecture des *De motu antiquiora* lorsqu'on retrouve la même proposition, plus de cinquante ans plus tard, dans la défense et illustration de la théorie galiléenne du mouvement écrite par E. Torricelli dans son propre traité sur le mouvement[9].

Voyons comment les choses se présentent chez Torricelli. Son traité s'ouvre sur diverses démonstrations de sa proposition IIe : les moments de graves égaux, sur des plans de pentes inégales mais de même hauteur, sont entre eux dans le rapport inverse des longueurs des plans. Le moment dont il est question ici est le « momentum gravitatis » auquel Galilée se réfère fréquemment dans toute son œuvre mécanique, dont la définition est purement statique et dont la mesure est identique à celle de la « gravitas in plano » des *De motu antiquiora*. Dans son préambule, Torricelli désigne cette proposition comme

le théorème qu'il [*sc.* Galilée] tient lui-même pour démontré sur la base des principes de la Mécanique dans la deuxième partie de la sixième Proposition sur le mouvement accéléré, à savoir : les moments de graves égaux sur des plans de pentes inégales sont entre eux comme les hauteurs de parties égales de ces plans.

Cette proportionnalité acquise, Torricelli passe sans aucune transition à la première proposition relative au mouvement des « graves » sur les plans inclinés. En voici le contenu :

Scholio.
On peut maintenant donner une première démonstration de la Proposition VIe de Galilée sur le mouvement accéléré.
Soit donc l'angle droit *ABC*, *AC* perpendiculaire à l'horizontale *CD*, et traçons *ABD*. *AD*, *AC* et *AB* seront en proportion continue ; mais par la Proposition IIe le moment sur *AC* est au moment sur *AD* réciproquement, <c'est-à-dire> comme *AD* est à *AC* soit donc comme *AC* est à *AB*.

---

9. Publiés pour la première fois dans les *Opera geometrica Evangelistæ Torricellii*, Florentiæ, Typis Amatoris Massæ et Laurentii de Landis, 1644, pp. 97 ss., les *De motu gravium naturaliter descendentium et proiectorum libri duo* se lisent aussi dans les éditions modernes de *Loria & Vassura 1919-1944*, vol. II, et *Belloni 1975*.

280 MOUVEMENT & VITESSE

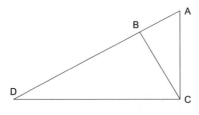

Donc le moment sur AC *est au moment sur* AB *dans le même rapport que l'espace* AC *à l'espace* AB. Donc ces espaces *AC* et *AB* seront parcourus dans le même temps.

Nous supposons ici, comme Galilée lui-même, que les « velocitates » sur différents plans inclinés sont comme les moments si les mobiles sont égaux.

Mais l'angle *ABC* étant un angle droit, *BC* et *AB* seront <des cordes> dans le cercle dont *A* est le point le plus élevé et *AC* le diamètre. Ce qu'il fallait démontrer.

Si l'on accepte, comme je pense qu'il convient de le faire, l'identité du « momentum ponderis » et de la « gravitas in plano », le passage que j'ai mis ici en italiques est précisément la proposition contestée des *De motu antiquiora* de Galilée. Il serait alors cohérent, si l'on récuse le texte galiléen, de récuser également la démonstration du « scholio » de Torricelli[10]. Mais cela n'est pas sans poser un sérieux problème, car la situation est toute différente : entre-temps il y a eu, précisément, toute l'œuvre théorique de Galilée, culminant avec les *Discorsi* dont les principaux résultats sont alors universellement connus et presque unanimement acceptés. Il est évident qu'en 1644, les vitesses qui interviennent dans la proportionnalité « momentum : velocitas » ne sont pas, pour Torricelli, des vitesses constantes, et il nous dit explicitement qu'il entend ces choses de la même façon que Galilée[11]. De plus, le « scholio » lui-même est indiscutablement correct. Au cours de la démonstration, nous pouvons apprendre ce que Torricelli entend ici par « velocitas » : parler du rapport des « velocitates » n'est autre chose que parler du rapport des espaces parcourus en des temps égaux. Cette explicitation du sens de « velocitas » valide du même coup la démonstration torricellienne, la démonstration « ex mechanicis » donnée par Galilée dans les *Discorsi* et la proposition du chapitre 14 des *De motu antiquiora*.

Nous trouvons ici une confirmation de la pertinence de ma description de la tradition préclassique de la cinématique théorique, dont

---

10. C'est effectivement l'attitude adoptée dans les deux seuls commentaires modernes que je connaisse, à savoir *Giusti 1981*, p. 11, n. 21 ; et *Belloni 1975*, pp. 164 ss., n. 7.

11. Sans doute ne s'agit-il pas, ici, précisément des De motu antiquiora, mais d'une expression plus tardive que je soutiens être équivalente.

je donne une brève description en Appendice. Que la traduction de
« velocitas » par « vitesse » soit incorrecte ressort ici clairement : seule
l'une des acceptions préclassiques de « velocitas » donne leur cohérence
aux textes mentionnés, ce qu'aucune acception moderne de « vitesse »
ne permet.

La proportionnalité « force : vitesse » chez Torricelli

Reste le problème de la référence, dans les deux démonstrations, à
l'hypothèse galiléenne de la proportionnalité « velocitas : momentum ».
J'ai déjà indiqué que cette hypothèse est généralement interprétée
comme une forme (restreinte) de la proportionnalité « force : vitesse »
traditionnelle de la scolastique[12]. L'absence de termes à connotation
causale désignant un agent du mouvement, tels que « vis » ou « virtus »,
dans les textes pourrait laisser planer un doute ; nous avons cependant
la chance de disposer d'un texte de Torricelli parfaitement explicite
sur sa propre vision des choses.

Répondant aux doutes que Mersenne exprime précisément au sujet
de la proportionnalité « momentum : velocitas », Torricelli lui propose,
dans une lettre de janvier 1645, une justification dont ni l'intérêt ni non
plus la simple signification n'ont apparemment été appréciés par la
critique moderne. Je me limiterai ici à en traduire un bref passage, mais
le lecteur trouvera en Appendice un extrait plus large qui l'éclairera
plus complètement sur les conceptions dynamiques de Torricelli[13] :

Ce que je suppose, page 104 <des *De motu gravium naturaliter descendentium
et proiectorum libri duo* [= *Loria & Vassura 1919-1944*, vol. II, p. 108]>, comme
Galilée, me paraît si clair qu'il semble qu'on puisse sans aucun doute l'admettre comme principe, pour une raison physique. Étant données deux
sphères de verre (par exemple) égales, sur deux plans de pentes différentes, si j'ai établi que le moment de l'une est égal au double du moment
de l'autre, qui n'admettra que la « velocitas » de l'une est aussi égale au
double de la « velocitas » de l'autre ? En effet, si la cause est double l'effet
devra aussi être double sur un même sujet. Je considère des volumes égaux

---

12. Cf. *Duhem 1904*, p. 901.
13. Cf. *De Waard & Rochot & Beaulieu 1977*, vol. XIII, Lettre n° 1334 (de Torricelli à
Mersenne, du 17 janvier 1645 *ca.*).

d'une même matière. Il est démontré que la « virtus » qui meut l'un des volumes est double de la « virtus » qui meut l'autre. Donc, si la « virtus impellens » est double, et les sujets égaux, la « velocitas » est aussi sans aucun doute double.

Les conceptions dynamiques de Torricelli sont beaucoup plus sophis-tiquées et avancées que celles de son maître cinquante ans plus tôt. Cependant, en ce qui concerne la relation « momentum : velocitas » qu'il admet « comme Galilée lui-même », les explications que Torricelli donne à Mersenne ne laissent aucun doute sur le fait qu'il s'agit bien pour lui de la proportionnalité « virtus movens : velocitas », et que celle-ci est un aspect de la proportionnalité entre les causes et les effets.

Sans doute peut-on traduire cela d'une certaine façon en évoquant la dynamique traditionnelle de la scolastique. Mais la pertinence de cette référence et les conclusions que l'on en tirera quant à la validité de l'hypothèse galiléenne et de la justification qu'en propose Torricelli dépendront de façon cruciale du contenu que l'on accorde à la propor-tionnalité « virtus movens : velocitas », que l'on traduit "naturellement" par proportionnalité « force : vitesse ». Or, un glissement de sens accompagne systématiquement cette traduction "naturelle". Brièvement parlant, le mécanisme de la distorsion sémantique est le suivant : le passage de « velocitas » à « vitesse » n'est pas une simple transformation morphologique, du fait qu'il entraîne le passage du sens de « velocitas » au sens moderne de « vitesse », et je pense avoir démontré qu'aucune des acceptions préclassiques de « velocitas » ne coïncide avec l'une des acceptions modernes de « vitesse ». C'est le contenu même de la dynamique scolastique qui, dans les interprétations modernes, se trouve altéré par l'ignorance de cet aspect essentiel de l'histoire des concepts de mesure holistique du mouvement La critique moderne porte en général sur les problèmes liés à l'évolution du concept de « force », ou sur le rapport entre la dynamique scolastique et la pensée d'Aristote sur les conditions du mouvement[14].

Cette altération du contenu authentique de la relation « force : vitesse » est à la base de la réfutation de la lettre à Mersenne qu'illustre parfaitement *Belloni 1975* en annotant ce qui suit :

---

14. Nous soulevons ici un nouveau problème qui appelle une révision d'ensemble de ces analyses et déborde évidemment le cadre de cette contribution.

Un texte très intéressant de Torricelli démontre clairement combien il a pu être difficile de se libérer des présupposés de la « dynamique » aristotélicienne fondée sur le sens commun. Il s'agit d'une lettre de notre savant à Mersenne, écrite en janvier 1645, dans laquelle il s'efforce de démontrer à l'érudit français la validité de la « supposition » qu'il fait, comme Galilée lui-même, de la proportionnalité entre le moment (c'est-à-dire la cause) et la vitesse (c'est-à-dire l'effet)[15].

L'objection est évidente : comme nous le savons bien, ce n'est pas la vitesse, mais l'accélération, qui est proportionnelle à la force. Il est toutefois non moins évident que cette objection est fallacieuse, car la « vitesse » dont il est question dans le texte n'est et, à la date où il a été écrit, ne peut être que celle explicitée par Torricelli lui-même « à la page 104 » de son *De motu*, c'est-à-dire celle résultant de ce que j'ai appelé « l'acception préclassique *standard* de *velocitas* »[16]. La proportionnalité « force : vitesse » signifie alors, sans possibilité d'autres interprétations, que « les espaces parcourus dans un même temps sont entre eux dans le même rapport que les forces ». Dans les conditions spécifiées par le texte, l'énoncé est donc parfaitement correct.

Quelques remarques en guise de conclusion

J'ai soutenu ici que pour Torricelli (et, selon celui-ci, pour Galilée également), la formule que nous traduisons habituellement par « la vitesse est proportionnelle à la force » n'est autre que l'expression dans la terminologie préclassique de cette loi de la mécanique parfaitement exacte dans les conditions considérées (mouvements d'un même corps sous l'effet de forces constantes) selon laquelle les espaces parcourus dans un même temps sont entre eux dans le même rapport que les forces.

P. Duhem a vu dans l'accord entre cette relation galiléenne et les lois newtoniennes de la dynamique une heureuse coïncidence[17]. Je ne

---

15. Suit la traduction italienne du passage que je donne intégralement en Appendice.

16. Voir aussi la lettre à Mersenne de février 1645, dans *De Waard & Rochot & Beaulieu 1977*.

17. Cf. *Duhem 1904*, p. 901.

reprendrai certainement pas cette formule à mon compte : je dirais plutôt qu'avec l'hypothèse que nous désignons de façon périlleuse comme proportionnalité « force : vitesse », Galilée et les galiléens étaient en possession d'une restriction parfaitement correcte des lois newtoniennes du mouvement. Cette loi restreinte de la dynamique ne dit rien sur l'évolution au cours du temps du mouvement d'un mobile soumis à une force, même constante. Elle compare, correctement, les espaces parcourus en des temps égaux (quelconques) par un même mobile sous l'effet de forces constantes. Cela étant, il me semble difficile de ne pas prendre en considération la loi galiléenne bien connue, et mieux comprise, de la proportionnalité entre l'espace parcouru et le carré du temps : force est de constater que ces deux lois permettaient à Galilée de comparer complètement les espaces parcourus en des temps différents sur deux plans inclinés différents ; dans la formulation plus générale de Torricelli, les deux lois mises ensemble donnent aux galiléens, moyennant des compositions triviales, pour eux, de rapports, la synthèse suivante : « dans les mouvements d'un mobile, à partir du repos, sous l'effet de forces constantes, le rapport des espaces parcourus est comme le rapport des forces multiplié par le carré du rapport des temps ».

La restriction aux forces constantes situe cet énoncé à une distance considérable de la dynamique newtonienne, distance infranchissable sans une formulation "locale" : en effet, seule une formulation "locale" et les moyens mathématiques de traiter des forces non constantes – c'est-à-dire des mathématiques infinitésimales – pouvaient permettre de traiter des problèmes de dynamique réalistes autres que la chute libre (ce qui inclut le mouvement parabolique) et les plans inclinés ; mais une telle formulation locale n'a pas, semble-t-il, été entrevue par les galiléens. Il y a donc bien une différence considérable entre la proportionnalité galiléenne « momentum : velocitas » et la dynamique de Newton. Mais cette différence n'est pas celle que l'on dit.

Une lettre de Torricelli à Mersenne, de janvier 1645

(*De Waard & Rochot & Beaulieu 1977*, vol. XIII, Lettre n° 1334)

Ce que je suppose, page 104 <des *De motu gravium naturaliter descendentium et proiectorum libri duo* [= *Loria & Vassura 1919-1944*, vol. II, p. 108]>, comme Galilée, me paraît si clair qu'il semble qu'on puisse sans aucun doute l'admettre comme principe, pour une raison physique. Étant données deux sphères de verre (par exemple) égales, sur deux plans de pentes différentes, si j'ai établi que le moment de l'une est égal au double du moment de l'autre, qui n'admettra que la « velocitas » de l'une est aussi égale au double de la « velocitas » de l'autre ? En effet, si la cause est double l'effet devra aussi être double sur un même sujet. Je considère des volumes égaux d'une même matière. Il est démontré que la « virtus » qui meut l'un des volumes est double de la « virtus » qui meut l'autre. Donc, si la « virtus impellens » est double, et les sujets égaux, la « velocitas » est aussi sans aucun doute double. Et l'objection que l'on pourrait présenter, que deux graves sur un même plan incliné se meuvent toujours avec la même « velocitas », qu'ils soient ou non de même volume, n'est pas valable ; en fait tous les graves, qu'ils soient ou non de même volume, de même poids ou de même forme, tomberont vers le bas avec la même « velocitas » si on les laisse tomber librement sans opposition [*impedimenta*]. Ainsi, une sphère en or aussi bien qu'une en pierre, ou encore en bois ou même d'une matière quelconque encore plus légère, tombent, d'elles-mêmes, avec la même « velocitas ». Si les matières plus lourdes paraissent précéder les autres d'une très petite distance ce n'est pas le fait de l'inégalité des « virtutes moventes », inégalité qui est nulle, mais bien de l'inégalité des oppositions. De fait [*enim*], il y a dans un corps quelconque autant de « virtus movens » que de matière [*i.e.* de « masse », au sens moderne], par exemple il y a autant de matière dans une once d'or et dans une once de cire, et de même pour la « virtus movens », bien que la cire occupe visiblement un espace beaucoup plus grand. C'est pour cela que, tant qu'elles sont immobiles, elles sont également graves, et montrent ainsi manifestement l'égalité des « virtutes ». De fait, lorsqu'elles sont en mouvement, le mobile en or devance celui en cire (mais dans une proportion bien inférieure à celle des gravités spécifiques) parce que, les « virtutes » étant égales dans les deux matières, l'une doit lutter contre une plus grande quantité du milieu ambiant que l'autre. Si l'on considère deux quantités de la même matière, mais l'une d'une once et l'autre de dix livres, elles descendront de la même façon sur un même plan, parce que dans les deux sphères ces « virtutes » arcanes, bien qu'inégales, sont dans le même rapport que les résistances [*resistentia*], c'est-à-dire que les corps à mouvoir eux-mêmes [*sc.* les masses]. Ou, si l'on préfère, la « virtus » la plus petite est au poids [*pondus*], plus petit, qu'elle doit mouvoir, dans le même rapport que la « virtus » la plus grande au poids, plus grand, qu'elle doit mouvoir.

Le peu dont on voit parfois le plus lourd précéder <le plus léger>, lorsque le rapport des poids est très grand, n'est pas dû à des principes intrinsèques mais aux oppositions externes, c'est-à-dire à la densité du milieu qui offre plus d'opposition (comme le montre fort bien Galilée) aux plus petits volumes qu'aux plus grands parce que les plus petits, ayant une plus grande surface [*sic?* pour une même masse?], sont retardés par une plus grande quantité du milieu. Il n'y a donc rien d'étonnant à ce que les métaux, les pierres, le bois, etc., tant en chute libre que sur un même plan incliné descendent avec presque la même « velocitas », puisqu'ils ont tous le même moment, et donc ils ont tous la même « virtus movens ». Mais sur des plans d'inclinaisons différentes, si j'ai montré que deux sphères égales et également graves ont des moments inégaux, pourquoi ne pourrais-je pas en déduire que celle qui a le plus grand moment descend avec une plus grande « velocitas », dans le rapport des moments? Mais je me suis peut-être excessivement engagé dans une cause qui semble ne pas avoir besoin d'être tant défendue. Il suffisait de distinguer entre poids et moments.

APPENDICE IIe

La tradition préclassique de la cinématique théorique

Je soutiens que l'on observe l'existence, dans une tradition s'étendant sur plus de vingt siècles, d'un concept holistique de mesure du mouvement essentiellement stable[1]. Compte tenu de résultats bien acquis de la recherche historique relatifs au concept de mesure instantanée, nous pouvons distinguer une tradition de cinématique théorique bien définie, profondément différente de la tradition classique. La cohérence des principaux traits de cette tradition m'a semblé justifier une appellation générique sous le nom de « tradition préclassique de la cinématique théorique ».

Les caractéristiques de cette tradition préclassique sont les suivantes : a) le concept fondamental de la mesure du mouvement est la mesure holistique ; b) c'est cette mesure holistique qui est désignée par « velocitas » sans qualification (ou par des termes équivalents tels que *celeritas* ou *motus*). Le concept "local", instantané, est désigné (dès lors qu'il existe) par une qualification explicite de « velocitas », comme dans « intensio motus », « aradus velocitatis », ou « velocitas instantanea », ou bien par des termes tout à fait différents (*impetus, momentum*) ; c) la mesure holistique admet différentes acceptions dépendant des caractéristiques du problème de cinématique étudié ; deux acceptions sont présentes dans la tradition, définies respectivement par « les "velocitates" sont entre elles inversement comme les temps de parcours sur une même longueur » et par « les "velocitates" sont comme les longueurs parcourues en des temps égaux », ou par des formes équivalentes dans le langage

---

1. Cette thèse s'appuie sur des arguments développés dans *Souffrin 1992* [= *supra*, II, n° 7^a, pp. 157-193], où on trouvera d'autres références.

de la théorie des proportions ; aucune de ces deux définitions n'implique *a priori* l'uniformité du mouvement : elles sont attestées l'une comme l'autre dans des problèmes relatifs à des mouvements difformes, particulièrement dans la première moitié du XVIIe siècle ; e) l'acception définie par l'expression « les "velocitates" sont entre elles comme les espaces parcourus en des temps égaux » est la plus fréquente dans la tradition cinématique préclassique : je la désigne sous la dénomination de « définition préclassique *standard* ».

Tableau schématique de l'histoire du concept de « velocitas »

En rassemblant cette proposition nouvelle et les éléments bien connus de l'histoire de la cinématique, j'ai proposé une synthèse qui reste à approfondir sous la forme du tableau schématique suivant :

	TRADITION PRÉCLASSIQUE		TRADITION CLASSIQ
	PRÉMODERNE	SCOLASTIQUE ET MODERNE	
MESURE INSTANTANÉE DU MOUVEMENT	Sans objet	/velocitas/ + qualification : *intensio velocitatis*, ou *gradus velocitatis*, ou *velocitas instantanea*, ou *intensio motus*, etc. CONCEPT DÉRIVÉ, DÉDUIT	/velocitas/ CONCEPT FONDAMENTAL UNIQ (dérivée $^{ds}/_{dt}$)
MESURE HOLISTIQUE DU MOUVEMENT	/velocitas/ CONCEPT FONDAMENTAL MULTIPLE adapté au problème traité (Deux acceptions principales : déf. préclassique *standard* dominante)		/velocitas/+ qualificatio CONCEPT DÉRIVÉ UNIQUE Déduit de la vitesse insta tanée par une opération moyenne ($^L/_T$)
DÉFINITION DU MOUVEMENT UNIFORME	Espaces égaux en des temps égaux		/velocitas/ (instantanée constante

La clé de lecture qui ressort de cette proposition consiste à reconnaître que dans un texte de la période préclassique « la "velocitas" est comme telle grandeur » signifie en général, selon le contexte, soit « les espaces parcourus en des temps égaux sont entre eux comme telles grandeurs sont entre elles », soit « les temps de parcours d'une même distance sont entre eux inversement comme telles grandeurs sont entre elles ».

12

Motion on inclined planes
and on liquids in Galileo's earlier *De motu**

The purpose of this study is to reconsider Galileo's treatment of
motion on inclined planes in the earliest of his written works devoted
to motion, known usually as *De motu antiquiora*, but to avoid the usual
clear-cut separation from the treatment given, in the same work, to the
problem of motion in *media*. It is my contention that this unconventional
approach reveals previously unnoticed relations between the young
Galileo's views on dynamics and his terminology on the one hand, and
the scholastic tradition on the other hand[1].

---

* N.d.éd. : Published *in Proceedings of the XXth international Congress of History of science :
Liège, 20-26 July 1997*, vol. VIII : *Medieval and classical traditions and the Renaissance of physico-
mathematical sciences in the 16th century*, Edited by Pier Daniele Napolitani & Pierre Souffrin,
Turnhout, Brepols, 2001, pp. 107-114 – revised and corrected for this publication.
    1. This study is part of a series devoted to the history of the theory of motion, inclu-
ding *Souffrin 1992b, Souffrin 1992a, Souffrin 1993, Souffrin 1992*, and *Gautero & Souffrin
1992* [= *supra*, II, n° 10, pp. 251-273 ; II, n° 7^b, pp. 195-226 ; II, n° 11, pp. 275-288 ; II,
n° 7^a, pp. 157-193 ; and II, n° 9, pp. 239-250, respectively].

Motion on inclined planes in *De motu antiquiora*

In the fourteenth chapter of the 23-chapter version of the *De motu antiquiora* « in quo agitur de proportionibus motuum eiusdem mobilis super diversa plana inclinata », Galileo considers two questions:

> Quæritur enim cur idem mobile grave, naturaliter descendens per plana ad planum horizontis inclinata, in illis facilius et celerius movetur quæ cum horizonte angulos recto propinquiores continebunt; et, insuper, petitur proportio talium motuum in diversis inclinationibus factorum[2].

He claims that he has succeeded in solving these problems « ex notis et manifestis naturæ principis ». His answer to the second question, *i.e.* to the quantitative problem, is first given in the form:

> Eandem ergo proportionem habebit celeritas in *ef* ad celeritatem in *gh*, quam linea *ad* ad lineam *ap*. Est autem sicut *ad* ad *ap* ita *qs* ad *ps*, hoc est obliquus descensus ad rectum descensum[3].

He gives the following figure:

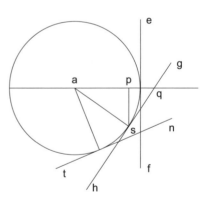

Here motion on an inclined plane is compared to vertical free fall over the same difference in height. This is easily transformed into the comparison of motions on two inclined planes with different slopes, giving a precise answer to the problem as it is stated:

> Constat ergo, eiusdem mobilis in diversis inclinationibus celeritates esse inter se permutatim sicut obliquorum descensuum, æquales rectos descensus compræhendentium, longitudines[4].

2. *Favaro 1890-1909*, vol. I, p. 296, l. 12 (§ 14).
3. *Ibid.*, p. 298, l. 23 (§ 14).
4. *Ibid.*, p. 301, l. 23 (§ 14).

The conventional analysis of this theory of motion on inclined planes

This answer, as well as the method, have both been considered faulty by modern critics. The proposition itself is considered to be grossly wrong because it is supposed to imply, in its very wording, the uniformity of motion on an inclined plane[5]. I have challenged this conclusion elsewhere[6]; indeed my earlier work led me to see in this theorem in the *De motu* is simply an earlier formulation of the theorem of the isochronism of descent along the cords of a circle, the final form of which is « theorem VI » on accelerated motion in the *Discorsi*. I will not however consider further here this question related to the meaning of the proposition. Suffice it to be said that modern critics have claimed that the lengthy demonstration which Galileo provides for his proposition is also unsatisfactory, either because the concept of « celeritas »[7] is not well defined or because he makes use of an unjustified proportionality (*proportionalitas*)[8].

Such analyses by distinguished scholars of course reflect the formidable complexity of the conceptual and the terminological aspects of the text, and there are noticeable variations of interpretation between authors. What is clear however is that for a definite understanding of this text we require definite interpretations of such crucial terms as « celeritas », « tarditas », « facilitas » and of different occurrences of « vis » in the text (*tanto maiori vi fertur,* or *descendat, quanto minori vi trahi sursum,* etc.). It is worthwhile noting here that these alleged weaknesses in Galileo's text have not hitherto been considered as

5. *E.g.* see *Galluzzi 1979*, p. 182 : « È inutile sottolineare […] che la teoria galileiana del *De motu,* la "dinamica pisana", come è stata definita, è una dinamica dei moti uniformi » ; *Drake 1978*, p. 24 : « except for its treatment of speeds on inclined planes, chapter 14 [of the *De motu antiquiora*] was sound » ; *Wisan 1974*, p. 150 : « Galileo assumes the motion along these lines to be uniform ».

6. Cf. *Souffrin 1992a* et *Souffrin 1997* [= *supra,* II, n° 7b, pp. 195-226 et II, n° 6, pp. 131-155].

7. *E.g.* see *Drabkin & Drake 1960*, p. 8 : « the proof erroneously links this force with the still unclarified notion of the speed of free fall ».

8. *E.g.* see *Galluzzi 1979*, p. 195 : « Stabilite le proporzioni della "gravità" del mobile lungo piani diversamente inclinati, Galileo ritiene di poterle direttamente estendere alle velocità (*celeritates*) ».

arising in his discussion of natural motion in *media*, which constitutes the main part of the treatise. If I can show that both theories are simply two instances of a single theory, then we shall be confronted with two possibilities, either that some of the flaws found in the theory of the inclined plane must also occur in the theory of motions in *media*, or that the perceived « flaws » are due to a misunderstanding of Galileo's text. In either case, some new insight should emerge from a detailed comparison of these two theories as they are expounded in *De motu antiquiora*.

In my comparison, it must be emphasized that I shall restrict myself here to Galileo's analysis of the motion of one and the same body in different situations; the full problem of course includes the general case of different bodies in different situations. Besides the conditions set by the limited format of this contribution, there is an historical justification for a separate presentation restricted to this problem: the full problem is actually solved by Galileo in the *De motu antiquiora* when referring to motions in *media*, but it is not when referring to motions on inclined planes. In the latter case, Galileo contents himself with relying on the skill of his reader to make such generalizations: « hæc et similia ab his, qui quæ supra dicta sunt intellexerint, facile inveniri possunt ». However, the generalization related to the limited problem as solved by Galileo is far from evident, and this raises interesting problems that will be considered in a forthcoming paper.

The theory of motion in *De motu antiquiora* reconsidered

Motions of a body in media *and on inclined planes*

Let us first consider the logical structure of Galileo's demonstrations in his propositions concerning motion in *media* (§§ 7, 8 and 9) and on inclined planes (§ 14). I claim that close examination shows both situations to be analysed within a single demonstrative scheme. To support this claim I shall consider in parallel the successive steps of the arguments as they appear in the *De motu antiquiora*, and give for each of the two problems the relevant (or representative) passages.

1. The problem is first set, in similar terms, as the comparison of the motions of one and the same body in different *media*, or on different planes: a) in *media*

> Cum in superioribus satis abunde explicatum sit, quomodo motus naturales proveniant a gravitate et levitate, nunc videndum est unde accidat maior aut minor ipsius motus celeritas[9].

b) on planes

> Quæritur enim cur idem mobile grave, naturaliter descendens per plana ad planum horizontis inclinata, in illis facilius et celerius movetur quæ cum horizonte angulos recto propinquiores continebunt; et, insuper, petitur proportio talium motuum in diversis inclinationibus factorum[10].

2. The causes and effects are identified and their connection asserted.

2 1. The causes of the « celeritates » are the same as the causes of the motions, since motion and « celeritas » are one and the same thing: a) in *media*

> In utroque motu ex eadem causa pendere tarditatem et celeritatem, nempe ex maiori vel minori gravitate mediorum et mobilium, mox demonstrabimus.
> Ut veram tarditatis et celeritatis motus causam afferamus, attendendum est, celeritatem non distingui a motu: qui enim ponit motum, ponit necessario celeritatem; et tarditas nihil aliud est quam minor celeritas. A quo igitur provenit motus, ab eodem provenit etiam celeritas: cum itaque a gravitate et levitate motus proveniat, ab eadem ut tarditas vel celeritas proveniant, necessarium est[11].

b) on planes the same also applies, except for the reference to « levitas ».

2 2. Just as effects are as to the causes, so « celeritates » are as to (*i.e.* proportional to) the causes of the motions: a) in *media* (downwards)

> Quare manifestum est quod, si invenerimus in quibus mediis idem mobile gravius extiterit, inventa erunt media in quibus citius descendet; quod si,

9. *Favaro 1890-1909*, vol. I, p. 260, l. 6 (§ 7).
10. *Ibid.*, p. 296, l. 12 (§ 14).
11. *Ibid.*, p. 260, l. 6 (§ 12) and p. 261, l. 17 (§ 7).

rursus, demonstremus, quantum idem mobile gravius sit in hoc medio quam in illo, erit, rursus, demonstratum, quanto citius in hoc quam in illo deorsum movebitur [...][12].

b) on planes

Si itaque inveniamus quanto minori vi trahitur sursum grave per lineam *bd* quam per lineam *ab*, erit iam inventum quanto maiori vi descendat idem grave per lineam *ab* quam per lineam *bd* et, similiter, si inveniamus quanto major vis requiritur ad sursum impellendum mobile per lineam *bd* quam per *be*, erit iam compertum quanto maiori vi descendet per *bd* quam per *be*[13].

3. The measure (or *ratio*[14]) of the causes of the motions is investigated. 3 1. As a general statement, this measure (or *ratio*) is claimed to be equal to the measure (or *ratio*) of the forces necessary to prevent the motion: a) in *media* (downwards)

Querimus igitur, sphera plumbea quanta vi deorsum fertur in aqua. Patet igitur, primo, quod sphera plumbea fertur tanta vi, quanta requeritur ad illam sursum attrahendam[15].

b) on planes

Ut igitur hæc consequi possimus, prius hoc est considerandum, quod etiam supra animadvertimus: scilicet, quod manifestum est, grave deorsum ferri tanta vi, quanta esset necessaria ad illud sursum trahendum; hoc est, fertur deorsum tanta vi, quanta resistit ne ascendat[16].

3 2. This force (or resistance) able to prevent the motion is claimed to be equal to the « gravitas » accounting for the particular situation considered, *i.e.* to the « gravitas in loco »: a) in *media* (downwards)

Restat igitur ut [...] ostendamus proportionem quam servant celeritates eiusdem mobilis in diversis mediis: quæ omnia ex hac demonstratione

---

12. *Ibid.*, p. 262, l. 3 (§ 7).

13. *Ibid.*, p. 297, l. 6 (§ 14).

14. In pre-classical natural philosophy the concept of measure of quantities is identified with the concept of *ratio* (*proportio*) of quantities of the same specie. It is too often foreseen that this situation will change only with the, later, definition and use of derived quantities.

15. *Favaro 1890-1909*, vol. I, p. 275, l. 1 (§ 9). A similar statement is found *ibid.*, p. 270, l. 3 (§ 8), and the equivalent one for motion upwards *ibid.*, p. 274, l. 17 (§ 9).

16. *Ibid.*, p. 297, l. 2 (§ 14).

facile haurientur. Dico igitur, solidam magnitudinem aqua graviorem deorsum ferri tanta vi quanto aqua, molem habens æqualem mou ipsius magnitudinis, levior est ipsa magnitudine[17].

b) on planes

Sed tunc sciemus quanto minor vis requiratur ad sursum trahendum mobile per *bd* quam per *be*, quando cognoverimus quando eiusddem mobilis maior erit gravitas in plano secundum lineam *bd*, quam in plano secundum lineam *be*[18].

4. Inserting these results in the proportionality stated above in 2 2 solves the problem: a) in *media* (downwards)

Hac igitur demonstratione percepta, quæstionum exitus facile dignosci potest. Constat enim, idem mobile in diversis mediis descendens eam, in suorum motuum celeritate, servare proportionem, quam habent inter se excessus quibus gravitas sua mediorum gravitates excedit […][19].

a[1]) in *media* (upwards)

Patet igitur, universaliter, celeritates inter se motuum sursum, esse, sicut excessus gravitatis unius medii super gravitatem mobilis se habet ad excessum gravitatis alterius medii super gravitatem eiusdem mobilis[20].

b) on planes

constat igitur, tanto minori vi trahi sursum idem pondus per inclinatum ascensum quam per rectum, quanto rectus ascensus minor est obliquo; et, consequenter, tanto maiori vi descendere idem grave per rectum descensum quam per inclinatum, quanto maior est inclinatus descensus quam rectus[21].

In this last quotation, the final sentence is the solution for the inclined plane problem.

17. *Ibid.*, p. 271, l. 16 (§ 8). And *ibid.*, p. 269, l. 25 (§ 8) for motions upwards.
18. *Ibid.*, p. 297, l. 12 (§ 14).
19. *Ibid.*, p. 272, l. 20 (§ 8).
20. *Ibid.*, p. 270, l. 29 (§ 8).
21. *Ibid.*, p. 298, l. 26 (§ 14).

A traditional demonstrative scheme

Both problems are seen to be treated in a fully consistent way according to the following demonstrative scheme: a dynamic rule, or law, is first accepted in the generic form of the proportionality (*proportionalitas*) between causes and effects (item 2 2), and is then transformed into a quantitative form by introducing the adopted measures for cause and effect (in item 3 above for the cause, and according to the pre-classical tradition for the *celeritas*[22] designated as the effect).

This general dynamic statement is nothing but a variant of the standard dynamic rule discussed by scholastic commentators, stating that the « velocitas » is proportional to the « potentia » and inversely proportional to the « resistentia »[23]. In the restricted problem considered here of the motions of one and the same body the « resistentia » plays no role, but I shall just mention that a concept of « resistentia » is actually implied and used by Galileo in the *De motu antiquiora* in a quantitative way, although not explicitly, when he proves that a large piece of a given material rises in a heavier *media* with the same velocity as a larger piece of the same material, or when he lets his reader extend his analysis to the case of the fall of bodies of different « gravitates » along different inclined planes[24].

Some consequences of the hypothesis of the internal consistency of De motu antiquiora 14 on the interpretation of Galileo's scientific terminology

This analysis – together with the consistency hypothesis that Galileo's demonstrations and discussions in this § 14 of the *De motu antiquiora* are logically deductive rather than somewhat metaphoric at critical places – makes it possible to clear up some terminological problems. The consistency hypothesis is accepted here but is by no means trivial;

---

22. On this tradition, see *Gautero & Souffrin 1992* et *Souffrin 1992* [= *supra*, II, n° 9, pp. 239-250 et II, n° 7ᵃ, pp. 157-193].

23. For a documented presentation of this dynamics, see *Grant 1971*.

24. For motions in media, see *Favaro 1890-1909*, vol. I, p. 263, l. 14 (§ 8) ; for inclined planes, see *ibid.*, p. 301, l. 35 (§ 14).

in my view, the stronger argument for it is precisely the unity of Galileo's dynamic discussions pointed to above.

Consider first two crucial occurrences of « vis » : the consistency hypothesis implies that in item 4. b: « tanto minori vi trahi sursum idem pondus », the term « vis » has a dynamic meaning referring to the cause of the motion, rather than a kinematic meaning referring to the effect[25], while in the same sentence « tanto maiori vi descendere » must be understood in the kinematic meaning of « descends with a velocity so much larger ».

More difficult is a correct interpretation of Galileo's use of « facilitas » which occurs in the *De motu antiquiora* at least five times in expressions such as « facilius et celerius », as above in item 1. We may first notice that the statement of the problem in item 1 above, as « quæritur cur facilius et celerius movetur [...] », does actually introduce the two questions investigated in the text that follows (specifically, the variations of the « gravitas in plano » and of the « celeritas » with the slope of the planes) if and only if « facilitas » refers to the cause and « celeritas » to the effect.

The same conclusion arises with still more strength when applying the consistency hypothesis to the much debated section of *De motu antiquiora* 14 where Galileo puts together his arguments before concluding with the proportionality between « celeritates » and the slopes of the planes. The text goes as follows (where I emphasize the terms discussed, and the figure is as above) :

Sed quanto maiori vi moveatur per *ef* quam per *gh*, ita innotescet : extensa, scilicet, linea ad extra circulum, quæ secet lineam *gh* in puncto *q*. Et quia tanto facilius descendit mobile per lineam *ef* quam per *gh*, quanto gravius est in puncto *d* quam in puncto *s*; est autem tanto gravius in puncto *d* quam in *s*, quanto longior est linea *ad* quam linea *ap*; ergo mobile eo facilius descendet per lineam *ef* quam per *gh*, quo linea *ad* longior est ipsa *ap*. Eandem ergo proportionem habebit celeritas in *ef* ad celeritatem in *gh*, quam linea *ad* ad lineam *ap*[26].

___

25. As in the Commandino's translation of Archimedes' *On floating bodies*, I 6, which seems to be the relevant reference here : « Solidæ magnitudines humido leviores, in humidum impulsæ sursum feruntur tanta vi, quanto humidum molem habens magnitudini æqualem, gravius est ipsa magnitudine » – cit. in *Clagett 1978*, vol. III, p. 642.

26. *Favaro 1890-1909*, vol. I, p. 298, l. 16 (§ 14).

If we are to recognize in this short section a synthetic restatement of
the arguments developed at length in the preceding discussion, then
« facilitas » must be understood here as the denomination of the cause
of the motion; it is then what scholastics used to call « inclinatio »,
and what in *Le meccaniche* (written soon after) Galileo himself called
« propensione » or « momento ».

Conclusions

According to the above analysis, Galileo's demonstration of the
inclined plane theorem in *De motu antiquiora* contains none of the ambi-
guities which modern critics find in it. Furthermore, my interpretation
has an essential implication for Galileo's scientific terminology. In particular, it implies that the correct understanding of the term « facilitas »,
as it appears in the *De motu antiquiora*, is as a cause of motion, and that
this evolved from the term « inclinatio » of scholastic dynamics. And
the latter term, as is well known, came to have the same meaning as
the « propensione » or « momento » which Galileo was soon to use
in *Le meccaniche* and later works. This interpretation accords with my
previous claim that chapter 14 of the *De motu antiquiora* belongs to
what I called the « *velocitas-momentum* class » of Galileo's texts[27].
The hitherto unnoticed unity of Galileo's treatment of the motion of
a body on different inclined planes and in different *media*, which the
present paper has demonstrated, means that these two physical problems
are treated in *De motu antiquiora* with one and the same theory of motion,
and that this is nothing more than a variant – however important it may
be – of so-called traditional « scholastic dynamics ».

---

27. Cf. *Souffrin 1992b*, § 6 [= *supra*, II, n° 10, pp. 251-273].

13

*Geometria motus** *

Una caratteristica della scienza del movimento aristotelica è la sua aspirazione all'universalità, nel senso che tende a produrre un discorso teorico applicabile indifferentemente alle tre modalità del moto. Il moto può essere infatti qualitativo (*alteratio*) o quantitativo (*augmentatio vel diminutio*); può trattarsi infine del moto che produce un cambiamento di luogo (*motus localis*). Questa globalità di approccio si riflette nella terminologia: i termini « motus », « mobile », « movere » non implicano necessariamente uno spostamento, un soggetto che si sposta o l'azione di spostare; possono benissimo anche indicare un cambiamento di colore, ciò che cambia di colore e l'azione di colorare. Da questa caratteristica – che appare ancora dominante nei testi *de motu* del sec. XIV – derivano spesso difficoltà interpretative, aggravate da due fattori: da un lato i testi che affrontano genericamente le tre modalità del moto riportano spesso esempî di movimenti locali; dall'altro il « motus localis » ha in Aristotele una sorta di anteriorità ontologica rispetto agli altri due. Anteriorità che si andò accentuando nei commenti e nei trattati del tardo aristotelismo, fino a che, nel Cinquecento il moto locale divenne il soggetto centrale

* N.d.éd.: Pubblicato in *Storia della scienza, s.e.*, Roma, Istituto dell'Enciclopedia italiana, vol. IV : *Medioevo : Rinascimento*, 2001, pp. 845-852 – versione rivista e corretta per la presente edizione.

– se non l'unico – di molti testi *de motu,* al punto che lo sviluppo della matematizzazione della teoria di tale genere di movimento può essere considerato come una caratteristica distintiva delle teorizzazioni *de motu* del Cinquecento. Il presente capitolo è dedicato appunto alla descrizione di questa progressiva matematizzazione del moto locale.

1. Le misure del movimento: velocità olistiche e velocità istantanee

Qualsiasi discorso quantitativo sul movimento deve fondarsi su un quadro concettuale adeguato a tale oggetto e la definizione ontologica del moto come « atto di ciò che esiste in potenza in quanto tale » (*Phys.,* III 201a9) non può essere di alcun aiuto. Occorre un concetto che esprima la misura del movimento in quanto tale e che non si riduca né alla misura dello spazio percorso dal mobile – uno spazio – né alla misura della durata del movimento – un tempo.

Oggigiorno, indichiamo con il termine « velocità » tale concetto generico di misura del movimento, ma tale termine moderno introduce una difficoltà, ove si voglia ricercare il significato dell'antico « velocitas ». Il termine antico è infatti tradotto come « velocità » (o con i suoi equivalenti nelle altre lingue moderne) : ma, come si vedrà, « velocitas » e « velocità » non sono affatto sinonimi. Per evitare di appesantire l'esposizione con complicate parafrasi, utilizzeremo qui la forma moderna (*velocità*) genericamente, dilatandone il significato fino ad abbracciare ogni accezione particolare di misura del moto ; conserveremo invece le forme latine « velocitas » e « celeritas », « gradus velocitatis » e « velocitas instantanea » quando esse appaiono nei testi che discuteremo.

È notevole che il concetto di velocità (a differenza dei concetti di spazio, di tempo, di forza la cui storia ha dato luogo a numerosi studî) abbia attirato l'attenzione degli storici in una sua unica accezione: quella che esprime una misura del movimento in un dato istante. Nel linguaggio scientifico moderno tale misura viene detta « velocità istantanea ». Nel seguito indicheremo con « velocità *olistica* » (in opposizione a *istantanea*) ogni misura relativa a un moto considerato secondo una certa durata temporale.

Una possibile ragione di tale mancanza di considerazione nei confronti dei concetti olistici di velocità è che in genere si ammette

– tacitamente – che la velocità olistica non abbia alcuna storia: sarebbe esistita *ab æterno* e continuerebbe a esistere tutt'oggi un'unica e sola concezione della velocità olistica, e precisamente quella che oggi chiamiamo « velocità media » e che matematizziamo come rapporto fra lo spazio percorso e il tempo impiegato per percorrerlo. Cosí, nella stragrande maggioranza dei casi, gli storici usano adottare il concetto di « velocità media » per interpretare l'occorrenza di una velocità olistica in un testo antico qualsiasi, anche se si sostiene in genere che non si può propriamente parlare di un autentico concetto di velocità prima dello sviluppo dell'algebra. Il motivo consisterebbe nel fatto che il rapporto $^s/_t$ sarebbe incompatibile con la teoria delle proporzioni dato che lo spazio e il tempo, non essendo grandezze omogenee, non possono avere rapporto tra loro (*Clagett 1959*, p. 432 – tr. it. p. 456, n. 19). Va però osservato che l'uso implicito di unità di misura occulta il fatto che in una formula come $v = ^s/_t$ le lettere non rappresentano grandezze, ma misure. In altre parole le lettere *s* e *t* stanno per dei rapporti fra la grandezza considerata e la rispettiva unità di misura. Come ogni altra definizione o formula di questo genere, l'espressione $v = ^s/_t$ non è altro che una forma convenzionale, una sorta di abuso di linguaggio che sta per la definizione esplicita del rapporto fra due velocità medie:

$$\frac{v}{v_0} = \frac{s}{s_0} \times \frac{t_0}{t}$$

dove tutte le lettere rappresentano una grandezza, rispettivamente « velocità media », « spazio » e « tempo ». Il concetto di velocità media è dunque perfettamente compatibile con le esigenze della teoria euclidea delle proporzioni; la sua caratteristica essenziale, da un punto di vista matematico, è quella di implicare – per definizione – un prodotto di rapporti – operazione che nella teoria delle proporzioni greca viene indicata col termine di « composizione » – e di essere applicabile a movimenti in cui gli spazî e i tempi stanno fra loro (separatamente) in un rapporto qualsiasi.

Tuttavia, che la velocità media sia concepibile nel contesto della teoria delle proporzioni non significa che sia stata effettivamente concepita. Di fatto, occorre porsi il problema storico in modo diverso: non si può far altro che cercare di trovare le concezioni di velocità effettivamente attestate – ammesso che ne esistano – nelle opere che ci sono pervenute.

Ciò facendo, si scoprirà che non solo il concetto di velocità media non
sembra attestato in scritti precedenti il Seicento, ma un esame sistematico
dei concetti utilizzati come misura del movimento in opere « preclassiche »
(intediamo con questo termine « pre-newtoniane ») mette in evidenza
due concezioni olistiche della velocità decisamente distinte e diverse
dalla velocità media (*Souffrin 1992* [= *supra*, II, n° 7ª, pp. 157-193]).

2. Le misure olistiche del moto : « velocitas » e « celeritas »

Si sostiene generalmente che Aristotele definisca solo le nozioni di
velocità piú rapide, piú lente e uguali, ma non il rapporto fra le velocità
di due movimenti. Ci sono però dei passi che portano a respingere questa
affermazione. Ad esempio, parlando delle relazioni fra certi movimenti
e le loro cause, Aristotele introduce il rapporto fra due moti : a seconda
dei casi si tratta o del rapporto fra spazî percorsi in tempi uguali, o del
rapporto dei tempi in cui sono state percorse distanze uguali. Se in un
brano il termine « velocitas » non compare esplicitamente, si potrebbe
anche sostenere che non ci sia un'espressione del rapporto fra velocità ;
ma esistono almeno due passi che fanno eccezione. Ad esempio in
Phys., IV 215a29 si trova :

> Che *A* percorra *B* nel tempo *C* e percorra, in un mezzo piú sottile, *D* in un
> tempo <*E*>. Dato che *B* e *D* sono uguali in lunghezza, i tempi staranno fra
> loro nel rapporto delle resistenze [*pro corporis impedimenta ratione*]. Se *B* è
> acqua e *D* è aria, *A* attraverserà *D* piú velocemente [*eo celerius*] di *B* cosí come
> l'aria è piú sottile dell'acqua. Il rapporto fra le « celeritates » è dunque lo
> stesso del rapporto dell'aria all'acqua. Se la sottigliezza è doppia, il tempo
> per attraversare *B* sarà dunque il doppio del tempo per attraversare *D* : e
> cosí il tempo *C* sarà il doppio del tempo *E*.

L'altra eccezione si trova in *Phys.*, VI 233b19, in cui si può leggere :

> Siccome in ogni tempo c'è il piú veloce e il piú lento [*velocius et tardius*]
> e, dato che in un tempo uguale il piú veloce percorre di piú, diciamo una
> lunghezza doppia o una volta e mezzo piú grande, diremo che questo sarà
> il rapporto fra « velocitates » […][1].

---

1. Nostra traduzione.

3. Le due accezioni preclassiche di « velocitas »

I due passi citati mostrano che per Aristotele l'espressione « piú veloce » (*celerius* o *velocius*) rinvia al sostantivo « celeritas », o « velocitas », e a un rapporto di velocità che nei due brani è espresso rispettivamente da: « le velocitates stanno fra loro nel rapporto inverso dei tempi in cui sono percorsi spazî uguali » e da « le velocitates stanno fra loro nel rapporto delle distanze percorse in tempi uguali ».

Queste due espressioni hanno avuto un ruolo paradigmatico nei discorsi sul movimento fino a tutta la prima metà del Cinquecento. Le indicheremo come le « definizioni preclassiche di *velocitas* ». Sono attestate in modo continuo in tutte le trattazioni teoriche, in cui esse giocano il ruolo di definizioni nominali di « velocitas »: nei commenti alla *Fisica* e al *De cælo* espressioni come « i tempi di percorrenza di distanze uguali stanno fra loro come [...] » o « le distanze percorse in tempi uguali stanno fra loro come [...] » vengono correntemente sosti-tuite senza spiegazione alcuna con l'espressione « le *velocitates* stanno fra loro come [...] ». In Nicola Oresme si può trovare un'utilizzazione della prima espressione accompagnata dalla menzione del fatto che « ciò risulta dal Libro VI della *Fisica* » e un riferimento alla seconda in cui si asserisce che ciò avviene « per definizione di *velocitas* ». A partire dal Duecento i trattati sul moto le forniscono regolarmente entrambe e utilizzano « velocitas » o « celeritas » secondo uno dei due sensi qui sopra specificati per rispondere alle domande « come si misura la *velocitas*? » o « come si misura il moto? ». Queste due definizioni preclassiche sono ormai canoniche nei testi del Cinquecento e resteranno tali fino a circa la metà del secolo successivo.

Queste due espressioni ricevono cosí un'unica e sola denominazione: « velocitas ». Questa « velocitas » dà luogo spesso a difficoltà interpre-tative. Infatti la mancanza di ulteriori qualificazioni che permettano di individuare a quale delle due definizioni ci si sta riferendo senza ricorrere al contesto in cui compare il termine « velocitas » si riscontra a volte persino all'interno di uno stesso trattato. In assenza di defini-zioni, può benissimo accadere che non si possa individuare – solo sulla base dell'esame di un singolo testo – il fatto che « velocitas » sta per una delle due definizioni olistiche. Di conseguenza, spesso gli storici l'hanno interpretata in termini di una terza definizione, e precisamente in termini di velocità media, come abbiamo sopra accennato. Ma ci sono almeno due buoni motivi che possono venire messi in campo contro questa intepretazione. Il primo, come si è già detto, è che non si è mai trovata nessuna definizione esplicita della velocità media in testi anteriori al Seicento. La seconda ragione ha a che vedere con le caratteristiche matematiche di queste definizioni olistiche preclassiche. Esse infatti sono definite per mezzo di proporzionalità, nel senso strettamente euclideo di uguaglianza di rapporti, mentre la velocità media implica, per definizione, una composizione di rapporti. Non possiamo qui sviluppare in modo adeguato questo punto, storicamente assai significativo, ma sta di fatto che l'introduzione della composizione di rapporti nelle applicazioni della matematica alla filosofia naturale o alla meccanica non si sviluppa prima del secolo decimosesto (*Napolitani 1995*). Da questo punto di vista si può dire che la velocità media sta alle definizioni di « velocitas » preclassiche come il peso specifico assoluto sta alla « gravitas » in specie medievale (o, se si vuole, il nostro peso specifico relativo) : e il parallelismo nella struttura logico-matematica di questi concetti si ritrova anche nel loro sviluppo storico.

Occorre osservare che nessuna delle due definizioni preclassiche implica *a priori* che si abbia a che fare con un moto uniforme. L'espressione « la *velocitas* è proporzionale a questa o quella grandezza », dove la « grandezza » in questione è costante per ogni dato movimento (si pensi alla densità del mezzo o all'inclinazione di un piano), può significare, a seconda del contesto, o che « gli spazî percorsi in tempi uguali stanno fra loro come tali grandezze » o che « i tempi di percorrenza di spazî uguali stanno fra loro nel rapporto inverso di tali grandezze ». Il primo significato si adatta bene al caso del moto di discesa di un mobile su piani inclinati diversi, situazione di cui è ben nota l'importanza centrale nella teoria galileiana del movimento. Ma in questa sorta di espressioni si cela una mancanza di trasparenza che è stata all'origine di intepretazioni anacronistiche di molti testi di teoria del moto precedenti la rivoluzione della cinematica prodotta dall'invenzione del calcolo infinitesimale.

4. Le misure istantanee del moto: il « gradus velocitatis »

A partire dal Dugento si assiste a una grande innovazione rispetto alla cinematica di Aristotele: l'introduzione, congiunta a quella del concetto di « qualità intensiva », di un concetto di « velocità instantanea ». Tale concetto viene designato con le espressioni « gradus velocitatis » o, piú raramente, « velocitas instantanea » o, ancora, « intensio motus », anche se quest'ultima designa a volte un'accezione olistica. Il concetto di « velocità instantanea », a differenza dei concetti olistici, è stato oggetto di studî assai approfonditi e i suoi principali sviluppi fino alla metà del Quattrocento sono ben noti e facilmente reperibili nella letteratura. Ci limiteremo qui ad un breve richiamo e a sottolineare alcuni aspetti meno studiati.

Il concetto di « grado di velocità » si presenta fin dalle definizioni come assai piú difficile da dominare di quello di « velocitas ». Esso è richiamato da due tipi di espressioni. Il primo definisce la disuguaglianza: « È assolutamente piú intenso o maggiore quel *gradus velocitatis* grazie al quale in uno stesso tempo si percorre uno spazio maggiore ». Il secondo tipo di espressione, peraltro meno frequente, ha la forma di una definizione nominale: « il *gradus velocitatis* <di un mobile che si muova di moto difforme> non è misurato dallo spazio percorso, ma dallo spazio che percorrerebbe se si spostasse uniformemente in un dato tempo con lo stesso *gradus velocitatis* che il moto ha nell'istante considerato » (*Clagett 1959*, p. 210 – tr. it. p. 241).

Questa definizione medievale è in genere circolare, dato che suppone che si sappia riconoscere « lo stesso grado di velocità ». Ma essa stabilisce l'identità della misura del « gradus velocitatis » e della « velocitas » nel caso del moto uniforme: il moto in cui lo spazio percorso è la somma di quelli percorsi da due moti dati ha come « gradus velocitatis » la somma dei « gradus » di questi due moti. È questa la base del successo di questo concetto primitivo di velocità instantanea nel definire il moto uniformemente difforme e nella dimostrazione, per tale moto, di alcune sue proprietà, fra cui il famoso teorema mertoniano. Da un punto di vista quantitativo, la fecondità del concetto non riuscí ad andar oltre il caso del moto uniformemente difforme. È questa, forse, una delle ragioni della progressiva diminuzione di interesse per questo strumento concettuale nel corso del Cinquecento (*Lewis 1980*), nonostante che il teorema mertoniano e le concezioni cinematiche dei *calculatores* continuarono ad essere noti, diffusi e pubblicati fin dai primi inizî della stampa. Tuttavia, la loro influenza nel Cinquecento non è stata fino a oggi esplorata a sufficienza.

5. La cinematica nel Cinquecento

Non sembra che il Cinquecento abbia messo in discussione il concetto preclassico di velocità olistica – nelle sue due incarnazioni – e, in ogni caso, non sono state reperite tracce di tentativi di estenderlo in direzione di ciò che oggi chiamiamo velocità media. È importante osservare che le due definizioni preclassiche sono in grado di trattare variazioni continue del moto senza entrare in conflitto con il principio aristotelico per cui « non esiste cambiamento nell'istante ». Aristotele stesso, a proposito dell'accelerazione di caduta dei corpi gravi dice « la *velocitas* si accresce continuamente ». *A priori*, in un tale contesto non è necessario né un concetto di velocità instantanea né un'estensione delle concezioni preclassiche della velocità olistica. Nel *De cœlo* e nei commenti a questo testo disponibili nel Cinquecento (ad esempio in *Simplicius 1584*, pp. 125 ss.) è con questa terminologia che viene trattato l'accrescimento del moto naturale, il decremento di quello violento e persino la presenza di un estremo della velocità nel moto dei proiettili.

Tuttavia con lo spostarsi dell'interesse verso nuove problematiche e con la centralità che il « motus localis » viene ad assumere nel Cinquecento, i concetti della cinematica olistica si vanno progressivamente rivelando sempre piú scomodi e ingombranti: poco adatti, ad esempio, per discutere quantitativamente la caduta "libera" dei gravi. Si può sostenere che lo sforzo per trasformare e andare al di là di queste concezioni raggiunge il suo punto culminante proprio nel Cinquecento. È in quel secolo che cominciano a fare la loro comparsa espressioni del tipo « la *velocitas* su *AB* sta alla *velocitas* su *AC* come [...] », dove *AB* e *AC* rappresentano dei segmenti di una stessa retta, o addirittura rappresentano la lunghezza di due diversi piani inclinati sui quali il moto avviene con diversa durata. Prese alla lettera, tali espressioni non sarebbero legittime nel linguaggio della cinematica preclassica e impongono al lettore moderno un'interpretazione ben di rado ovvia. Al tempo stesso la distinzione terminologica fra velocità olistica e velocità instantanea, che i secoli decimoquarto e decimoquinto avevano accuratamente conservato, tende sempre piú a sfumare. Ad esempio, in autori come Tartaglia (1500-1557) o Varro (1546 ?-1586), « velocitas » o « velocità » può indicare indifferentemente l'una o l'altra di queste due accezioni. Tale ambiguità si trascinerà per molto tempo, almeno fino a Cartesio, come testimonia la sua corrispondenza con Isaack Beeckman. Ma il senso olistico di « velocitas » resta quello dominante. Ancora verso la metà del Seicento Baliani o Torricelli non avvertono il bisogno di specificare alcunché quando utilizzano il termine. È in Galileo, la cui opera è tutta attraversata da una riflessione sul concetto di velocità, che si trova una piú precisa consapevolezza di questa ambiguità terminologica, anche se a volte sembra essere sfruttata in modo quasi strumentale. Vale la pena di osservare *en passant* che è proprio in Galileo che si può trovare una prima idea di velocità media, sebbene se ne conosca una sola occorrenza: nel *Dialogo* del 1632 (*Favaro 1890-1909*, vol. VII, p. 48) si osserva infatti che due moti non uniformi potrebbero dirsi di uguale velocità se i tempi di percorrenza sono proporzionali agli spazî, ovvero quando le velocità medie *stricto sensu* sono uguali.

Allo stato attuale degli studî si può affermare che nel Cinquecento la necessità di una ridiscussione e di una ridefinizione dei concetti cinematici preclassici è chiaramente avvertita ed espressa, ma questo disagio non viene sviluppato fino a ottenere risultati decisivi.

6. « Scientia motus quoad causam »: problemi di dinamica

La distinzione fra cinematica e dinamica è in qualche modo soggiacente ai testi di Aristotele, anche se non verrà formulata espressamente fino al trado Medioevo, con la distinzione fra « motus quoad effectum » e « motus quoad causam ». La dinamica cosí intesa è, propriamente parlando, la vera scienza del moto, dato che si propone di studiarlo attraverso l'indagine e la conoscenza delle sue cause.

I principali testi aristotelici al riguardo si trovano nella *Fisica* e nel *De cœlo* e furono commentati e studiati fino allla metà del Seicento. Occorre ricordare che gli storici della scienza, da un lato, e i filosofi e i filologi, dall'altro, sono profondamente divisi a proposito di come debba interpretarsi il pensiero di Aristotele su questo punto. Non ci soffermeremo tuttavia su tale polemica, in quanto per quello che qui ci interessa, a partire dai commentatori alessandrini questi brani – checché ne pensasse realmente Aristotele – sono stati letti o sviluppati come testi che enunciano in linea di massima proporzionalità nel senso euclideo del termine.

Si noti tuttavia che in Aristotele non si trova nessun tentativo – si potrebbe dire, nemmeno l'intenzione – di costruire una dinamica a vocazione universale, neanche per il solo « motus localis ». Di fatto, l'oggetto della scienza del moto « quoad causam » consisterà, fino alla fine del Seicento, nella costruzione di dinamiche specifiche per diverse categorie di movimenti: la dinamica del moto violento, del moto naturale, del moto dei proiettili, del moto nei mezzi, etc. Tuttavia, nel dipanarsi della tradizione dei commenti ai testi canonici aristotelici e delle innovazioni piú o meno radicali ellenistiche, tardo-antiche o medievali (l'introduzione dei concetti di resistenza interna, di *impetus*, di *vis impressa*, ad esempio) si affermò una struttura comune a tutte le costruzioni dinamiche. Anche se non si può parlare di una dinamica unificata, tale struttura esprimeva sotto forme diverse una relazione quantitativa, per mezzo di proporzionalità, fra i termini generici presenti nel discorso sul moto, relazione che si può enunciare come « l'effetto è proporzionale alla causa e inversamente proporzionale alla resistenza ». Enunciati di questo genere, già espliciti nei trattati tardomedievali (*Grant 1971*), diventano parte integrante della cultura dei filosofi naturali del Rinascimento che si interessano al moto.

Tali enunciati generici non si esprimono tuttavia in una dinamica matematizzata se non a partire dal momento in cui tutti i termini del discorso sono specificati esplicitamente in modo quantificabile, vale a dire sia esplicitamente definibili che misurabili. Si può leggere la storia della dinamica come storia di questa progressiva specificazione e della successiva quantificazione delle grandezze che entrano in questa relazione generica fra cause, effetti e resistenze, dato che una dinamica propriamente detta consiste appunto in un'espressione quantitativa esplicita di tale relazione. L'effetto è il fenomeno che, piú anticamente di tutti, ha ricevuto una determinazione quantificata, sotto la forma dei concetti di velocità (come *velocitas* o come *gradus velocitatis*), che abbiamo descritto nei paragrafi precedenti. Il famoso passo di Aristotele sul moto violento del Libro VII della *Fisica*, discusso ininterrottamente fino al Cinquecento, costituí un modello privilegiato per generalizzare ad altri problemi enunciati del tipo « la *velocitas* è proporzionale all'eccesso del motore sulla resistenza », « la *velocitas* è proporzionale al rapporto della potenza (*potentia*) alla resistenza » o loro varianti – enunciati in cui tutti i termini davano luogo a interpretazioni.

Tuttavia, fino all'inizio del Cinquecento almeno una delle due altre componenti di questi enunciati – o la causa (*virtus, potentia, vis*) o la resistenza (*resistentia*) – rimasero prive di quantificazione in tutti i tipi di moto che venivano studiati. La contribuzione specifica degli studiosi del Cinquecento alla scienza del moto « quoad causam » fu appunto quella di essere arrivati a quantificare tutte e tre le componenti – causa, effetto, resistenza – nei due casi del moto nei mezzi e del moto sui piani inclinati. È proprio grazie a questo sforzo di quantificazione che assistiamo alla nascita nel Cinquecento delle prime dinamiche matematiche.

Lo stato della storiografia al proposito è decisamente insoddisfacente. I soli tentativi di sintesi restano a tutt'oggi quelli di Caverni e di Duhem; e il programma di ricerca che si sarebbe potuto sviluppare a partire da quella prima vasta esplorazione delle fonti non è stato affatto affrontato. Solo una piccolissima parte dei contributi cinquecenteschi alla dinamica è stato fatto oggetto di studî dettagliati e analitici e non si è ancora in grado di valutare quanto quei contributi abbiano influito sull'ingente produzione non ancora studiata o il grado della loro originalità. Ad esempio, si cita spesso il commento alla *Fisica* di Domingo De Soto (1545) per ricordare quasi *en passant* che esso contiene una dimostrazione del fatto che il moto di caduta dei gravi segue un moto uniformemente difforme nel tempo, ma senza alcuna analisi piú approfondita e senza alcuna valutazione della successiva influenza di questo testo – che pure fu ristampato almeno sette volte fra il 1545 e il 1590. Dalla lettura della recente edizione del *De motu tractatus* di Michel Varro (*Camerota & Helbing 2000*) si ricava l'impressione che questo testo abbia potuto influenzare le teorizzazioni dinamiche e meccaniche del giovane

Galileo o, quantomeno, che i due studiosi possano aver avuto una o piú fonti in comune che allo stato attuale ci sono sconosciute. In questa situazione di frammentazione della conoscenza storica, non si può che tentare di descrivere il contributo del Cinquecento allo sviluppo della dinamica quale risulta da alcune opere piú note e studiate.

7. Tartaglia, Benedetti, Varro

Nelle due opere di Niccolò Tartaglia *La nova scientia* (1537) e i *Quesiti et inventioni diverse* (1546) si possono trovare alcuni elementi notevoli. *La nova scientia* tenta di stabilire una complessa relazione fra il moto dei corpi e la geometria la cui portata va ben oltre i risultati che il trattato si proponeva, cioè di fornire una serie di indicazioni balistiche ai « bombardieri » dell'epoca. L'apparenza formale del testo è quella di un trattato di geometria: inizia con quattordici « diffinitioni, over descrittioni delli principij per se noti delle cose premesse ». Queste quattordici definizioni attestano una fase di produzione di concetti adattati a una modellizzazione di movimenti concreti: il mobile studiato viene definito insensibile all'azione del mezzo (l'aria); viene introdotto un ostacolo, sul quale l'« effetto » o « offensione » o anche « percussione » dovrebbe produrre una misura locale del moto. La « possanza movente » viene definita con modalità che sono al tempo stesso abbastanza generali e specifiche da far sí ch'essa sia passibile di quantificazione: « possanza movente vien detta qualunque artificial machina over materia che sia atta a spingere, over tirare un corpo ». C'è qui un chiaro riferimento all'attenzione nuova che il Cinquecento presta alla scienza delle macchine.

Il problema della traiettoria dei proiettili è trattato per mezzo dell'introduzione di un modello geometrico (due rette tangenti un arco di cerchio) che Tartaglia esplicitamente dichiara essere un modello che non rappresenta fedelmente la realtà delle cose. Nonostante le sue dichiarazioni che tale descrizione della traiettoria è assai prossima alla realtà, essa resta, epistemologicamente, un modello geometrico.

La matematizzazione sviluppata è però significativamente diversa da quella della geometria greca che Tartaglia, traduttore di Euclide ed editore di Archimede ben conosce. Le dimostrazioni piú importanti (l'elevazione di 45 gradi per ottenere la gittata massima, la discussione stessa della gittata) non sono né giuste né sbagliate, per il buon motivo che non vi è alcuna dimostrazione. Il ragionamento che soggiace a una proposizione è infarcito di argomentazioni geometriche in stile euclideo, con i debiti rinvii alle relative proposizioni degli *Elementi*, salvo far ricorso nei punti cruciali della deduzione, quelli in cui entrano in gioco concetti meccanici, a « suppositioni » che garantiscono il risultato voluto. Cosí la similitudine delle traiettorie di stessa elevazione viene provata asserendo che « *aliter* seguiria incovenienti assai » (*Nova scientia*, II 7), surrettiziamente introdotto nel bel mezzo di un impeccabile ragionamento geometrico. Queste pratiche dimostrative sono realmente caratteristiche della filosofia naturale matematizzata almeno fino alla seconda metà del Seicento. La concezione di dimostrazione ammessa in matematica non sembra essere trasferibile per questi autori in teorie in cui entrano in gioco concetti geneticamente non geometrici – e, di conseguenza, fanno eccezione a questa regola le trattazioni dei centri di gravità, della leva, e alcuni problemi cinematici.

Nei libri VII (*Sopra li principij delle* Questioni mechaniche *di Aristotile*) e VIII (*Sopra la scienza di pesi*) dei *Quesiti et inventioni diverse*, Tartaglia propone alcune concezioni che si sarebbero rivelate assai feconde. I titoli stessi dei due libri indicano la fonte della loro ispirazione: le *Quæstiones mechanicæ* (*Rose & Drake 1971*), attribuite allora ad Aristotele e riscoperte dall'Occidente latino alla fine del Quattrocento, e un trattato medievale di statica attribuito a Giordano Nemorario. L'impatto di questi trattati sulla statica e sulla scienza della macchine nel Cinquecento è stato oggetto di numerosi studî (*Drake & Drabkin 1969*; *Schmitt 1967*) e qui li considereremo solo dal punto di vista dei loro rapporti con le teorie sul moto. Tartaglia introduce ed elabora qui concetti come la « gravità nel descendere secondo il luoco, over sito » o una « virtú » che definisce come « la virtú d'un corpo grave se intende […] quella potentia che lui ha di tendere […] al basso, et anchora da resistere al moto contrario ». Piano inclinato e bilancia si mescolano intimamente nelle proposizioni che seguono le definizioni e la trattazione culmina nella proposizione seguente (VIII xlii 15):

> Se due gravi descendano per vie de diverse obliquità, e che la proportione delle declinationi delle due vie, e della gravità de detti corpi sia fatta una medesima […] la virtú dell'uno e l'altro di detti dui corpi gravi in el descendere sara una medesima.

Bisogna tuttavia osservare che il concetto di « gravità nel sito » sviluppato da Tartaglia non era una novità, e che era presente piú o meno esplicitamente nei trattati di statica medievale allora disponibli : il teorema sul piano inclinato dei *Quesiti* non è altro che la traduzione esatta di una proposizione di Giordano Nemorario (*Moody & Clagett 1952*, p. 190), e il contributo di Tartaglia si limita al completamento della dimostrazione.

Resta ancor oggi aperto il problema di una corretta valutazione dell'impatto dell'opera di Tartaglia sulla meccanica e la dinamica del suo secolo e in particolare sull'elaborazione galileiana. Si avverte acutamente la mancanza, per poter trattare tale questione in modo adeguato, di uno studio, nel *corpus* dei testi cinquecenteschi, della terminologia scientifica e filosofica riguardante la problematica. Un tale studio dovrebbe permettere di chiarire la complessità di varianti e la diversità di significati e concetti veicolati da questa terminologia e soggiacenti all'apparente stabilità delle denominazioni.

Qui possiamo solo limitarci ad affermare che i trattati di Tartaglia – che ebbero una vasta diffusione – costituiscono la testimonianza piú estesa ad oggi nota sugli strumenti concettuali e sulle pratiche di applicazione delle matematiche alla teoria del moto, diffusi nella cultura degli ambienti colti della metà del Cinquecento. In particolare occorre osservare che il teorema relativo al piano inclinato conteneva potenzialmente elementi capaci di permettere la quantificazione della causa nell'espressione generica della dinamica del moto su un tale piano. Tuttavia, né Tartaglia né Varro (che ne darà una dimostrazione completamente diversa e assai vicina a quella galileiana) faranno tale passo decisivo. Esso sarà invece compiuto da Galileo nei *De motu antiquiora* e poi nelle *Meccaniche*: tentare di utilizzare la « gravità nel sito » per produrre una relazione dinamica e matematizzata fra causa ed effetto, identificando la misura della causa con la misura della « tendenza a scendere » e la misura dell'effetto con la misura della « velocitas » sul piano inclinato.

Sarà un allievo (anche se non discepolo) di Tartaglia, Giovan Battista Benedetti, che svilupperà uno dei primi tentativi di sfruttare teorie di statica per produrre una dinamica esplicitamente quantificata (*Giusti 1997*). La sua lettura dei *Galleggianti* di Archimede lo porta a trovare una fondazione della teoria del moto nei mezzi. Nella lettera di dedica della primissima sua opera – un trattato di geometria euclidea (*Maccagni 1967*) – egli presenta, quasi incidentalmente, i caposaldi di una teoria che si può riassumere nei termini seguenti.

Da un lato propone una modificazione della misura della causa, sulla base di ciò che Archimede insegna: che alla « gravitas » di un corpo in un mezzo, il mezzo sottrae una « gravitas » pari alla « gravitas » di un uguale volume di mezzo. Su questa base, la causa viene allora misurata dalla « gravitas in medio », ovvero dal peso che il corpo ha in quel mezzo. Dall'altro, il mezzo viene considerato come qualcosa che oppone resistenza al moto: una resistenza (*resistentia*) proporzionale alla quantità di mezzo che il corpo deve spostare nel corso del suo movimento. Benedetti utilizza questa visione delle cause e delle resistenze per produrre una specificazione esplicitamente quantitativa della relazione generica della Scolastica: « le cause sono proporzionali agli effetti e inversamente proporzionali alle resistenze » – a nostra conoscenza si tratta di una vera e propria innovazione. Occorre osservare che l'espressione con cui Benedetti propone questa prima formulazione matematizzata di una dinamica presenta notevoli ambiguità e difficoltà interpretative, e che Benedetti proporrà negli scritti successivi soluzioni diverse e apparentemente incompatibili fra loro. Piú che di contraddizioni si tratta a nostro avviso di effetti di determinazioni concettuali e terminologiche instabili e incomplete. Tali caratteristiche sono in parte dovute a Benedetti stesso, in parte dipendono dalla fase storica in cui nascono: il Cinquecento è un'epoca creativa e innovativa sul piano teorico. Il punto storicamente significativo è che siamo qui di fronte alle prime proposte complete di un'espressione matematica per descrivere la dinamica di un movimento e che esse vengono presentate come argomentazioni da opporre alle tesi aristoteliche. Va osservato inoltre che non si hanno elementi decisivi per stabilire se il giovane Galileo conobbe o meno questa teoria. Al riguardo si può solo rilevare che, verso la metà del Cinquecento, una tale teoria era formulabile, e che fu effettivamente formulata.

Un'altra testimonianza sull'evoluzione dei concetti pertinenti alla formazione della dinamica si può trovare nel *De motu tractatus* di Michel Varro (1584). L'importanza di questo testo è stata rilevata solo molto recentemente. Un primo punto interessante è la sua proposta che nel moto naturale di caduta dei gravi, la velocità aumenti proporzionalmente alla distanza dal punto di caduta (posizione che sarà poi inizialmente sostenuta anche da Galileo), a differenza di Domingo de Soto che supponeva la proporzionalità con il tempo trascorso. Ma la vera novità messa in luce dagli studî recenti è data dal modo con cui Varro tratta il problema dell'equilibrio delle forze in gioco in una macchina semplice. L'argomentazione ha una generalità fino ad allora mai raggiunta, e anticipa, con una somiglianza che colpisce, molte concezioni che si ritroveranno poi nelle *Meccaniche* (1594) di Galileo (*Favaro 1890-1909*, vol. II, pp. 155-191). Sono in particolare notevoli le sue definizioni di forza e resistenza, da cui segue che « la resistenza è, nel proprio oggetto, uguale alla forza movente » (*De motu tractatus*, Conclusio I). Questa conclusione implica – potenzialmente – una misurabilità assai generale della causa di un moto sulla base di nozioni e considerazioni di statica; ma, come abbiamo già osservato, Varro non si spingerà ulteriormente su questa strada.

8. I *De motu antiquiora* del giovane Galileo

Gli sforzi di elaborazione di una dinamica esplicitamente quantitativa culminano alla fine del secolo nei primi lavori di Galileo sul moto. Essi rappresentano una sintesi e una riorganizzazione di quei tentativi cinquecenteschi che abbiamo sommariamente qui descritto: ma al tempo stesso ne costituiscono anche un superamento. Hanno la forma di un attacco di un vigore senza precedenti contro le teorie d'Aristotele sul moto. Galileo non li pubblicò mai, ma l'insieme dei manoscritti che aveva conservato è stato pubblicato sotto il titolo *De motu antiquiora* (*Favaro 1890-1909*, vol. I, pp. 251-419). L'origine di tali testi sembra dover essere cercata nei corsi di filosofia che si tenevano nell'Università di Pisa fra il 1584 e il 1594 (*Helbing 1989*, cap. 6).

L'aspetto piú incisivo dei *De motu antiquiora* è la forza con cui essi negano – contro le teorie aristoteliche – l'esistenza di corpi assolutamente leggeri. La spiegazione del moto verso l'alto di un corpo pesante – vale a dire di un corpo il cui moto naturale è verso il centro della terra – per mezzo della spinta di Archimede era nota, ma sembra che Galileo sia fra i primi a trarne la conseguenza radicale che « leggero » non debba significare altro che « meno grave ». La bilancia gioca nella trattazione un ruolo paradigmatico, dato che il moto verso l'alto di un corpo in un mezzo è paragonato a quello del piatto meno carico di una bilancia, moto questo che si spiega tramite il peso maggiore situato sull'altro piatto. È sempre utilizzando l'analogia con la bilancia che Galileo tenta di produrre una dimostrazione del fenomeno che oggi chiamiamo « spinta archimedea » che sia « piú fisica » di quella dei *Galleggianti*. Il principio che utilizza, assolutamente generale, è che un corpo non possa essere sollevato da un altro corpo meno pesante. Solo molti anni dopo Galileo riconoscerà l'erroneità di tale principio; ma qui nei *De motu antiquiora* un chiaro errore di geometria si combina con questo principio errato per salvare sia il principio, sia il risultato (che ovviamente Galileo già conosceva in precedenza).

La maggior parte del trattato è dedicata allo sviluppo di una dinamica espicitamente matematizzata del moto, nei mezzi, dei corpi (pesanti, ovviamente, perché non ne esistono di leggeri), dimostrando che le asserzioni di Aristotele sono insostenibili, se non addirittura ridicole. Un tratto che lo caratterizza è che, piú di ogni altro suo predecessore, Galileo espelle da questo processo di geometrizzazione gli « accidenti » che possono anche essere importanti per dar conto della realtà del fenomeno, ma non ne costituiscono le caratteristiche essenziali. Combina in modo peculiare il ricorso all'osservazione e la fede nella potenza dell'uso della matematica in filosofia naturale (*Favaro 1890-1909*, vol. I, p. 406):

> Che questo contrasti con l'opinione di molti non mi riguarda affatto, purché si accordi con il ragionamento e l'esperienza, anche se l'esperienza a volte mostra piuttosto il contrario.

Uno studio dettagliato del contenuto matematico della dinamica sviluppata da Galileo in questi testi sul moto nei mezzi, non è purtroppo disponibile a tutt'oggi, al punto che certe sue caratteristiche, anche fra le piú significative, non sono state rilevate dagli studî attualmente disponibili. È il caso, in particolare, del tentativo che Galileo fa di attenersi a una dinamica semplificata, eliminando per quanto possibile la considerazione delle resistenze e riducendo la relazione generica della Scolastica alla proporzionalità fra « velocitas » e « causa ». Galileo, come Benedetti, identifica da buon archimedeo la « causa » con la « gravitas in medio ». Questa proporzionalità « velocitas » : « gravitas in medio » è presentata come l'espressione di una dinamica valida in generale (la generalità è relativa alla loro materia e al mezzo in cui si muovono) per due qualsiasi mobili di ugual volume (*Favaro 1890-1909*, vol. I, pp. 272, r. 19-273, r. 3). La soluzione del problema in generale, osserva Galileo, la si può ottenere quando si sappia confrontare i moti di due mobili della stessa materia ma di volumi diversi nello stesso mezzo (*Favaro 1890-1909*, vol. I, p. 263, r. 25). In questo caso, però, la proporzionalità « velocitas » : « gravitas in medio » fornirebbe una velocità proporzionale alla quantità di mezzo che il mobile deve spostare e, di conseguenza, proporzionale al peso del mobile. È una conclusione aristotelica, che Galileo rifiuta con grande energia ; e, per evitarla, tratta il caso di due mobili della stessa materia e di volume diverso in modo completamente indipendente, introducendo così una resistenza del mezzo proporzionale alla quantità di mezzo che il mobile deve spostare (*Favaro 1890-1909*, vol. I, p. 264, r. 16). Ottiene così come risultato che per una data materia in un dato mezzo la velocità non dipende dal volume del mobile. Ma il prezzo pagato per questo risultato, trovato su base semi-empirica, è la non universalità delle dinamiche utilizzate per i varî casi.

Si può osservare qui una delle caratteristiche generali della matematizzazione della filosofia naturale nel Cinquecento : per certi fenomeni vengono elaborati modelli teorici diversi che poi verranno fatti rientrare in uno stesso schema. In noi lettori moderni ciò produce una sensazione di incoerenza. Ma occorre ricordare che, nel Cinquecento, la matematizzazione della dinamica sta appena muovendo i suoi primi passi. Questa incoerenza non sarebbe stata avvertita come tale ancora per molti decennî, fino alla costruzione di un quadro teorico unificato. La generalità delle ipotesi utilizzate permette a Galileo di trasporre le sue dimostrazioni relative al moto nei mezzi alla dinamica del moto di discesa di un mobile su differenti piani inclinati : situazione di cui è ben noto il ruolo centrale nella « nuova scienza » del movimento dei *Discorsi* del 1638. La « gravitas sul piano inclinato » sostituisce la « gravitas nel mezzo » ; e all'idrostatica dei *Galleggianti* Galileo sostituisce un calcolo originale di questa « gravitas sul piano inclinato », basato – come quello del *De motu tractatus* di Varro – sull'equilibrio di una bilancia angolare (*Favaro 1890-1909*, vol. I, p. 297). Galileo arriva così a dimostrare che le « velocitates » di uno stesso mobile su piani di inclinazione diversa sono inversamente proporzionali alle lunghezze misurate su questi piani in corrispondenza di una stessa distanza verticale. Questo teorema verrà espresso successivamente per mezzo della proporzionalità « momentum » : « velocitas » e svolgerà un ruolo importante nelle ricerche sulla dinamica dei discepoli di Galileo (*Souffrin 1992*, [= *supra*, II, n° 7ª, pp. 157-193]), anche se Galileo stesso non vi farà riferemento nei *Discorsi* se non marginalmente (in III 6).

I *De motu antiquiora* si concludono con l'esposizione di una teoria sulla forza impressa (*virtus impressa* o *impetus*) dissipativa, teoria che viene applicata alla discussione sul moto dei proiettili e sulla caduta dei gravi. Non si tratta di un'invenzione originale (per quanto Galileo tenti di farlo credere al suo potenziale lettore), ma le applicazioni che ne fa sono piú raffinate di ogni altra teoria sulla forza impressa precedente. Ci sono due conseguenze di questa teoria che, a suo giudizio, sono particolarmente importanti : in primo luogo, « contrariamente a ciò che dice Aristotele », il moto naturale di caduta dovrebbe, se potesse durare sufficientemente a lungo, tendere ad assumere una velocità uniforme ; la seconda conseguenza è che l'accelerazione iniziale di un corpo che inizi il suo moto a partire dalla quiete cadendo in un mezzo o lungo un piano inclinato, è dovuta alla presenza e alla dissipazione di questa forza impressa ; questo elemento, che non era stato preso in considerazione nelle discussioni precedenti sul moto nei mezzi e sul piano inclinato, basta a spiegare (unitamente agli attriti, alle imperfezioni materiali e ad altri accidenti) come mai le proprietà dimostrate nei capitoli precedenti non vengano osservate. A ben vedere, non è quindi cosí stupefacene che Galileo non abbia pubblicato questi scritti pur cosí densi di riflessioni.

I manoscritti ci danno al tempo stesso preziose indicazioni sulle strade seguite dal pensiero scientifico di Galileo e una testimonianza eccezionale sullo stato dello sviluppo delle teorie sul moto alla fine del Cinquecento. È una fase di transizione, di passaggio dalle teorie *de motu* dell'aristotelismo tardo alla nuova scienza del movimento, la cui nascita sarà segnata dai *Discorsi* galileiani. Possiamo notare, per concludere, che lo sviluppo della matematizzazione della teoria del moto rimase a lungo legata a dibattiti su problemi ontologici (*Camerota & Helbing 2000*), dibattiti che non possono però essere trattati nel contesto del presente contributo.

SECTION IIIᵉ

QVÆSTIONES SUR LE MOUVEMENT DE LA TERRE

&

THÉORIE DES MARÉES

14

Oresme, Buridan,
et le mouvement de rotation diurne
de la terre ou des cieux[*]

Quelques mots en guise de justification
et d'introduction

Présenter actuellement une étude des textes de Buridan et d'Oresme
sur le mouvement diurne de la terre ou des cieux demande quelque
justification. En effet, l'importance des travaux de ces deux auteurs pour
l'histoire des sciences est largement reconnue, et tous deux figurent en
bonne place dans toute histoire des sciences ou de la philosophie, et
même dans tout dictionnaire respectable, au point que la répétition de
données biographiques ou bibliographiques détaillées semble peu utile[1].
Même si le thème du mouvement de la terre n'est, rétrospectivement,
le plus important historiquement ni chez Buridan, connu plutôt pour
sa théorie de l'« impetus », ni chez Oresme, davantage connu pour ses

---

* N.d.éd. : Paru dans *Terres médiévales*, [Actes du Colloque d'Orléans, 27 et 28 avril
1990] sous la direction de Bernard Ribémont, Paris, Klincksieck, 1993, p. 277-333 – version revue et corrigée pour la présente édition.
    1. On se reportera aux articles très denses consacrés aux deux auteurs dans *Gillispie 1970-
1990*. Sur Oresme, le lecteur pourra consulter *Quillet 1990*.

Configurations, les histoires des cosmologies mentionnent en général leurs *quæstiones* traitant de ce sujet. Enfin, dès les années quarante, les deux textes discutés ici ont fait l'objet d'éditions savantes, dont les plus récentes sont toujours disponibles[2]. Deux raisons m'ont cependant semblé justifier cette intervention. D'une part, un certain renouvellement, relativement récent en France, de l'intérêt pour l'histoire des idées scientifiques invitait à rendre ces textes disponibles en langue française, et nous avons donc entrepris, avec R. Lassalle, les traductions que l'on trouvera en Appendice[3]. D'autre part, du point de vue de l'histoire des sciences et de l'historiographie, au moins le texte d'Oresme présente un intérêt théorique remarquable par les problèmes d'interprétation qu'il pose et qui font encore l'objet de débats. Je proposerai, dans la suite, quelques réponses ; j'espère que le lecteur trouvera dans ces problèmes, et peut-être dans les solutions proposées, une justification supplémentaire à mon intervention. Si la glose oresmienne est la plus originale, la présentation simultanée de celle de Buridan m'a semblé, en dehors de son intérêt propre indéniable, de nature à en favoriser l'appréciation historique. C'est dans cette perspective que je vais proposer quelques réflexions destinées à faciliter la comparaison des textes dont rien, cependant, ne saurait remplacer la lecture.

Nicolas Oresme

La quæstio *du mouvement diurne de la terre dans* Le livre du ciel et du monde *: Une brève présentation*

La *quæstio* qui nous intéresse constitue le chapitre 25 du livre IIe du *Commentaire* au livre d'Aristote connu sous le titre *Du ciel*[4], écrit par Oresme vers 1380. Qu'il s'agisse pour Oresme d'une question importante ressort immédiatement de la place qu'elle occupe dans l'ensemble

---

2. Cf. *Menut & Denomy 1968, Ghisalberti 1983.*
3. Les travaux de Duhem, s'ils sont dépassés d'une certaine façon (en particulier par la prise en considération de manuscrits découverts depuis) restent d'une importance essentielle. Voir sur le sujet traité ici *Duhem 1913-1959,* vol. IX, ch. 19 en particulier.
4. Cf. *infra,* Appendice Ier, la liste des chapitres du traité d'Aristote.

du *Commentaire*: il s'agit de la plus longue glose de tout le livre, qui commente sur cinq feuillets (neuf pages dans l'édition de Menut & Denomy) une seule phrase, en effet allusive, du texte d'Aristote[5].

Le propos d'Oresme est clairement annoncé par la phrase qui introduit la glose:

> Mais, sous toute réserve, il me semble que l'on pourrait bien soutenir et illustrer la dernière opinion, à savoir que la terre est mue d'un mouvement journalier et le ciel non. / Et je veux établir que l'on ne pourrait montrer le contraire par aucune expérience, ni par le raisonnement, et j'apporterai à ceci [*i.e.* en faveur du mouvement de rotation diurne de la terre] des raisons.

Oresme développe ce programme en présentant successivement (A 1) les preuves de l'immobilité de la terre par expériences, (A 2) les réponses à ces preuves par expériences, (B 1) les raisons en faveur de l'immobilité de la terre, (B 2) les réponses à ces raisons, (C) un ensemble de persuasions ou raisons, *i.e.* d'arguments et de raisonnements en faveur de l'hypothèse du mouvement de rotation diurne de la terre[6].

Après avoir résumé sa *quæstio* par:

> Il en résulte qu'on ne peut montrer par aucune expérience que le ciel soit mû d'un mouvement quotidien, car de toute façon, qu'on suppose qu'il soit en un tel mouvement et pas la terre, ou la terre et pas le ciel, si un œil était au ciel et qu'il vit clairement la terre, elle semblerait en mouvement; et si l'œil était sur la terre, le ciel semblerait en mouvement

Oresme se déclare conclusivement en faveur de la rotation diurne du ciel, et affirme que ce qu'il a dit à ce sujet est de nature à confondre ceux qui pensent pouvoir combattre la foi par des « raysons ». Nous verrons que cette conclusion a dérouté la critique moderne au point de conduire à des interprétations et à des traductions que je contesterai.

---

5. En *Du ciel*, II 13 (293b30). Aristote attribue à Platon (*Timée*, 40b) l'idée d'une rotation diurne de la terre autour de son axe. Sur cette interprétation du texte de Platon, qui n'est pas retenue par la critique moderne, voir la discussion très approfondie de *Dreyer 1953*, p. 71 ss.

6. Cf. l'Appendice IIIe pour un résumé détaillé, dont je reprends ici la numérotation et, le plus souvent, les titres des paragraphes.

Les qualités formelles singulières du texte

Le lecteur qui aura pris connaissance du texte, ou tout au moins du résumé donné en Appendice, pourra apprécier la rigueur de la construction et la finesse de la stratégie didactique ; il est probable, si j'en crois mon expérience de l'utilisation de ce texte dans des enseignements et dans des séminaires, qu'il aura trouvé quelque peu abrupte, sinon incohérente, la déclaration finale en faveur de la rotation diurne du ciel étoilé... Nous y reviendrons. Pour s'en tenir aux qualités formelles du *Commentaire* d'Oresme, elles me semblent pour tout dire admirables et, d'une certaine façon, exemplaires. Ce *Du ciel et du monde* offre au lecteur non spécialiste un exemple du style d'exposition et d'argumentation qui avait cours dans les Universités à la fin du Moyen Âge. Le texte est à la fois en tout point conforme aux normes en vigueur dans la didactique scolastique et exception-nellement lisible pour un lecteur moderne. La facilité avec laquelle un lecteur peut prendre connaissance du contenu d'un texte est, bien sûr, fortement conditionnée par le style d'exposition, le type de problèmes abordés et la formation culturelle de l'auteur du texte en question, en l'occurrence tous aspects très éloignés de nous. Il se trouve que l'organisation de l'exposition oresmienne, au moins ici[7], et pour autant que j'en puisse juger, est à la fois parfaitement intégrée dans son époque et inhabituellement proche des normes d'exposition modernes. Disons que la construction de la *quæstio* est, chez Oresme, plus proche des formes modernes de l'argumentation scientifique qu'il n'est d'usage chez ses contemporains. Si l'on me suit sur ce point, on reconnaîtra qu'une lecture du livre *Du ciel et du monde* se prête aisément à une approche préliminaire à la littérature de la philosophie scolastique. Le lecteur devra seulement être averti que la clarté du texte d'Oresme n'est pas représentative de la philo-sophie médiévale ; la comparaison avec le texte de Buridan me paraît de nature à éclairer ce point.

---

7. À vrai dire, je trouve très lisible également son *De configurationibus* et j'estime que le style d'Oresme produit en général ce genre de lisibilité. On pourra le vérifier dans *Souffrin & Weiss 1988* [= *supra*, II, n° 4, pp. 77-100].

Problèmes posés par la conclusion d'Oresme

La conclusion par laquelle Oresme clôt la *quæstio* du chapitre II 25 pose au moins deux problèmes au lecteur moderne : le premier, relevé par tous les historiens, est l'apparente contradiction entre l'ensemble du *Commentaire* et la conclusion qui attribue le mouvement diurne au ciel, et non à la terre : le second problème, qui à ma connaissance n'a pas été explicitement relevé par la critique contemporaine, mais dont la conscience me semble toutefois essentielle à la compréhension de la pensée oresmienne, est celui de l'objectif même de cette *quæstio*.

Compte tenu des problèmes d'interprétation et de traduction déjà mentionnés, renvoyer simplement le lecteur à la traduction que nous proposons reviendrait à l'entraîner à la lecture que j'entends précisément soutenir ; voici donc, selon le manuscrit que l'édition de Menut et Denomy désigne par *A*, le passage essentiel de la conclusion d'Oresme :

> Or appert donques comment len ne peut monstrer par quelcunque expe-rience que le ciel soit meu de mouvement journal car comment que soit pose que il soit ainsi meu et la terre non ou la terre meue et le ciel non se un ouyl estoit u ciel et il voit clerement la terre elle sembleroit meue et se le ouyl estoit en terre le ciel sembleroit meu. Et le voiement nest pas pour ce deceu car il ne sent ou voit fors que mouvement est. Mais se il est de tel corps ou de tel ce jugement est fait par les sens de dedens si comme il met en Perspective et sont telz sens souvent deceus en telz cas si comme il fu dit devant de celui qui est en la nef meue. Apres est monstre comment par raisons ne peust estre conclus que le ciel soit ainsi meu. Tiercement ont este mises raisons au contraire et que il nest pas ainsi meu. *Et nientmoins touz tiennent et je cuide que il est ainsi mu* et la terre non deus enim firmavit orbem terre qui non commovebitur non obstans les raisons au contraire car ce sont persuasions qui ne concludent pas evidanment. Mais considere tout ce que dit est len pourroit par ce croire que la terre est ainsi meue et le ciel non et nest pas evidant du contraire. Et toutevoies ce semble de prime face au tant ou plus contre raison naturelle comme sont les articles de nostre foy ou touz ou pluseurs. Et ainsi ce que je ay dit par esbatement en ceste matiere peut aler valoir a confuter et reprendre ceulz qui voudroient notre foy par raysons impugner[8].

---

8. Paris, Bibliothèque Nationale de France, ms. *Fr. 1082* (olim *7350*), f° 144rb-va. J'ai respecté la ponctuation et les majuscules, mais apporté quelques corrections mineures au texte de *Menut & Denomy 1968*. Le passage en italique est omis sur les cinq autres

Le lecteur aura probablement le sentiment d'une opposition logique entre le *Commentaire* dans son ensemble et cette conclusion, opposée à la rotation de la terre. La conviction que le texte et cette conclusion seraient contradictoires est partagée par la très grande majorité des historiens des sciences et de la philosophie. Le cas de Duhem est particulier : découvreur du texte, il l'a interprété sans nuances dans l'optique de sa position continuiste poussée à l'extrême ; pour lui, Oresme est partisan « déclaré » de la rotation diurne de la terre, s'avérant être ainsi « un précurseur français de Copernic ». Mais il faut remarquer que Duhem utilise seulement l'un des manuscrits ne contenant pas le passage « Et nientmoins touz tiennent et je cuide que il [le ciel] est ainsi mu », c'est-à-dire précisément la seule déclaration explicite d'Oresme en faveur de l'immobilité de la terre[9]. Confrontés au texte comprenant ce passage, que tous retiennent, les auteurs modernes y voient généralement une opposition entre la conclusion, résolument en faveur du mouvement diurne du ciel, et le développement, perçu comme un long plaidoyer en faveur de la thèse opposée. Il est très tentant, dans cette optique, d'interpréter la "contradiction" par une prudence bien compréhensible, c'est-à-dire par la peur du bûcher, voire par un manque de courage, comme le proposent Albert D. Menut & Alexander J. Denomy[10] : Oresme serait intimement convaincu de la supériorité de la thèse de la rotation diurne de la terre et, plus précisément, de la réalité de cette rotation.

Les auteurs qui retiennent la bonne foi d'Oresme, c'est-à-dire qui lui accordent qu'il est réellement et sincèrement partisan de la thèse de la rotation diurne du ciel, opposent toutefois également le développement et la conclusion : Oresme, après avoir longuement démontré la supériorité logique de la thèse de la rotation de la terre, constaterait que cette thèse, pour être supérieure en tous points, ne contient pas d'argument pour ainsi dire décisif, et conclurait par référence

mss. connus ; la disposition du texte en lignes dans le ms. *Fr. 1082* (*nest pas ainsi meu. Et / nientmoins touz tiennent / et je cuide que il est ainsi mu / et la terre nondeus enim*) suggère fortement que ce ms. est à l'origine des cinq autres – ce qui ne fait que renforcer les nombreux éléments qui ont conduit les éditeurs à le préférer.

9. Duhem utilise le ms. *Fr. 1083* de la Bibliothèque Nationale de France et ne relève pas la difficulté de lecture, en cet endroit, du texte qu'il édite.

10. Cf. *Menut & Denomy 1968*, p. 27 : « We are inevitably tempted to surmise that this final retraction was prompted at least in part by a failure of moral courage […] ».

et soumission à l'autorité de l'*Écriture*. M. Clagett y voit une certaine contradiction dans l'argumentation :

The very kind of scriptural quotation which he had already answered he uses as his reason[11].

Je soutiens une position profondément différente. Si je conviens, avec M. Clagett et E. Grant, qu'Oresme était indiscutablement convaincu de l'absence de mouvement diurne de la terre, contrairement à eux je pense que tout l'exposé est parfaitement cohérent. En effet, il n'est conforme ni à l'esprit ni à la lettre du *Commentaire* d'Oresme de le lire comme une tentative infructueuse de démonstration de la thèse de la rotation diurne de la terre. Il s'agit plutôt d'une tentative de démonstration de l'impossibilité de prouver le repos absolu d'un corps quelconque ; c'est bien l'objectif annoncé au début du chapitre, et il faut reconnaître que cette tentative est conduite avec un succès éclatant. Oresme ne plaide pas pour un relativisme absolu du mouvement, mais seulement pour l'impossibilité absolue de l'observer[12]. Dans ces conditions, il est non pas simplement légitime, mais bien inévitable de se tourner vers des arguments métaphysiques[13], et la position d'Oresme ne souffre pas de l'ombre d'une incohérence.

11. Cf. *Clagett 1959*, p. 608 (et 588) – tr. it. 1972, p. 654 (et 631).

12. Newton, dont la mécanique est le fondement de la relativité dite « galiléenne », ne pensera pas autrement : sa cosmologie ne permet pas de mettre en évidence l'espace absolu dont il affirme l'existence comme attribut inaltérable et immobile de Dieu.

13. Puisqu'à la suite de Duhem, il a été question de Copernic à propos de la thèse d'Oresme, je suggérerais, quant à moi, qu'il y a bien un rapprochement à faire sur cette question de rotation diurne, mais tout autre que celui proposé par Duhem. Selon la thèse exposée ici, les deux hommes apportent à la question des réponses opposées ; mais nous pouvons dire que ni l'un ni l'autre ne disposent des bases théoriques qui fondent le copernicisme moderne. Ces bases théoriques ne seront élaborées que par Newton, de sorte que Copernic est, devant ce problème, dans la même situation qu'Oresme en ce qui concerne la raison naturelle – ce qu'aujourd'hui nous appellerions « les raisons physiques ». Ils constatent, l'un comme l'autre, que la raison naturelle ne permet pas de conclure ; ils ne peuvent donc répondre que sur la base d'arguments métaphysiques. L'un choisit une lecture littérale de l'*Écriture*, tout en sachant bien que ce n'est pas la seule lecture possible ; l'autre choisit sur la base de considérations métaphysiques mêlant la splendeur du soleil, la gloire de Dieu et certaines considérations esthétiques. Certes, il y a entre Copernic et Ptolémée des différences qui ne relèvent pas seulement de l'opinion, et l'observation donne raison à Copernic, mais cela ne concerne que l'organisation spatiale des corps célestes et les distances relatives dans le système solaire (cf. *Neugebauer 1962* – tr. fr. 1990, p. 253). La question de la réalité objective des mouvements est la partie

Jusqu'ici, entre la position de Clagett et de Grant, ou de Menut & Denomy, et la mienne, il n'y a qu'une différence d'appréciation. Il en va autrement lorsque l'on considère les problèmes soulevés par la fin du *Commentaire*, où Oresme s'exprime clairement sur les objectifs didactiques:

> Mais considere tout ce que dit est len pourroit par ce croire que la terre est ainsi meue et le ciel non et nest pas evidant du contraire. Et toutevoies ce semble de prime face au tant ou plus contre raison naturelle comme sont les articles de nostre foy ou touz ou pluseurs. Et ainsi ce que je ay dit par esbatement en ceste matiere peut aler valoir a confuter et reprendre ceulz qui voudroient notre foy par raysons impugner.

Il est évident que la première partie de cette conclusion présente une difficulté d'interprétation et, partant, de traduction. Je pense qu'on ne peut prétendre à affirmer quelque chose de crédible sur l'ensemble du *Commentaire* sans prendre clairement parti sur le sens de ce passage, et que l'on ne peut laisser sans explication une traduction obscure. La question cruciale est évidemment de savoir quel est le « ce », c'est-à-dire quel est le sujet qui « semble de prime face autant ou plus contre raison naturelle comme sont les articles de nostre foy ».

La totalité des traductions et éditions disponibles impliquent que le sujet est « le mouvement de rotation diurne de la terre »[14]; Grant est parfaitement explicite sur ce point:

> He [Oresme] argues that although one might plausibly believe in the earth's rotation – for there are no persuasive arguments to deny it conclusively – it seems contrary to natural reason, even more so than do some articles of the faith. Thus Oresme acquiesces in tradition, custom and « natural reason », to conclude in favour of the earth immobility[15].

Grant pense apparemment qu'Oresme se réfère à la « raison naturelle » comme au « bon sens », opposée (victorieusement!) aux « raisons »

---

idéologiquement la plus importante du système de Copernic, mais elle restera la plus insignifiante astronomiquement jusqu'à ce que le newtonisme donne un sens au concept de « système (plus ou moins) inertiel ».

14. Je n'ai pas pu consulter *Pedersen 1956*. *Menut & Denomy 1968*, pp. 537 s., donnent « after considering all what has been said, one could believe that the earth moves and not the heavens, for the opposite is not evident. Nevertheless, at first sight, this seems as much against natural reason as [...] all or many articles of our faiths ».

15. *Grant 1974*, p. 510, n. 61.

non concluantes données en faveur de la rotation de la terre ; une telle faveur accordée au « bon sens » me semble absolument incompatible avec la philosophie d'Oresme. En réalité, la traduction habituelle ne peut avoir que le sens que lui prête Grant, quel que soit le sens que l'on accorde à la « raison naturelle », c'est-à-dire qu'Oresme affirmerait (1) que plusieurs – ou tous les – articles de la foi sont apparemment contraires à la raison naturelle, et (2) qu'une proposition – la rotation de la terre – qui a en commun avec les articles de la foi cette particularité, doit être réputée fausse.

Il me semble que si Oresme avait cherché une occasion de risquer le bûcher, il l'aurait bien trouvée en émettant cette opinion. À vrai dire, au delà de toute invraisemblance, la traduction habituelle ne s'accorde pas non plus à la fin de la conclusion, car on voit mal, si la pensée d'Oresme se résumait bien ainsi, de quelle façon la *quæstio* pourrait servir à confondre ceux qui cherchent à s'opposer à la foi par le raisonnement. En évacuant cette question, à laquelle la lecture habituelle du texte ne permet pas de répondre, la critique moderne a négligé – ou renoncé – à comprendre la pertinence de la *quæstio* à l'objectif qu'Oresme lui-même déclare avoir assigné à ce chapitre de son *Commentaire*.

Je vois les choses de façon toute différente. Mon interprétation est que c'est la dernière hypothèse mentionnée, c'est-à-dire le "contraire" de la rotation de la terre, et donc la rotation diurne des cieux, qui semble « de prime face » contraire à la raison naturelle. Cette interprétation nous a conduit à proposer la traduction suivante :

> Mais à considérer tout ce que l'on dit, on pourrait donc croire que la terre a un tel mouvement et le ciel n'en a point. La thèse contraire n'est pas évidente et de toute manière, à première vue, elle semble aller contre la raison naturelle autant ou plus que les articles de notre foi dans leur ensemble, ou que plusieurs d'entre eux. Dans ces conditions, ce que j'ai dit par fantaisie à ce sujet, peut servir à réfuter et à contester ceux qui voudraient s'insurger contre notre foi par le raisonnement.

Cette lecture est compatible avec l'évidence, à savoir que l'exposé dans son entier semble accorder, à première vue à juste titre, une supériorité à la thèse du mouvement de la terre. Toutefois, une analyse affinée conduit à reconnaître que cette apparente supériorité n'est en définitive qu'une question d'appréciation, et qu'aucun argument ne s'est montré concluant. L'argumentation est donc la suivante : il peut arriver que la raison naturelle semble à première vue être en faveur d'une thèse, et que toutefois un examen attentif montre qu'en définitive aucune de ces raisons n'est décisive ou concluante ; le cas de la *quæstio* consacrée à l'hypothèse de la rotation diurne de la terre en fournit un exemple probant. C'est alors en toute cohérence qu'Oresme peut affirmer que cette *quæstio* est particulièrement propre à mettre en garde ou à confondre ceux qui voudraient tirer argument contre la foi d'apparentes oppositions entre celle-ci et la raison naturelle. Cette position, fortement imprégnée de rationalisme, est bien conforme à l'attitude philosophique d'un penseur qui, sans limiter la toute-puissance de Dieu, soutient qu'il faut toujours chercher une explication rationnelle et des raisons naturelles là où il semble « de prime face » n'y avoir d'explication que miraculeuse. Cette interprétation du texte n'est évidemment qu'une proposition. Je pense qu'on pourra nous accorder que la traduction qui la rend est aussi compatible avec la lettre du texte original que la traduction habituelle, et qu'elle restitue à la conclusion une cohérence qui lui faisait défaut.

Oresme *vs* Buridan, ou Buridan *vs* Oresme ?

La quæstio *du mouvement diurne de la terre dans le* Du ciel et du monde *de Buridan : Une brève présentation*

La *quæstio* du problème du mouvement diurne du ciel étoilé par Buridan se trouve au chapitre II 22 de son *Commentaire* au traité *Du ciel* d'Aristote, et porte sur le même bref passage du texte de ce traité (II 13, 293b30) que la glose d'Oresme dont il a été question jusqu'ici. On ne connaît à ce jour aucun élément probant permettant d'en dater précisément la composition, qui doit de toute façon remonter à la période comprise entre 1328, date du début du premier rectorat de Buridan, et 1358, année de sa mort ; cependant, une composition postérieure à 1340 est généralement regardée comme probable[16]. Le commentaire de Buridan est loin d'atteindre l'extension de celui d'Oresme ; il est

---

16. Cf. *Ghisalberti 1983*, « Introduction ».

néanmoins significatif de l'intérêt que la question présentait alors pour les maîtres parisiens. Comme je l'ai fait ci-dessus, je renvoie le lecteur désirant une connaissance approfondie du texte à la traduction et à la littérature historique, et ne le considérerai ici que pour l'éclairage qu'il peut nous apporter sur la *quæstio* d'Oresme.

La structure de la *quæstio* de Buridan est celle qui convient à une *questio* destinée à soutenir la thèse de l'immobilité – quant au mouvement diurne – de la terre : Buridan présente successivement (I) les phénomènes compatibles avec l'hypothèse du mouvement diurne de la terre, (II) les arguments favorables à l'hypothèse du mouvement diurne de la terre, (III) les arguments contraires, favorables à l'immobilité de la terre, et les réponses qu'y opposent les « autres ». Il en arrive ainsi à la clef de voûte de sa *quæstio*, à savoir (III 5) l'argument « plus démonstratif » signalé par Aristote : si la terre tournait, une flèche tirée vers le haut devrait retomber à l'ouest[17]. Cet argument paraît à Buridan absolument irrécusable, et constitue donc, à ses yeux, une véritable réfutation de la thèse de la rotation diurne de la terre.

La symétrie physique et l'équivalence logique des deux représentations étant ainsi rompues, Buridan propose des arguments en faveur de la rotation diurne du ciel (IV), et souligne les faiblesses des arguments en faveur de la rotation de la Terre (V) qui s'étaient révélés en eux-mêmes insuffisants pour décider.

Les arguments de Buridan "négligés" par Oresme

Je souhaite attirer de nouveau l'attention sur un point qui a été relevé par Duhem et semble n'avoir pas retenu l'attention de la critique[18]. Duhem intitule *Réponse de Buridan aux persuasions d'Oresme en faveur du mouvement de la terre* sa présentation de cette *questio*. Ce dont il s'agit apparaîtra clairement si nous présentons schématiquement les *quæstiones* des deux auteurs au moyen des tableaux récapitulatifs suivants[19] :

---

17. Cf. l'Appendice IIe pour un résumé détaillé, dont je reprends ici la numérotation.

18. Cf. *Duhem 1913-1959*, vol. IX, p. 345.

19. Dans ces tableaux, « Récusable » signifie qu'il est démontré que l'argument peut être retourné en faveur de l'autre hypothèse ; « Non récusé » signifie qu'une telle démonstration n'est pas envisagée.

Iᵉʳ : Arguments favorables au repos de la terre

	CONCLUSION RELATIVE À L'ARGUM	
Phénomènes	Buridan	Oresm
Les observations astronomiques	Récusable	Récusable
L'absence de vent d'est	Récusable	Récusable
L'absence de réchauffement	Récusable	Non consid
La flèche vers le haut retombe sur place	Irrécusable	Récusable

Raisons	Buridan	Oresm
L'autorité d'Aristote	Récusable	Non consid
La théorie du mouvement d'Aristote	Récusable	Récusable
La science de l'astronomie	Récusable	Récusable
L'*Écriture*	Non considéré	Récusable
La nécessité d'un corps au repos	Non considéré	Récusable

IIᵉ : Arguments en faveur du mouvement de la terre

	Buridan	Oresm
Le besoin implique le mouvement	Récusable	Non récusé
Le cosmos est ainsi ordonné plus rationnellement	Récusable	Non récusé
Principe d'économie des descriptions et de la nature	Récusable	Non récusé
Principe d'économie de l'action divine	Récusable	Non récusé
Le mouvement est plus noble que le repos	Récusable	Non récusé

Ce que Duhem a justement remarqué, ce n'est pas que Buridan a répondu à Oresme, dont le *Commentaire* est postérieur de plusieurs décades à sa propre *quæstio*; c'est que Buridan a répondu aux arguments d'Oresme (les « persuasions ») en faveur du mouvement diurne de la terre. Si l'on considère que les deux hommes se sont connus et rencontrés à l'université de Paris, on ne peut admettre qu'Oresme ait ignoré les réponses opposées par Buridan à ses arguments en faveur de l'hypothèse de la rotation de la terre ; encore moins peut-on imaginer que, les connaissant, il ait feint de les ignorer. Cette situation me semble appeler une explication, ou tout au moins une "spéculation" de la part de l'historien. Il me semble que si l'on retient la thèse, que je conteste, qu'Oresme, tout en étant convaincu de la réalité de la rotation de la terre, ait senti la nécessité morale ou politique de masquer son opinion, on devrait reconnaître qu'il n'aurait pas négligé ces contre-arguments. Je pense que son silence sur les "réponses" de Buridan sont compréhensibles, je veux dire acceptables sans restriction, si l'on admet qu'à ses yeux sa *quæstio* n'est aucunement et ne peut aucunement paraître à ses contemporains comme une tentative de démonstration de la rotation de la terre. Si son programme est, comme il me semble qu'on peut le lire dans son préambule, de montrer l'impossibilité de décider en faveur de l'une ou de l'autre thèse dans le cadre de la philosophie de la nature (et c'est ainsi que j'entends sa « raison naturelle »), les réponses de Buridan à ses « persuasions » sont sans intérêt, puisqu'elles ne répondent qu'à des persuasions « qui ne concluent pas de façon évidente ».

En guise de conclusion

Dans cette discussion, je n'ai apporté aucun élément documentaire nouveau de nature à enrichir notre information sur l'histoire du problème considéré. En revanche, j'ai soutenu que les interprétations habituelles des textes en question présentent des difficultés, et proposé une lecture autre, qui me semble éviter ces difficultés ; j'ai évoqué quelques arguments historiques en faveur de mon interprétation. Cette interprétation s'appuie sur, ou comporte, et accompagne une différence importante de traduction qui semble rendre sa cohérence à la conclusion d'Oresme, laquelle paraissait en partie obscure dans les traductions précédentes. En définitive, je pense avoir montré qu'on peut soutenir qu'Oresme, tout comme Buridan, était convaincu de la réalité de la rotation diurne du ciel plutôt que de la terre, et que cette conviction était parfaitement cohérente et logiquement inattaquable dans le cadre de sa *quæstio*. Et il ne sera pas aisé de soutenir le contraire.

Aristote, *Traité du ciel*

Sommaire d'après J. Tricot

Tricot 1949 signale que le *Traité du ciel* était désigné par les médiévaux sous le nom de *Du ciel et du monde*. Ce titre médiéval n'implique pas une addition au *Livre du ciel* du traité *Du monde* du pseudo-Aristote, qu'il édite à la suite du premier, et qu'il qualifie de « résumé populaire ». La table des matières suivante est donnée pour situer la discussion dans l'ensemble de la conception cosmologique d'Aristote. Le *Commentaire* d'Oresme, conformément à la remarque de Tricot, ne concerne pas le traité du pseudo-Aristote.

LIVRE Ier
I 1. L'univers est-il une grandeur parfaite, c'est-à-dire un corps
I 2. Démonstration de l'existence d'un cinquième élément, doué de mouvement circulaire
I 3. Nature du cinquième corps, qui n'a ni pesanteur, ni légèreté, et qui n'est sujet à aucune des espèces du changement
I 4. Le mouvement circulaire n'a pas de contraire
I 5. Il n'existe aucun corps infini : Cas du premier corps
I 6. Il n'existe aucun corps infini : Cas des autres éléments
I 7. Il n'existe aucun corps infini : Raisons générales
I 8. Uni<ci>té du ciel : Preuve par la nature des éléments
I 9. Uni<ci>té du ciel : La forme et la matière
I 10. Le ciel est inengendré et incorruptible, I : Histoire des doctrines
I 11. Le ciel est inengendré et incorruptible, II : Définition des termes « engendré », « corruptible », etc.

I 12. Démonstration du fait que le ciel est inengendré et incorruptible

LIVRE IIe

Résumé et confirmation des résultats acquis

II 2. Le haut et le bas dans le ciel : Critique des pythagoriciens

II 3. Raison de la multiplicité des mouvements et des corps dans le ciel

II 4. La sphéricité du ciel

II 5. Raisons de la révolution d'est en ouest de la sphère des fixes

II 6. Uniformité du mouvement du premier ciel

II 7. Les astres : Nature et composition

II 8. Nature du mouvement des astres

II 9. De l'harmonie des sphères [*i.e.* de la musique qu'elles émettent]

II 10. De l'ordre des astres

II 11. La forme sphérique des astres

II 12. Variété de leurs mouvements : Ciel des fixes et cieux planétaires

II 13. La terre : Doxographie

II 14. La terre : sa position au centre du monde, son immobilité, sa sphéricité ;
« À nous de dire, tout d'abord, si la terre est en mouvement ou au repos »
(296a24)

LIVRE IIIe

III 1. Théorie sur la génération : Réfutation de la théorie platonicienne du
Timée

III 2. Nécessité du mouvement des corps simples vers le haut et vers le bas

III 3. Théorie des éléments : Leur nature

III 4. Théorie des éléments : Critique de l'atomisme

III 5. Théorie des éléments : Irréductibilité des éléments à l'uni<ci>té

III 6. Théorie des éléments : Les éléments ne sont pas éternels : Nécessité d'une
génération mutuelle des éléments

III 7. Théorie des éléments : Mécanisme de la génération : Critique d'Empé-
docle et de Platon

III 8. Théorie des éléments : Critique de la réduction des éléments aux figures

LIVRE IVe

IV 1. Le lourd et le léger

IV 2. Le lourd et le léger : Doctrines antérieures

IV 3. Les différents mouvements des éléments

IV 4. Éléments extrêmes et éléments intermédiaires

IV 5. Déduction des quatre éléments : De l'uni<ci>té et de la multiplicité des
éléments

IV 6. Le rôle de la figure des corps dans le mouvement

Buridan, *Du ciel et du monde*

Résumé sommaire de la *quæstio* II 22

Ce sommaire est constitué des titres et des résumés dus aux traducteurs que l'on retrouvera interpolés dans la traduction proposée plus loin par R<oger> Lassalle et P<ierre> Souffrin.

Toutes les apparences sont-elles compatibles avec une rotation de la terre autour de son centre et de ses pôles ? C'est la question que nous allons examiner maintenant.

I. Apparences compatibles avec l'hypothèse d'un mouvement diurne de rotation de la terre sur elle-même

Toutes choses au ciel nous apparaîtraient telles qu'elles nous apparaissent

II. Arguments favorables à l'hypothèse du mouvement diurne de la terre

II 1. C'est la terre qui a besoin du ciel, et non l'inverse

II 2. Une plus grande perfection a moins besoin d'action et de mouvement : Ce qui s'accorde à l'ordre des vitesses de révolution (donc avec les mouvements) dans cette hypothèse

II 3. Le repos est plus noble ou plus parfait que le mouvement

II 4. Tous les mouvements ont alors lieu dans le même sens, et la partie habitée de la terre est en haut et à droite

II 5. Comme une explication par moins de causes est supérieure, une explication par des causes plus faciles est supérieure à une explication par des causes plus difficiles : Or il est plus facile de mouvoir un corps plus petit

III ARGUMENTS CONTRAIRES, FAVORABLES À L'IMMOBILITÉ DE LA TERRE

III 1. L'autorité d'Aristote

Réponse des opposants : une référence à l'autorité n'est pas une démonstration, et aux astronomes peu importe la réalité

III 2. Il y aurait désaccord avec de nombreux phénomènes, en premier lieu le mouvement apparent de la sphère étoilée

Réponse des opposants : le mouvement apparent des étoiles est un mouvement relatif

III 4. Le mouvement local est source de réchauffement, que l'on n'observe pas

Réponse des opposants : seul réchauffe le mouvement relatif

III 5. Argument plus démonstratif, signalé par Aristote : la flèche tirée vers le haut devrait retomber plus à l'ouest

Réponse des opposants : l'observation est due à l'entraînement de la flèche par l'air, lui-même entraîné dans la rotation.

Cette réponse des opposants n'est pas convaincante car 1'« impetus » de la flèche résisterait au mouvement de l'air

IV. RAISONS PROBABLES EN FAVEUR DE L'IMMOBILITÉ DE LA TERRE

IV 1. Le mouvement naturel et simple de la terre est la chute verticale

IV 2. Une rotation est un mouvement violent

IV 3. Le mouvement circulaire a une primauté, et par cela convient mieux aux corps qui ont une primauté ontologique sur la terre

V. RÉPONSES AUX ARGUMENTS PROPOSÉES EN II EN FAVEUR DU MOUVEMENT DIURNE DE LA TERRE

V 1. Pour recevoir, il suffit d'être passif : La perfection est active pour faire profiter de la perfection

V 2. Le repos est parfait pour les êtres séparés de la matière, les autres se meuvent pour recevoir la perfection : Ainsi le ciel pour recevoir la perfection du premier moteur

V 3. Le repos est plus parfait que le mouvement pour ce qui se meut pour atteindre son lieu : Pour ce qui n'est pas en mouvement pour acquérir quelque chose, c'est le contraire

V 4. Il y aurait économie si on parlait de choses comparables, mais comme plus une chose est dense, plus elle est difficile à bouger, l'économie réside dans le repos de la terre, élément le plus dense

Appendice IIIe

Oresme, *Le livre du ciel et du monde*

Résumé sommaire du chapitre II 25

Ce sommaire est constitué des titres et des résumés dus aux traducteurs que l'on retrouvera interpolés dans la traduction proposée plus loin par R<oger> Lassalle et P<ierre> Souffrin.

A 1. LES PREUVES DE L'IMMOBILITÉ DE LA TERRE PAR EXPÉRIENCES
A 1 1. On voit bien les astres se lever et disparaître
A 1 2. Si la terre était en mouvement, on devrait sentir un vent d'est
A 1 3. Et une flèche tirée verticalement devrait tomber à l'ouest (comme le dit Ptolémée)

A 2. LES RÉPONSES À CES « PREUVES PAR EXPÉRIENCES »
Le monde est constitué de deux parties : le ciel et le sublunaire
A 2 1. On ne peut constater que le mouvement relatif de deux corps, donc l'argument A 1 1 n'est pas valable
A 2 2. L'air et l'eau participent du mouvement de la terre, comme l'air d'une cabine dans un bateau, donc A 2 1 n'est pas valable
A 2 3. L'objection A 1 3 est la plus difficile à réfuter : Le mouvement d'un corps lancé d'un mobile est composé, ce qui ne permet pas de mettre en évidence la vitesse du lanceur en observant le corps lancé si l'on accompagne le lanceur dans son mouvement

B I. Arguments en faveur de l'immobilité de la terre

B I 1. La terre est un corps simple : Elle ne peut avoir qu'un seul mouvement simple : c'est la chute verticale

B I 2. Une rotation ne peut être que violente, donc non perpétuelle

B I 3. Selon Averroès, il n'y a mouvement que par référence à un corps au repos

B I 4. Tout mouvement est produit par une force motrice (*vertu motive*), et la pesanteur ne peut faire tourner la terre : S'il y avait une autre force extérieure, le mouvement serait violent, donc non perpétuel

B I 5. Toute l'astronomie (*astrologie*), qui implique ce mouvement, serait fausse

B I 6. Ce qu'en dit l'*Écriture*

B 2. Les réponses à ces arguments

B 2 1. Il faut distinguer le corps dans sa totalité et ses parties lorsqu'on parle de mouvement de corps simples : On peut dire, sans contredire Aristote :
– la terre en ses parties entraîne un mouvement naturel vertical ;
– la terre en sa totalité entraîne un mouvement naturel circulaire

B 2 2. Un mouvement circulaire peut être naturel et perpétuel ; c'est le cas de la sphère du feu, prise dans sa totalité, selon Aristote : Donc, ce peut être vrai de la terre

B 2 3. Le corps au repos n'est pas nécessaire à l'existence du mouvement, mais seulement à sa perception : Il n'y a donc pas de corps au repos par nécessité

B 2 4. On peut dire de la sphère du feu qu'elle est mue par sa nature et par sa forme : On peut bien dire de même de la terre

B 2 5. L'astronomie ne serait pas fausse, car il n'y est question que de positions et de mouvements relatifs, sauf en ce qui concerne la question de la réalité du mouvement quotidien : Cela est reconnu par Aristote

B 2 6. Pour ce qui est de l'*Écriture*, elle ne doit pas être prise à la lettre, car elle se conforme à la manière commune de parler

C. Raisons et arguments en faveur du mouvement de la terre

C 1. Ce qui a besoin d'autre chose se dispose de façon à en « profiter » : Ainsi les éléments sont en mouvement vers leur lieu, et non pas les lieux vers les éléments ; de même, ce n'est pas le feu qui tourne autour de la dinde à rôtir : Ainsi de la terre et des éléments d'ici-bas

C 2. Si la terre est fixe, le mouvement diurne et le mouvement sidéral (des planètes et du soleil) seraient en sens opposés : Ce qui semble choquant, et disparaît si on admet la rotation de la terre

C 3. Seul le mouvement de la terre place le ciel et la partie habitable de la terre à droite dans le cosmos, ce qui convient à leur noblesse

C 4. Quoi qu'en dise Averroès, le repos est plus noble que le mouvement [...] et une chose est d'autant plus noble qu'elle est moins en mouvement : Avec la terre en rotation, on a un système où la terre, l'élément le plus vil, a le plus rapide mouvement, et les corps de plus en plus élevés vont de moins en moins vite, jusqu'au ciel étoilé qui est au repos, ou bien fait une révolution en 36 000 ans (un degré en cent ans)

C 5. De cette façon, on répond très facilement aux difficultés soulevées par la complexité croissante des orbites avec la proximité de la sphère des fixes (*i.e.* du premier moteur) [par la simplification des mouvements qui résulte de l'hypothèse]

C 6. Il semble raisonnable que les corps les plus éloignés du centre et plus grands fassent leur révolution en des temps plus grands : Sinon, il en résulterait des vitesses (linéaires) excessives : Si c'est la terre qui tourne en vingt-quatre heures, les périodes de révolution sont en relation avec les distances du centre, bien que ce ne soit pas proportionnellement : Et de plus la Grande Ourse est bien tirée par les bœufs

C 7. Il est inutile de faire de façon complexe ce qui peut être fait simplement, et ni la nature ni Dieu ne font rien inutilement, selon Aristote : Et le mouvement quotidien du ciel correspond à des mouvements plus compliqués et plus excessifs

C 8. Si donc la terre est immobile, Dieu a créé inutilement des mouvements compliqués et d'ampleur excessive : Cela ne convient pas

C 9. Si le ciel a un mouvement diurne, on est conduit à supposer une neuvième sphère « invisible et sans étoile » mue de ce seul mouvement : Cela ne convient pas

C 10. Quand Dieu fait un miracle, il le fait avec le minimum de changement possible : Or, il est plus facile d'arrêter la seule terre que tous les cieux : Donc il semble plus plausible que le mouvement diurne soit un mouvement de la terre

CONCLUSION
(SELON LA TRADUCTION LASSALLE & SOUFFRIN)

Il en résulte qu'on ne peut montrer par aucune expérience que le ciel soit mû d'un mouvement quotidien, car de toute façon, qu'on suppose qu'il soit en un tel mouvement et non la terre, ou la terre et non le ciel, si un œil était au ciel et qu'il vît clairement la terre, elle semblerait en mouvement ; et si l'œil était sur la terre, le ciel semblerait en mouvement. Et la vision n'est pas trompée en cela, car elle ne voit ou ne sent rien sauf qu'il y a mouvement. Mais que le mouvement soit celui de tel corps ou celui de tel autre, il en est jugé par le sentiment intérieur, comme il [*sc.* Witelo] affirme dans sa *Perspective*, et ce sentiment est souvent trompé comme il a été dit ci-dessus de l'homme qui est sur le bateau en mouvement. On a montré ensuite qu'on ne pourrait donner des raisons concluantes d'un tel mouvement du ciel. Troisièmement, on a présenté des raisons en faveur de la thèse contraire, qu'il n'a pas un tel mouvement. Cependant, tout le monde soutient, et je le crois, qu'il a un tel mouvement et que la terre n'en a point : Dieu a en effet fixé le globe terrestre, qui ne bougera pas, nonobstant les raisons du contraire, car ce sont des arguments qui ne concluent pas de façon évidente. Mais à considérer tout ce que l'on dit, on pourrait donc croire que la terre a un tel mouvement et le ciel n'en a point. La thèse contraire n'est pas évidente et de toute manière, à première vue, elle semble aller contre la raison naturelle autant ou plus que les articles de notre foi dans leur ensemble, ou que plusieurs d'entre eux. Dans ces conditions, ce que j'ai dit par fantaisie à ce sujet, peut servir à confondre et à contester ceux qui voudraient s'insurger contre notre foi par le raisonnement.

APPENDICE α

Buridan
Du ciel et du monde

(Extraits de la *Quæstio* II 22, traduits de l'ancien français)*

On demande si la terre reste toujours immobile au centre du monde, ou non? [...]

Quatrième hésitation : est-ce que, en posant que la terre est en mouvement circulaire autour de son centre et sur ses pôles propres, tous les phénomènes que nous observons peuvent être sauvés? c'est de cette dernière hésitation que nous parlerons maintenant :

<I. APPARENCES COMPATIBLES AVEC L'HYPOTHÈSE D'UN MOUVEMENT DIURNE DE ROTATION DE LA TERRE SUR ELLE-MÊME>

Il faut savoir que beaucoup ont soutenu qu'il était probable que n'est pas contradictoire avec l'apparence le fait que la terre soit en mouvement circulaire de la façon décrite précédemment et qu'elle-même, chaque jour naturel, accomplisse une révolution unique d'occident vers l'orient, avec retour ensuite

---

* Traduit de l'ancien français par R<oger> Lassalle et P<ierre> Souffrin d'après *Moody 1942*. Les textes entre crochets sont des commentaires ou de brefs résumés dus aux traducteurs.

vers l'occident, cela s'entend si une partie donnée de la terre était prise comme repère. Alors faut-il poser que la sphère étoilée serait immobile et que par ce mouvement de la terre se produiraient pour nous le jour et la nuit, c'est-à-dire que ce mouvement de la terre serait le mouvement diurne. On donne de cela l'exemple suivant : si quelqu'un est sur un bateau en mouvement et qu'il imagine être immobile et voie un autre bateau qui, véritablement, est immobile, il lui apparaîtra que cet autre bateau est en mouvement, parce que vis-à-vis de cet autre bateau l'œil sera, au cas où ce serait son propre bateau qui fût immobile et l'autre en mouvement, exactement dans la même situation que si se produisait l'inverse. Posons aussi que la sphère du soleil soit parfaitement immobile et que la terre décrive un cercle en nous entraînant – comme nous imaginerions que ce fût nous qui serions immobiles, de la même façon l'homme qui se trouve sur un bateau de mouvement rapide ne perçoit ni son propre déplacement ni celui du bateau –, il est certain que le soleil se lèverait pour nous, puis se coucherait pour nous, exactement comme il le fait quand il est en mouvement et que nous-mêmes sommes immobiles.

Cependant il est vrai que, s'il est exact que la sphère étoilée est immobile, il faut nécessairement admettre que les sphères des planètes sont en mouvement : autrement les planètes ne changeraient pas de position les unes par rapport aux autres ni par rapport aux étoiles fixes. On imagine donc cette opinion que toute sphère planétaire est en mouvement comme la terre, soit d'occident vers l'orient ; mais, parce que la terre implique un cercle petit, elle effectue sa révolution en un temps court, et par suite la lune en un temps plus petit que le soleil, etc. : et c'est ainsi que, d'une façon générale, la terre effectue sa rotation en un jour naturel, la lune en un mois, le soleil en un an, etc. Il est vrai, sans aucun doute, que s'il en était comme cette opinion le propose, toutes choses au ciel nous apparaîtraient telles qu'elles nous apparaissent.

<II. Arguments favorables à l'hypothèse du mouvement diurne de la terre>

Il faut noter que ceux qui veulent soutenir cette opinion posent en sa faveur, peut-être aux fins de discussion, certains arguments :

<C'est la terre qui a besoin du ciel, et non l'inverse>

Le ciel n'a pas besoin de la terre ni des choses d'en bas pour acquérir quelque chose ; c'est plutôt la terre, au contraire, qui a besoin d'acquérir à son profit les influences du ciel. Il est dès lors plus rationnel que ce qui a besoin de quelque chose se meuve pour l'acquérir que ce qui n'en a pas besoin.

<Une plus grande perfection a moins besoin d'action et de mouvement. Cela s'accorde à l'ordre des vitesses de révolution (donc aux mouvements) dans cette hypothèse>

Second argument: comme le dit Aristote au Livre IIe, ce qui se trouve en situation d'excellence n'a pas besoin d'agir, et ce qui se trouve près de l'excellence n'a besoin d'agir que modérément. Donc, comme les corps célestes sont beaucoup plus nobles et en meilleure condition que la terre, et qu'entre tous les corps célestes, la sphère suprême est en condition d'excellence, il semble qu'elle n'ait pas besoin de mouvement; que la sphère de Saturne n'ait besoin que d'un petit mouvement, et par voie de conséquence la lune d'un grand mouvement, et la terre d'un mouvement très rapide.

<Le repos est plus noble ou plus parfait que le mouvement>

Troisième argument: les situations les plus nobles doivent être attribuées aux corps célestes, et avant tout à la sphère suprême. Mais il est plus noble et plus parfait d'être immobile que d'être en mouvement. Donc la sphère suprême doit être immobile.

La mineure du syllogisme est avérée: si un grave est en mouvement vers le bas, ce n'est pas avec, comme finalité, d'être en mouvement, mais pour parvenir à son lieu naturel et y rester; ainsi le repos est la finalité du mouvement lui-même et la finalité est chose plus noble. Ce qui se confirme encore, car comme dit le Commentateur au quatrième Livre de la *Physique*: dans l'immobilité naturelle du grave qui a chu, il n'y a rien qui ne soit pas naturel, mais il y a toujours dans le mouvement de chute d'un grave quelque chose qui n'est pas naturel, car il y a quelque chose de situé au-dessus pour l'éloignement duquel le grave est en mouvement. Voilà pourquoi, à proprement parler, il est plus parfait pour un grave d'être immobile ayant chu que d'être en mouvement de chute. Ainsi est-il démontré que le repos est une condition plus noble que le mouvement.

<Tous les mouvements ont alors lieu dans le même sens, et la partie habitée de la terre est en haut et à droite>

Quatrième argument: Tout mouvement circulaire serait d'occident en orient, d'où il résulterait que nous habiterions à la droite du ciel et vers le haut, comme dit Aristote, et cela semble tout à fait rationnel, du fait que la droite doit être plus noble que la gauche et le haut que le bas. Ainsi cette étendue de la terre qui est habitable est plus noble que d'autres, inhabitables; il est rationnel qu'elle soit à droite; il semble que le pôle Nord soit plus noble que le pôle opposé, parce qu'il est entouré de plus d'étoiles et de plus grandes; alors il est rationnel que cette partie habitable soit vers le haut.

<Comme une explication par moins de causes est supérieure, une explication par des causes plus faciles est supérieure à une explication par des causes plus difficiles. Or il est plus facile de mouvoir un corps plus petit>

Dernier argument: de même qu'il vaut mieux sauver les phénomènes par moins de moyens que par davantage si c'était possible, de même vaut-il mieux les sauver par le moyen de la facilité que par celui de la difficulté. Or il est plus facile de mouvoir ce qui est petit que ce qui est grand. Aussi est-il mieux de dire que la terre, qui est très petite, soit en mouvement de manière très rapide et que la sphère suprême soit immobile, que de dire l'inverse.

III. Arguments contraires, favorables à l'immobilité de la terre

<L'autorité d'Aristote>
<Réponse des opposants :>
<Une référence à l'autorité n'est pas une démonstration, et aux astronomes peu importe la réalité>

Cependant cette opinion ne tient pas, parce qu'elle est contre l'autorité d'Aristote et de tous les astronomes. Mais d'autres répondent que l'autorité ne prouve rien, et que les astronomes se contentent de trouver un moyen de sauver les phénomènes, que cela soit conforme ou non à la réalité ; or, les phénomènes sont sauvés dans les deux cas, ainsi peuvent-ils choisir le moyen qui ait leur préférence.

<Il y aurait désaccord avec de nombreux phénomènes, en premier lieu le mouvement apparent de la sphère étoilée>
<Réponse des opposants :>
<Le mouvement apparent des étoiles est un mouvement relatif>

D'autres argumentent à partir de nombreux phénomènes : l'un est qu'à nos sens les étoiles se manifestent comme en mouvement d'orient en occident. Mais les opposants réduisent cet argument du fait que la même chose se manifesterait si les étoiles étaient immobiles et que la terre fût en mouvement d'occident en orient.

<On devrait éprouver une forte résistance de l'air>
<Réponse des opposants :>
<Il y a entraînement des régions inférieures>

Autre phénomène : si quelqu'un se déplaçait très rapidement à cheval, il ressentirait la résistance de l'air. Semblablement, mus très rapidement avec le mouvement de la terre, nous ressentirions notablement la résistance de l'air. Mais les opposants répondent que la terre, l'eau et l'air sont en mouvement dans la région inférieure avec ce même mouvement diurne, donc que l'air ne nous offre pas de résistance.

<Le mouvement local est source de réchauffement, que l'on n'observe pas>
<Réponse des opposants :>
<Seul réchauffe le mouvement relatif>

Autre phénomène : le mouvement local crée un échauffement ; alors, la terre et nous, mus avec une telle rapidité, nous nous échaufferions rapidement. Mais les autres disent que le mouvement ne crée de la chaleur que par frottement des corps, soit broiement soit désagrégation, et ceci n'aurait pas place ici en raison du fait qu'air, eau et terre sont ensemble en mouvement.

<Argument plus démonstratif, signalé par Aristote : la flèche tirée vers le haut devrait retomber plus à l'ouest>
<Réponse des opposants :>
<L'observation est due à l'entraînement de la flèche par l'air, lui-même entraîné dans la rotation>

Mais un dernier phénomène, que note Aristote, est plus convaincant sur le sujet. Une flèche, lancée verticalement par un arc, retombe à l'endroit même de la terre dont elle avait été lancée, ce qui ne serait pas si la terre était en mouvement avec une si grande vitesse ; bien au contraire, avant la chute de la flèche, l'endroit de la terre d'où la flèche avait été lancée serait à une lieue de distance ! Mais à ce moment-là ils veulent répondre que cela arrive parce que l'air, en mouvement avec la terre, emporte ainsi la flèche, quoique la flèche nous apparaisse n'avoir qu'un mouvement vertical, parce qu'elle est ainsi transportée avec nous ; le mouvement par lequel elle est transportée en même temps que l'air, nous ne le percevons pas.

<Mais cette réponse des opposants n'est pas convaincante>

Mais cette échappatoire ne suffit pas, car l'« impetus » du mouvement violent de la flèche en ascension résisterait au mouvement latéral de l'air si bien que son mouvement serait moindre que celui de l'air, de la même façon que par grand vent la flèche lancée vers le haut n'a pas un mouvement latéral égal à celui du vent, encore qu'elle soit en mouvement dans une certaine mesure.

Avec cette expérience-là, vous pourriez présenter des raisons probables :

<IV. RAISONS PROBABLES EN FAVEUR DE L'IMMOBILITÉ DE LA TERRE>

<Le mouvement naturel et simple de la terre est la chute verticale>

D'une part, par nature c'est un mouvement de haut en bas qui est attribué à la terre, donc pas un mouvement circulaire, puisqu'à un corps simple n'est attribué par nature qu'un seul mouvement simple.

<Il ne pourrait s'agir d'un mouvement violent>

Et si l'on disait qu'elle est ainsi en mouvement non par nature mais par violence, ce ne serait pas rationnel, parce qu'un tel mouvement <violent> n'est pas perpétuel, et on ne verrait pas à quoi rapporter la violence.

<Le mouvement circulaire a une primauté,
et par cela convient mieux aux corps qui ont une primauté ontologique sur la terre>

D'autre part, le mouvement circulaire est le premier des mouvements, il doit donc être essentiellement attribué aux premiers corps ; et les corps célestes sont de ce type, mais pas la terre.

Maintenant nous pouvons brièvement répondre aux arguments dont on se servait en faveur d'un prétendu mouvement de la terre.

<V. Réponses aux arguments proposés en II en faveur du mouvement diurne de la terre>

<Pour recevoir, il suffit d'être passif. La perfection est active pour faire profiter de la perfection>

Au premier argument, il faut concéder que la terre a besoin de l'influence céleste ; mais il suffit qu'elle s'y prête passivement, et il ne faut pas qu'à cette fin, elle soit en mouvement local ; bien plus, le ciel est en mouvement de façon à exercer une influence sur la terre, parce qu'il appartient à ce qui est parfait de donner à d'autres corps de sa perfection sans rien devoir en recevoir.

<Le repos est parfait pour les êtres séparés de la matière ; les autres se meuvent pour recevoir la perfection. Ainsi le ciel pour recevoir la perfection du premier moteur>

Au deuxième argument on concède bien que pour certains êtres, ceux qui sont séparés de la matière, le plus noble est de se trouver en condition d'excellence sans changement. Cependant, il est rationnel qu'ils mettent en mouvement d'autres corps pour leur donner de la perfection et que premièrement ils mettent en mouvement les premiers corps pour les influencer en premier. Pour cette raison, ce ne serait pas noble pour le ciel d'être sans mouvement puisque c'est par le mouvement qu'il reçoit la perfection des causes premières.

<Le repos est plus parfait que le mouvement pour ce qui se meut pour atteindre son lieu. Pour ce qui n'est pas en mouvement pour acquérir quelque chose, c'est le contraire>

Au troisième argument selon lequel on dit qu'il y a plus de perfection dans l'immobilité que dans le mouvement, je l'accorde pour les corps qui sont en mouvement afin de se rendre en leur lieu naturel. Mais pour ceux qui sont toujours en leur lieu naturel, et ne sont pas en mouvement pour s'acquérir autre chose que le mouvement, le mouvement est leur ultime perfection, et je dis que pour de tels corps il y a plus de perfection à être en mouvement qu'à rester immobiles, et ce serait le cas des corps célestes.

<Il y aurait économie si on parlait de choses comparables, mais comme plus une chose est dense, plus elle est difficile à bouger, l'économie réside dans le repos de la terre, élément le plus dense>

Quant à l'argument selon lequel il est plus facile de mettre en mouvement un petit corps qu'un grand, on peut dire que c'est vrai si toutes choses sont égales par ailleurs. Mais il n'en est pas ainsi du fait que les corps graves terrestres n'ont pas l'aptitude au mouvement. D'où la vérité manifeste que nous mettons en mouvement plus facilement l'eau que la terre et qu'il est encore plus facile de mettre l'air en mouvement, c'est ainsi qu'en remontant, les corps célestes sont par nature le plus facilement mobiles.

Appendice β

Oresme
Le livre du ciel et du monde

(Extraits du Chapitre II 25, traduits de l'ancien français)[*]

Mais, sous toute réserve, il me semble que l'on pourrait bien soutenir et illustrer la dernière opinion, à savoir que la terre est mue d'un mouvement journalier et le ciel non.

Et je veux établir que l'on ne pourrait montrer le contraire par aucune expérience, ni par le raisonnement, et j'apporterai à ceci [*i.e.* en faveur du mouvement journalier de la terre] des raisons.

<A 1. LES PREUVES DE L'IMMOBILITÉ DE LA TERRE PAR EXPÉRIENCES>
<A 1 1. On voit bien les astres se lever et disparaître>
Sur le premier point, il y a une expérience : c'est que nous voyons par notre sens visuel le soleil, la lune et plusieurs étoiles jour après jour se lever et disparaître, et certaines étoiles tourner autour du pôle Nord.

Or, cela ne pourrait se produire que par le mouvement du ciel, comme on l'a montré chapitre XVIe. Donc le ciel est mû d'un mouvement journalier.

---

[*] Traduit de l'ancien français par R<oger> Lassalle et P<ierre> Souffrin d'après *Menut & Denomy 1968*. Les textes entre crochets sont des commentaires ou des résumés dus aux traducteurs.

<A 1 2. Si la terre était en mouvement, on devrait sentir un vent d'est>

Il y a une autre expérience : c'est que, si la terre est mue de cette manière, elle fait un tour complet en un jour de la nature. Donc les arbres, les maisons et nous-mêmes sommes mus vers l'orient très rapidement : aussi semblerait-il que l'air et le vent dussent venir toujours très fort de l'orient et bruire exactement comme ils font contre une flèche d'arbalète mais beaucoup plus fort ; or c'est le contraire que manifeste l'expérience.

<A 1 3. Et une flèche tirée verticalement devrait tomber à l'ouest (comme le dit Ptolémée)>

Une troisième expérience, c'est celle que donne Ptolémée : si l'on était sur une nef mue très rapidement vers l'orient et que l'on tirât une flèche tout droit en l'air, elle ne tomberait pas sur la nef mais bien loin d'elle vers l'occident. Semblablement, si la terre était mue très rapidement dans sa rotation d'occident en orient, à supposer qu'on lançât une pierre à la verticale en l'air, elle ne tomberait pas à l'endroit d'où elle est partie mais bien loin vers l'occident ; et c'est en fait le contraire qui est manifeste.

Il me semble que, par ce que je dirai sur ces expériences, on pourrait répondre sur toutes autres expériences qui seraient proposées sur ce sujet.

<A 2. Les réponses à ces « preuves par expériences »>

Donc je pose premièrement que tout le système des corps, toute la masse de tous les corps du monde, est divisée en deux parties : l'une est le ciel avec la sphère du feu et la région supérieure de l'air, et toute cette partie, selon Aristote dans le premier livre des *Météores*, est mue d'un mouvement journalier ; l'autre partie est tout le reste, à savoir les régions moyennes et basses de l'air, l'eau, la terre et les corps mixtes : selon Aristote, toute cette partie est immobile, dépourvue de mouvement journalier.

<A 2 1. On ne peut constater que le mouvement relatif de deux corps, donc l'argument A 1 1 n'est pas valable>

De plus, je suppose, le mouvement d'un lieu à un autre ne peut être constaté avec évidence que dans la mesure où l'on constate qu'un corps se situe différemment par rapport à un autre corps. Ainsi, quand un homme est sur un bateau appelé A qui se meut sans à-coup notable, rapidement ou lentement, et que cet homme ne voit rien d'autre qu'un autre bateau appelé B qui se meut tout à fait exactement de la même façon que A, je dis qu'il semblera à cet homme que ni l'un ni l'autre de ces bateaux ne se meut. Si A est fixe et que B est en mouvement, il lui apparaît avec évidence que B est en mouvement ; si A est en mouvement et que B est fixe, il lui apparaît aussi que A est fixe et que B est en mouvement. De même, si A était fixe pendant une heure et que B fût en mouvement, et si dans l'heure immédiatement consécutive, à l'inverse A était en mouvement et que B fût fixe, cet homme ne pourrait constater ce changement, cette variation, mais il lui semblerait que *B* fût en mouvement continu : voilà qui ressort de l'expérience. La cause en est que ces deux corps *A* et *B* ont continuellement relativité de regard l'un par rapport à l'autre, tout à fait de la même manière quand *A* est en mouvement et que *B* est fixe ou quand à l'inverse *B* est en mouvement et *A* est fixe. Il est établi au livre IVᵉ de la *Perspective* de Witelo que l'on ne constate un mouvement que dans la mesure où l'on constate qu'un corps se comporte d'une autre manière au regard d'un autre.

Je dis donc que si des deux parties du monde susdites celle d'en haut était mue aujourd'hui d'un mouvement journalier comme elle le fait et celle d'en bas non, et que demain ce fût au contraire celle d'ici-bas qui fût en mouvement journalier, et l'autre, c'est-à-dire le ciel étoilé, non, nous ne pourrions en rien constater cette mutation mais que tout semblerait être d'une même façon aujourd'hui et demain à ce sujet. Il nous semblerait continuellement que la partie où nous sommes fût fixe et que l'autre fût toujours en mouvement, comme il apparaît à un homme sur un bateau en mouvement que les arbres à l'extérieur sont en mouvement. De la même façon, si un homme était au ciel, une fois admis qu'il fût en mouvement journalier, et si cet homme qui est entraîné avec le ciel voyait clairement la terre et distinctement les monts, vaux, fleuves, villes et châteaux, il lui apparaîtrait que la terre serait mue d'un mouvement journalier, comme il nous apparaît que ce soit le cas du ciel à nous qui sommes sur terre. Semblablement, si la terre était mue d'un mouvement journalier et le ciel non, il nous semblerait qu'elle fût fixe et le ciel en mouvement ; toute personne qui a bon entendement peut facilement imaginer cela. Par là se manifeste clairement la réponse à la première expérience, car l'on dirait que le soleil et les étoiles paraissent alors se coucher, se lever, et le ciel tourner, à cause du mouvement de la terre et des éléments parmi lesquels nous nous trouvons.

<A 2 2. L'air et l'eau participent du mouvement de la terre, comme l'air d'une cabine dans un bateau, donc A 2 1 n'est pas valable>
La réponse à la seconde expérience est, semble-t-il, que, selon cette interprétation, la terre n'est pas seule à avoir un tel mouvement, mais avec elle l'eau et l'air comme on l'a dit, quoique l'eau et l'air d'ici-bas aient un mouvement différent sous l'effet des vents ou d'autres causes. C'est la même chose que s'il y avait de l'air enclos dans un bateau : il semblerait à celui qui serait dans cet air-là que cet air ne fût pas en mouvement.

<A 2 3. L'objection A 1 3 est la plus difficile à réfuter : Le mouvement d'un corps lancé d'un mobile est composé, ce qui ne permet pas de mettre en évidence la vitesse du lanceur en observant le corps lancé si l'on accompagne le lanceur dans son mouvement>

À la troisième expérience qui apparaît comme la plus nette, celle de la flèche ou de la pierre lancée vers le haut, etc., on pourrait dire que la flèche entraînée vers le haut, par ce jet, est mue très rapidement vers l'est avec l'air au sein duquel elle passe ainsi qu'avec toute la masse de la partie inférieure du monde définie précédemment et qui est mue d'un mouvement journalier; c'est pourquoi la flèche retombe au lieu de la terre dont elle était partie.

Chose qui se manifeste comme possible par comparaison, car si un homme était sur un bateau en mouvement très rapide vers l'est sans qu'il se rendît compte de ce mouvement, et qu'il abaissât sa main en décrivant une ligne droite le long du mât du bateau, il lui semblerait que sa main n'eût qu'un mouvement rectiligne; ainsi, selon l'opinion en question, nous semble-t-il qu'il en est de la flèche qui descend ou monte verticalement vers le bas ou vers le haut. De même sur la nef qui a un mouvement tel qu'il est dit, il peut y avoir mouvements en long, de côté, vers le haut, vers le bas et de toutes manières, et qui semblent se produire exactement comme si la nef était fixe. Voilà pourquoi, si un homme sur cette nef allait vers l'ouest moins rapidement qu'elle ne va vers l'est, il lui apparaîtrait qu'il approchât de l'ouest alors qu'il approche de l'est; semblablement, dans le cas ci-dessus posé, tous les mouvements apparaîtraient comme étant tels que si la terre était fixe. De plus, pour éclairer la réponse à la troisième expérience après cet exemple artificiel, j'en veux présenter un autre, naturel, qui est véridique d'après Aristote; et je pose qu'il y ait dans la partie supérieure de l'air une zone de feu pur appelé A qui soit très léger au point qu'il monte au plus haut, jusqu'au lieu appelé B près de la surface concave du ciel. Je dis que de la même façon qu'il en serait pour la flèche dans le cas ci-dessus posé, il faut dans celui-ci que le mouvement de A soit composé d'un mouvement rectiligne et, pour partie, d'un mouvement circulaire, car la région de l'air et celle de la sphère du feu par lesquelles A est passé sont mues, selon Aristote, d'un mouvement circulaire.

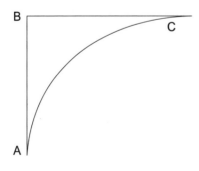

Si elles n'étaient ainsi mues, A monterait tout droit verticalement selon la ligne AB; mais du fait que par un mouvement journalier circulaire B est en même temps transporté en un endroit C, il est manifeste que A dans sa montée décrit la ligne AC et que le mouvement de A est composé d'un mouvement rectiligne et d'un mouvement circulaire. Dans ces conditions le mouvement de la flèche serait comme on a dit; or d'une telle composition ou d'un tel mélange de mouvements, il a été traité au Livre Ier, chapitre IIIe.

Je conclus donc que l'on ne pourrait par aucune expérience montrer que le ciel fût en mouvement journalier et que la terre n'eût pas un tel mouvement.

<B 1. ARGUMENTS EN FAVEUR DE L'IMMOBILITÉ DE LA TERRE>

Quant au second point, à savoir si cela pouvait être démontré par des raisons, il me semble que ce serait par celles qui suivent, auxquelles je répondrai de telle manière que l'on pourrait ainsi répondre à toutes autres touchant ce point.

<B 1 1. La terre est un corps simple : Elle ne peut avoir qu'un seul mouvement simple : C'est la chute verticale>

Premièrement, tout corps simple a un seul mouvement, et simple : la terre est un élément simple qui a, selon ses parties, un mouvement naturel rectiligne dans le sens de la descente. Elle ne peut donc avoir d'autre mouvement, et tout cela est manifeste par le chapitre IVe, Livre Ier.

<B 1 2. Une rotation ne peut être que violente, donc non perpétuelle>

De plus, un mouvement circulaire n'est pas naturel à la terre car elle en a un autre, comme il a été dit ; et s'il lui est violent, il ne pourrait être perpétuel, selon ce qui est manifeste en plusieurs points du Livre Ier.

<B 1 3. Selon Averroès, il n'y a mouvement que par référence à un corps au repos>

De plus, tout mouvement local est tel en rapport avec un corps qui est fixé, selon ce que dit Averroès, chapitre VIIIe, et de là il conclut qu'il faut nécessairement que la terre soit fixe au milieu du ciel.

<B 1 4. Tout mouvement est produit par une force motrice (*vertu motive*), et la pesanteur ne peut faire tourner la terre : S'il y avait une autre force extérieure, le mouvement serait violent, donc non perpétuel>

De plus, tout mouvement est produit par quelque force motrice comme il ressort des Livres VIIe et VIIIe de la *Physique* et la terre ne pourrait être mue circulairement par sa pesanteur ; et, si elle était mue de cette façon par une force extérieure à elle, ce mouvement serait violent et non perpétuel.

<B 1 5. Toute l'astronomie (*astrologie*), qui implique ce mouvement, serait fausse>

Au surplus, si le ciel n'était mû d'un mouvement journalier, toute l'astronomie serait fausse ainsi qu'une grande partie de la science de la nature où l'on suppose partout ce mouvement dans le ciel.

<B 1 6. Ce qu'en dit l'*Écriture*>

De plus, cela semble s'opposer à la *Sainte Écriture*, qui dit : « Le soleil se lève, se couche, et retourne à sa place et là, renaissant, il tourne par le sud et vire au nord inspectant l'univers ; l'esprit mène sa route circulairement et revient sur ses propres cercles ».

Et il est écrit, à propos de la terre, que Dieu la fit immobile : « Et en effet, il fixa le disque de la terre, qui ne se déplacera pas ».

De plus, l'*Écriture* dit que le soleil s'arrêta au temps de Josué et qu'au temps du roi Ézéchias il fit marche arrière ; or, si la terre avait eu le mouvement qu'on a dit et le ciel non, un tel arrêt eût compliqué un mouvement en arrière, et le mouvement en arrière en question aurait été plutôt un arrêt. Et cela est contraire à ce que dit l'*Écriture*.

< B 2. Les réponses à ces arguments>
<B 2 1. Il faut distinguer le corps dans sa totalité et ses parties lorsqu'on parle
    de mouvement de corps simples : On peut dire, sans contredire Aristote :
    – la terre en ses parties entraîne un mouvement naturel vertical ;
    – la terre en sa totalité entraîne un mouvement naturel circulaire>

Au premier argument dans lequel il est dit que tout corps simple a un seul mouvement et simple, je dis que la terre qui est corps simple en soi dans sa totalité n'a, selon Aristote, aucun mouvement, ainsi qu'il ressort du chapitre XXIIe. Si l'on comprenait qu'il veut dire que ce corps-là a un seul mouvement et simple, non pas en soi dans sa totalité mais selon ses parties et seulement quand elles sont hors de leur lieu, contre cela on a apporté l'exemple de l'air qui descend dans la région du feu et monte dans la région de l'eau ; or, ce sont deux mouvements simples. Pour cette raison on pourrait dire beaucoup plus raisonnablement que chaque corps simple ou élément du monde, excepté éventuellement le ciel qui nous domine, est en son lieu mû naturellement d'un mouvement circulaire. Si une partie d'un tel corps est hors de son lieu et de son tout, elle y retourne le plus directement qu'il lui soit possible ; ainsi en serait-il d'une partie du ciel si elle était hors du ciel. Il n'est pas incohérent qu'un corps simple, en vertu de sa totalité ait un mouvement simple en son lieu, et un autre mouvement en vertu de ses parties quand elles reviennent en leur lieu ; il convient d'accorder une telle chose selon Aristote, comme je vais dire ci-après.

<B 2 2. Un mouvement circulaire peut être naturel et perpétuel ; c'est le cas
    de la sphère du feu, prise dans sa totalité, selon Aristote : Donc, ce peut
    être vrai de la terre>

Deuxièmement, je dis que ce mouvement est naturel à la terre, etc., tout entière et en son lieu, mais que néanmoins elle a un autre mouvement naturel selon ses parties quand elles sont hors de leur lieu naturel, et c'est un mouvement vertical vers le bas. Selon Aristote, il convient d'accorder semblable chose à l'élément du feu qui est en mouvement naturel vers le haut selon ses parties quand elles sont hors de leur lieu. Avec cela, selon Aristote, tout cet élément, en sa sphère et en son lieu est mû perpétuellement d'un mouvement journalier, ce qui ne pourrait se faire si ce mouvement était violent. Selon cette opinion ce n'est pas le feu qui est ainsi mû, mais la terre.

<B 2 3. Le corps au repos n'est pas nécessaire à l'existence du mouvement, mais seulement à sa perception : Il n'y a donc pas de corps au repos par nécessité>

Troisièmement, quand il est dit que tout mouvement implique un corps en repos, je dis que non sauf pour qu'un tel mouvement puisse être perçu ; encore suffirait-il que cet autre corps-là se mût autrement, mais le mouvement ne requiert pas un autre corps pour exister, comme il a été démontré au chapitre VIIIᵉ. Car, supposé que le ciel soit mû d'un mouvement journalier, supposé que la terre soit mue de la même façon ou d'un mouvement contraire, ou que, en imagination, elle fût supprimée, le mouvement du ciel ne cesserait pas pour autant, n'en serait ni plus rapide ni plus lent, car l'intelligence qui le meut et le corps qui est mû n'en seraient pas pour autant disposés différemment. D'autre part, supposé qu'un mouvement circulaire requît un autre corps en repos, il n'est pas nécessaire que ce corps soit au milieu du corps ainsi mû, car au milieu de la meule d'un moulin ou d'une chose semblable en mouvement, rien n'est en repos qu'un simple point mathématique qui n'est pas un corps, ni non plus au milieu du mouvement de l'étoile qui est près du pôle Nord. Donc on pourrait dire que le ciel au-dessus de nous est en repos ou est mû autrement que les autres corps puisqu'il [sc. le ciel] est nécessaire à l'existence ou à la perception des autres mouvements.

<B 2 4. On peut dire de la sphère du feu qu'elle est mue par sa nature et par sa forme : On peut bien dire de même de la terre>

Quatrièmement, on pourrait dire que la force qui mettrait ainsi cette partie basse du monde en mouvement circulaire, c'est sa nature, sa forme, et c'est cela même qui ramène la terre à sa place quand elle en est sortie, soit de la même façon que le fer est en mouvement vers l'aimant. D'autre part, je demande à Aristote quelle force anime le feu en sa sphère de mouvement journalier, car on ne peut pas dire que le ciel le tire ainsi ou le ravisse par violence, aussi bien parce que ce mouvement est perpétuel que parce que la surface concave du ciel est très polie, comme il a été dit chapitre XIᵉ, et voilà pourquoi elle passe sur le feu sans nul à-coup, sans frotter, sans tirer ni pousser, comme on a dit chapitre XVIIIᵉ. Il convient donc de dire que le feu est ainsi mû circulairement par sa nature, sa forme ou par quelque intelligence ou influence du ciel. Et peut s'exprimer de la même façon au sujet de la terre celui qui pose qu'elle est animée d'un mouvement journalier et le feu non.

<B 2 5. L'astronomie ne serait pas fausse, car il n'y est question que de positions et de mouvements relatifs, sauf en ce qui concerne la question de la réalité du mouvement quotidien : Cela est reconnu par Aristote>

Cinquièmement, là où il est dit que si le ciel ne décrivait pas un circuit jour après jour, toute l'astronomie serait fausse, etc., je dis que non, car toutes images, toutes conjonctions, oppositions, constellations, figures et influences célestes seraient entièrement comme elles sont, comme il ressort d'évidence par ce qui a été dit dans la réponse sur la première expérience, et les tables des mouvements et tous autres livres seraient aussi vrais qu'ils sont, sauf que du mouvement quotidien on dirait qu'il est du ciel selon l'apparence et de la terre en réalité, et il ne s'ensuit pas d'autre effet d'une manière plus que de l'autre. Et s'accorde à cette vue ce que pose Aristote au chapitre XVIᵉ du fait que le soleil nous apparaît comme tournant et les autres étoiles scintillant ou clignotant, car il dit que si la chose que l'on voit est en mouvement ou si c'est la vision qui est en mouvement, cela ne fait pas de différence, et l'on dirait à ce sujet que notre vision est mue de mouvement quotidien.

<B 2 6. Pour ce qui est de l'*Écriture*, elle ne doit pas être prise à la lettre, car elle se conforme à la manière commune de parler>

Sixièmement, à propos de la *Sainte Écriture* qui dit que le soleil tourne, etc., l'on pourrait dire qu'elle se conforme sur ce point à la manière commune de parler des hommes, comme elle procède en plusieurs endroits ; ainsi est-il écrit que Dieu se repentit, se mit en colère, s'apaisa, et autres choses qui ne sont pas du tout à prendre littéralement. Et même, près de notre sujet, lisons-nous que Dieu couvre le ciel de nues : « Lui qui couvre le ciel de nues » ; cependant, en vérité, c'est le ciel qui couvre les nues ! On pourrait dire alors que le ciel est en apparence mû d'un mouvement quotidien et non la terre ; et selon la vérité, c'est le contraire. Et de la terre, on pourrait dire qu'elle ne se déplace pas de son lieu en vérité et qu'elle ne se déplace pas dans son lieu en apparence, mais bien en vérité.

Septièmement, presque semblablement, l'on pourrait dire qu'au temps de Josué, le soleil s'arrêta et qu'au temps d'Ézéchias, il revint en arrière, tout cela selon l'apparence, mais en vérité la terre s'arrêta au temps de Josué, avança ou hâta son mouvement au temps d'Ézéchias, et il n'y aurait pas eu de différence quant à l'effet qui s'ensuivit. Or, cette vue me semble plus raisonnable que l'autre, comme il sera démontré par la suite.

<C. RAISONS ET ARGUMENTS EN FAVEUR DU MOUVEMENT DE LA TERRE>

Quant au troisième point, je veux énoncer des arguments ou des raisons selon lesquelles il apparaîtrait que la terre eût un mouvement tel qu'il est dit.

<C 1. Ce qui a besoin d'autre chose se dispose de façon à en « profiter » : ainsi les éléments sont en mouvement vers leur lieu, et non pas les lieux vers les éléments ; de même, ce n'est pas le feu qui tourne autour de la dinde à rôtir : Ainsi de la terre et des éléments d'ici-bas>

Premièrement, c'est que toute chose qui a besoin d'une autre chose doit être disposée à recevoir le bien qu'elle tire de l'autre par son mouvement à elle qui reçoit ; et sur ce point nous voyons que chaque élément est en mouvement vers le lieu naturel où il trouve sa permanence, et il va vers son lieu mais son lieu ne vient pas vers lui. Donc, la terre et les éléments d'ici-bas qui ont besoin de la chaleur et de l'influence du ciel tout alentour doivent être disposés par leur mouvement à recevoir ce profit correctement, comme, pour user d'un langage familier, la chose qui est rôtie au feu reçoit autour d'elle la chaleur du feu parce qu'elle est tournée, et non pas parce que le feu serait tourné autour d'elle.

<C 2. Si la terre est fixe, le mouvement diurne et le mouvement sidéral (des planètes et du soleil) seraient en sens opposés : Ce qui semble choquant, et disparaît si on admet la rotation de la terre>
De plus, à moins qu'expérience ou raisonnement montrent le contraire, comme on dit, il est bien plus raisonnable que tous les mouvements principaux des corps simples du monde soient, marchent ou avancent, tous d'une seule et unique progression ou d'une seule et unique manière. Or, il ne pourrait se faire, selon philosophes et astrologiens, que tous allassent d'orient en occident [car si le mouvement diurne du ciel est d'orient en occident, alors le mouvement annuel (sidéral) est d'occident en orient] ; mais si la terre a le mouvement qu'on dit, tous avancent par une <même> route d'occident en orient, c'est-à-dire la terre faisant sa révolution en un jour naturel sur les pôles de ce mouvement, et les corps du ciel sur les pôles du zodiaque, la lune en un mois, le soleil en un an, Mars en deux ans environ, et ainsi des autres. Il ne convient pas de disposer au ciel d'autres pôles fondamentaux, ni de deux formes de mouvement un d'orient en occident et les autres à l'inverse sur d'autres pôles, ce qu'il conviendrait nécessairement de disposer si le ciel était mû d'un mouvement journalier.

<C 3. Seul le mouvement de la terre place le ciel et la partie habitable de la terre à droite dans le cosmos, ce qui convient à leur noblesse>
De plus, de cette manière, mais pas autrement, le pôle arctique serait le dessus du monde en quelque lieu que ce pôle fût, et l'occident serait la droite en se fondant sur la représentation [*ymaginacion*] que suppose Aristote chapitre V^e[, selon laquelle la droite ou la gauche sur une sphère est déterminée par la direction dont vient le mouvement, *i.e.* est « à droite » un corps en mouvement qui « vient de droite »].
Alors la partie habitable de la terre, et précisément celle où nous sommes, serait le dessus et la droite du monde à la fois au point de vue céleste et au point de vue terrestre, car tout mouvement de tels corps avancerait de l'occident comme on l'a dit. Certes, il est bien raisonnable que l'habitat humain soit dans le lieu le plus noble qui soit sur la terre ; et si le ciel est mû d'un mouvement

journalier, c'est tout le contraire qui est la vérité, selon ce qui apparaît d'évidence chez Aristote chapitre VIIe.

<C 4. Quoi qu'en dise Averroès, le repos est plus noble que le mouvement [...]
et une chose est d'autant plus noble qu'elle est moins en mouvement: Avec la terre en rotation, on a un système où la terre, l'élément le plus vil, a le plus rapide mouvement, et les corps de plus en plus élevés vont de moins en moins vite, jusqu'au ciel étoilé qui est au repos, ou bien fait une révolution en 36 000 ans (un degré en cent ans)>

De plus, bien qu'Averroès dise au chapitre XXIIe que le mouvement est plus noble que le repos, le contraire est évident car même selon Aristote en ce chapitre XXIIe, la plus noble chose qui soit et qui puisse être est en sa perfection sans mouvement; et c'est Dieu.

De plus, le repos est la finalité du mouvement; c'est pourquoi, selon Aristote, les corps d'ici-bas sont en mouvement vers leur lieu naturel afin d'y être en repos. Au surplus – et c'est le signe que le repos vaut mieux –, nous prions pour les morts afin que Dieu leur donne le repos: « Requiem æternam », etc. Donc reposer ou être moins en mouvement est mieux et une plus noble situation que d'être en mouvement ou d'être plus en mouvement et plus loin du repos. Il apparaît alors avec évidence que l'affirmation ci-dessus émise est très raisonnable, car l'on pourrait dire que la terre, qui est l'élément le plus vil, et les éléments d'ici-bas, font leur révolution très rapidement, l'air supérieur et le feu moins rapidement, comme c'est évident à l'occasion dans les comètes; la lune et son ciel encore plus lentement puisqu'elle fait en un mois ce que la terre fait en un jour naturel. Et ainsi, en progressant toujours, les parties les plus hautes du ciel font leur révolution plus lentement bien que de façon analogue et le procès est le même que dans le ciel des étoiles fixes qui est totalement en repos ou fait sa révolution très lentement, selon certains en 36 000 ans, soit un degré en cent ans.

<C 5. De cette façon, on répond très facilement aux difficultés soulevées par la complexité croissante des orbites avec la proximité de la sphère des fixes (*i.e.* du premier moteur) [par la simplification des mouvements qui résulte de l'hypothèse]>

De plus, de cette façon et pas d'une autre, peut être facilement résolue la question que pose Aristote au chapitre XXIe, avec peu de chose à ajouter. Et il ne convient pas de poser tant de degrés entre les choses ni de telles difficultés et obscurités qu'en indique Aristote en sa réponse, au XXIIe chapitre.

<C 6. Il semble raisonnable que les corps les plus éloignés du centre et plus grands fassent leur révolution en des temps plus grands: Sinon, il en résulterait des vitesses (linéaires) excessives: Si c'est la terre qui tourne en vingt-quatre heures, les périodes de révolution sont en relation avec les

distances du centre, bien que ce ne soit pas proportionnellement : Et de plus la Grande Ourse est bien tirée par les bœufs>

De plus, c'est chose très raisonnable que les corps qui sont plus grands, ou qui sont plus loin du centre, fassent leur circuit ou leur révolution en plus de temps que ceux qui sont plus près du centre ; car, s'ils les faisaient en temps égal ou moindre, leurs mouvements seraient rapides à l'excès. L'on pourrait donc dire que la nature compense, et a disposé que les révolutions des corps qui sont plus loin du centre s'effectuent en un temps plus long. C'est pourquoi la partie supérieure des cieux qui sont en mouvement fait son circuit ou sa révolution en un temps très long, quoiqu'elle soit en mouvement très rapide vu la longueur de son circuit. Mais la terre qui fait un très petit circuit l'a fait tout aussitôt par son mouvement quotidien, et les autres corps moyens entre le plus haut et le plus bas font leur révolution moyennement, bien que ce ne soit pas de manière proportionnelle. De cette manière, une constellation dirigée vers le nord, soit la Grande Ourse, que nous appelons le chariot, ne va pas à reculons, chariot devant les bœufs, comme elle irait à supposer que le mouvement fût quotidien, mais va dans le bon ordre.

<C 7. Il est inutile de faire de façon complexe ce qui peut être fait simplement, et ni la nature ni Dieu ne font rien inutilement, selon Aristote : Et le mouvement quotidien du ciel correspond à des mouvements plus compliqués et plus excessifs>

Ajoutons à ceci que, selon les philosophes, c'est inutilement qu'est fait, par plusieurs ou de grandes opérations, ce qui pourrait être fait par moins d'opérations ou de plus petites. Aristote dit en I 8 que Dieu et la nature ne font rien inutilement. Or, il se produit que si le ciel est mû d'un mouvement quotidien, il y a nécessairement dans les corps principaux du monde et dans le ciel deux formes de mouvements en somme contraires, l'un d'orient en occident et les autres *e converso*, comme on a l'habitude de dire. Et il faut aussi admettre une rapidité excessivement grande, car si l'on mesure bien et que l'on considère la hauteur ou distance du ciel, sa grandeur et celle de son circuit – si un tel circuit est décrit en un jour –, on ne pourrait imaginer ni mesurer combien la rapidité du ciel est merveilleusement et excessivement grande, et également comme elle est impossible à concevoir et à estimer.

<C 8. Si donc la terre est immobile, Dieu a créé inutilement des mouvements compliqués et d'ampleur excessive : Cela ne convient pas>

Donc, puisque tous les effets que nous voyons peuvent être réalisés et toutes les évidences respectées pour mettre à la place de cela une petite opération, à savoir le mouvement quotidien de la terre, qui est très petite en comparaison du ciel, sans multiplier en grand nombre des opérations si diverses et si outrageusement grandes, il s'ensuit que Dieu et la nature les auraient inutilement conçues et mises en place ; et cela n'est pas convenable, comme on a dit.

<C 9. Si le ciel a un mouvement diurne, on est conduit à supposer une neuvième sphère « invisible et sans étoile » mue de ce seul mouvement : Cela ne convient pas>

De plus, à supposer que tout le ciel soit mû d'un mouvement quotidien et qu'en même temps la huitième sphère soit mue d'un autre mouvement comme l'admettent les astronomes, il convient selon eux d'admettre une neuvième sphère qui n'est mue que d'un mouvement quotidien. Mais à supposer que la terre soit mue comme il a été dit, le huitième ciel est mû d'un mouvement lent et unique ; de cette façon il ne convient pas d'imaginer ni de s'imaginer une neuvième sphère dans la nature, invisible et sans étoiles, car Dieu et la nature auraient créé pour rien une telle sphère quand par un autre moyen toutes choses peuvent être telles qu'elles sont.

<C 10. Quand Dieu fait un miracle, il le fait avec le minimum de changement possible : Or, il est plus facile d'arrêter la seule terre que tous les cieux : Donc il semble plus plausible que le mouvement diurne soit un mouvement de la terre>

De plus, quand Dieu fait un miracle, l'on doit supposer et soutenir qu'il le fait sans changer le cours commun de la nature sauf dans la moindre mesure éventuelle. Donc, si l'on pouvait sauver l'idée que Dieu prolongea le jour au temps de Josué en n'arrêtant que le mouvement de la terre, ou de la région, qui est très petite et comme un point en comparaison du ciel, sans vouloir que tout le monde ensemble, sauf ce petit point, eût été mis hors de son cours commun et de son ordonnance, et également des corps tels que les corps du ciel, c'est beaucoup plus raisonnable. L'idée pourrait être ainsi sauvée, comme il ressort de la réponse à la septième objection qui fût faite contre cette opinion. On pourrait s'exprimer semblablement à propos de la rétrogradation du soleil au temps d'Ézéchias.

<CONCLUSION>

Il en résulte qu'on ne peut montrer par aucune expérience que le ciel soit mû d'un mouvement quotidien, car de toute façon, qu'on suppose qu'il soit en un tel mouvement et non la terre, ou la terre et non le ciel, si un œil était au ciel et qu'il vît clairement la terre, elle semblerait en mouvement ; et si l'œil était sur la terre, le ciel semblerait en mouvement. Et la vision n'est pas trompée en cela, car elle ne voit ou ne sent rien sauf qu'il y a mouvement. Mais que le mouvement soit celui de tel corps ou celui de tel autre, il en est jugé par le sentiment intérieur, comme il [sc. Witelo] affirme dans sa *Perspective*, et ce sentiment est souvent trompé comme il a été dit ci-dessus de l'homme qui est sur le bateau en mouvement. On a montré ensuite qu'on ne pourrait donner des raisons concluantes d'un tel mouvement du ciel. Troisièmement, on a présenté des raisons en faveur de la thèse contraire, qu'il n'a pas un tel mouvement. Cependant, tout le monde soutient, et je le crois, qu'il a un tel mouvement et que la terre n'en a point : Dieu a en effet fixé le globe terrestre, qui ne bougera pas, nonobstant les raisons du contraire, car ce sont des arguments qui ne concluent pas de façon évidente. Mais à considérer tout ce que l'on dit, on pourrait donc croire que la terre a un tel mouvement et le ciel n'en a point. La thèse contraire n'est pas évidente et de toute manière, à première vue, elle semble aller contre la raison naturelle autant ou plus que les articles de notre foi dans leur ensemble, ou que plusieurs d'entre eux. Dans ces conditions, ce que j'ai dit par fantaisie à ce sujet, peut servir à confondre et à contester ceux qui voudraient s'insurger contre notre foi par le raisonnement.

15

La théorie des marées de Galilée
n'est pas une « théorie fausse »

Essai sur le thème de l'erreur
dans l'histoire et l'historiographie des sciences[*]

Introduction

Quelques recherches sur les travaux scientifiques de Galilée et
sur l'histoire que l'on en fait m'ont conduit, sans que je l'aie en rien
cherché, à rencontrer le thème de l'erreur si fréquemment, et sous
une telle variété d'aspects, que j'en suis arrivé à tenter d'ébaucher
une typologie raisonnée de l'erreur en histoire des sciences, centrée,
pour baliser le champ, sur les études galiléennes (en comprenant cette
expression dans son extension la plus large : les travaux de Galilée, les
travaux sur Galilée, les travaux sur les œuvres de Galilée). Plusieurs

---

 * N.d.éd. : Paru dans *Épistémologiques*, I, n° 1-2, 2000, pp. 113-139 – version revue et
corrigée pour la présente édition. Une traduction en espagnol, par Sergio Toledo Prats,
a été publiée sous le titre *La teoría de las mareas de Galileo : El diálogo revisitado*, dans *Galileo
y la gestación de la ciencia moderna : Acta IX, s.e.*, Canarias, Fundación Canaria Orotava de
Historia de la Ciencia, 2001, pp. 205-218.

caractéristiques concourent à faire des études galiléennes un champ particulièrement propre à une telle exploration.

Les sources primaires dont nous disposons, en ce qui concerne la personnalité et l'œuvre de Galilée, sont d'une extension singulière. À côté des œuvres qu'il a publiées, Galilée conservait une masse de brouillons, de premières ébauches, de traités rédigés puis abandonnés, auxquels s'ajoute une correspondance abondante. La disponibilité de ce *corpus* est elle-même exceptionnelle grâce au monumental travail d'édition critique d'Antonio Favaro (*Favaro 1890-1909*), toujours disponible, qui n'a négligé que quelques feuillets autographes sur lesquels ne se trouvent que des opérations arithmétiques sans texte.

S'agissant d'une œuvre qui a joué un rôle décisif dans la formation de la culture européenne moderne, la littérature secondaire est évidemment copieuse : elle s'accroît en moyenne de plusieurs dizaines d'articles et de plusieurs livres chaque année. Entre les sources primaires et la littérature secondaire, c'est donc un matériel riche et doté d'une certaine unité par constitution qui s'offre à l'exploration d'un thème. Celui de l'erreur, comme je l'ai dit, s'est présenté avec insistance dans les recherches que j'ai menées sur le travail de Galilée sur la théorie du mouvement.

Si la littérature secondaire concernant Galilée est abondante, elle n'est pas pour autant très variée : la répétition semble sans limite d'un nombre très restreint de passages supposés représentatifs et canoniques, toujours les mêmes, avec toujours les mêmes commentaires. La réduction de l'œuvre à une très petite partie, canonique donc par force, que l'on peut présenter comme relativement cohérente ou ne contenant d'incohérences que ce que l'on peut justifier ou exploiter clairement dans le cadre d'une conception théorique préétablie de l'histoire des sciences, ne saurait trop surprendre : c'est une caractéristique de la vulgarisation de l'histoire des sciences, et le genre a ses justifications. On relèvera cependant que dans le cas des études galiléennes cette pratique est également fréquente dans les ouvrages savants, livres ou articles, des historiens des sciences et des épistémologues. C'est en fait un large consensus sur la notion d'incohérence concevable ou inconcevable dans le cadre d'une théorie de l'histoire des sciences qui me semble à la fois définir le *corpus* canonique retenu pour représenter l'œuvre, et rendre compte de la quasi-unanimité de la littérature sur la qualification même des incohérences ou erreurs alléguées.

I. « Come è noto, la teoria galileiana è erronea »

La Renaissance et le problème des marées

Je vais tenter d'illustrer ces problèmes sur le cas de la théorie galiléenne des marées, car cet épisode de l'histoire des sciences est exemplaire à bien des points de vue pour mon propos. En premier lieu, il est clair que l'enjeu théorique est ici d'une importance historique exceptionnelle. Cet enjeu n'est pas en premier lieu, rétrospectivement, la production d'une théorie des marées ; l'enjeu principal, du point de vue de l'épistémologie moderne, est la recherche d'une preuve physique irréfutable du double mouvement – journalier et annuel – de la terre demandé par le système de Copernic[1]. Il s'agit, avec ces mouvements de la terre, du véritable talon d'Achille de la physique et du cosmos aristotéliciens : Edward Grant a montré d'une façon convaincante, par une argumentation historique (et ici les arguments usuels non étayés par des source textuelles ne sont que des exercices de dialectique, sinon de sophistique), qu'au tournant des XVIe et XVIIe siècles les partisans du cosmos et de la physique d'Aristote parvenaient à absorber bien des nouveautés – comme la corruptibilité des cieux (les taches solaires, la *nova* de 1604, etc.), voire les phases de Vénus – sans se trouver vraiment ébranlés, mais que l'héliocentrisme, s'il venait à être démontré par une preuve physique irréfutable, ruinerait l'édifice sans possibilité de récupération[2]. Et il est attesté que Galilée considéra très tôt le phénomène des marées comme un argument décisif, ou plutôt comme la seule preuve de la réalité objective des deux mouvements de la terre, et qu'il tint cette position jusqu'à ses dernières années[3]. Je ne veux certes

---

1. Je négligerai ici le rôle historique du problème du troisième mouvement de la terre dans ce système.

2. Cf. *Grant 1985*.

3. Le *Discorso del flusso e reflusso del mare* (dans *Favaro 1890-1909*, vol. V, pp. 378 ss.) date de 1616, et il est repris très largement en 1632 par le *Dialogo sopra i due massimi sistemi del mondo* (dans *Favaro 1890-1909*, vol. VII, pp. 27-546 et *Besomi & Helbing 1998*).

pas suggérer que l'adhésion de Galilée au système de Copernic ait pu dépendre d'une telle preuve physique : elle reposait évidemment en premier lieu sur son rejet de la philosophie naturelle aristotélicienne et scolastique et, en second lieu, comme celle des coperniciens contemporains et pour tout dire de Copernic lui-même, sur la cohérence d'un faisceau d'arguments dont on avait reconnu dès le XIVe siècle aussi bien la force persuasive que le caractère non probant[4].

Pour apprécier la force que pouvait revêtir, dans une polémique, un argument construit sur une théorie des marées, il est bon d'avoir à l'esprit que le phénomène des marées était perçu par les aristotéliciens de la Renaissance comme le seul phénomène cosmologique dont le Philosophe n'avait pas réussi à donner l'ombre d'une explication. La popularité dont jouissait alors la légende d'un Aristote se suicidant, en se précipitant dans la mer du haut des rochers du Negroponte par désespoir de ne savoir en dire quelque chose de plausible, atteste l'importance accordée au problème[5]. Mario Helbing fait remarquer qu'à la charnière des XVIe et XVIIe siècles l'explication théorique des marées représentait un tel défi pour la philosophie naturelle que le philosophe qui y parviendrait était assuré d'acquérir immédiatement une notoriété et une autorité considérables ; il en conclut que cela fut probablement la motivation première de l'intérêt de Galilée pour une théorie du phénomène[6]. Faire de la recherche d'une preuve du double mouvement de la terre l'origine des recherches galiléennes sur les marées, pour être plus conforme avec notre hiérarchie des problèmes épistémologiques, impliquerait, si l'on y regarde bien, une intuition préalable que le phénomène des marées pourrait constituer une telle preuve ; on voit mal comment une telle intuition aurait pu précéder toute idée de solution théorique du problème des marées[7]. Il n'a pas été historiquement démontré, à ma connaissance, que le problème

---

4. Cf. *Souffrin 1993a*, pp. 277-333 : 333 [= *supra*, n° 14, pp. 321-361 : 361] : « ce sont des arguments qui ne concluent pas de façon évidente » (Oresme, *Le livre du ciel et du monde*).

5. Cf. *Favaro 1890-1909*, vol. VII, p. 459.

6. Communication privée. On trouvera des indications précises sur cette tradition dans *Besomi & Helbing 1998*, vol. II, pp. 831 ss.

7. Cette proposition s'oppose au point de vue exprimé par *Popper 1979*, pp. 172 : « It was another problem which led [Galileo] to the problem of the tides : the problem of the truth or falsity of the copernican theory » – dont l'opinion est séduisante épistémo-

de la supériorité objective du système de Copernic sur celui de Tycho Brahé aurait été perçu, avant la diffusion publique des propositions de Galilée, comme un problème crucial de la philosophie naturelle : bien que cela soit fréquemment soutenu, il ne s'agit que de l'une de ces thèses qui conviennent si bien à l'idéologie dominante de l'histoire des idées scientifiques qu'elles semblent ne nécessiter aucune justification et ne souffrir aucun questionnement. La force accordée très largement, encore au début du xviie siècle, aux arguments bien connus, depuis alors plus de deux siècles, qui en suggéraient l'équivalence vis-à-vis de l'observation, de l'expérience et de la raison, éclipsait l'intérêt pour une improbable possibilité de discrimination objective entre les grands systèmes du monde[8].

Des marées aux mouvements de la terre, selon Galilée

La solution de Galilée au problème des marées repose sur l'analogie qu'il établit entre le phénomène communément observé des oscillations de l'eau contenue dans un récipient soumis à des phases d'accélération et de décélération et les oscillations des mers à la surface du globe terrestre. En présentant comme indissociables le phénomène, évident, des marées et le double mouvement de la terre autour du soleil, cette solution modifiait radicalement la hiérarchie des enjeux. La possibilité de trancher, par la seule existence d'un phénomène évident, la vieille question du mouvement de la terre ou des cieux se présentait ainsi exposée pour la première fois sur des bases nouvelles depuis les argumentations du xive siècle, qui avaient laissé les partisans des deux thèses tout autant satisfaits par son indécidabilité dans le champ de la philosophie naturelle[9].

---

logiquement, mais ne tient pas compte de la situation historique du problème des marées soulignée par *Besomi & Helbing 1998*.

8. Cf. Oresme, *Du ciel et du monde* – cit. par *Ribémont 1993*, p. 315 [= *supra*, p. 349] : « Mais, sous toute réserve, il me semble que l'on pourrait bien soutenir et illustrer la dernière opinion, à savoir que la terre est mue d'un mouvement journalier et le ciel non. Et je veux établir que l'on ne pourrait montrer le contraire par aucune expérience, ni par le raisonnement, et j'apporterai à ceci des raisons ».

9. Sur l'existence de propositions assez proches de celles de Galilée, mais beaucoup moins développées et non publiées, aux xvie et xviie siècles, voir *Shea 1977* – tr. fr. 1992.

La nécessité du double mouvement de la terre dans l'explication galiléenne des marées transformait radicalement le problème de la comparaison des grands systèmes du monde et lui conférait un statut révolutionnaire. Ce statut révolutionnaire du problème des grands systèmes est un lieu commun de l'histoire de la pensée scientifique ; ce qui est moins généralement perçu est que cette révolution était ancrée, pour Galilée lui-même, plus radicalement dans sa théorie des marées que dans toute autre argumentation, phases de Vénus et satellites de Jupiter compris. Cette théorie des marées a particulièrement préoccupé ses adversaires et en particulier la curie pontificale, probablement dès le premier procès de Galilée, en 1616, et certainement lors du procès de 1633, puisque parmi les huit présomptions de culpabilité retenues contre Galilée le seul argument de philosophie naturelle mentionné est la preuve du copernicisme par la théorie des marées[10]. Enfin, c'est cette théorie des marées, reprise quasiment inchangée de son *Discorso del flusso e reflusso del mare* de 1616, qui couronne le grand œuvre de la fin de la vie de Galilée : le *Dialogo sopra i due massimi sistemi del mondo*. Si l'on rappelle qu'il entendait donner au *Dialogo* le titre de *De fluxu et refluxu maris* – il en fut dissuadé par ses amis et par les pressions de ses puissants adversaires[11] –, on reconnaîtra que non seulement Galilée a soutenu cette théorie de façon constante sans l'amender en rien, mais encore qu'il la considérait comme une pièce maîtresse de sa philosophie de la nature.

La théorie galiléenne des marées devant l'histoire

L'appréciation des historiens devant une théorie aussi importante pour son auteur, alors même que ce dernier est considéré comme l'un des plus notables de l'histoire de la pensée scientifique, est assez paradoxale : elle est dominée par un jugement quasi unanime, selon lequel « la théorie des marées de Galilée est une théorie fausse »[12].

---

10. Cf. par exemple *Lo Chiatto & Marconi 1988*.

11. Cf. *Besomi & Helbing 1998*, vol. II, p. 39.

12. Cf., par exemple, *Aiton 1954*, p. 44 : « Though fondamentaly false, Galileo's theory of the tides merits attention » ; *Clavelin 1968*, p. 482 : « Qu'il s'agisse des marées ou des vents alizés, l'argumentation de Galilée est donc profondément défectueuse » ; *Costabel 1984*, *s.v.* : « la seule preuve formelle qu'il proposait du mouvement de la terre, à savoir le flux et le reflux de la mer, ne valait absolument rien ».

Embarrassés par cette malheureuse errance, les historiens ont le plus souvent négligé la quatrième Journée du Dialogo, passant la théorie des marées et ses conséquences cosmologiques aux profits et pertes de l'histoire[13].

Dans une importante introduction à son édition du *Dialogo*, Libero Sosio analyse avec beaucoup de justesse la situation :

> La quatrième Journée du *Dialogo* est généralement considérée comme la moins importante, la moins réussie, la plus faible du point de vue scientifique – une sorte d'appendice non essentiel du *Dialogo*, et comme telle rapidement expédiée dans les présentations, et traitée de façon tout à fait insatisfaisante par les rares commentateurs. Il me semble nécessaire de réfuter ce procédé : celui qui s'occupe d'histoire des sciences sait bien qu'il n'est pas de saine méthodologie de garder ce qui survivra et de jeter à l'eau les parties mortes, et que parfois justement une erreur se révèle être plus productive qu'une vérité trouvée par hasard. Si l'on considère le *Dialogo* dans son ensemble, les trois premières Journées se présentent comme une préparation lente et patiente [...]. Les trois premières Journées n'apportent aucun argument concluant. [...] Galilée a vu dans la théorie des marées l'unique preuve physique irréfutable du mouvement de la terre et lui a réservé la place d'honneur, celle de l'argument décisif[14].

À la suite de cette analyse, à laquelle j'adhère complètement, Sosio ajoute toutefois :

> Comme on sait, la théorie galiléenne est fausse, au moins dans la mesure où elle prétend expliquer un phénomène essentiellement dû à d'autres causes.

J'ai dit plus haut que la théorie galiléenne des marées était considérée unanimement comme une théorie fausse. Sans doute Sosio partage-t-il cette opinion, mais il modère cette conclusion – qui prise à la lettre est tout de même ravageuse pour l'ouvrage dont Sosio a correctement rétabli l'économie contre la lecture habituelle – en précisant qu'elle est fausse « au moins en tant que théorie de marées ». Cette précision est potentiellement très importante du point de vue épistémologique,

---

13. Par exemple, *Clavelin 1968* réserve à la théorie galiléenne des marées seulement quelques pages en appendice de son livre, qu'il conclut ainsi : « La quatrième Journée [...] n'est pas tout à fait sur le même plan que les autres Journées. Son apport pouvait donc être dissocié (comme cela se produisit effectivement) sans que l'influence de l'œuvre en soit d'aucune façon amoindrie » (*ibid.*, p. 482).

14. Cf. *Sosio 1970*, p. LXXII – notre traduction de l'italien.

dans la mesure où elle laisse ouverte une possibilité que cette théorie ne soit fausse que comme théorie des marées. Si cette voie entrevue n'est pas explorée par Sosio, il faut reconnaître que celui-ci est l'un des rares commentateurs à avoir émis une réserve à la qualification de « théorie fausse » partout affirmée[15] ; cependant, en l'absence de développement, son argument reste imprécis et empreint d'ambiguïtés. Cette réserve pertinente trahit essentiellement une perplexité que de rares auteurs se sont risqués à exprimer, dont Maurice Finocchiaro qui ose ce courageux commentaire :

> This causal explanation is erroneous, although his supporting argument is not worthless, and it is not clear where his reasoning goes wrong[16].

Pour sa part, François De Gandt donne un sous-titre interrogatif : *La théorie des marées : une erreur mémorable ?*, et se contente d'ajouter :

> La théorie galiléenne des marées a été unanimement rejetée comme fausse et mal accordée aux observations. Et pourtant il faut encore la lire [...]. Galilée fait preuve d'une étonnante ingéniosité[17].

Si prudentes et peu concluantes qu'elles soient, les citations qui précèdent sont loin d'être représentatives des commentaires modernes sur cette question : la théorie galiléenne est très généralement considérée péremptoirement comme une erreur malheureuse, que l'on peut comprendre dans le contexte historique mais dont le traitement le plus honorable pour son auteur serait l'oubli pur et simple[18].

L'analyse de la théorie galiléenne des marées par Mach est d'une autre teneur, aussi bien sur le plan de l'épistémologie que de la compé-

---

15. Cf. cependant *infra*, n. 22.

16. *Finocchiaro 1997*, p. 397.

17. François de Gandt, « Présentation », dans *Galilée 1992*, p. 27.

18. Les affirmations sont parfois d'autant plus péremptoires que l'argumentation est discutable. Ainsi *Clavelin 1968*, p. 480 : « Si l'explication de Galilée était exacte, ce sont tous les corps non rigidement liés à la terre qui devraient, chaque vingt-quatre heures, être alternativement projetés vers l'avant et vers l'arrière ». Si cette objection était pertinente, Clavelin devrait soutenir que cela se produit effectivement toutes les douze heures, selon la théorie de Newton. Il poursuit dans la même veine : « Galilée ne voit donc pas que la quatrième Journée du *Dialogue* est incompatible avec la seconde » ; Clavelin semble « donc » ne pas distinguer entre une rotation uniforme et la composition de deux rotations uniformes, distinction qui est la base de la théorie galiléenne des marées.

tence scientifique[19]. Son objection porte – du moins en apparence – sur le modèle développé par Galilée, et non sur ce qui le distingue de la théorie newtonienne : Mach conclut de sa discussion que le modèle de Galilée serait stationnaire, c'est-à-dire qu'il ne comprendrait aucune accélération superficielle dépendant du temps ; dans ces conditions, la discussion galiléenne serait effectivement radicalement invalidée.

Dans *Objective knowledge*, Popper hésite curieusement entre l'argument de Mach et une variante consistant à considérer qu'au modèle de Galilée correspondrait bien un effet dépendant du temps, mais d'une amplitude négligeable et, par là, étranger au phénomène des marées[20]. Cette dernière variante de la théorie de Mach avait déjà été soutenue par Strauss dans son commentaire au *Dialogo*[21].

Pour tous les commentateurs, en fin de compte, la théorie galiléenne des marées est une théorie fausse, au mieux ingénieuse ; aucun ne semble avoir entrevu une pertinence au moins possible de cette théorie avec l'objectif que Galilée vise dans son *Dialogo* : une preuve physique du double mouvement de la terre[22].

Un réexamen nécessaire

Les hésitations qui ont pu être exprimées quant à la simple qualification comme « fausse » de la théorie galiléenne des marées, si exceptionnelles qu'elles aient été, pourraient suffire à rendre nécessaire un réexamen critique de cette qualification elle-même. De deux choses l'une, en effet : ou bien ces hésitations sont mal fondées, et il faut alors le montrer, ou bien elles ont quelque fondement solide dont on doit

19. Cf. *Mach 1904*, II IV 11, pp. 208 ss.
20. Cf. *Popper 1979*. Je remercie Jean-Jacques Szczeciniarz pour m'avoir signalé l'intervention de Popper sur ce problème historique.
21. Cf. *Strauss 1891*, p. 566. J'ai souvent entendu ce même argument – *i.e.* s'il y a un effet, il est négligeable – dans les discussions que j'ai pu avoir à propos de la théorie galiléenne des marées.
22. J'ai eu tardivement connaissance de deux exceptions notables curieusement ignorées par la littérature historique : *Nobile 1954* et *Burstyn 1962* ont en effet contesté sans ambiguïtés la thèse d'un caractère essentiellement erroné de la théorie galiléenne des marées ; ils ont soutenu, quant au fond, la thèse que je soutiens ici. Mon analyse diffère cependant profondément, par la méthode comme par le contenu précis des propositions, de ces deux antécédents exceptionnels. Voir *infra*, à la fin de cette étude, ma *Note complémentaire*.

explorer les conséquences. Il faut reconnaître que dans la dernière hypothèse on pourrait s'étonner que ceux qui ont eu assez de lucidité pour émettre ces réserves aient pu en rester là.

Quant à l'objection soulevée par Mach, le peu de cas qu'en font les historiens des sciences peut surprendre car, si elle était irréfutable, elle dirait tout sur la théorie galiléenne des marées et rendrait vaines les tergiversations dont il vient d'être question. Elle a été peu citée, et mal comprise lorsqu'elle a été citée ; ceci éclaire peut-être cela[23]. Un examen critique est toutefois nécessaire et je montrerai plus loin qu'elle est réfutable en tant que critique du modèle de Galilée.

Avant d'aborder ce programme, il convient de décrire plus précisément le contenu de la proposition galiléenne.

La théorie galiléenne des marées : Simplicité et sophistication

La théorie galiléenne des marées repose d'abord, comme je l'ai indiqué plus haut, sur la référence aux mouvements d'un liquide par rapport au récipient qui le contient, lorsque celui-ci est soumis à des accélérations et décélérations successives. Galilée affirme que dans l'hypothèse d'un double mouvement de la terre – un mouvement de rotation uniforme autour de son centre, et un mouvement de circulation uniforme de ce centre sur une orbite circulaire autour du soleil –, les grandes masses d'eau à la surface de la terre se trouvent dans leurs bassins naturels comme l'eau dans un tel récipient. Alors, remarque-t-il, la composition des deux mouvements de rotation uniforme – la rotation diurne et le mouvement orbital annuel – a pour effet que le bassin de tout lac, mer ou océan a un mouvement non uniforme, la rotation diurne s'ajoutant au mouvement orbital au milieu de la nuit et s'en retranchant au milieu du jour[24]. Pour faire plus facilement comprendre ce résultat, Galilée l'explique sur la figure ci-dessous où, pour simplifier, il fait coïncider le plan de l'équateur avec celui de l'écliptique :

---

23. Par exemple par *Shea 1977*, p. 174 – tr. fr. p. 228. Bien qu'embarrassé d'erreurs de géométrie et de mécanique, cet ouvrage n'en est pas moins, à mon avis, l'une des meilleures présentations de la philosophie naturelle de Galilée. Cf. *Souffrin 1995*.

24. Cf. *Favaro 1890-1909*, vol. VII, p. 452 : « Dalla composizione di questi due movimenti, ciascheduno per sé stesso uniforme, dico resultare un moto difforme nelle parti della Terra ».

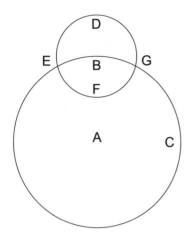

Le cercle *EFGD* représente la terre ; *B* son centre ; le cercle *C* de centre *A*, l'orbite annuelle. Un point fixe sur la terre parcourt le petit cercle en un jour et le centre *B* parcourt le cercle *C* en un an, les deux rotations étant de même sens, disons de *D* vers *E*. Galilée fait voir par la figure que

lorsque <la surface terrestre> tourne autour de son propre centre, il résultera forcément pour les parties de cette surface, par le couplage entre ce mouvement diurne et le mouvement annuel, un mouvement absolu [*un moto assoluto*] tantôt très accéléré, tantôt tout autant retardé pour les parties de cette surface [...]. Donc, s'il est vrai (et l'expérience prouve que c'est bien vrai) que l'accélération et le ralentissement du mouvement d'un vase fait aller et venir, et monter, puis descendre, à ses extrémités l'eau qu'il contient, qui saurait ne pas concéder qu'un tel effet puisse, ou plutôt doive, également se produire de toute nécessité dans le cas des mers, dont les contenants sont soumis à de semblables variations[25] [...] ?

Cette description préliminaire n'est qu'une version très simplifiée de la discussion que Galilée développe, dans les pages qui suivent, pour tenir compte de façon de plus en plus réaliste des caractéristiques géométriques et cinématiques des mouvements de la terre selon Copernic et des conséquences de la diversité topographique des côtes et des fonds sur les eaux en mouvement. Dans son ensemble, l'argumentation de Galilée est très sophistiquée et complexe, impliquant l'inclinaison de l'écliptique et le mouvement orbital de la lune autour de la terre, pour ce qui est de la cosmographie, ainsi que les mouvements que nous appelons des oscillations propres d'une masse fluide et sa conception d'un « impetus » spontanément dissipatif[26], pour ce qui

25. Cf. *ibid.*, p. 453.
26. Galilée explique l'absence de marées de l'air atmosphérique et les alizés par les propriétés de l'« impetus » dissipatif dont il a développé le concept dans le chapitre 17 de ses *De motu antiquiora*. Je ne vois pas d'interprétation possible pertinente autre que celle-ci, du passage crucial de cette démonstration : « Imperocché, comme altra volta

est de la physique – pour ne citer que quelques-uns des ingrédients qui font partie de l'arsenal explicitement mis en œuvre dans la comparaison de son modèle théorique aux observations. Mais il est parfaitement clair que Galilée considère que le modèle simple suffit à lui seul pour démontrer l'essentiel, à savoir que les deux mouvements de la terre ont pour conséquence nécessaire des flux et reflux des eaux superficielles de la même nature que ceux que l'on observe dans le phénomène des marées, et qu'en l'absence de toute explication alternative (recevable) les marées constituent une preuve du double mouvement de la terre.

Dans la mesure où le jugement porté par la critique moderne sur la théorie galiléenne des marées, c'est-à-dire sa qualification comme « fausse » et non pas simplement comme incomplète ou imprécise, s'articule essentiellement sur le modèle simplifié, et que ce qui est ici d'abord en examen est justement cette qualification, c'est sur la discussion des propriétés de ce modèle que je développerai ma réfutation de ce jugement.

II. La théorie des marées de Galilée comme « théorie fausse »

Sur la réfutation d'une théorie par une théorie

L'objection théorique la plus fréquemment opposée à la théorie galiléenne des marées est l'affirmation que la théorie newtonienne de l'attraction gravitationnelle est le fondement de la théorie correcte (de l'essence) du phénomène de marée, et que la théorie galiléenne des marées en ignore, bien évidemment, les concepts fondamentaux. Cette objection, très naïve d'un point de vue épistémologique, ne mériterait guère l'attention si elle n'était émise de façon constante par

s'è detto, i corpi leggeri sono ben più facili ad esser mossi che i più gravi, ma son ben tanto meno atti a conservare il moto impressoli, cessante la causa movente » (*Dialogo*, dans *Favaro 1890-1909*, vol. VII, p. 463). Ignorant ou négligeant cette proposition, *Clavelin 1968*, p. 481, considère que toute cette discussion est, elle aussi, incompatible avec la deuxième Journée du *Dialogo*. Cette accumulation d'incompatibilités alléguées par Clavelin et par d'autres suggère plutôt qu'elle affaiblit la cohérence de la philosophie naturelle de Galilée en évacuant arbitrairement certains concepts prémodernes qui peuvent s'y lire.

des scientifiques (presque toujours), par des historiens des sciences (souvent) et parfois même (sous une forme plus ambiguë, bien sûr) par des philosophes. Il n'est donc peut-être pas hors de propos de souligner que juger de la pertinence d'une théorie physique par une référence à une autre théorie physique relève d'une confusion sur le rapport des théories aux phénomènes. La justification apparente d'une démarche de ce genre réside dans le fait que certaines théories peuvent légitimement être comparées, et qu'une théorie peut être dite, d'une certaine façon, « supérieure » à une autre ; la question est justement de savoir de quelle façon. Dans le cas où l'une des théories conduirait, pour tous les phénomènes dont l'autre théorie peut donner une description, à un meilleur accord entre ses déductions et les phénomènes, on devra certainement dire qu'elle est meilleure en tous points comme théorie, mais en conclure à une supériorité ontologique de ses concepts constitutifs sur ceux de la théorie qu'elle surpasse reviendrait à une réification de ces concepts, ce qui est philosophiquement indéfendable.

Si une théorie peut être normative par rapport à une autre, par exemple ici la théorie de Newton par rapport à la théorie galiléenne des marées, ce ne peut être par référence aux concepts qui les constituent, mais seulement par la comparaison des conséquences des deux théories. Seule la confrontation des implications d'une théorie à des phénomènes peut en légitimer et en délimiter une qualification comme « juste » ou « fausse ». Galilée lui-même l'entend ainsi, lorsqu'il exprime sa propre conception, mille fois citée, de la justification de sa théorie de la chute des graves : elle réside dans la conformité aux observations des conséquences démontrées de la théorie[27]. Lorsque le champ d'application d'une théorie est assez bien délimité pour que l'on puisse considérer comme suffisamment réaliste la description que cette théorie donne d'un phénomène, la théorie peut dispenser d'une connaissance empirique ou expérimentale du phénomène lui-même, et permettre sans autre médiation de confronter les prévisions d'une autre théorie à ce

---

27. Au début du livre *Sur le mouvement accéléré*, dans la troisième Journée des *Discorsi* (*Favaro 1890-1909*, vol. VIII, p. 197) : « Quod tandem, post diuturnas mentis agitationes, repperisse confidimus ; ea potissimus ducti ratione, quia symptomatis, deinceps a nobis demonstratis, apprime respondere atque congruere videntur ea, quæ naturalia experimenta sensui repræsentant ».

phénomène. C'est de cette façon que la théorie des marées de Newton peut nous permettre de dire un certain nombre de choses sur celle de Galilée – dans la mesure où elle implique des conséquences que l'on sait (d'une manière ou d'une autre) être corroborées par l'observation. Mais cela est tout autre chose que la qualification de la théorie galiléenne des marées par référence aux concepts newtoniens.

Les marées comme phénomène

Les phénomènes de marées sont, dans leur diversité observable, d'une complexité qui défie le calcul[28]. C'est justement en invoquant cette complexité, bien connue de son temps, que Galilée a pu soutenir, contre ses critiques contemporains qui accumulaient sans peine des observations dont il ne rendait aucun compte, que sa théorie décrivait bien l'essence du phénomène[29] ; il lui suffisait de remarquer, ce que personne ne pouvait contester, que de nombreux accidents difficiles à discerner ne peuvent manquer d'influencer le phénomène et lui donner ses caractéristiques observées. Sa thèse est que seul le double mouvement de la terre peut être la « cause première » (*causa primaria*) de cette agitation ordonnée des eaux superficielles que l'on appelle « marée »[30].

Il n'est pas possible, et il ne sera pas nécessaire, de décrire ici avec quelque détail cette complexité phénoménale des marées. Il suffira de rappeler que l'aspect le plus caractéristique qualitativement, bien connu et observé de longue date, est que, de façon dominante à l'échelle du globe, la marée en un lieu géographique se produit deux fois par jour, et plus précisément deux fois par jour lunaire, si l'on entend par « jour lunaire » le temps qui sépare deux passages successifs de la lune au méridien du lieu – soit un peu moins de vingt-cinq heures.

---

28. Sur les phénomènes observés comme sur la théorie moderne des marées, on pourra se contenter de consulter *Bouteloup 1968*. Sur l'approche mathématique moderne du problème, est essentiel *Poincaré 1910*.

29. J'emploie l'expression « rendre compte d'un phénomène » au sens où les Anciens disaient que les théories des astronomes avaient pour objectif de « sauver les phénomènes ».

30. Cf. *Favaro 1890-1909*, vol. VII, p. 471 : « Ma già si è concluso, la disegualità e difformità del moto dei vasi contenenti l'acqua esser causa primaria dei flussi e reflussi ». *Ibid.*, p. 460, une autre occurrence de « causa primaria ».

La théorie newtonienne comme théorie des marées

On sait que Newton, dans les *Principes mathématiques de la philosophie naturelle*, rend précisément compte de cet aspect caractéristique :

> Par les corollaires XIXe et XXe de la Proposition LXVIe du premier Livre, on voit que la mer doit s'abaisser et s'élever deux fois chaque jour tant solaire que lunaire[31].

Ces deux marées quotidiennes correspondent au fait que le niveau moyen des eaux superficielles présente en permanence deux renflements antipodiques le long du diamètre terrestre dirigé vers le disque lunaire – pour ne parler que du phénomène quantitativement dominant. Cette figure caractéristique du géoïde est obtenue comme une conséquence nécessaire de la théorie newtonienne, et même plus précisément de la forme la plus simple de la théorie, dite « théorie statique des marées », qui ne considère que la figure d'équilibre du géoïde. Il n'est peut-être pas déplacé de souligner que la théorie newtonienne des marées implique, pour rendre compte de deux marées quotidiennes en un lieu géographique, un double mouvement de la terre par rapport à l'astre responsable de la marée. En effet, pour ne parler que de l'effet dû à la lune, si la terre montrait toujours la même face à son satellite, le niveau des eaux ne serait pas variable dans le temps en un lieu géographique donné, comme on peut le déduire de façon certaine précisément de ce que nous savons de la théorie de Newton ; il n'y aurait pas, alors, de marées à proprement parler, mais seulement une déformation symétrique géographiquement stationnaire de la surface du géoïde aqueux. La complexité dont il a été question a pour conséquence que la théorie statique est gravement déficiente lorsqu'il s'agit de donner quelque estimation quantitative d'intérêt pratique en un lieu donné, comme l'amplitude, la phase ou même la période précise du phénomène réel. Mais la forme générale du géoïde est le phénomène le plus caractéristique à grande échelle. Pour cette raison, seule une théorie qui rend compte de la double marée quotidienne peut être considérée comme une théorie satisfaisante des marées ; et pour cette même raison, il est raisonnable de dire que la

31. *Newton 1687* – tr. fr. 1756, III xxiv 19.

théorie statique de Newton, si imprécise soit-elle, est essentiellement une théorie juste des marées.

La théorie newtonienne et ses développements au XVIIIe siècle ont été popularisés dans un grand article dû à d'Alembert du vol. II : *Mathématique* de l'*Encyclopédie méthodique*, article dont je ne puis que souligner l'intérêt historique[32].

III. La théorie de Galilée revisitée

Les fondements conceptuels de la théorie galiléenne des marées

Les deux fondements de la description newtonienne sont le concept de « force à distance » et celui de « force d'inertie », c'est-à-dire les effets dus au fait que la terre ne soit, pour rester dans le langage de Newton, ni au repos ni en mouvement uniforme de translation.

La force à distance a deux fonctions dans la théorie newtonienne. Avec le globe terrestre comme centre, elle rend compte de la « gravitas » (c'est-à-dire du 'poids') des eaux, donc de leur stabilité dans leurs bassins. Avec l'astre perturbateur (disons la lune) comme centre, elle rend compte ensuite, par composition avec des forces d'inertie centrifuges, de la symétrie du géoïde aqueux qui est, nous l'avons vu, le phénomène dont une théorie doit précisément rendre compte pour qu'on puisse la considérer comme satisfaisante. Or, qu'en est-il des fonctions de la force à distance de Newton dans le modèle galiléen ?

La première de ces fonctions trouve chez Galilée un parfait équivalent fonctionnel, précisément en la « gravitas » que Galilée attribue *par nature* à tous les corps terrestres. La « propria gravitas » est pour Galilée la tendance ou propension des corps au mouvement vers le centre de la terre. Pour ce qui est de la stabilité des eaux dans leurs bassins, où la variation du poids avec le lieu n'est pas essentielle, cette conception de la « gravitas » est aussi valable et efficace que la conception newtonienne.

---

32. Cf. *D'Alembert 1785. Ibid*, p. 62, le caractère dominant des composantes horizontales des forces dans les effets de marées, généralement ignoré par les non-spécialistes, y est expliqué clairement.

Dans sa seconde fonction, la force d'attraction gravitationnelle de Newton n'a pas de substitut dans la physique galiléenne. Dans le cadre des concepts galiléens, la force gravitationnelle de Newton due à la lune, ou au soleil, serait une « gravitas » des corps terrestres correspondant à une tendance ou propension au mouvement vers le centre du mouvement orbital, qui se composerait avec la « gravitas propria », et qui dépendrait de la distance à cet astre. De telles conceptions sont absolument étrangères à la philosophie de la nature de Galilée. Dans le modèle mécanique de la théorie galiléenne des marées, rien ne joue un rôle comparable à l'attraction gravitationnelle de l'astre autour duquel a lieu le mouvement orbital, si ce n'est que par nature la terre a un tel mouvement orbital.

Quant aux forces d'inertie, le schéma théorique de Galilée les prend fondamentalement en considération comme effets conjugués d'un mouvement non uniforme du contenant et de la propension (*propensione*) du contenu à la poursuite d'un mouvement uniforme. On voudra peut-être objecter que Galilée ne pouvait pas maîtriser le concept de « force d'inertie ». Soit, si on l'entend dans un sens très général, mais les forces d'inertie dont il est question ici sont celles que l'on appelle aujourd'hui « forces centrifuges » ; or, Galilée explique longuement la nature inertielle de la force centrifuge dans la deuxième Journée du *Dialogo*[33], et le fait qu'il ne parvienne pas à en comparer correctement quantitativement les effets à la chute libre ne fait rien à l'affaire. Qualitativement, les effets centrifuges des rotations sont aussi bien compris par Galilée qu'ils le seront un peu plus tard par Huygens, qui ira, lui, jusqu'à la maîtrise quantitative. Contrairement à ce que peut laisser penser le discours habituel des historiens sur le concept d'inertie chez Galilée, celui-ci admet – et ce n'est pas une innovation – que la

---

33. Cf., par exemple, *Favaro 1890-1909*, vol. VII, p. 216 : « I corpi gravi, girati con velocità intorno a un centro stabile, acquistano impeto di muoversi allontanandosi da quel centro, quando anco e' sieno in stato di aver propensione di andarvi naturalmente. Leghisi in capo di una corda un secchiello, dentrovi dell'acqua, e tenendo forte in mano l'altro capo, e fatto semidiametro la corda el braccio, e centro la snodatura della spalla, facciasi andare intorno velocemente il vaso, sí che egli descriva la circunferenza di un cerchio [...] ; seguirà che l'acqua non cascherà fuori del vaso, anzi colui che lo gira sentirà sempre tirar la corda e far forza per allontanarsi piú dalla spalla [...] e se in cambio d'acqua si metteranno pietruzze, girando nell'istesso modo, si sentirà far loro l'istessa forza contro alla corda ».

force centrifuge affecte les corps célestes en mouvement circulaire aussi bien que les corps élémentaires du monde sublunaire ; c'est donc de façon parfaitement cohérente que Galilée considère un effet centrifuge de la rotation orbitale sans avoir de conception dynamique de la cause de ce mouvement orbital[34].

Il convient de rappeler à ce point que s'il est bien avéré que Galilée prétendait avoir effectivement expliqué les marées, et que cela fut son projet initial, nous avons vu que l'enjeu s'est trouvé profondément modifié par le contenu même de la théorie : dès sa première version de 1616, cet enjeu devient avant tout de proposer une preuve observable du double mouvement de la terre.

Le problème historique ne peut donc être réduit à la question du rapport du modèle de Galilée au phénomène des marées ; la question se pose également de savoir si la théorie galiléenne des marées, qu'elle soit ou non une théorie satisfaisante des marées (ce que l'on accordera, pour faire court, à celle de Newton), serait de nature à justifier la prétention de Galilée de présenter une preuve du double mouvement de la terre. On peut même soutenir que cette dernière question est la plus significative du point de vue épistémologique[35].

Je poserai le problème sous la forme suivante : le mécanisme invoqué par Galilée a-t-il pour effet, en principe, une accélération horizontale périodique des eaux en un point donné à la surface du globe terrestre ? si c'est le cas, la réalité du double mouvement de la terre est-elle une cause suffisante pour l'existence de cet effet ? Je dis que si la réponse à la première question est positive, il conviendra d'examiner dans quelle mesure cette accélération est effectivement une composante du phénomène réel, et que si la réponse à la seconde de ces deux ques-

---

34. Cf. *ibid.*, p. 146, note marginale : « Accresce l'inverisimile (e sia il sesto inconveniente), a chi piú saldamente discorre, l'essere inescogitabile qual deva esser la solidità di quella vastissima sfera […] : o se pure il cielo è fluido, come assai piú ragionevolmente convien credere, sí che ogni stella per sé stessa per quello vadia vagando, qual legge regolerà i moti loro ed a che fine, per far che, rimirati dalla Terra, appariscano come fatti da una sola sfera ? » (en paraphrasant : « Si la terre est immobile, on comprend difficilement la solidité de l'immense sphère céleste à laquelle les étoiles seraient fixées, et si cette sphère est fluide, ce qui semble beaucoup plus raisonnable, on ne comprend pas ce qui peut ainsi régler le mouvement d'ensemble des étoiles comme celui d'une seule sphère »).

35. C'est le point de vue de *Popper 1979*.

tions s'avère positive, il faudra reconnaître que la théorie galiléenne des marées est bien une théorie juste en tant que preuve de la réalité du double mouvement de la terre, exactement dans le sens et dans les limites où l'on dit que le pendule de Foucault constitue une preuve de la rotation diurne de la terre.

Réfutation de la critique de Mach

L'objection la plus sérieuse à la théorie galiléenne des marées, celle de Mach, s'est bien placée dans la perspective du modèle proposé par Galilée : Mach a récusé la théorie galiléenne des marées en niant la réalité des propriétés physiques que Galilée attribue à son modèle mécanique. Nous allons voir que la pertinence de cette critique de Mach à la théorie galiléenne des marées peut être elle-même récusée.

Mach a cru légitime de penser que l'explication de Galilée concerne une composition de mouvements où le mouvement circulaire uniforme orbital serait remplacé par un mouvement rectiligne uniforme. Or, si le mouvement orbital est remplacé par un mouvement rectiligne uniforme, la trajectoire d'un lieu géographique dans le modèle galiléen devient une cycloïde à base rectiligne, et la critique de Mach est alors parfaitement fondée : il y aura bien une force d'inertie, mais elle ne sera pas variable dans le temps en un lieu géographique et il n'y aura donc pas de marée[36]. Cette absence d'effet de marée lorsque le deuxième mouvement uniforme est rectiligne ressort précisément de l'absence d'effet dynamique d'un entraînement rectiligne uniforme[37] ; il n'y aura comme effet d'inertie que la force centrifuge de la rotation terrestre, qui est purement indépendante du temps en un lieu géographique.

Je ne vois pas ce qui autorise à préférer cette interprétation à la lecture stricte du texte qui ne fait mention que de mouvements circulaires uniformes, sauf lorsque dans l'introduction didactique Galilée utilise l'image du mouvement rectiligne d'une barque freinée qui aurait pris l'eau, mais l'essentiel est alors précisément que ce mouvement rectiligne est non uniforme : décéléré. Tout, dans le texte comme dans les figures, ainsi que le contexte astronomique, impliquent clairement

36. Comme le signalait déjà *Newton 1687* au Livre Iᵉʳ, en LXVI xxvi 19.
37. Cf. *ibid.*, Corollaire Vᵉ des *Lois*.

que les deux mouvements uniformes dont l'existence simultanée est essentiellement requise par Galilée sont des rotations uniformes. La critique de Mach est donc juste dans la mesure où elle s'applique au modèle qu'il soumet à sa critique, mais ce modèle n'est pas celui de Galilée, et la critique n'est pas pertinente en tant que réfutation de la théorie galiléenne des marées.

Quant à la variante de la critique de Mach proposée par Strauss et par Popper, elle ne peut être elle-même réfutée, du fait de son caractère essentiellement quantitatif, qu'après une analyse quantitative des phénomènes participant aux marées ; aussi y reviendrai-je après la brève analyse « en langage mathématique ».

La théorie galiléenne et les marées

La question de l'existence ou non-existence des effets physiques que Galilée attribue à son modèle doit être considérée sur le modèle proposé par Galilée lui-même, et non sur celui qu'un lecteur moderne peut lui substituer. Il faut donc revenir au texte. Le modèle de Galilée est sans aucune ambiguïté dans la forme simplifiée qui lui est donnée d'abord, avant que Galilée n'entre dans le détail de nombreux accidents susceptibles de moduler le fonctionnement d'un modèle plus réaliste, celui d'un disque en rotation uniforme autour d'un centre lui-même en rotation uniforme autour de son centre réputé fixe. Du point de vue cinématique, ce modèle n'est autre qu'un cas simplifié (sans équant) des épicycles de Ptolémée, c'est-à-dire d'une certaine façon, un paradigme de l'astronomie antique. La théorie de Galilée est fondée sur l'affirmation qu'un point fixé à la périphérie du disque extérieur est soumis à une accélération tangentielle dont le sens change périodiquement. La première question est de savoir si cette affirmation est juste ou fausse. Pour y répondre, on peut bien sûr penser à un dispositif expérimental, et on sait que Galilée a prétendu en avoir effectivement construit un – dont il dit finalement qu'il est impossible d'en tirer quelque chose de convaincant[38]. Une autre méthode consiste à substituer à cette expérimentation le recours au calcul. Le problème de cinématique est

---

38. Curieusement, R. Fréreux et F. de Gandt rendent, dans *Galilée 1992*, « ed io ho la costruzione d'una machina » (*Favaro 1890-1909*, vol. VII, p. 456) par « je pense à

fort simple. La solution fait apparaître effectivement l'existence d'une composante « horizontale » de l'accélération, qui change de sens à l'aphélie et au périhélie[39]; cette composante est due au mouvement orbital, et du fait du mouvement diurne elle donne lieu en un point fixe de l'équateur à une oscillation périodique quotidienne.

Le calcul confirme donc littéralement les propositions de Galilée quant à l'existence, dans son modèle, de variations périodiques de l'accélération en un point de son "équateur". Cependant, comme de simples considérations de symétrie du modèle permettent de le prévoir, la seule composition des forces centrifuges en présence et de la « gravitas propria » est incapable de produire aux points de l'"équateur" situés au milieu du jour et au milieu de la nuit (soit en D et F sur la figure) des effets opposés; c'est dire que le modèle est incapable de rendre compte de la symétrie du géoïde et de la double marée quotidienne. En ce sens restreint, la théorie galiléenne des marées n'est pas une théorie satisfaisante des marées.

Cependant, l'accélération dont le modèle rend compte valide, dans la logique de la physique galiléenne du mouvement et de la « gravitas », l'analogie qualitative entre les marées et le mouvement de l'eau dans une barque brusquement freinée. La « gravitas » empêche l'eau d'être expulsée verticalement par la force centrifuge, et le fond de la mer retient l'eau dans la direction verticale. Si aucune liaison autre que la côte ne fait obstacle au mouvement horizontal de l'eau, si cette côte est accélérée ou décélérée horizontalement, l'eau s'y précipitera. Or, nous avons vu que les effets cinématiques impliqués par le modèle de Galilée sont de cette nature, et qu'ils résultent de la composition de deux mouvements circulaires.

Que Galilée puisse définir « réels », absolument et non seulement relativement, les deux mouvements dont il est question, ressort suffisamment du fait que dans le cas d'un modèle à la Tycho Brahé, la logique de sa discussion conduit évidemment à l'absence de cet « effet de marée ».

---

la construction d'une machine ». Le texte signifie en réalité, précisément « j'ai construit une machine ».

39. En notation complexe, si on représente par $M = e^{iw^t} \{R + re^{iw^t}\}$ un point du cercle extérieur du modèle de Galilée, son accélération absolue est $M'' = -W^2M - [W^2 + 2wW] re^{i\,(W+w)\,t}$, dont la composante tangentielle, qui est *stricto sensu* ce dont parle Galilée, est $RW^2 \sin(wt)$.

La théorie galiléenne comme partie de la théorie newtonienne

Nous avons dit en quoi la théorie de Galilée n'est pas une théorie satisfaisante en tant que théorie des marées. On doit ajouter que les conclusions obtenues avec le modèle de Galilée ne sont adaptées à la description de la situation physique réelle que si les phénomènes physiques propres à ce modèle sont présents dans le phénomène réel. Il s'agit de s'assurer que les phénomènes que Galilée ignorait n'ont pas pour effet d'annuler précisément ceux qu'il décrit, à la façon dont la lourdeur d'un corps est annulée dans un ascenseur qui tombe en chute libre, pour prendre un exemple qui a un rapport étroit avec notre problème. Pour en décider, nous pourrions avoir recours aux ressources de la meilleure théorie disponible aujourd'hui. Mais nous pouvons aussi nous contenter de nous référer à la théorie la plus élémentaire propre à nous éclairer, c'est-à-dire précisément à la théorie newtonienne statique des marées. Aux forces d'inerties prises en considération par le modèle de Galilée, la théorie statique de Newton ajoute les effets dont son concept de « force de gravitation » rend bien compte. La seule composante du modèle newtonien à considérer ici est l'attraction du corps central – il suffit en effet de se limiter au problème à deux corps, le second corps étant soit le soleil soit la lune –, dont l'attraction centripète s'oppose à la force d'inertie centrifuge du mouvement orbital de la terre. On sait que cette force centripète ne compense exactement, c'est-à-dire n'annule, l'effet de cette force d'inertie qu'au centre d'inertie de la terre, et que de cette composition résulte la symétrie du géoïde et le doublement de la fréquence des marées. Au niveau de la surface terrestre, l'effet des forces d'inertie qui constituent l'essence du phénomène dans la théorie galiléenne des marées est ontologiquement exactement le même dans la description newtonienne, où il se compose quantitativement avec un autre effet, que Galilée ne soupçonnait absolument pas, pour provoquer ensemble la « marée newtonienne ».

En ce sens, la théorie newtonienne des marées confirme l'existence d'effets d'accélérations horizontales périodiques décrits par la théorie galiléenne des marées. L'existence même de ces effets physiques est bien une conséquence nécessaire du double mouvement de la terre, et cette conséquence justifie la prétention de Galilée d'avoir découvert une preuve physique de la réalité de ce double mouvement.

La même chose, en "langage mathématique"

Nous allons maintenant exprimer ce qui a été dit précédemment sous une autre forme, pour les lecteurs informés du langage du *Libro della natura*[40], de façon aussi simple que possible et en nous inspirant du raisonnement même de Galilée. La seule chose nouvelle qui ressortira de cette discussion sera une comparaison quantitative de la marée « galiléenne » et de la marée « newtonienne »[41]. Cela nous permettra de réfuter un argument de Popper que j'ai désigné plus haut comme une variante de la critique de Mach.

On calcule d'abord l'accélération d'un point M représentant un lieu fixe sur l'équateur de la terre, dans l'hypothèse du double mouvement uniforme circulaire et pour le système de référence (réputé *absoluto* par Galilée) dans lequel le centre (le soleil, pour Galilée) et la sphère étoilée sont fixes. Dans l'esprit du *Dialogo*, où les causes premières sont recherchées avec le strict minimum de sophistication, l'équateur est supposé être sur le plan de l'écliptique. Si O représente le centre du déférent (*sc.* le soleil), C le centre de la terre, ρ le rayon terrestre et R la distance de la terre au soleil, on peut avantageusement utiliser, en relation à la figure ci-après,

la notation complexe suivante :

$$OM = e^{i\Omega t}\{R + \rho e^{i\omega t}\}$$

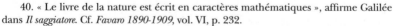

de ce mouvement d'un point de l'« équateur ». On en déduit immédiatement l'accélération absolue de M, que l'on note OM'' :

$$OM'' = -\Omega^2\, OC - (\Omega + \omega)^2\, CM$$

soit encore :

$$OM'' = -\Omega^2\, OM - [\omega^2 + 2\omega\Omega]\, CM$$

40. « Le livre de la nature est écrit en caractères mathématiques », affirme Galilée dans *Il saggiatore*. Cf. *Favaro 1890-1909*, vol. VI, p. 232.

41. Rappelons encore qu'en réalité la quantification de la théorie galiléenne des marées n'a été rendue possible que postérieurement, par Huygens.

La composante horizontale, c'est-à-dire tangentielle en M, de cette accélération est[42] :

accélération horizontale = $R\Omega^2 \sin(\omega t)$

et est donc périodique de période diurne. Cette composante horizontale est l'expression quantitative que nous pouvons donner à l'accélération du « bassin des mers » dont Galilée parle de façon qualitative, accélération analogue à celle d'un bateau freiné ou accéléré. Il est explicitement attesté que Galilée conçoit que l'eau située en ce point M tend naturellement à poursuivre son mouvement horizontal uniformément ; cette composante horizontale de OM'' est donc, au signe près, l'accélération horizontale de cette eau par rapport à la surface terrestre selon la conception de la théorie galiléenne des marées. Il est possible de mettre mécaniquement en évidence cette accélération, mais cela est assez délicat si l'on utilise un liquide[43].

Le mouvement de la terre ainsi donné, dans le cas d'école de mouvements orbital et diurne circulaires et uniformes que l'on sait être une solution du problème du mouvement d'un corps sphérique sous l'effet d'une force centrale d'attraction en $\frac{1}{R^2}$ selon la théorie newtonienne de la gravitation, on peut calculer sur la base de cette même théorie l'intensité (c'est-à-dire l'accélération dans le système « assoluto ») qu'exercerait la force centrale en question sur un point matériel libre P coïncidant avec M à l'instant considéré, la gravitation terrestre étant 1[44]. Cette accélération due à l'attraction est, bien sûr, totalement absente des conceptions galiléennes. C'est précisément pour cela que ce point P aurait pour Galilée, si les côtes ne s'y opposaient, un mouvement horizontal uniforme.

Ce que j'ai affirmé sur le caractère correct mais partiel du modèle de Galilée traduit le fait que, dans le cadre de la théorie newtonienne, l'intensité de la force qui s'exerce sur le point matériel libre P, disons

---

42. Cf. *supra*, n. 39.
43. Cf. le modèle assez laborieux de Stillman Drake, « Galileo's theory of tides », dans *Drake 1970*, pp. 200-213 : 206 s. Un modèle purement mécanique, sans composant liquide, très convaincant a été construit en 1998 par Alain Hairie du *Laboratoire d'Études et de Recherche sur les Matériaux-Institut des Sciences de la matière et du Rayonnement* (Caen), dont la description ne peut être faite ici.
44. Les effets de la gravitation terrestre sont bien connus et peuvent ne pas être considérés explicitement dans cette analyse.

une masse d'eau, dans le système de référence lié à la terre est précisément l'accélération, par rapport au point M de la surface terrestre,
de la masse d'eau coïncidant avec ce point, c'est-à-dire la différence
entre l'accélération du point M lié à la terre que nous avons obtenue
ci-dessus, et l'accélération du point matériel P due à la force d'attraction centrée en O. L'accélération ainsi obtenue est ce qu'il est d'usage
d'appeler la « force perturbatrice des marées ». Cette façon d'obtenir
le résultat de la théorie newtonienne statique des marées est à la fois
particulièrement simple et propre à faire apparaître la marée comme la
superposition de deux effets, dont l'un est celui imaginé qualitativement
par Galilée, et l'autre est l'accélération de la particule "libre" d'eau,
décrite par Newton comme l'attraction gravitationnelle par le centre
de force, *i.e.* le soleil, mais ignorée par Galilée. Montrons comment
cela se présente quantitativement.

Il est d'usage d'exprimer la force perturbatrice dans un système
de référence lié au mouvement orbital de la terre mais dépourvu de
mouvement diurne, c'est-à-dire d'axes de directions absolues fixes ;
son intensité G exprimée à l'ordre le plus bas en $^r/_R$, très petit par
hypothèse, a alors la forme suivante, que l'on trouve dans tous les bons
manuels[45] :

$$\Gamma = \rho\Omega^2 \{^3/_2 \sin(2\varphi)\ t + [3\cos^2\varphi - 1]\ n\}$$

où « φ » est la distance zénithale du centre de force, soit « $\varphi = \omega t$ »
dans la figure ; « t » est le vecteur horizontal en M ; « n » est le vecteur
unitaire vertical en M. Cette marée a bien lieu deux fois par jour en
chaque point géographique.

Pour passer dans un système de référence lié à la terre, et donc
à ses deux mouvements, il suffit d'ajouter à cette expression la force
d'entraînement en M due à la rotation diurne, c'est-à-dire la force
centrifuge « $\rho\ (\omega + \Omega)^2 n$ ». Avec la notation « $\Sigma = \omega + \Omega$ », on obtient
pour l'expression newtonienne de l'accélération « Γ_t » de l'eau par
rapport au point M lié à la terre la forme suivante :

(N) $\Gamma_t = \rho\Omega^2 \{^3/_2 \sin(2\omega t)\ t + [3\cos^2(\omega t) - 1 + \Sigma^2/\Omega^2]\ n\}$

---

45. Cf. *D'Alembert 1785*, p. 61 ; *Bouteloup 1968*, p. 61.

Montrons que cette relation s'obtient précisément comme super-position des deux effets dont il est question. L'accélération absolue de la côte résultant du double mouvement de la terre a été obtenue plus haut comme :

$$OM" = -\Omega^2 \, OM - [\Sigma^2 - \Omega^2] \, CM$$

L'accélération absolue d'une masse libre située au point P coïncidant avec M au temps t est, selon la théorie de Newton,

$$OP" = {}^{GM}/r^3 \, OM$$

où « r » est le module de OM et « ${}^{GM}/r^3$ » est l'attraction gravitationnelle centrée en O. Puisque le mouvement circulaire uniforme orbital de la terre est dû à l'attraction gravitationnelle centrée en O, l'accélération due à cette force est identique à l'accélération centripète de la rotation orbitale, et on a

$$^{GM}/R^3 = \Omega^2$$

ce qui permet d'écrire

$$OP" = -\Omega^2 \, (^R/_r)^3 \, OM$$

L'accélération de cette masse libre par rapport au point M lié au mouvement de la terre – le bassin de la mer, ou le bateau dans l'exemple de Galilée – s'obtient par différence :

$$MP" = OP" - OM" = \{1 - (^R/_r)^3\} \, \Omega^2 \, OM + (\Sigma^2 - \Omega^2) \, CM$$

Pour « $^\rho/_R \ll 1$ », en écrivant « r = R + δ », on obtient par développement, à l'ordre le plus bas en δ :

$$MP" = 3\Omega^2 \, (^\delta/_R) \, OM + (\Sigma^2 - \Omega^2) \, CM + O \, (\delta^2)$$

et, par projection sur la normale et sur la tangente en M à la terre, on obtient exactement par un calcul qu'il n'est pas utile de développer :

$$MP" = \Gamma_t$$

c'est-à-dire l'équation (N) de la théorie classique.

On voit bien ainsi que les marées, comme il est bien connu, résultent de la très petite différence (de l'ordre de $\rho\Omega^2$) entre les effets (de l'ordre de $R\Omega^2$) de deux phénomènes qui se manifestent de façon soustractive, chacun étant dans des conditions du système terre-soleil par quatre ordres de grandeurs supérieurs à cette différence essentielle. On peut séparer ces deux effets par une expérience de pensée comme celle que Mach propose dans son étude des marées[46], et on peut les décrire comme statique et gravitationnel – suivant l'expérience de pensée proposée par Mach – pour l'un et, pour l'autre, comme essentiellement inertiel, c'est-à-dire décrit en termes de forces d'inertie. Je soutiens que le phénomène auquel Galilée attribue qualitativement la marée est précisément localisable dans cette description : il s'agit de la composante horizontale de la partie inertielle du phénomène.

La théorie des marées de Galilée est ainsi doublement partielle. Le phénomène pris en compte par Galilée est partiel qualitativement et quantitativement, et de façon telle que l'on peut dire qu'il n'y a aucune façon de compléter la théorie galiléenne sans une révolution conceptuelle. Je dis seulement, contre l'opinion généralement admise, que Galilée a conçu justement la nature de l'une des composantes du phénomène des marées : il ne s'agit donc pas d'une « théorie fausse », mais bien d'une partie d'une théorie satisfaisante – celle de Newton.

Une erreur intéressante : la réfutation quantitative de la théorie galiléenne des marées par Popper

Les quelques pages que Karl Popper consacre à la théorie galiléenne des marées dans *Objective knowledge* pour illustrer son concept de « objective historical understanding » me semblent singulièrement instructives du point de vue épistémologique. J'y lirais, pour reprendre une formule d'Alexandre Koyré, une sorte de « comédie des erreurs ».

À la suite d'une paraphrase tout à fait fidèle au modèle épicyclique décrit par Galilée, Popper conclut :

> Galileo's theory is plausible but incorrect in this form : apart from the constant acceleration due to the rotation of the earth – that is the centripetal acceleration – which also arises if *a* [*sc.* the orbital velocity] is zero, there does not arise any further acceleration and therefore especially no periodical acceleration.

---

46. Cf. *Mach 1904*, p. 206.

On reconnaît très précisément la critique de Mach, et ce que j'en ai dit plus haut vaut également pour cet argument de Popper. Ce qui mérite une attention particulière est la façon singulière dont Popper prolonge cet argument par une note en bas de page, évidemment ajoutée dans un second temps, pour compléter la discussion :

> One might say that Galileo' kinematic theory of the tides contradicts the so-called Galilean relativity principle. But this criticism would be false, historically as well as theoretically, since this principle does *not* refer to rotational *movements* […]. Moreover we get (small) periodical accelerations as soon as we take into account the curvature of the earth's movement round the sun[47].

Ce qui fait problème, et de plusieurs façons, est évidemment la dernière phrase de cette note.

À supposer qu'il soit exact que l'accélération périodique dont il s'agit soit effectivement petite, il me semble que la théorie galiléenne des marées devrait être considérée comme correcte en principe – et, cela, si petite que soit cette accélération périodique, du simple fait de son existence. Car c'est bien de l'existence d'un effet de marée qu'il est question, et Galilée n'a aucune préoccupation, quant à la « causa primaria », pour l'ampleur de cet effet. Il est difficile de comprendre que Popper n'ait pas tiré cette conséquence radicale de sa remarque : il semble clair que la petitesse supposée de l'effet lui a semblé autoriser le maintien de la qualification de « théorie plausible, mais incorrecte ». C'est explicitement sur cette base qu'Emil Strauss se refuse à considérer comme « causa primaria » des marées l'effet physique qu'il concède effectivement au mécanisme de la théorie galiléenne des marées :

> Ich halte für sehr wohl möglich, dass aber die von Galilei aufgestellte Theorie in der Hauptsache nicht unrichtig ist, dass aber die Ersheinungen, die ihr zufolge eintreten, zu geringfügig sind, um neben der Mondflut bemerkt zu werden […] so ist die Möglichkeit nicht ausgeschlossen, dass die galileische Ansicht zur Aufklaärung sekundärer Fluterscheinungen mit herangezogen werden kann[48].

Cette discussion apparaît fort académique et, pour tout dire, inutile, du fait que l'idée que l'effet dû à la courbure de l'orbite terrestre serait

---

47. Cf. *Popper 1979*, p. 171, n. 19 – l'italique est dans le texte.
48. *Strauss 1891*, p. 566.

négligeable pour les marées est profondément fausse. Il ressort en effet de la discussion quantitative précédente que l'accélération due au mécanisme de Galilée est, non pas petite devant la force perturbatrice globale, mais plutôt supérieure par plusieurs ordres de grandeur. Comme on l'a vu, l'accélération d'un bassin maritime correspondant à la courbure de l'orbite est égale à très peu près – au dix millième près dans le modèle de la discussion – à l'accélération de l'eau résultant de l'attraction gravitationnelle exercée par le soleil, et la marée newtonienne résulte justement de la très petite différence entre ces deux effets.

On se trouve donc devant une situation quelque peu paradoxale, puisque Popper – pas plus que Strauss, d'une certaine façon – ne tire pas, d'une remarque qualitativement juste qu'il formule explicitement, les conséquences épistémologiques qui semblent devoir en découler, et qu'il s'en justifie par une estimation quantitativement fausse de la situation. Cet épisode me semble fort instructif et assez révélateur de quelques racines profondes de la critique traditionnelle de la théorie galiléenne des marées.

En guise de conclusion

Je dirai en conclusion que la théorie galiléenne des marées n'est une théorie irrémédiablement fausse que dans la mesure où l'on remplace le modèle physique de Galilée par un autre modèle dont il ne parle jamais. Du modèle dont il parle effectivement, et dans la perspective de la recherche de la cause première du phénomène des marées, je dirai que la théorie galiléenne des marées est partielle, puisqu'elle ignore des effets comparables à ceux qu'elle connaît; mais aussi qu'elle est une théorie juste dont seule la dénomination est impropre, puisqu'elle indique une preuve de la réalité du double mouvement de la terre exactement dans le sens et dans les limites – il convient de le redire – où l'on s'accorde à reconnaître que le pendule de Foucault constitue une preuve de la rotation diurne de la terre. Et puisque le phénomène des marées est ontologiquement indissociable du double mouvement (orbital et diurne) de la terre, j'ajouterai que cette simple affirmation de Galilée, qui constituait probablement à ses yeux l'un de ses plus grands titres de gloire devant la postérité, est en définitive validée par la physique classique.

Note complémentaire[*]

Après avoir achevé et publié cette étude, j'ai eu connaissance, d'abord par un bref article publié sur internet en 1996 par R. Gigli[1], puis par un article de P. Palmieri daté de 1998[2], de deux contributions anciennes, par V. Nobile et H.L. Burstyn respectivement, où est essentiellement soutenue, bien que dans des formes fort différentes, la thèse défendue ici[3].

De façon significative, ces deux auteurs ont été complètement ignorés par la littérature historique ; je n'en ai trouvé aucune mention antérieure aux articles de Gigli et Palmieri. L'éradication d'une thèse aussi importante historiquement, et juste de surcroît, de la mémoire collective des historiens et des épistémologues mériterait en elle-même une analyse – ce que je ne puis faire ici. Je relèverai donc simplement quelques caractéristiques qui peuvent donner des indications sur les raisons de cette remarquable disparition.

L'article de Nobile a paru dans une revue de "sciences exactes", et est bâti sur un formalisme mathématique certainement décourageant pour la majorité des historiens. L'objectif de l'auteur est de soutenir la théorie galiléenne sur la base d'une démonstration moderne de l'impossibilité d'un état statique des eaux superficielles de la terre ; cependant, son analyse ne distingue pas explicitement les différents types de mouvements résultants (circulation générale, *vortex*, marées), ce qui affaiblit sa démonstration. Son refus de la qualification de la théorie galiléenne des marées comme fausse est explicite,

---

* N.d.éd. : cette « Note complémentaire », ajoutée par l'auteur dans un second temps, n'a été publiée par lui qu'*on-line*, à l'adresse *wwwrc.obs-azur.fr/cerga/SitePierreSouffrin/ Psouffrin/TGMhtml/TGM.htm*. La version que l'on lit ici a été revue et corrigée pour la présente édition sur la base d'un tapuscrit de l'auteur.

1. N.d.éd. : cf. toutefois maintenant *Gigli 1995*.

2. Cf. *Palmieri 1998*.

3. Cf. *Nobile 1954* et *Burstyn 1962*.

mais résulte d'une analyse excessivement compliquée et dépourvue de tout caractère historique.

L'étude de Burstyn, qui ne connaît pas le travail de Nobile, est plus historique. Parmi d'autres thèses qui ne concernent pas directement mon propos, Burstyn soutient également que « Galileo's basic insight is correct : the double motion of the earth does give rise to tides », sur la base d'une analyse mathématique – compliquée par des confusions de systèmes de référence qui cependant n'affectent pas sa conclusion – d'un modèle mécanique proche de celui de Galilée.

Les descriptions mathématiques de ces deux auteurs les conduisent à associer au phénomène avancé par Galilée comme « causa primaria » des marées la totalité de l'accélération correspondant au double mouvement de la terre, alors que ma propre analyse, serrant de plus près la démarche galiléenne, lui associe la seule composante horizontale. La différence est très significative par rapport aux conceptions mécaniques et cosmologiques de Galilée, qui ne peuvent en aucune façon impliquer une « causa primaria » de déplacement vertical des eaux.

Il convient de signaler que l'article de Burstyn a donné lieu, dans une brève controverse, à une prétendue « réfutation », curieusement virulente au demeurant, par Eric John Aiton[4], suivie d'une réponse de Burstyn[5] ; et que Palmieri a proposé, lui aussi, une « réfutation », marquée dans son cas par une confusion irrémédiable, des conclusions aussi bien de Nobile que de Burstyn. De ces « réfutations » par Aiton et Palmieri, je dirai seulement, ici, qu'elles contiennent trop d'inexactitudes et d'erreurs pour justifier une critique détaillée.

Après avoir pris connaissance des différentes contributions mentionnées dans cette note, je ne vois rien à modifier à ce que j'ai écrit. En effet, tout en reconnaissant l'antériorité de Nobile et de Burstyn en ce qui concerne la thèse historique centrale soutenue dans mon étude, je ne puis que souligner que mes points de vue et mes argumentations diffèrent profondément des leurs, et que les différences entre leurs analyses et la mienne sont assez importantes pour me conduire à préciser que j'assume entièrement ce que j'ai écrit, mais seulement ce que j'ai écrit.

---

4. Cf. *Aiton 1965*.
5. Cf. *Burstyn 1965*.

Appendice

De la machine à marées au mouvement de la Terre*

Voyons la page de titre de la première édition du *Dialogue*, parue en 1632. On y peut lire que l'ouvrage présentera, au fil de quatre Journées, les arguments philosophiques et physiques en faveur de l'un et de l'autre des deux grands Systèmes, le ptolémaïque et le copernicien, sans prendre partie... Quelque chose manque sur cette page de titre, qui est tout aussi intéressante que ce que l'on y peut lire. Il faut savoir que dès qu'il en conçut le projet (dans les années dix du siècle), Galilée entendit intituler cet ouvrage *Discours sur le flux et le reflux des mers*, c'est-à-dire lui donner pour titre ce qui fait l'objet, justement, de la quatrième et dernière Journée ! En 1631, il écrivait à Diodati :

> j'ai enfin obtenu l'autorisation de faire imprimer mes *Dialogues* [...]. Il est vrai que je n'ai pu obtenir de mentionner dans le titre le flux et le reflux des mers, bien que ce soit là l'argument principal dont traite l'ouvrage [...]. Je pense que si le titre en avait été *Livre du flux et du reflux des mers* l'imprimeur en aurait tiré meilleur profit.

La raison en est fort claire : Galilée ne cessa de penser que le phénomène des marées représentait la seule preuve physique de la réalité objective des mouvements de la terre. Au début de cette quatrième Journée, il réaffirme explicitement cette conviction :

> Les phénomènes terrestres sont tous également incapables de prouver le mouvement ou le repos de la terre, à l'exception du flux et du reflux des mers.

---

* N.d.éd. : Paru dans *Les Cahiers de Science et Vie*, LXI, 2001, pp. 65-67 – version revue et corrigée pour la présente édition.

On ne peut ignorer que la Journée qui conclut le *Dialogue* est essentielle à la réalisation de l'objectif de l'auteur. L'explication galiléenne des marées a bien été perçue ainsi par ses contemporains, et ses adversaires ne s'y sont point trompés, d'où – entre autres – l'interdiction d'en faire mention dans le titre...
Cette explication repose essentiellement sur une analogie :

> Quand un vase se meut (sans s'incliner), d'un mouvement régulier mais non uniforme, changeant de vitesse pour parfois accélérer et parfois ralentir, du fait de cette non-uniformité l'eau [...] du fait de sa fluidité [...] n'est pas tenue de suivre tous les changements de son contenant ; quand le vase ralentit elle garde une partie de l'« impeto » déjà acquis et doit continuer à couler dans la même direction ; elle doit donc nécessairement s'élever de ce côté. Au contraire, quand on augmente la vitesse du vase, l'eau, gardant une partie de sa lenteur, reste un peu en arrière ; avant de s'habituer au nouvel « impeto » elle tend à rester vers la partie arrière du vase où elle vient s'élever un peu.

Familiarisé avec la géométrie des modèles planétaires tant ptolémaïques que coperniciens, Galilée a d'une certaine façon l'intuition que le mouvement d'un point d'un épicycle, par rapport au plan de son déférent, est successivement accéléré et décéléré ; il en conçoit que, selon le système de Copernic, même en supposant les deux mouvements – annuel et diurne – circulaires uniformes individuellement,

> lorsque <la terre> tourne autour de son propre centre, il résultera forcément du couplage entre ce mouvement diurne et l'autre, annuel, un mouvement absolu des parties de sa surface tantôt très accéléré, tantôt tout autant retardé [...].

D'où, à la suite d'une laborieuse tentative de démonstration géométrique de ces accélérations, il conclut :

> Donc, s'il est vrai (et l'expérience prouve que c'est bien vrai) que l'accélération et le ralentissement du mouvement d'un vase font aller et venir, et monter puis descendre à ses extrémités, l'eau qu'il contient, qui aura des difficultés à admettre qu'un tel effet puisse, ou plutôt doive également se produire de toute nécessité dans le cas des mers, qui sont contenues dans des vases soumis à de semblables variations [...]. Voici donc la cause la plus importante et la cause première du flux et du reflux des mers, sans laquelle il ne se produirait aucun phénomène de ce genre.

L'appréciation des historiens devant une théorie aussi importante pour son auteur, alors que cet auteur est considéré comme l'un des plus importants de l'histoire de la pensée scientifique, est assez paradoxale. Elle est dominée par un jugement quasi unanime : « la théorie des marées de Galilée est une théorie fausse ». Ainsi peut-on lire dans l'*Encyclopedia Universalis* que « la seule preuve formelle <que Galilée> proposait du mouvement de la terre, à savoir le flux et le reflux de la mer, ne valait absolument rien ». À de rares réserves prudentes près, la théorie galiléenne est considérée comme une erreur malheureuse dont le traitement le plus honorable pour son auteur serait l'oubli pur et simple. On ne peut manquer cependant d'être frappé par le fait que ce jugement négatif n'a presque jamais été étayé par une mise en évidence, même vague, de ce qui la rendrait fausse; un excellent historien écrit même: « Cette explication causale des marées est erronée, mais […] on ne voit pas très bien en quoi ».

Impressionné par cette unanimité, j'ai tenté de préciser le caractère fallacieux apparemment si difficile à cerner et je suis parvenu, non sans surprise, à une conclusion toute différente. Il est clair que le scepticisme, pour ne pas dire plus, des historiens vient de ce qu'à première vue l'on ne reconnaît pas, dans ce schéma, les ingrédients physiques traditionnels de la théorie moderne des marées. Dans une telle situation il convient de se poser deux questions: 1) la composition de deux mouvements circulaires uniformes, invoquée par Galilée, a-t-elle bien pour effet, au moins en principe, de provoquer une oscillation périodique des eaux en un point du cercle extérieur, qui représente l'équateur terrestre? 2) si c'est le cas, cet effet a-t-il un rapport avec le phénomène réel des marées?

D'« admirables compositions de mouvements »

Pour ce qui est de la première question, s'il est très facile, pour nous, de calculer le mouvement d'un point du cercle extérieur du modèle de Galilée, cela n'est pas très significatif sur le plan historique en ce point – nous y reviendrons. Il est plus important de noter que Galilée pensait en termes d'un véritable modèle mécanique, comme en atteste ce passage à la suite d'une longue énumération d'effets secondaires qui ne manquent pas d'influencer de façon déterminante les particularités des oscillations en réponse à la cause première:

> Bien qu'il puisse sembler à beaucoup impossible que nous puissions réaliser les effets d'une telle particularité avec une machine et des récipients artificiels, cela n'est cependant pas impossible, et j'ai en construction une machine à l'aide de laquelle on peut observer en détail l'effet de ces admirables compositions de mouvements.

On ne sait rien de la réalité de cette machine dont il a fait état une première fois en 1616. Mais ce dont il pouvait s'agir est suffisamment évident et nous sommes parvenus, non sans quelque difficulté, à en construire une à l'Observatoire de la Côte d'Azur (Nice).

Les figures ci-jointes montrent la structure et le fonctionnement de la machine que nous avons réalisée. Elle est conçue précisément sur le modèle du schéma de Galilée et de l'explication qu'il développe dans son *Dialogue*. Le moteur en est, pourrait-on dire, la cause efficiente du mouvement orbital, dont Galilée ne veut rien savoir. Le soleil est pour nous, sans doute justement, une cause plus réaliste, mais pour Galilée ce mouvement ne demande pas de cause. Il est donné, en quelque sorte, et il suffit que sa géométrie et sa cinématique soient déterminées par les astronomes. Des courroies entraînent la rotation de la terre autour de son centre tandis que celui-ci tourne autour du centre – « le soleil » pour Galilée. Ce mécanisme permet de tester, sans préjugé théorique, la validité de l'intuition mécanique qui est à la source de la théorie galiléenne.

En premier lieu, si on ne met en action qu'une seule rotation uniforme, soit celle de la seule terre autour de son propre centre, soit celle du seul mouvement annuel – en bloquant simplement le « mouvement diurne » –, on voit, lorsque le régime stationnaire est établi, que les "mers" restent stables, immobiles dans leurs bassins : ce qui confirme, comme l'affirme Galilée, qu'un seul mouvement uniforme de rotation ne provoque pas de marée… Si on établit ensuite un couplage entre les deux rotations, on observe précisément une spectaculaire oscillation périodique et régulière des liquides dans leur bassin, de période égale à « un jour solaire » sur la machine.

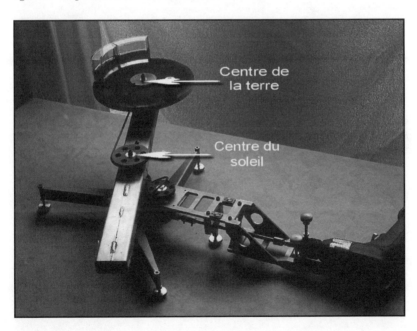

Fig. 1. Dans cette machine réalisée à partir du schéma de Galilée, le moteur – une perceuse avec variateur – entraîne séparément ou ensemble les deux rotations uniformes du disque « équatorial » autour de son centre et de ce centre autour du « soleil ». Pour des marées de 12 heures, trois configurations se succèdent sur une côte « est » ou « ouest » : une marée haute, vers 6^h ; une marée basse, vers 18^h ; et une situation intermédiaire, vers minuit. (DR).

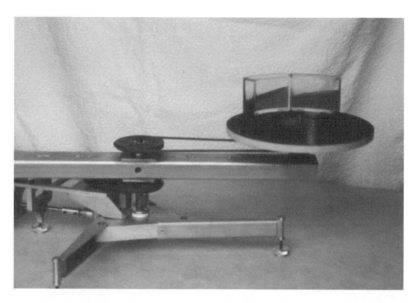

Fig. 2. Marée haute, vers 6ʰ. (DR).

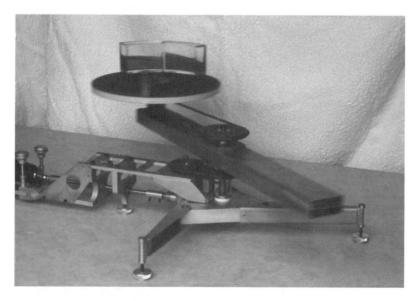

Fig. 3. Marée basse, vers 18ʰ. (DR).

De la machine aux marées réelles

Si cette oscillation ressemble évidemment à un effet de marée, on peut – on doit – remarquer que, contrairement à ce qui se passe dans cette machine, le déplacement journalier de la terre sur son orbite annuelle est si petit qu'on peut penser pouvoir en négliger la courbure ; et on se retrouve alors avec un seul mouvement circulaire uniforme effectif, donc sans « marée » selon Galilée lui-même ! Il semble bien alors que, même si cette « marée galiléenne » existe en principe, elle ne peut être que négligeable dans les conditions astronomiques et n'a donc aucun rapport avec les marées réelles.

Quelques auteurs, Karl Popper, Ernst Mach et Emil Strauss, ont retenu cet argument pour rejeter la théorie galiléenne, mais sans aucune considération quantitative. Je me l'étais également présenté, mais j'ai eu la curiosité de calculer l'amplitude de cet « effet négligeable » et cela m'a conduit, à ma totale surprise, à une conclusion tout à fait contraire : non seulement cette « marée galiléenne » n'est pas négligeable mais elle serait, si elle n'était compensée par un autre effet, beaucoup plus importante que les marées réelles !

Pour s'en convaincre, il faut, bien sûr, faire appel à notre physique post-galiléenne, disons newtonienne. Les marées résultent bien en premier lieu de l'action accélératrice du "soleil" sur l'eau des mers, mais il s'agit en réalité d'accélérations par rapport à la terre, laquelle est également soumise à cette action : l'accélération d'une parcelle d'eau par rapport à la surface terrestre est la différence de deux accélérations absolues, celle de cette eau que Galilée ignore[1], et celle du point contigu de la surface terrestre, qui n'est autre que l'effet invoqué par Galilée. Si Galilée n'était pas en mesure d'analyser théoriquement de façon cohérente la cinématique de son modèle, la physique newtonienne nous apprend que l'accélération centripète du mouvement circulaire uniforme orbital – $\Omega^2 R$, si l'on veut une formule – est exactement égale à l'accélération induite par l'attraction gravitationnelle du soleil sur une parcelle quelconque de matière, si celle-ci est située à la même distance du soleil que le centre de la terre – c'est le $\frac{GM}{R^2}$ des manuels de mécanique –, et n'en diffère en un point de la surface terrestre que dans la mesure où il est plus près ou plus éloigné du soleil que le centre de la terre – très peu, donc, en valeur relative ! Avec les paramètres correspondant à la configuration astronomique terre-soleil, ces deux accélérations ne diffèrent au maximum que du dix-millième de chacune d'elles ! La cause première invoquée par Galilée dans son explication des marées est donc l'une des deux composantes de la théorie classique des marées et son effet est presque égal à l'effet de la composante ignorée par Galilée ; on peut

---

1. Souvenons-nous qu'il suppose que le mouvement horizontal de l'eau « libre » serait uniforme, n'était l'obstacle des rives.

montrer que ces deux effets sont tous deux périodiques de période diurne et en opposition de phases. Ils opèrent de façon quantitativement soustractive et le résultat de leurs actions conjointes est de période semi-diurne et est très petit devant chacun d'eux considéré séparément. Plus précisément, l'accélération newtonienne génératrice des marées est finalement à peu près dix mille fois inférieure à celle que produit le seul effet Galilée.

Si je devais résumer ce que je propose, je dirais que, dans l'optique de la recherche de la cause première du phénomène des marées, la théorie galiléenne des marées est une théorie partielle, mais correcte : partielle, puisqu'elle ignore des effets comparables à ceux qu'elle connaît ; correcte, quant à la cause efficiente proposée d'une composante essentielle du phénomène en question. Et comme il n'est peut-être pas hors propos de souligner que le phénomène des marées est, à notre connaissance, ontologiquement indissociable du double mouvement – orbital et diurne – de la terre, je dirais que cette simple affirmation de Galilée, qui constituait probablement à ses yeux l'un de ses plus grands titres de gloire devant la postérité, est en définitive validée par la physique classique.

Section IVe

GEOMETRIA
– ET NON ENCORE « *PHYSICA* » –
PRACTICA

16

La *Geometria practica*
dans les *Ex ludis rerum mathematicarum* d'Alberti[*]

Les *Ex ludis rerum mathematicarum* d'Alberti sont une œuvre de maturité, vraisemblablement composée autour de 1450, peu après le *De statua* mais dans les années mêmes de la *Descriptio urbis Romæ* et du *De re ædificatoria*. L'intention du traité est assez clairement déclarée dans la dédicace au marquis Méliadus d'Este :

> [...] Forse arò satisfattovi, quando in queste cose iocundissime qui raccolte voi prenderete diletto sí in considerare sí ancora in praticarle e adoperarle. Io mi sforzai di scriverle molto aperte ; pure mi conviene rimentarvi che queste sono materie molto sottili, e male si possono trattare in modo sí piano che non convenga stare attento a riconoscerle. [...] troverete[vi] cose molto rare [...][1].

---

* N.d.éd. : Paru sous le titre « La *Geometria practica* dans les *Ludi rerum mathematicarum* », dans *Albertiana*, I, 1998, pp. 87-104 – version revue et corrigée pour la présente édition.

1. *Grayson 1973*, p. 133 – ou (cette édition reproduisant le texte critique établi par Cecil Grayson) *Rinaldi 1980*, p. 31. Parmi les autres éditions et commentaires modernes des *Ex ludis*, rappelons également *Winterberg 1883* ainsi que *Vagnetti 1972* (transcription avec les « principales » variantes et de très copieuses notes biographiques et bibliographiques de l'édition donnée dans *Leonardo : Pagine di Scienza*, Con introduzione, note e ritratti, a cura di Sebastiano Timpanaro, Milano, Mondadori, 1926, pp. 3-36) et *Arrighi 1974*, en particulier pp. 161 s.

Sont considérées sous un angle pratique vingt questions relatives à l'architecture, au génie civil ou militaire, à la topographie ou à la navigation. Elles se répartissent comme suit : mesure de distances et de hauteurs d'édifices (questions n°s 1 à 7), mesure de la profondeur d'une eau très profonde (n° 8), fonctionnement de la fontaine de Héron (n° 9), détermination de l'heure (n°s 10-11), mesure des champs (n° 12), mesure des poids et nivellement (n° 13), mesure des charges très importantes (n° 14), pointage d'une bombarde (n° 15), lever le plan conforme d'une cité (n° 16), mesure de la distance d'un lieu très éloigné mais cependant visible (n° 17), mesure de plus grandes distances (n° 18), mesure de parcours en mer (n° 19), problème de la couronne de Hiéron (n° 20).

Qu'il y ait sujet à divertissement, on n'en peut disconvenir : la fontaine pneumatique de Héron est du plus bel effet, et chacun peut trouver plaisir à déterminer le méridien de jour, à trouver la hauteur d'une tour à l'aide d'un simple bâton, etc. Mais même la fontaine pneumatique est introduite par Alberti d'abord en tant qu'instrument de mesure du temps, au point qu'on peut se demander quelle est la véritable nature du divertissement auquel il convie son lecteur. Il me semble que c'est la mesure, ou plutôt la possibilité de principe de mesurer dans les conditions les plus improbables les grandeurs les plus apparemment insaisissables (les *numeri ascosi*) grâce à l'usage systématique d'une certaine mathématisation de l'expérience – au sens, non technique, d'expérience commune – qui est l'objet central du traité ; et le divertissement résulterait alors de la simplicité à laquelle on peut, grâce à la médiation de cette mathématisation, réduire les moyens matériels permettant cette mesure. L'étude qui suit me paraît de nature à soutenir cette appréciation.

Certains auteurs ont considéré les *Ex ludis* comme un témoignage de la culture mathématique avancée d'Alberti[2], d'autres ont fort relativisé cette composante de l'universalisme albertien. Par exemple, dans la notice sur Alberti du *Dictionnary of scientific biographies*, Bertrand Gilles considère que « les [connaissances] mathématiques d'Alberti sont exactement celles de son temps »[3]. Une difficulté, pour juger de la

---

2. Cf. Ludovico Geymonat, « Prefazione », dans *Rinaldi 1980*, pp. 7-11.
3. Cf. Bertrand Gilles, « Alberti, Leone Battista », dans *Gillispie 1970-1990*, *s.v.* : « Alberti's mathematics is exactly that of his time ».

pertinence de cette appréciation, est qu'il est assez difficile de se faire une idée précise de ce que sont les mathématiques du xvᵉ siècle ; le jugement dépendra nécessairement de la perspective envisagée.

La question des mathématiques les plus largement connues et enseignées dans les cursus universitaires, par exemple, fera apparaître la domination écrasante des traités d'abaque, des arithmétiques pratiques ou commerciales, des géométries pratiques[4] ; la question des mathématiques les plus significatives par rapport aux développements ultérieurs, particulièrement au xviiᵉ siècle, mettrait en relief des œuvres beaucoup plus théoriques, mais rares et de diffusion limitée à un cercle très restreint d'intellectuels[5]. Il est plus aisé de préciser les connaissances mathématiques dont témoigneraient les *Ex ludis*, et ce discours qui illustre l'utilité des mathématiques sans "faire" de mathématiques donne quelques informations intéressantes pour l'historien des sciences.

*

Une partie des procédés décrits par Alberti dans les *Ex ludis* sont purement géométriques (les questions nᵒˢ 1 à 7, 12 et 15 à 17) ; les autres mettent en œuvre des connaissances de physique (mécanique, astronomie, hydraulique). Nous ne nous intéresserons ici qu'aux premiers.

Les sept premières questions exposent sans originalité – et sans prétention – des procédés de mesure présents dans nombre de traités de mathématiques pratiques dont le bas Moyen Âge foisonne. Ils ne font pas appel, en général, qu'à l'égalité des rapports de côtés correspondants dans des triangles semblables, suivie d'une règle de trois. Aucune des figures qui illustrent ces problèmes dans les manuscrits connus des *Ex ludis* ne se distingue de celles que l'on trouve fréquemment dans les *Géométries pratiques*. Seul le sixième problème, sur la hauteur d'une tour dont on ne peut connaître ni la distance ni la dimension d'aucune partie visible, implique des triangles non semblables, et sa

---

4. Une source d'information inappréciable sur ces aspects est *Van Egmond 1980*. Le catalogue de traités d'arpentage le plus complet est *Toneatto 1994*.

5. Sur cet aspect des mathématiques, on consultera *Rose 1975*, ainsi que le monumental *Clagett 1964-1984*.

solution met en œuvre une manipulation de rapports plus savante ; la solution témoigne d'une connaissance d'origine euclidienne, mais aussi bien le problème que la règle donnant la solution sont présents dans d'autres géométries pratiques antérieures[6]. Cependant, le problème relève probablement de ces « matières subtiles » qu'Alberti propose à son lecteur. On ne peut être surpris que ce soit l'un des passages les plus maltraités par les copistes des manuscrits des *Ex ludis*. Les commentateurs modernes eux-mêmes sont quelque peu incertains quand à la pertinence de différentes variantes.

De ces solutions purement géométriques, on peut dire qu'elles n'attestent que des règles connues et pratiquées par des hommes de chantiers, *i.e.* qui dirigeaient des grands chantiers, et qu'elles ne nous renseignent pas sur ce qu'Alberti aurait pu apprendre et assimiler du *Quadrivium* enseigné à l'Université. La tradition de Géométrie pratique à laquelle se rattachent les six premiers problèmes est la tradition non savante, fort différente de la tradition d'origine gréco-arabe dont Léonard de Pise est le représentant occidental le plus éminent.

La mesure de la distance de sujets lointains mais cependant visibles, qui constitue le dix-septième problème, semble une invention albertienne. Dans les manuscrits connus, le texte de ce problème est très corrompu et je traite ailleurs, avec Francesco Furlan, de ce que l'on en peut penser[7]. Je relèverai seulement, ici, que la solution n'est pas plus savante que celle des six premiers problèmes (rien de plus que des triangles semblables), mais surtout qu'elle nous confirme un caractère déjà évoqué des *Ex ludis* et donne un certain éclairage sur la perspective dans laquelle ils s'inscrivent. Le caractère significatif de cette solution me semble être la très grande imprécision, dans les conditions proposées, du procédé ; celui-ci n'est pas fait pour être utilisé, il n'a qu'une valeur exemplaire de la possibilité théorique qu'offre la géométrie de tirer parti de moyens matériels rudimentaires pour connaître des grandeurs utiles autrement inaccessibles.

Les deux caractéristiques que j'ai soulignées me semblent imprégner le projet des *Ex ludis*. La précision des procédés proposés est en général

---

6. Par exemple dans l'anonyme *Geometrie due sunt partes principales*, dans *Hahn 1982*. Ce texte fut édité antérieurement par *Tannery 1922*, pp. 118-197.

7. Cf. *Furlan & Souffrin 2001* [= *infra*, IV, n° 18, pp. 437-456].

faible dans les conditions envisagées et l'utilité pratique, c'est-à-dire la fiabilité du résultat dans le cas d'une réalisation concrète, est apparemment le dernier des soucis d'Alberti ; cela est particulièrement flagrant lorsqu'il s'agit de solutions apparemment nouvelles. Plus encore que dans le problème de mesure de distance mentionné ci-dessus, cela apparaît dans le cas de la solution proposée au problème de la pesée de très lourdes charges, qui est aussi très probablement albertienne, tant le contraste y est évident entre la pertinence des lois de la mécanique invoquées et l'imprécision rédhibitoire d'une réalisation pratique[8]. Ce dont il s'agirait dans les *Ex ludis*, ce serait de montrer théoriquement la capacité singulière des mathématiques de permettre, en principe, de résoudre sans autre outil, sans instrumentation spécifique, les problèmes de mesure que rencontre dans la vie pratique l'homme de ce temps.

*

Dans le cadre du problème de la quadrature – c'est-à-dire de « la mesure de l'aire » – des champs, après avoir traité, comme d'usage dans les *Géométries pratiques*, des surfaces rectangulaires ou triangulaires, Alberti en vient au cas des champs circulaires ou compris entre la circonférence d'un cercle et d'une sécante, c'est-à-dire à la mesure de la surface que l'on désigne sous le nom de « segment du cercle ». Ce dernier problème est le problème géométrique le plus difficile considéré dans les *Ex ludis* et, de fait, dans toute l'œuvre connue d'Alberti. Son traitement mérite plus d'attention qu'il n'en a reçu dans la littérature, tant pour clarifier le texte lui-même que pour en tirer quelques enseignements sur les intentions de ce grand humaniste.

On sait que la quadrature exacte du cercle entier n'est pas possible ; si Archimède a démontré que la surface du cercle est égale à la moitié de celle du rectangle dont les côtés ont des longueurs égales à celles, respectivement, du rayon et de la circonférence, cette quadrature suppose la rectification – c'est-à-dire la « mesure » – de la circonférence du cercle complet, rectification qui n'est pas possible géométriquement. Archimède a cependant obtenu la solution approchée

circonférence du cercle = $(3 + 1/7) \times$ diamètre.

---

8. Cf. *Souffrin 2000a* [= *infra*, IV, n° 17, pp. 423-436].

Ces deux résultats d'Archimède sont connus et utilisés dans pratiquement tous les traités d'arpentage et de mathématiques pratiques du bas Moyen Âge. La quadrature d'un segment quelconque du cercle est évidemment beaucoup plus difficile. La situation est parfaitement résumée par l'auteur florentin anonyme d'un *Trattato di geometria pratica* rédigé en 1460 :

> Avendoti dato il modo a trovare il diamitro del tondo divjso, bisogna darti el modo di quadrare uno archo, cioè una parte d'uno tondo, el quale non ànno nissuno modo di potere quadrare se non per praticha[9].

Pour situer ma discussion par rapport à la critique contemporaine, je prends pour base l'édition par Grayson du passage concerné des *Ex ludis*; j'ai seulement introduit une séparation en parties que j'ai désignées par des numéros entre crochets carrés [*n*], et ajouté en italique la leçon des manuscrits *Classensis 208* et *Riccardianus 2942*, qui est indispensable à la compréhension du passage :

> [1] Se 'l campo sarà circulare, bisogna pigliare la sua larghezza e multiplicarla tre volte e un settimo. Verbigrazia, se sarà largo passi quattordici, questo multiplicato in tre e un settimo fa quarantaquattro passi, e questa somma sarà tutto il suo circuito. Poi pigliate la metà della sua larghezza quale è sette, e la metà del suo tondo quale è ventidue, e multiplicate sette in ventidue: somma centocinquantaquattro; e questo sarà tutto il campo, cioè passi centocinquantaquattro. Eccovi la figura :

Figure
du ms.
Riccardianus
2942 1, f° *57v*.

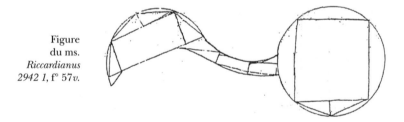

Se 'l campo sarà non ritondo ma circuito da piú archi, cavatene prima tutti e' quadrati che entrano, e tutti i trianguli; come dicemmo di sopra, cosí fate. Resteranno quelle parti simili a una luna amezzata o scema. S'ella

---

9. *Simi 1993*, p. 60.

proprio sarà parte quanto un mezzo circulo, saprete quanto sarà il tutto per la via di sopra del circulo, e divideretelo per mezzo.

[2] Se sarà parte e minore che un mezzo circulo, simile a uno arco, gli antichi feciono una tavola per la quale si misura la corda *e la saetta che stava da mezzo la corda* insino alla schiena dell'arco, e con questa tavola pigliavono assai espressa certezza ; ma son cose molto intrigate e non atte a questi ludi quali io proposi. E quanto attaglia a vostri piaceri, basta cavare tutti e' quadranguli e tutti e' trianguli, e ridurli a squadra, come dicemmo di sopra, in questa forma :

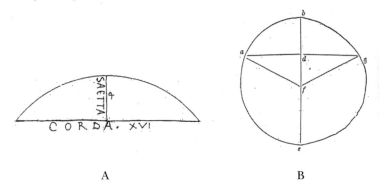

A   B

A : Illustration de la formule de Columelle dans le ms. *Classensis 208*, f° *s.n°*, des *Ex ludis rerum mathematicarum.*
B : Illustration tirée de *Boncompagni 1862*, p. 95. Fibonacci calcule d'abord le secteur *ABGF* – dont l'aire est trivialement donnée par une «table de cordes» –, puis en retranche le triangle *ADGF*. Le calcul par la formule de Columelle ne prend en considération que les éléments apparaissant effectivement sur la figure A. La thèse soutenue dans cet article est que le § 3 du texte, qui apparaît dans tous les manuscrits comme une autre méthode utilisant une «table» composée par les Anciens, ne serait précisément que le calcul de l'aire du triangle à soustraire du secteur.

[3] Pur se volessi averne qualche principio a comprendere la loro ragione, convienvi dividere la corda in due parti e multiplicare l'una nell'altra. Verbigrazia, sia la corda quattro passi, direte due volte due fa quattro ; e poi torre la saetta e multiplicarla nel resto del diamitro, quale se sarà uno, il resto del diametro sarà numero quale multiplicato per uno farà quattro. Sarà adunque quattro, e direte uno vie quattro fa quattro, quali due numeri composti, cioè uno e quattro, mi danno tutto il diametro che fia cinque. Partite cinque per ½, resta 2½ ; levatene tutta la saetta, cioè 1, resta 1½ ; mulitiplicate questo che resta nella metà della corda, e arete in tutto il pieno di questa parte, che fa 3. Questo procede se sarà meno che mezzo circulo. Se sarà piú, empierete per questa via quel che manca.

[4] Columella pone molto aggiustato certe parti che ha queste misure, e questa farà al nostro proposito. Se la corda dell'arco sarà piedi sedici, la freccia piedi quattro, aggiugnete questi due numeri, faranno venti. Annoverate questa somma quattro volte; sarà ottanta. La metà è quaranta, e della lunghezza della corda la metà è otto; quale aggiunta alla metà della corda fa quarantotto. Dividete la somma in parte quattordici, sarà tre e poco piú; qual parte quatuordecima aggiunta a quaranta farà circa a quarantaquattro. Tanto sarà questo arco. A similitudine di questo farete gli altri.

Sono queste ragioni molto alte, simile molto degne, e tratte di gran dottrina. Ma mio proposito qui è solo recitarvi cose gioconde. Adunque lasceremo queste suttilità[10].

Examinons ce passage dans le détail. Le § 1 du texte cité donne précisément l'approximation archimédéenne de la longueur de la circonférence et son expression de la surface du cercle. Cela n'est en rien surprenant, ces approximations étant bien connues en Occident depuis les traductions latines d'Archimède. Évidemment le segment de cercle très particulier qu'est un demi-cercle est donné comme conséquence de cette approximation, par division par deux.

Le § 2 est beaucoup plus intéressant. Alberti nous y apprend que pour la mesure de l'aire d'un segment de cercle quelconque plus petit qu'une moitié de cercle, « les Anciens ont fait une table, à l'aide de laquelle […] ils obtiennent une très grande précision », et déclare que « ces choses difficiles ne conviennent pas à son propos ». Le texte précise clairement qu'il s'agit d'obtenir la quadrature du segment à partir des longueurs de la corde, *i.e.* le côté rectiligne du terrain, et de la flèche, *i.e.* la distance du milieu de la corde à la circonférence. La mesure de différents éléments du segment de cercle à partir de la corde et de la flèche est un problème classique des traités de mathématiques pratiques ; le problème le plus souvent abordé est la détermination du rayon du cercle, celui de la quadrature l'étant beaucoup plus rarement.

Aucun commentateur des *Ex ludis* n'a tiré les conséquences du fait – que seul Gino Arrighi semble avoir remarqué[11] – que la « tavola » dont il est question est de toute évidence une « table de cordes », c'est-à-dire une table numérique donnant, connaissant la corde d'un

---

10. *Grayson 1973*, pp. 154-156.
11. Cf. *Arrighi 1974*, p. 162.

arc de cercle de rayon donné, la mesure de la longueur de cet arc. La plus ancienne table de ce genre qui nous soit parvenue – mais il y en a eu d'antérieures moins précises – a été calculée par Ptolémée, et est donnée au début de son *Almageste*. C'est essentiellement, selon nos dénominations, une table de sinus.

La table de cordes est un outil mathématique à la fois ordinaire et tout à fait indispensable pour les astronomes, mais elle est aussi dans l'arsenal des outils mathématiques d'autres utilisateurs de la géométrie, et elle est justement parfaitement adaptée à la mesure pratique du segment de cercle. En effet, la table de cordes donne directement, pour un cercle donné, l'arc (donc l'angle, en terminologie usuelle) connaissant la corde. L'arc donne directement la quadrature du secteur de cercle (le secteur est la figure limitée par l'arc et par les deux rayons passant par les extrémités de cet arc), et celle du segment s'obtient alors par soustraction d'un triangle, dont la quadrature est banale. Or, si la corde et la flèche sont données, on peut calculer facilement le rayon, de sorte que le cercle est donné ; on obtient alors l'arc par la table de cordes et on peut terminer la quadrature du segment. C'est précisément cette méthode de calcul de l'aire du segment de cercle qui est décrite et justifiée de façon extrêmement détaillée par Léonard de Pise dans sa *Practica geometriæ*[12]. Alberti a pu connaître directement la *Practica geometriæ* ; au début de sa discussion des mesures de champs de formes diverses, il cite justement Léonard de Pise et seulement lui parmi les modernes qui se sont occupés du calcul de la mesure des champs. Il a aussi pu connaître *La pratica di geometria*[13] rédigée par Gherardo di Dino vers 1442, qui est une vulgarisation de la *Practica geometriæ* allégée des aspects les plus théoriques ainsi que de la plupart des démonstrations, et qui contient intégralement ce qui est relatif à la quadrature du segment de cercle.

Une méthode qui fait appel à l'usage d'une table de cordes, dont le concept même est sophistiqué, ne convient apparemment pas au but que s'est fixé l'auteur des *Ex ludis* et Alberti conclut ce § 2 en invitant son lecteur à mesurer tous les triangles et tous les quadrilatères qu'il pourra inscrire dans le terrain et à négliger simplement toutes les

12. Dans *Boncompagni 1862*.
13. Dans *Arrighi 1966*.

surfaces restantes. Cependant, il ne résiste pas, apparemment, à donner quelques indications sur cette méthode si « intri*ca*t*a* » des Anciens à son interlocuteur, qui en sera probablement curieux. Je ne vois pas, en effet, ce que l'expression « Pur se volessi averne qualche principio a comprendere la loro ragione » pourrait annoncer d'autre. On devrait donc s'attendre à ce que la suite du texte, soit le § 3 de l'extrait donné ci-dessus, décrive le calcul de l'aire du segment de cercle à l'aide d'une table ; or il n'en est rien dans le texte, tel que les manuscrits nous l'ont transmis.

Les commentateurs n'y ont pas vu de problèmes et se sont contentés de remarquer, comme C. Grayson, que « questo passo è molto confuso in tutti i codici, salvo *R* [*i.e.* le *Classensis 208*], con cifre che non tornano »[14]. Les manuscrits diffèrent, en effet, sur les valeurs numériques qui, de plus, ne sont totalement cohérentes dans aucun cas, mais tous décrivent les opérations effectuées en désignant explicitement les grandeurs par leurs dénominations géométriques : « corde », « flèche » et « diamètre », et les chiffres donnés (ou corrigés) par Grayson dans son édition sont indiscutablement appelés par le texte. Cette restitution de la cohérence du texte et des valeurs numériques ne suffit cependant pas à faire de ce passage la description d'une méthode compréhensible et géométriquement justifiable de mesure du segment de cercle, et la critique moderne ne suggère rien dans ce sens.

Nous allons voir qu'une comparaison détaillée du texte de ce § 3, avec les valeurs numériques, difficilement contestables, éditées par Grayson, et de la méthode de mesure à l'aide de la table de cordes décrite dans la *Practica geometriæ* de Léonard de Pise fait apparaître que ce qui nous est parvenu des *Ex ludis*, ici, n'est autre que la description du début de la méthode de calcul décrite par Léonard. Dès lors, le passage dont il est question n'apparaît plus comme simplement confus, mais plutôt comme le fragment initial d'un exposé correct d'une méthode de calcul conforme à ce qu'annonce le texte précédent.

Considérons d'abord le calcul du segment à partir de la donnée de la corde et de la flèche, selon la *Practica geometriæ*. Il se fait en quatre étapes, que

---

14. *Grayson 1973*, p. 359. Cf. *Vagnetti 1972*, p. 221 : « questa […] parte nei vari codici presenta varianti notevoli e praticamente non confrontabili ».

l'on peut paraphraser ainsi : 1) on détermine d'abord le rayon du cercle[15], en utilisant la relation suivante (en modernisant, pour la commodité du lecteur de cet article, le langage) : le carré de la demi-corde est égal au produit de la flèche par le diamètre diminué de la flèche ; en notant, ici et dans la suite, D le diamètre, F la flèche et C la corde du cercle, cela s'écrit « $(^C/_2) \times (^C/_2) = F \times (D - F)$ », d'où le rayon R ; ce calcul du rayon est décrit dans toutes les *Géométries pratiques* traitant ce genre de problèmes, et est d'origine euclidienne ; il est donné juste avant la quadrature du segment dans le manuscrit de Sienne ; 2) le secteur du cercle est égal au segment du cercle augmenté du triangle ayant pour base la corde et pour autres côtés les rayons qui limitent le secteur ; la surface de ce triangle est égale au produit de sa hauteur $R - F$ par la demi-corde, soit « excès du secteur sur le segment = $(R - F) \times (^C/_2)$ » ; 3) le rayon et la corde étant connus, une table de cordes donne le rapport de la longueur de l'arc à celle de la circonférence du cercle ; ce rapport est aussi celui des surfaces du secteur et du cercle entier : on obtient donc la surface du secteur par « surface du secteur/surface du cercle = longueur de l'arc/circonférence du cercle »[16], soit (avec l'expression archimédéenne de la surface du cercle) « surface du secteur = arc × rayon/2 » ; 4) la surface du secteur obtenue, la surface du segment est donc, par soustraction de l'excès calculé ci-dessus au point n° 2[17], « segment = secteur − $(R - F) \times (^C/_2)$ ». Les valeurs numériques utilisées pour illustrer ce calcul sont « $C = 16$ » et « $F = 4$ ».

Il convient de bien remarquer que le calcul de Léonard est essentiellement fondé sur le passage par la mesure de la longueur de l'arc du segment de cercle ; toute la difficulté numérique, géométrique même, réside dans le calcul de cette longueur à partir de la corde et de la flèche. Cette difficulté cruciale se traduit par le fait matériel que, dans l'édition moderne de Baldassare Boncompagni, cinq pages séparent

---

15. Cf. *Boncompagni 1862*, p. 94 : « Sed si corda *BD* nota, nec non et sagitta *AE*, et ignotus dyameter *AC*, multiplicabis dimidium cordæ *BD* in se, erunt 16 ; qui divide per sagittam *AE*, scilicet 2, venient 8 pro sagitta *CE* : quare dyameter *AC* erit 10 ».

16. Cf. *ibid.*, p. 100 : « Unde si totum circulum diviseremus in sectores, inveniemus quod proportio unius eorum ad totum circulum est sicut arcus ipsius ad totam lineam circunferentem circuli [...] ergo aree sectorum omnium colliguntur ex multiplicationis [sic !] semi-dyametri suorum circulorum in arcus ipsorum ».

17. Cf. *ibid.*, p. 101 : « [...] veniet area sectoris *FABD* ; de qua si astulerimus aream trigoni rectilinei *FAB*, que collegitur ex *FD* in *DG*, remanebit utique area sectionis contente sub *AG* recta, et arcu *ABD* ».

l'étape n° 1 des étapes n° 3 et n° 4 ; ces cinq pages sont entièrement consacrées à la détermination de la longueur de l'arc du segment à partir des données rectilignes.

Léonard mentionne trois façons de rectifier un arc de cercle. La première est la méthode savante longuement exposée, développée par Ptolémée dans l'*Almageste*, avec quelques variantes peu significatives. Elle permet en principe le calcul numérique de la corde d'un arc donné, et il est admis que le problème inverse s'en déduit. Léonard reconnaît qu'un tel calcul est beaucoup trop complexe pour l'arpenteur,

> nam cum vulgariter longitudinem alicuius arcus habere desiderant, habeant aliquam mensuram lineam, que sit unius pedis, que possit curvari et extendi ; et cum ipsa studeant metiri arcus, quos metiri desiderant ; vel habeant funem unius perticæ vel plurium ; et cum ipsa studeant circiter mensurare arcus portionum circularum fingendo sepe arundines per girum circuli, ut ipsa funis non deviet a circunferentia circuli ; et sic poterit habere mensuram omnium arcuum circulorum[18].

Cette deuxième méthode, indiscutablement facile à mettre en œuvre, est étrangère à l'esprit de la géométrie, qu'elle soit pratique ou spéculative. Pour celui qui voudrait agir dans les règles et l'esprit de cette science, Léonard donne une table de cordes qu'il a calculée lui-même et qu'il présente sous une forme propre à l'application pratique ; elle permet de s'affranchir du long et fastidieux calcul en lisant, directement tabulée, la longueur de la corde connaissant l'arc, ou l'inverse. Cette table est l'outil de la géométrie pratique par excellence, à la fois géométrique dans sa conception et facile à utiliser. Elle est donnée avec des unités de mesure courantes à l'époque ; le diamètre est pris égal à 42 perches ; la perche vaut 6 pieds ; le pied vaut 18 onces, et l'once vaut 18 points. Toutes les valeurs sont proportionnelles au rayon du cercle, ce qui rend la table universelle par l'application d'un simple facteur multiplicatif.

18. *Ibid.*, p. 95.

Arcus pertice	Arcus pertice	Corde pertice	Ar pedes	Cuu vncie	M puncta	Arcus pertice	Arcus pertice	Corde pertice	Ar pedes	CV vncie	VM puncta
1	131	0	5	17	17	34	98	30	2	6	17
2	130	1	5	17	13	35	97	31	0	8	5
3	129	2	5	17	4+	36	96	31	4	8	7
4	128	3	5	17	2	37	95	32	2	5	15
5	127	4	4	12	10	38	94	33	0	1	9
6	126	5	5	16	7+	39	93	34	3	13	0
7	125	6	5	14	5	40	92	35	1	4	15
8	124	7	5	12	9	41	91	35	4	12	10
9	123	8	5	8	16	42	90	36	2	0	0
10	122	9	5	7	8	43	89	36	5	3	5
11	121	10	5	4	2	44	88	37	2	4	6
12	120	11	4	17	18	45	87	37	5	3	2
13	119	12	4	13	6	46	86	38	1	17	15
14	118	13	4	7	16	47	85	38	4	12	13
15	117	14	4	1	0	48	84	38	1	4	0
16	116	15	3	11	18	49	83	39	3	11	15
17	115	16	3	3	12	50	82	39	5	17	2
18	114	17	2	12	8	51	81	40	2	2	1
19	113	18	2	0	15	52	80	40	4	2	10
20	112	19	1	8	12	53	79	40	0	0	11
21	111	20	0	13	18	54	78	40	1	14	5
22	110	21	0	0	0	55	77	41	3	7	8
23	109	21	5	2	16	56	76	41	4	16	2
24	108	22	4	4	5	57	75	41	0	4	12
25	107	23	3	4	8	58	74	41	1	8	1
26	106	24	2	3	2	59	73	41	2	9	0
27	105	25	1	0	6	60	72	41	3	7	14
28	104	25	5	16	2	61	71	41	4	9+	2
29	103	26	4	8	0	62	70	41	4	15	10
30	102	27	3	0	3	63	69	41	5	6	9
31	101	28	1	9	7	64	68	41	5	12	17
32	100	28	5	16	4	65	67	41	5	6	14
33	99	29	4	3	9	66	66	42	0	0	0

La Table de cordes de la *Practica geometriæ* de Léonard de Pise – tirée de *Boncompagni 1862*, p. 96. La table est donnée dans des unités de mesure courantes à l'époque – le diamètre du cercle est pris égal à 42 perches: la perche vaut 6 pieds, le pied vaut 18 onces et l'once vaut 18 points. Le calcul du segment de cercle à l'aide de cette table, qui fait en principe l'objet du § 3, se déroulerait comme suit: le diamètre étant 42 dans la table de cordes et 5 dans l'exemple des *Ex ludis*, la corde égale à 4 dans les *Ex ludis* vaut $4 \times {}^{42}/_5$ dans la table, soit 33 perches 3 pieds 11 onces; la valeur de la corde tabulée la plus proche est 33 perches 1 once, et on lit (5e ligne du tableau de droite) que l'arc correspondant vaut 38 dans un demi-cercle qui vaut 66, donc le rapport du secteur au cercle complet est (à peu près) ${}^{19}/_{66}$. Avec le diamètre égal à 5, donc une surface du cercle égale à $({}^{22}/_7) \times {}^{25}/_4$, on obtient pour le secteur un peu moins de 5 et ${}^7/_{10}$, et en retirant le triangle qui vaut exactement 3 on obtient finalement, à l'aide de la table, un peu moins de 2 et ${}^7/_{10}$ pour la surface du segment de cercle dont la corde vaut 4 et la flèche 1.

Voyons maintenant le texte des *Ex ludis*. Les valeurs numériques utilisées par Alberti sont « $C = 4$ », « $F = 1$ ». Ces valeurs étant dans le même rapport que celles de la *Practica geometriæ*, les figures sont précisément semblables dans les deux textes, ce qui signifie que c'est exactement le même exemple géométrique qui est traité. Suivons le texte d'Alberti. On lit d'abord : « calculer $^C/_2$ au carré », soit (la corde étant prise égale à 4) : « $2 \times 2 = 4$ ». Puis on calcule « $F \times (D - F)$ ». La flèche étant prise égale à 1, il est dit que « $D - F$ » est tel que « $(D - F) \times 1 = 4$ », puis que le diamètre est « 4 et 1, soit 5 » ; ce qui exprime bien précisément le calcul du diamètre du cercle par « $(^C/_2) \times (^C/_2) = F \times (D - F)$ ». Le texte donne ensuite le calcul de « $^D/_2 - F$ », soit de la distance de la base à la corde, et le produit du résultat par la demi-corde ; le résultat « $(R - F) \times {}^C/_2$ » est donné à la fin de ce passage : « arete in tutto il pieno di questa parte, che fa 3 ».

Le détail du calcul comme la valeur numérique correcte obtenue montrent clairement que « questa parte » n'est pas l'aire du segment de cercle, comme semblent l'avoir pensé les commentateurs modernes, mais seulement l'aire du triangle mentionné dans la phase n° 2 du calcul. Quant au segment lui-même, dont le calcul est en principe l'intention de ce passage, on peut montrer – par exemple par la méthode à la Columelle décrite au § 4 et dont nous allons discuter ci-dessous – qu'il vaut ici un peu moins de « 2,8 ».

On trouve donc dans les manuscrits la description des deux premières phases seulement de la méthode si « intri*ca*ta » dont Alberti nous dit explicitement vouloir donner une description. Les éléments figurant dans les manuscrits correspondant précisément à une description correcte d'une partie seulement de la méthode, je crois qu'il en résulte soit qu'Alberti ne connaîtrait pas ou n'aurait pas compris la méthode utilisant la table dont il parle, soit que toutes les copies des *Ex ludis* qui nous sont parvenues – et qui sont en général très fautives dès que la géométrie impliquée dépasse, disons, les similitudes de triangles – auraient une même lacune, et que le passage conservé aurait été suivi, dans l'original, d'une description au moins schématique de la poursuite du calcul selon la méthode faisant précisément usage de la « tavola per la quale [gli antichi] pigliavono assai espressa certezza ». Ma discussion suggère fortement que cette deuxième possibilité est non seulement plausible, mais qu'elle est la plus vraisemblable. Si l'on admet cela, le § 3 du texte n'est pas la description d'une méthode approchée du segment, de précision limitée à des arcs très petits, comme il est proposé dans la littérature, mais la description du calcul exact de la surface du triangle qui intervient dans le calcul approché du segment à l'aide d'une table de cordes.

Toujours est-il que, décrite entièrement ou pas, cette méthode très directe et dont la précision n'est limitée que par celle des tables de cordes est déclarée relever de « cose molto intrigate e non atte a questi ludi ». Difficile ? On peut s'étonner de pareille qualification : cette méthode n'est pas difficile à décrire et sa présence dans *La pratica di geometria* en atteste suffisamment, ni difficile à appliquer après que des règles ont été données pour la surface du triangle et celle du cercle. L'usage le plus courant dans les traités pratiques est effectivement de supposer que les données (la corde et la flèche) impliquent la donnée de la longueur de l'arc, donc implicitement ou explicitement l'usage de la table de cordes[19]. La méthode n'est subtile et trop complexe qu'à la mesure du projet des *Ex ludis*. Mais ce qui est remarquable, et mérite d'être relevé, c'est la solution particulière qu'Alberti propose pour résoudre pratiquement ce problème de quadrature de façon vraiment élémentaire, conforme au but proposé à son noble interlocuteur.

*

Dans le dernier paragraphe du texte, qui est indépendant des précédents, Alberti exhume une méthode effectivement vraiment élémentaire, quant à son application pratique, qu'il attribue à Columelle. La méthode proposée dans le § 4 est effectivement décrite par Columelle au chapitre IIe du livre V[e] de son *De re rustica* sous le titre « Quemadmodum datas formas agrorum meteri debeas », qui donne une façon de mesurer un champ en forme de segment de cercle à partir de la mesure de la corde et de la flèche :

> Si [le champ] est moindre qu'un cercle, on le mesure ainsi. Soit un arc dont la base soit 16 pieds, et la hauteur 2 pieds. La base et la hauteur ensemble font 20 pieds. Multiplié par 4 cela fait 80, dont la moitié est 40. De la base, qui vaut 16 pieds, la moitié est 8. Ce 8 multiplié par lui-même

19. Cf. *L'Huillier 1979*, p. 132 ; *Lafont 1967*, p. 207.

fait 64, dont la quatorzième partie fait un peu plus de 4 pieds qui ajoutés aux 40 donnent 44. Je dis que c'est ce qu'il y a de pieds carrés dans l'arc [*sc.* le segment][20].

Il est clair qu'Alberti a précisément reproduit le passage de Columelle, et l'édition de Grayson met en évidence une aberration systématique des manuscrits des *Ex ludis* qui donnent pour l'aire du segment :

$$\{F \times (F + C) \: / \: 2\} \: / \: 14 + {}^C/_2$$

au lieu de la formule de Columelle :

$$F \times (F + C) \: / \: 2 + ({}^C/_2) \: 2 \: / \: 14$$

Cette différence systématique – la leçon retenue par Grayson se trouve dans tous les manuscrits qui comprennent ce passage, c'est-à-dire tous sauf les *Laurentianus Ash. 356, Magliabechianus VI 243* et *Marcianus Ital. XI 67 (= 7351)* – est intéressante pour la fortune et la tradition de ce texte ; mais il est clair, pour moi, qu'il ne subsiste guère de doutes sur le texte original d'Alberti, lequel avait des manuscrits du *De re rustica* corrects à sa portée. C'est plutôt sur l'approximation de Columelle

$$A \approx F \times (F + C) \: / \: 2 + {}^C/_{22}$$

que je ferai quelques remarques.

J'ai dit qu'Alberti avait « exhumé » l'algorithme de Columelle. Dans l'état actuel de mon information, il m'apparaît que cet algorithme, qui est présent aussi dans la *Geometria* de Héron[21], lequel nous apprend qu'il est de tradition plus ancienne, avait été presque complètement abandonné au Moyen Âge. Je n'en ai rencontré qu'une occurrence

---

20. Cf. *Calzecchi Onesti & Carena 1977*, p. 346 : « Si autem minus quam semicirculus erit, arcum sic metiemur : esto arcus cuius basis habeat pedes XVI, latitudo autem pedes IIII ; latitudinem cum basi pono ; fit utrumque pedes viginti ; hoc duco quater ; fiunt LXXX ; horum pars dimidia est XL ; item sedecim pedum, qui sunt basis pars dimidia VIII ; hi octo in se multiplicati fiunt LXIIII ; quartam decimam partem duco ; ea efficiet pedes IIII paulo amplius ; hos adicies ad quadraginta ; fit utraque summa pedes XLIIII ; hos in arcu quadratos esse dico, qui faciunt iugeri dimidium scripulum nona parte minus ».

21. Cf. *Bruins 1964*, en particulier pp. 23 (*Geometrica Pb. 23*) et 260 (*Metrica Pb. 30 et 31*).

latine tardive, dans le *De iugeribus metiendis*[22]. Cependant, on ne saurait
s'étonner de cette disparition d'une formule aussi facile et, nous le
verrons, aussi précise ; en effet, la longue pratique des tables de cordes,
par les astronomes en particulier, rend tout à fait banale à la fin du
Moyen Âge l'estimation de l'arc à partir des données de la corde et de
la flèche. Il faut donc avoir une raison particulière pour se priver, dans
un calcul pratique, de cette ressource qu'Alberti – si l'on admet mes
conclusions précédentes – trouve quand même assez intéressante pour
en donner la description. On peut certainement contester qu'il y ait à
justifier l'attitude d'Alberti ; j'y vois cependant quelques indications.

Si le calcul de la surface des triangles ou des quadrilatères est
évidemment utile dans de nombreuses circonstances de la vie sociale et
pratique, on peut douter de la nécessité pour "l'homme de la rue" de
connaître l'aire d'un secteur de cercle puisque, comme l'écrit Alberti
lui-même, « basta cavare tutti e' quadranguli e tutti e' trianguli, e ridurli
a squadra ». En fait, comme je l'ai remarqué plus haut, il ne s'agit pas,
pour Alberti, de permettre à qui que ce soit de faire des mesures ; il s'agit
de montrer théoriquement la capacité singulière des mathématiques, et
de la géométrie en particulier, de permettre en principe un large éventail
de mesures avec le minimum d'outillage, qu'il s'agisse d'instruments
ou de tables numériques. À partir de cela, on peut concevoir qu'une
méthode, certes approximative mais dont – quoi qu'on en ait écrit – la
précision est excellente (mieux qu'au centième sur tout le cercle !),
et dont l'application ne requiert que la connaissance de la mesure de
deux segments de droite, puisse être plus adéquate aux intentions du
traité qu'une méthode dont la précision n'est pas limitée en principe
mais qui exige un instrument supplémentaire sophistiqué : la table de
cordes.

Je conclurai cette rapide enquête par quelques remarques modé-
ratrices. Les démarches que j'ai présentées ici comme caractéristiques
d'Alberti ne sont pas sans exemple à son époque. D'une part, on trouve
des procédés prétendument pratiques mais, comme dans les *Ex ludis*,
complètement irréalistes, présentés sur le même pied que les engins

---

22. Cf. *De iugeribus metiundis*, [Édition, traduction et commentaire] par Jean-Marie
Martin et Jean-Pierre Grélois, dans *Lefort 1991*, pp. 267-281. Le texte est très fautif, mais
les éditeurs ont bien expliqué l'erreur du copiste et identifié sans ambiguïté l'origine
héronienne ou pseudo-héronienne du texte.

les plus efficaces, dans tous les traités de machines civiles ou militaires du XVe siècle ; il y en a d'évidents chez Taccola, par exemple[23]. D'autre part, on peut citer au moins un traité pratique du XVe siècle qui propose une formule originale purement algébrique pour la quadrature du segment de cercle parfaitement comparable à celle de Columelle. Dans une *Geometria, vulgaremente arte de mexura* de l'époque[24], on trouve en effet l'approximation suivante pour la quadrature du segment :

$$A \approx \{ C - {}^3/_{14} \times (C - 2F)\} \times F \times {}^{11}/_{14}$$

Cette formule, pas plus que celle de Héron-Columelle ressuscitée par Alberti, n'est purement empirique. Toutes les deux donnent $^{22}/_7$ pour le demi-cercle, ce qui est exact à l'approximation archimédéenne près $\pi \approx {}^{22}/_7$, et témoignent d'un certain regard, original à la fin du Moyen Âge, sur les relations entre théorie et pratique.

Des remarques proposées ici, je tirerai la leçon que les *Ex ludis* sont, plutôt qu'une œuvre singulière, singulièrement exemplaires de tendances distinctives de la culture scientifique des milieux cultivés de la Péninsule au XVe siècle[25].

---

23. *Knobloch 1992*, p. 107, note par exemple qu'« emporté par le souci d'expliquer le mécanisme des machines, Taccola ne se soucie pas de respecter les proportions entre les navires et leur équipement,... La plupart couleraient avant d'atteindre l'ennemi ».
24. Décrite par *Simi & Toti Rigatelli 1993*, en particulier p. 454.
25. C'est un plaisir de remercier ici Francesco Furlan et Cecil Grayson qui ont bien voulu faire bénéficier cette étude de leurs lectures attentives et critiques.

17

La pesée des charges très lourdes dans les *Ex ludis* d'Alberti*

Les *Ex ludis rerum mathematicarum* sont une œuvre de maturité, composée vers 1450, époque des grands traités albertiens sur l'art et l'architecture. On en connaît à ce jour 12 manuscrits[1], dont aucun n'est autographe, qui présentent, à côté de diversités morphologiques, un assez grand nombre de véritables variantes qui n'affectent pas, en général[2], le sens du texte. On trouvera dans l'édition de Cecil Grayson

---

* N.d.éd. : Paru sous le titre « La pesée des charges très lourdes dans les *Ludi rerum mathematicarum* de L.B. Alberti », dans *Leon Battista Alberti : Actes du Congrès international de Paris (Sorbonne-Institut de France-Institut culturel italien-Collège de France, 10-15 avril 1995) tenu sous la direction de F. Furlan, P. Laurens, S. Matton*, Édités par Francesco Furlan, Paris, J. Vrin & Torino, Aragno, 2000, pp. 633-642 – version revue et corrigée pour la présente édition.

1. N.d.éd. : un treizième manuscrit des *Ex ludis*, le *Typ. 316* de la Harvard College Library de Cambridge (Mass.), de la fin du xvᵉ siècle (= *H**), que nous avons intégré à la liste originale donnée *infra*, Appendice IIᵉ, a été découvert peu après la première publication de cette étude par Francesco Furlan dans le cadre du Programme d'Action Intégré franco-italien « Galilée » *Philologie et informatique : Mise au point de logiciels d'édition et édition critique des* Ex ludis rerum mathematicarum *d'Alberti* conçu et conjointement dirigé par F. Furlan, P.D. Napolitani et P. Souffrin. Sur ce ms. voir *Furlan 2003*, en particulier p. 219, n. 3 [= *infra*, IV, n° 18, pp. 437-456 : 440, n. 7].

2. Deux exceptions notables concernent la mesure de la hauteur d'une tour dont on ne peut connaître l'éloignement, et la mesure de grandes distances.

une description des onze manuscrits connus par lui[3], auxquels il faut ajouter celui, particulièrement significatif pour l'histoire des sciences, découvert en 1968 par T.B. Settle à la Biblioteca Nazionale Centrale de Florence[4]. Par ailleurs, Luigi Vagnetti a publié une étude d'ensemble de ce texte, très richement documentée sur les sources d'Alberti, sur le contexte culturel et social de sa production ainsi que sur les données biographiques et bibliographiques qui peuvent en favoriser l'appréciation[5].

Il s'agit, présentées sous forme de vingt problèmes récréatifs, d'applications des mathématiques – au sens large de « sciences mathématiques » – à des questions pratiques pouvant intéresser l'architecture, le génie civil ou militaire, la topographie, la navigation, qui se répartissent ainsi : mesures de distances et de hauteurs (Problèmes n° 1 à n° 7), mesure de la profondeur d'une eau très profonde (Pb. n° 8), fonctionnement de la fontaine de Héron (Pb. n° 9), détermination de l'heure (Pbs n°s 10-11), arpentage, mesure des champs (Pb. n° 12), mesure des poids et nivellement à l'aide de l' « equilibra » (Pb. n° 13), mesure des charges très importantes (Pb. n° 14), pointage d'une bombarde (Pb. n° 15), lever le plan conforme d'une cité (Pb. n° 16), mesure de la distance d'un lieu très éloigné mais cependant visible (Pb. n° 17), mesure de plus grandes distances (Pb. n° 18), mesure des parcours en mer (Pb. n° 19), enfin solution archimédéenne du fameux problème de la couronne de Hiéron (Pb. n° 20).

Au delà de variantes peu significatives, les manuscrits sont plus ou moins altérés par des erreurs ou des incompréhensions manifestes de copistes qui ne prêtaient pas attention au sens des procédés de mesure décrits par l'auteur ou ne les comprenaient pas. Ces erreurs constituent une source d'opacité du texte, que ne contribue pas à lever le style délibérément allusif d'Alberti en certains passages ; enfin, la possibilité n'est pas à écarter *a priori*, et a été effectivement évoquée par la critique, qu'Alberti lui-même n'ait pas bien dominé techniquement certains des procédés qu'il décrit dans cet opuscule. Nous en discuterons précisément plus loin.

3. Cf. *Grayson 1973*, pp. 352 ss.
4. Cf. *Settle 1971*.
5. Cf. *Vagnetti 1972*.

Grayson considère qu'il a cependant pu restituer dans son édition un texte satisfaisant et d'authenticité plausible, sauf dans le cas de deux problèmes :

> in due casi però, ove i codici sono concordi, non siamo riusciti a vedere chiaro nei procedimenti descritti dall'Alberti[6]

– écrit-il, en effet. Les deux problèmes d'Alberti auxquels il fait allusion concernent la mesure des charges très lourdes (Pb. n° 14) et la mesure des grandes distances par visée directe (Pb. n° 17). Cette étude est consacrée à un réexamen du premier de ces deux problèmes ; je me propose de montrer que le texte qui nous est parvenu en décrit précisément une solution théoriquement satisfaisante.

*

De quoi s'agit-il ? Il est indispensable de reproduire ici le texte :

> Ma poi che facemmo menzione de' pesi, forse sarà a proposito mostrarvi in che modo si pesi un superchio peso, come sarebbe il carro co' buoi e col suo carico, solo con una statera che porti non piú che libre cinquanta.
>
> Ordinate un ponte simile a questi levatoi, e accommodatelo in modo con le sue catene ad alto ch'egli stia ataccato a un capo d'una trave lunga, qual sia atraversato sopra l'arco della porta, simile come s'adattano i ponti levatoi. E sia da questo luogo della trave dov'è posata sul suo bilico sopra della porta sino alle catene, meno che del detto bilico sino all'altro suo capo che vien dentro dalla porta ; e chiamisi il capo delle catene *A*, e il capo dentro *B*, el bilico *C*. Al capo *B* ponete una tagliuola, e accommodate il capo della fune che lavorerà per questa tagliuola, giú entro della porta a un certo naspetto che la carchi, e chiamasi *D* questo luogo. All'altro capo della fune attaccherete la vosta statera accomandata con uno de' sua uncini in terra in questa forma, e chiamisi questo capo *E*, come vedete la pittura [**fig. 1ª**].

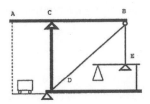

Fig. 1ª : Schéma des dessins des manuscrits.

6. *Grayson 1973*, p. 357.

Quando el carro e ' buoi saranno su questo ponte, tirate giuso il capo
E della fune, e accomandate la statera al luogo *D*. El ponte andrà in alto.
Basta se va quattro dita suso. Dico che se una volta annovererete quante
libre del carro porti una oncia della vostra stateretta, a quella regola pese-
rete poi sempre tutte l'altre. E sievi ricordo quanto vi dissi testé qui sopra,
che la parte piú lunga della trave *AB* quante volte ella empie la minore,
tante libre porta a numero una libra che gli sia posta in capo ; e la tagliuola
simile, quante volte la fune va giú e su, tante volte si parte il peso per modo
che una libra porta quattro e sei secondo il numero dello aggirarsi[7].

Grayson commente :

egli non spiega bene l'uso della statera, né si capisce perché essa debba
essere « accomandata » al luogo *D*[8].

Ce passage semble également obscur à Vagnetti, qui ne voit dans le
montage qu'un système de double balance, constitué par le levier – la
poutre – et la balance romaine :

la figura che accompagna il testo dei codici è sufficiente a farci intendere
la giustezza del meccanismo descritto, ma l'esposizione non è altrettanto
chiara in tutti i suoi punti [...] ; ciò malgrado la bascula a doppio sistema
di leve è una realtà [...][9].

Pour ce qui est de la balance romaine, son rôle est bien clair, si l'on
tient compte de l'indication que l'un de ses crochets est fixé au sol ; un
levier est ainsi créé dont le point fixe est l'extrémité fixée au sol, qui
permet d'exercer sur la corde en *E* une force supérieure au poids déposé
sur le plateau. L'illustration donnée par Grayson dans son édition ne
figure pas cette attache[10], et le lecteur peut s'en trouver embarrassé.
Mais le schéma dessiné par Vagnetti[11] est sur ce point fidèle au texte,
et aux illustrations des autres manuscrits. Ainsi installée, la balance
romaine permet de gagner, si l'on veut équilibrer par un poids placé
sur le plateau de cette balance la force exercée (verticalement vers le

7. *Ibid.*, pp. 159-161. Voir ma traduction dans l'Appendice Ier, *infra*.
8. *Ibid.*, p. 357.
9. *Vagnetti 1972*, p. 232.
10. Cf. *Grayson 1973*, p. 161, fig. 22. Le texte critique de Grayson est basé sur le ms.
Leber 1158 (3056) de la Bibliothèque Municipale de Rouen (= *Ro*), mais les figures y sont
empruntées au ms. *Riccardianus 2942* (= *FR²*).
11. Cf. *Vagnetti 1972*, p. 230, fig. 40.

haut) par la corde qui la retient en *E*, un facteur de l'ordre de 10 au plus, selon les normes usuelles pour ce type de balances.

La question soulevée par Grayson concerne ce qui se passe au point *D*, au pied de la porte coté balance. Le texte dit précédemment :

accommodate il capo della fune che lavorerà per questa tagliuola, giú entro della porta a un certo naspetto che la carchi, e chiamisi *D* questo luogo.

Il s'agit de l'extrémité de la corde opposée à la balance, et si elle est fixée au sol en *D*, par quelque médiation que ce soit, et passe ensuite par une poulie (*tagliuola*) en *B*, *D* est bien le point fixe auquel est attachée la balance ; si ce point d'attache venait à céder, la balance s'effondrerait. D'autre part, une fois la balance soulevée et tenue horizontalement, la longueur totale de la corde sera réglée plus facilement au point *D* qu'en *E* sans perturber le système complexe de la balance. Il est donc raisonnable de dire que la balance romaine est « accomandata » en *D*.

Si on retient, pour « tagliuola », le sens acceptable de « poulie », la fixation rigide au sol de l'extrémité de la corde en *D* devient fonctionnel, puisqu'on obtient ainsi la division par deux de la tension de la corde toutes choses égales par ailleurs, soit un gain supplémentaire d'un facteur deux sur le poids nécessaire pour équilibrer l'effort en définitive exercé en *E* par l'attelage. Quelque chose de ce genre est de toute façon requis par le « simile » dans « e la tagliuola simile », puisque la référence est à la division de l'effort résultant du levier constitué par la poutre supérieure.

Cela ne suffit pas à clarifier tout le passage

e la tagliuola simile, quante volte la fune va giú e su, tante volte si parte il peso per modo che una libra porta quattro e sei secondo il numero dello aggirarsi.

Mais si on lit « tagliuola » dans le sens de « moufle », c'est-à-dire essentiellement d'un « ensemble de poulies dans lequel la corde passe plusieurs fois », qui est bien une acception de « tagliuola », l'ensemble du texte s'éclaire et se justifie immédiatement en regardant la « tagliuola » et le « naspetto » comme constituant ensemble un palan entre *B* et *D*. En effet, dans un palan, une corde va d'une moufle à l'autre (*su e giú*), et la force requise pour équilibrer une force donnée est précisément divisée par le nombre de passages dans le palan, ou encore par le nombre de va-et-vient ou de tours (*il numero dello aggirarsi*) que fait la corde entre les deux éléments du palan. Enfin, le fonctionnement du palan en diviseur de force implique nécessairement que le palan soit placé entre un point fixe pouvant résister à un effort supérieur à celui qu'il s'agit de diviser et le point d'application de celui-ci, soit ici entre le sol (le point *D* par exemple) et l'extrémité *B* de la poutre [**fig. 1ᵇ**].

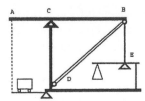

Fig. 1ᵇ : Schéma selon la lecture proposée.

Cette interprétation donne un sens cohérent à chaque élément du texte, et décrit un mécanisme ne mettant en jeu que des éléments d'usage courant sur les chantiers au temps d'Alberti. Il y a en fin de compte trois, et non pas deux, mécanismes différents mis en œuvre, et cette diversité est certainement délibérée de la part d'Alberti.

On vérifie facilement qu'Alberti réalise bien ainsi, théoriquement, le but recherché. Dans ce système, en effet, la charge placée sur le pont est déjà divisée en *B* par le pont lui-même et par la poutre : disons, pour être réaliste, un facteur 4 au total. Cette charge ainsi diminuée est à son tour divisée par le palan. C'est cet effort à nouveau divisé (4 ou 6 fois, propose Alberti) qui s'exerce en *E*, et que la balance romaine va diviser derechef par un facteur de l'ordre de 10. On a au total une combinaison de quatre « démultiplicateurs de force » couplés (le pont, la poutre, le palan et la balance romaine) qui agit comme un levier simple dont le gain (ou rapport des bras de levier) est le produit des gains individuels ; le système décrit ici permet d'obtenir facilement un facteur de l'ordre de 200, ce qui fait probablement l'affaire pour peser le chariot avec 50 livres.

Mais il n'est pas indifférent, pour une appréciation correcte des intentions d'Alberti, d'examiner les conditions pratiques de l'utilisation de cette balance complexe. On remarquera d'abord que la pesée sera très sensible à la position précise des charges sur le pont lors des deux équilibres successifs nécessaires, selon le texte d'Alberti, pour atteindre le résultat recherché, et cela est une source d'imprécision non négligeable ; notre humaniste ne souffle mot des précautions à prendre pour pallier cette difficulté.

Quant au mode opératoire décrit par Alberti, il est incomplet, tout en démontrant sa parfaite connaissance des conditions d'utilisation de son pont-pesant. En effet, l'affirmation

> dico che se una volta annovererete quante libre del carro porti una oncia della vostra stateretta, a quella regola peserete poi sempre tutte l'altre

se réfère clairement au principe archimédéen, bien connu empiriquement des praticiens, selon lequel si l'on ajoute à un équilibre des poids qui s'équilibrent aussi entre eux, l'équilibre n'est pas perturbé. Ainsi, si 35 livres, par exemple, sont équilibrées par une once, alors N onces équilibreront bien N fois 35 livres, comme le dit Alberti (*questa regola*). Mais encore faut-il que la situation avant la mise en équilibre des 35 livres soit déjà une position d'équilibre ; sans cette "initialisation" la pesée finale n'a aucune signification. Or, Alberti néglige de mentionner ce troisième équilibrage – initial, en fait – bien qu'il n'en ignore certainement pas la nécessité.

Il apparaît que la préoccupation d'Alberti n'est pas, ici, de décrire un procédé et une technique réalistes : il ne trouve pas utile d'alourdir son exposé par les quelques indications supplémentaires qui feraient passer du principe de base au mode opératoire – on pourrait dire de la théorie à la pratique. Dans le fond, ce qu'Alberti vise avec ce passage, comme d'une façon générale dans les *Ex ludis*, c'est une illustration de l'importance qu'il convient d'accorder aux sciences théoriques – disons au *Quadrivium* –, plutôt qu'une recette pour les praticiens. On a là un témoignage de plus d'un caractère profond, et souvent reconnu, de la pensée d'Alberti.

*

Je voudrais examiner brièvement deux problèmes soulevés par ma lecture, qui peuvent expliquer qu'elle ne soit pas venue jusqu'à présent à l'esprit des commentateurs modernes[12].

---

12. Mon expérience personnelle me suggère que ce sont ces problèmes qui ont fait obstacle à cette lecture.

Le problème des figures

Le premier réside dans le fait que dans aucun des manuscrits connus des *Ex ludis* la figure qui accompagne ce passage – pour autant que des figures soient dessinées – ne suggère l'existence de plusieurs passages de la corde entre les points *B* et *D*. Je ne pense pas que cela soit une véritable difficulté pour mon interprétation du texte, et cela pour deux raisons.

La représentation graphique des mécanismes n'est pas régie, au XVe siècle, par les règles auxquelles nous sommes habitués. Il suffit de jeter un coup d'œil à quelques *De rebus militaribus* de l'époque pour constater que les illustrations sont plus suggestives des principes de représentation médiévaux que des nouvelles tendances de la peinture dont Alberti est précisément l'un des hérauts et des théoriciens. Les éléments figurant en illustration du texte ont souvent un caractère symbolique, schématique. Sans pouvoir exclure que certains auteurs des figures aient pu ne pas comprendre le texte, il est historiquement fondé de penser que lorsqu'ils le comprenaient ils aient pu délibérément l'illustrer de cette façon.

L'absence de ponts-levis ainsi conçus dans l'architecture médiévale ou de la Renaissance

Arrivé à ce point, j'ai évidemment cherché dans les manuels, encyclopédies et divers ouvrages d'histoire de l'architecture des descriptions de ponts mobiles utilisant des mécanismes semblables ou voisins de celui décrit par Alberti pour l'équilibre de son pont-levis. À ma grande surprise je n'ai trouvé aucune trace de la partie la plus intéressante du dispositif des *Ex ludis*, le montage du palan sur un pont-levis. Les traités contemporains d'Alberti, par exemple ceux de Taccola, de Valturio ou de Martini, qui montrent des poulies et des palans dans toutes sortes d'usages, n'associent pas plus le palan aux ponts-levis des enceintes fortifiées. Ce sont des textes théoriques plus tardifs, écrits par des ingénieurs militaires, qui donnent l'explication de cette absence *a priori* surprenante : le pont mobile qui permet d'isoler une place forte doit répondre à certains impératifs, dont la rapidité de manœuvre est l'un des plus importants ; or, le palan présente précisément la propriété de diminuer la force requise pour la manœuvre au prix du ralentissement de cette manœuvre, car il faut tirer d'autant plus de corde, pour un même résultat, que cette force est divisée par le palan. Le mécanisme d'Alberti va précisément à l'opposé de ce qu'imposent les normes de sécurité élémentaires d'une place fortifiée, et cela me semble résoudre de façon satisfaisante le problème évoqué.

Un témoignage du dispositif d'Alberti : le pont de Langlois près d'Arles (Van Gogh 1888)

J'ai cependant trouvé un témoignage d'une réalisation effective de la partie du système de levage décrit par Alberti dont il est question. Il s'agit d'un pont de la région d'Arles, dans le sud de la France, dont Van Gogh a peint ou dessiné plusieurs représentations, connu sous le nom de « pont de Langlois ». C'est un pont basculant pour le passage des péniches ou autres bateaux sur une rivière, et dont le système de levage laisse apparaître très précisément le montage albertien du palan [**figg. 2ᵃ-2ᵇ**].

Fig. 2ᵃ. Vincent Van Gogh, *Le pont de Langlois à Arles* (avril 1888). Détail. Aquarelle, 30 × 30 cm. Collection privée. (DR).

Fig. 2ᵇ. Vincent Van Gogh, *Le pont de Langlois à Arles* (avril 1888). Détail.
Huile sur toile, 60 × 65 cm. Paris, Collection privée. (DR).

Il n'est mentionné ici que comme seul exemple de ce système dont je sois parvenu à trouver une trace. Je ne doute pas qu'il en ait existé d'autres, mais ils ont échappé à mes recherches, et j'en infère que la chose dut être rare. S'il en est ainsi, le traitement albertien du problème de la pesée des charges très lourdes n'en est que plus intéressant.

Traduction du texte analysé

La pesée des charges très lourdes (Problème 14)

Mais puisqu'il est question de pesée, peut-être serait-il opportun de vous montrer comment peser un poids considérable comme celui d'un chariot avec ses bœufs et son chargement, à l'aide seulement d'une balance et d'un poids de moins de 50 livres.

Il vous faut disposer d'un pont semblable à ceux des ponts-levis, et aménagez-le de sorte qu'il soit suspendu par ses chaînes à l'extrémité d'une longue poutre traversant l'enceinte au-dessus de l'entrée, comme on fait pour les ponts-levis. Et que de l'endroit où la poutre porte sur son point d'appui jusqu'aux chaînes il y ait une distance inférieure à celle de ce point d'appui à l'autre bout de la poutre, à l'intérieur, au delà de l'entrée. Appelons A l'extrémité des chaînes, B l'autre extrémité qui est à l'intérieur, et C le point d'appui. À l'extrémité B mettez une moufle et fixez le bout de la corde qui passera dans cette moufle à quelque touret à l'intérieur en bas de la porte, et appelons D ce point. À l'autre bout de la corde vous attacherez votre balance, fixée au sol par l'un de ses crochets, comme on voit sur la figure [**fig. 1ᵃ**], et appelons E ce bout de la corde <auquel est attachée la balance>.

Lorsque le chariot et ses bœufs sont sur ce pont, vous tirez sur le bout E de la corde et vous fixez <la corde qui soutient> la balance en D. Le pont se déplacera vers le haut. Il suffit qu'il se soulève de quatre doigts. Je dis qu'une fois que vous aurez relevé combien de livres du chariot sont soutenues par une once sur votre petite balance vous pourrez, par cette mesure, peser n'importe quel poids. Et je vous rappelle ce que je vous disais ci-dessus : autant de fois la partie la plus longue de la poutre *AB* contient la plus petite, autant de livres seront équilibrées par une seule livre placée à son extrémité ; et il en va de même pour la moufle : autant de fois la corde va de haut en bas et de bas en haut, autant de fois le poids est divisé de sorte qu'une seule livre en porte quatre ou six, selon le nombre de tours <que fait la corde dans la moufle>.

APPENDICE IIe

Les manuscrits des *Ex ludis*

CAMBRIDGE, Mass.

HARVARD COLLEGE LIBRARY
1. *Typ. 316*, f°s 39 non numérotés (= **H***). Fin du xve siècle. Ms. inconnu par tous les éditeurs des *Ex ludis* et ignoré auparavant par les études albertiennes (cf. *supra*, p. 423, n. 1).
2. *Typ. 422/2*, f°s 29 non numérotés (= **H** de Grayson). Fin du xve siècle.

FIRENZE

BIBLIOTECA MEDICEA LAURENZIANA
3. *Ashburnham 356*, f°s 26r-31v (= **FL** de Grayson). Fin xve-xvie siècle.

BIBLIOTECA NAZIONALE CENTRALE
4. *Galileiana 10*, f°s 1r-16r (= **Ga**). xvie siècle. Ms. ayant appartenu à Ostilio Ricci, étudié par Thomas B. Settle (1968, éd. 1971), mais inconnu par tous les éditeurs des *Ex ludis* et ignoré auparavant par les études albertiennes.
5. *Magl. VI 243*, f°s 64r-74r (= **F** de Grayson). xvie siècle.

BIBLIOTECA RICCARDIANA
6. *2110*, f°s 25r-45v (= **FR**^1 de Grayson). xvie siècle.
7. *2942 1*, f°s 46r-67r (= **FR**^2 de Grayson). Fin xve-xvie siècle.

BIBLIOTECA MORENIANA
8. *3*, f°s 54r-73r (= **FR**^3 de Grayson). Fin xve-xvie siècle.

GENOVA

BIBLIOTECA UNIVERSITARIA
9. *G IV 29*, f°s 33*r*-55*r* (= **G** de Grayson). xve-xvie siècle.

RAVENNA

BIBLIOTECA CLASSENSE
10. *208*, f°s 1*r*-28*r* (= **R** de Grayson). xvie siècle.

ROMA

BIBLIOTECA NAZIONALE CENTRALE
11. *Vitt. Emanuele 574*, f°s 1*r*-22*v* (= **RN** de Grayson). Copie du xvie siècle d'un ms. inconnu transcrit en 1463 par A. Betto.

ROUEN

BIBLIOTHÈQUE MUNICIPALE
12. *Leber 1158 (3056)*, f°s 1*r*-36*r* (= **Ro** de Grayson). xve siècle (pour Grayson 1460 *ca.*).

VENEZIA

BIBLIOTECA NAZIONALE MARCIANA
13. *Ital. XI 67 (= 7351)*, f°s 130*r*-141*r* (= **V** de Grayson). xve-xvie siècle. Incomplet (manquent un feuillet au début et plusieurs à la fin).

18

Philologie et histoire des sciences

À propos du problème XVIIe
des *Ex ludis rerum mathematicarum**

A differenza dei testi letterari albertiani, quello dei *Ludi* è steso in un linguaggio semplice, concreto, tecnico, pieno di frasi che si ripetono, di cifre e lettere e dimostrazioni geometriche accompagnate da figure, e perciò pieno anche di trappole per l'incauto copista. Non c'è da stupirsi che la tradizione manoscritta sia piena di errori e anche di tentativi di rimediare a quelli piú evidenti. D'altra parte, trattandosi di materia tecnica, si è tentati di sospettare in alcuni casi che chi copiava badasse piú al senso che alla lettera, e inoltre non si peritasse talvolta di aggiungere del suo [...] o roba altrui [...], o di riordinare e rimaneggiare materia e lingua [...]. Per conseguenza la tradizione manoscritta presenta numerose varianti che non avranno niente a che vedere con l'autore, essendo nate da errori, rifacimenti e interventi vari[1].

* Article conçu, rédigé et signé avec Francesco Furlan. Paru dans *Albertiana*, IV, 2001, pp. 3-20 puis, avec la prise en compte d'un nouveau ms. et quelques ajustements mineurs, dans *Furlan 2003*, pp. 217-233 – version revue et corrigée pour la présente édition.
    1. *Grayson 1973*, p. 356. *Ibid.*, pp. 131-173 on lit le texte des *Ex ludis* auquel nous allons nous référer tout au long de cette étude.

Sûr, incisif mais équilibré, le jugement d'ensemble que Cecil Grayson portait, il y a une trentaine d'années, sur la tradition manuscrite des *Ex ludis rerum mathematicarum* pourrait bien difficilement être contredit ou discuté. En effet, bien que deux des manuscrits conservés aient été ignorés par le philologue d'Oxford[2], dont l'édition ne prend pas non plus en compte le témoignage fourni par l'*editio princeps* vénitienne de Bartoli (1568)[3], il est d'autant plus facile de partager son jugement que la tradition des *Ex ludis* semble se distinguer de celle des autres écrits d'Alberti pour l'absence, que l'on pressent radicale, non seulement de corrections et de modifications autographes, mais aussi de toute trace d'intervention ou de contrôle de la part de l'auteur sur la transcription et la diffusion de son ouvrage – ce qui suggérerait, de sa part, une renonciation délibérée dont l'origine ou les raisons seraient à étudier[4].

Il n'en va évidemment pas de même pour ce qui est du "pragmatisme" affiché de cette édition, la plus récente et en même temps la plus autorisée des *Ex ludis*, un pragmatisme qui en privilégiant la reconstitution des procédés mathématiques mis en œuvre par l'auteur sur « la lettre » de son texte serait en quelque sorte censé affranchir l'éditeur, d'une part, du devoir de retracer autant que faire se peut la filiation des différents témoins et, d'autre part, de la nécessité d'éviter tout éclectisme et, partant, toute confusion entre la version du texte transmise par un témoin ou un groupe de témoins et celles transmises par d'autres témoins ou groupes de témoins, ainsi qu'entre ces différentes versions et les interventions et choix éditoriaux : corrections, modifications, ajouts, suppressions, etc. Ainsi, en l'absence tant d'une étude sur la filiation des manuscrits que d'un examen des rapports que les figures entretiennent avec le texte, et après avoir déclaré, par une très surprenante tautologie, avoir choisi « come base uno

---

2. Les *Typ. 316* de la Harvard College Library de Cambridge (Mass.) et *Florentinus Galil. 10*, sur lesquels voir *infra*, nn. 7 et 8 respectivement.

3. *Piaceuolezze mathematiche*, dans *Bartoli 1568*, pp. 225-255. Remarquons seulement, ici, que quelques mss. semblent *recentiores* par rapport à cette première édition – dont on ne peut, bien sûr, exclure *a priori* qu'elle ait été établie à partir d'un ms. aujourd'hui non conservé.

4. S'il était établi, un tel constat serait en soi quelque peu surprenant dans le contexte de la production d'Alberti. La question se poserait légitimement, alors, d'un moindre intérêt de l'auteur pour cet écrit.

dei codici piú corretti del '400, e precisamente *Ro* [*i.e. Rotomagensis Leber 1158 (3056)*] », Grayson annonce successivement ses décisions de « correggere [quel codice] e integrarlo » lorsque nécessaire « con l'aiuto degli altri manoscritti », de reproduire les figures « dal cod. *FR²* [*i.e. Riccardianus 2942 1*], che per questa parte è piú completo e piú chiaro », de corriger « in alcuni disegni […] qualche particolare » et, enfin, d'éviter d'« ingombrare […] di tutte le varianti » un apparat critique *de facto* insignifiant, puisque réduit à un tout petit nombre de variantes choisies de manière parfaitement et nécessairement arbitraire. Aussi bien les choix précis de l'éditeur que leurs raisons risquent fort, dès lors, d'échapper aux lecteurs, y compris aux plus attentifs et aux plus curieux d'entre eux.

Il n'est pas aisé, dans ces conditions, de discerner les différences de méthode qui distingueraient un texte établi de la sorte du "remaniement actif" que l'éditeur croit pouvoir attribuer, dans le passage cité ci-dessus, à des copistes plus attentifs « al senso che alla lettera » et prêts, le cas échéant, à « aggiungere [del proprio e dell'altrui, o a] riordinare e rimaneggiare materia e lingua ». Nul doute, en effet, que cette prétendue attention « au sens » plutôt qu'« à la lettre », aux procédés géométriques (« le fond ») plutôt qu'à la langue (« la forme »), et la démarche éclectique qui en découle effectivement, amènent de manière inévitable l'éditeur à établir un texte dont rien ne permet de penser qu'il nous rapproche de l'original, et dont l'illégitimité historique est, en outre, évidente, la seule certitude que l'on peut avoir à son égard étant qu'il n'a jamais circulé.

D'où les sérieuses réserves d'ordre général que l'édition Grayson des *Ex ludis*, reflétant par ailleurs une pratique assez répandue dans l'édition de textes "scientifiques", ne peut pas ne pas susciter. Il reste que, dans les cas les plus ardus, ce *modus operandi* ne lui a pas non plus permis d'établir un texte cohérent proposant une solution géométriquement correcte à la question posée. Le problème XVIIe, sur la mesure d'« ogni gran distanza », est un de ceux pour lesquels l'éditeur reconnaît explicitement cet état de fait[5]. Nous le verrons mieux plus loin.

---

5. Cf. *Grayson 1973*, p. 357. Un autre cas significatif, celui de la mesure des charges du problème XIVe, a été récemment résolu par *Souffrin 2000a* [= *supra*, IV, n° 17, pp. 423-436].

Précisons toutefois sans tarder que sur les treize témoins manuscrits qui sont parvenus jusqu'à nous des *Ex ludis rerum mathematicarum,* dix seulement conservent tout ou partie du texte de ce problème. Il s'agit des manuscrits que l'édition Grayson indique par les sigles *FR¹, FR², FR³, G, H, R, RN* et *Ro⁶*, ainsi que du *Typ. 316* de la Harvard College Library (= *H**)[7], jusqu'ici totalement ignoré dans les études albertiennes, et du *Galil. 10* de la Biblioteca Nazionale Centrale de Florence (= *Ga*), dont l'intérêt pour histoire des sciences tient avant tout au rôle joué par Ostilio Ricci, son ancien propriétaire, dans la formation mathématique de Galilée, qui semble avoir tiré précisément des *Ex ludis* certaines de ses techniques de mesure[8]. Incomplets ou mutilés, les trois autres manuscrits connus, que Grayson indique par *F, FL* et *V*[9], ne conservent pas cette partie des *Ex ludis,* tandis que *R* lui-même conserve, à cause de la perte d'un feuillet remontant à une date antérieure à celle de la numérotation actuelle mais déjà très ancienne de ses feuillets, seulement la dernière partie du problème – très exactement, et en se référant au texte cité ci-après de Grayson, la partie qui va de 168-33 : *un altro triangolo,* à la fin du problème.

6. C'est-à-dire, dans l'ordre, des *Riccardiani 2110* et *2942 1, Morenianus 3,* G ɪᴠ *29* de la Biblioteca Universitaria de Gênes, *Typ. 422/2* de la Harvard College Library de Cambridge (Mass.), *208* de la Biblioteca Classense de Ravenne, *Vitt. Eman. 574* de la Biblioteca Nazionale Centrale « Vittorio Emanuele II » de Rome et *Leber 1158 (3056)* de la Bibliothèque Municipale de Rouen.

7. En vélin, de la fin du xvᵉ siècle. Fᵒˢ 39 non numérotés. Précédé par la dédicace à Meliaduso d'Este (au fᵒ 1*r*-*v*), le texte des *Ex ludis* (aux fᵒˢ 1*v*-38*v*) est illustré par 27 figures (rien ne correspond aux figg. 11 et 16 de l'édition Grayson). L'intitulé précédant la dédicace et comprenant le nom de l'auteur est aujourd'hui presque illisible. Cependant, le titre donné au fᵒ 1*v* : « ᴇx ʟᴠᴅɪs ʀᴇʀᴠᴍ ᴍᴀᴛʜᴇᴍᴀᴛɪᴄᴀʀᴠᴍ », est le même que celui de la plupart des autres mss. Décrit sommairement par *Wieck 1983,* p. 131 et pl. 114. Cf. aussi *Kristeller 1962-1997,* vol. V, 1990, p. 236b.

8. En papier, du xvɪᵉ siècle, ayant appartenu à Ostilio Ricci, dont la signature figure au fᵒ 1*r,* ce ms. demeura inconnu de Grayson ainsi que de tous les éditeurs d'Alberti. Découvert par Thomas Settle dès 1968, il n'a été pris en compte dans les études albertiennes qu'à partir du congrès parisien de 1995 et de *Souffrin 2000a* [= *supra,* IV, n° 17, pp. 423-436]. Le texte des *Ex ludis,* sans indication d'auteur et dépourvu du titre ainsi que de la dédicace à Meliaduso d'Este, s'y lit aux fᵒˢ 1*r*-16*r*. Pour plus de renseignements sur ce ms. ainsi que pour son intérêt dans l'histoire des sciences, voir *Settle 1971* (avec des compléments bibliographiques).

9. *I.e.* le *Magliabechianus VI 243,* le *Laurentianus Ashbur. 356* et le *Marcianus Ital. XI 67 (= 7351).*

Notre propos n'est pas, ici, d'étudier ces différents manuscrits afin de retracer leur filiation – ce que nous faisons partiellement ailleurs en élaborant une première hypothèse, nécessairement provisoire parce que fondée sur une collation limitée au texte du problème XVIIᵉ, de *stemma codicum* qu'il faudra confirmer ou corriger par la collation et l'étude de l'ensemble des témoins disponibles (y compris donc l'*editio princeps* de 1568) sur l'intégralité du texte des *Ex ludis*[10]. En effet, s'il est vrai qu'aucune édition digne de ce nom ne peut faire abstraction des rapports, à établir, entre les divers témoins manuscrits et imprimés du texte lui-même à éditer, notre but n'est pas et ne pourrait manifestement pas être, à présent, de donner une édition critique du texte de ce problème ; il est, en revanche, de mettre en évidence une question fondamentale de méthode par la résolution des difficultés de ce même texte qui n'ont pas été surmontées jusqu'ici, et de contribuer ce faisant à une telle édition à venir de l'ensemble des *Ex ludis*. Aussi, notre étude ne montrera-t-elle qu'implicitement l'utilité et, bien avant, la nécessité de ne négliger aucune des étapes canoniques menant à la *restitutio textus* ; nous espérons néanmoins qu'elle contribuera à montrer la vanité de l'idée selon laquelle l'édition des écrits scientifiques pourrait se faire, sur la base de leur prétendu statut à part, en accordant au « fond (scientifique) » une autonomie à l'égard de la « forme (discursive) » qui ne se retrouve dans aucun ouvrage et dont, en réalité, seules les figures jouissent parfois concrètement par rapport au texte écrit qu'elles sont susceptibles d'accompagner[11].

*

10. Voir *Furlan 2006*.

11. L'autonomie du texte et des figures que s'y rapportent éventuellement apparaît clairement dans la tradition manuscrite elle-même des *Ex ludis*. Ainsi, dans le cas de *FR¹*, qui au demeurant ne comprend pas certaines des illustrations présentes dans les autres mss. (cf. *Grayson 1973*, p. 353), la répartition de l'espace dans les feuillets entre l'écrit et les dessins, ainsi que les blancs disproportionnés laissés par le copiste pour l'ajout de ces derniers, non seulement prouvent « la distinzione tra copista e disegnatore » et « l'assenza di una mente pianificatrice dei rapporti spaziali fra testo e illustrazioni » (L[ucia] B[ertolini], « [Scheda n°] 26 », dans *Rykwert & Engel 1994*, p. 435), mais aussi suggèrent fortement l'inexistence de figures dans l'antigraphe ou modèle de *FR¹*. Voir également *infra*, n. 22.

Voici donc le texte du problème XVIIe, tel qu'on peut le lire dans l'édition Grayson des *Ex ludis*[12] :

[167-21]

E io voglio dar modo che con tre ciriege misurerete quanto sia a dirittura da Bologna a Ferrara.

Misurate ogni gran distanza cosí. Poniamo caso che voi vogliate

[168-1]

misurare quanto sia a dirittura dal monasterio vostro sino a Bo<lo>gna. Andate in su qualche prato grande dove si può vedere Bologna, e ficcate in terra due dardi diritti come dicemmo di sopra, ma ponetegli distanti l'uno dall'altro mille piedi o piú quanto vi

[168-5]

pare, purché l'uno vegga l'altro e ciascun di loro vegga Bologna, in modo che tra loro tre, cioè Bologna e li due dardi, faccino un triangulo bene sparto. Fatto questo, cominciate da uno de' dardi quale forse sarà piú presso verso Ferrara, e ponetevi con le spalle verso Ferrara col viso verso questo dardo, e mirate verso il secondo

[168-10]

dardo la giú, addirizzando il vedere vostro per questo primo qui dardo ; e su quella linea che farà in terra il vostro vedere, lungi dal dardo venti piedi ponete un segno, e se piace a voi, sia una ciriegia. Poi volgetevi col viso verso Bologna, e mirate per dirittura di questo medesimo dardo, e in terra simile nella linea qual farà

[168-15]

lí il vostro vedere, lungi trenta piedi ponete una rosa o quello vi piace. Arete adunque notato in terra uno triangulo, del quale uno angulo verso Ferrara sarà el dardo, verso il mare sarà una ciriegia, verso Bologna sarà una rosa. Chiamasi adunque el dardo qui *A*, la ciriegia *B*, la rosa *C*. Misurate quanto sia da *B* ad *A*,

[168-20]

e quanto da *A* a *C*, e da *C* a *B*, e notate bene queste misure appunto. Fatto questo, ite al secondo dardo, e volgete il viso verso Ferrara, e scostatevi venticinque piedi, e per questo secondo dardo mirate a dirittura il dardo primo, e per questa dirittura, quale fa il vostro mirare, ponete una ciriegia presso a questo

[168-25]

dardo proprio quanto stava *B* presso ad *A*. Poi volgete il viso verso Bologna, e per la dirittura di questo dardo mirate Bologna, e in terra su quella linea ponete una rosa distante dal dardo proprio quanto fu nel primo triangulo distante *C* da *A*, e terrete un filo da questo dardo fino alla rosa. Fatto questo, tornate

[168-30]

dove ponesti la ciriegia, e per dirittura di questa ciriegia mirate Bologna, e notate bene dove questo mirare testé batte in terra e taglia il filo posto e tirato fra 'l dardo e la rosa, e qui ponete una

---

12. En marge, à gauche, entre crochets carrés, figurent les références aux pages et lignes de l'éd. cit.

[168-35]

[169-1]

bacchetta. Arete qui notato un altro triangulo, quale uno angulo sarà il dardo, chiamisi *D*, l'altro sarà la ciriegia, e chiamisi *E*, el terzo sarà lo stecco, chiamisi *F*. E per meglio esprimere, eccovi a simile la pittura.

Dico che qui vi conviene considerare che voi avete tre trianguli, l'uno è *A B C*, l'altro *D E F*, el terzo è quello il quale gli anguli suoi sono l'uno Bologna, l'altro el dardo *A*, l'altro la ciriegia *E*. Misurate quante volte entra la linea *E D* nella linea

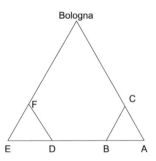

[169-5]

[169-10]

[169-15]

E F nel suo piccolo triangulo, tante volte *E A* entrerà in tutta la linea *E* persino a Bologna nel suo gran triangulo. Per meglio esprimere, eccovi del tutto l'essemplo a numeri. Sia *D E* dieci piedi, e sia *E F* quaranta piedi. Dico che come dieci entra in quaranta quattro volte, cosí la linea e spazio *E A* enterrà volte quattro nella linea e spazio fra *E* e Bologna; e se *E D* enterrà trenta volte in *E F*, da qua dove voi operate sino a Bologna sarà trenta volte quanto sia da *A* sino ad *E*. Ma perché non si possano sempre vedere ad occhio le distanze, e giova sapere proprio quanto la cosa sia distante, vi darò modo di misurare quanto sia da Ferrara sino a Milano giacendo e dormendo, e in tanta misura arete certezza per insino ad un braccio. Farete cosí.

*

Ce texte apparaît manifestement, d'un point de vue géométrique, incohérent et même absurde. À très juste titre, en effet, Grayson remarque que pare impossibile eseguire il triangolo intorno al secondo dardo *D*, perché, secondo la stretta interpretazione della lettera, le mire verso Bologna « per dirittura » del dardo e della ciliegia non possono incrociarsi (se non a Bologna) e tagliare « il filo posto e tirato fra 'l dardo e la rosa »[13].

C'est pourquoi de semblables commentaires ont accompagné les éditions ou études des *Ex ludis* en général et de ce problème XVIIe en particulier[14]. Au demeurant, ni un relevé rapide de la *varia lectio* des témoins, ni son analyse superficielle ne permettent de sortir de ce constat.

Or, il est clair qu'un tel cas ne peut s'expliquer que de deux façons : soit par une faute de l'auteur lui-même, qui révélerait son incompétence ; soit par une erreur remontant à l'archétype de tous les témoins connus. Le rappel de quelques données à la fois simples et objectives suffira ici à écarter la première hypothèse. En effet, si l'on ne peut refuser *a priori* la possibilité qu'Alberti ait pu s'engager dans une technique mathématique qu'il ne dominait pas, et en conséquence produire un texte incohérent ou erroné, l'on ne doit surtout pas oublier que la dernière phrase du texte cité dit clairement qu'il s'agit d'utiliser les propriétés des triangles semblables. Et les sept premiers problèmes traités dans les *Ex ludis* démontrent amplement, à qui en douterait, qu'Alberti maîtrise parfaitement cette géométrie, tandis que le langage qu'il emploie montre qu'il a puisé aux bonnes sources euclidiennes. Du reste, sa connaissance et son étude attentive d'Euclide, dans la version latine alors de référence, celle de Campanus de Novare, sont prouvées d'une manière "tangible" par le manuscrit *Marcianus Lat. VIII 39 (= 3271)* des *Elementa* qui conserve de nombreuses notes, corrections et figures de la main d'Alberti, en plus de la cote, elle-même autographe, sous laquelle

13. *Grayson 1973*, p. 357.
14. Cf. *Vagnetti 1972*, p. 245 : « il procedimento proposto non funziona e non può funzionare perché […] la sua ricostruzione porta ad operazioni materialmente impossibili. Infatti […], visto che dai punti *D* ed *E* si è traguardata la direzione di *Bologna*, il punto *F* coincide con la stessa posizione della città traguardata e non può trovarsi lungo la direttrice tra il punto *E* e *Bologna* ». Cette remarque est cependant assortie, par Vagnetti, du commentaire suivant, parfaitement arbitraire : « Perciò per questo problema, riteniamo che l'Alberti sia incorso in errore, o abbia ripetuto senza riflettere una soluzione leggermente differente, probabilmente approssimativa, utilizzata in quel tempo nella pratica corrente e grossolana di tutti i giorni » (*ibid.*). Par ailleurs, l'annotation de Grayson est citée et reprise à son compte par *Rinaldi 1980*, p. 67, selon lequel « la spiegazione del procedimento è oscura per non dire errata ». En revanche, ni *Winterberg 1883*, ni *Arrighi 1974* ne s'arrêtent sur ce problème.

l'humaniste le rangea dans sa bibliothèque personnelle[15]. Que le texte original du problème ait pu être erroné sur le plan mathématique paraît donc fort peu plausible.

Par conséquent, force est d'admettre que seule(s) une (ou des) faute(s) de l'archétype peu(ven)t expliquer l'état du texte tel qu'il se lit dans l'ensemble des manuscrits et dans l'*editio princeps*. Il s'agit donc d'identifier cette (ou ces) faute(s), puis de la (ou les) corriger ; pour ce faire, nous pouvons utilement nous appuyer, d'une part, sur l'analyse des procédés géométriques mis en œuvre par l'auteur et, d'autre part, sur une étude attentive des résultats de la *recensio* manuscrite et imprimée – bien que l'apparat critique de l'édition Grayson s'avère d'emblée tout à fait inutile à cette fin[16]. Notre propos est précisément que ces deux démarches ne peuvent en aucun cas être séparées sans porter préjudice, à la fois, à l'intelligence des caractères et erreurs de la tradition et à la possibilité de rétablir le texte original, tel qu'il a été conçu et voulu par l'auteur.

En réalité, il ne fait guère de doute que la faute de l'archétype défigure et rend méconnaissables les instructions que l'auteur donne en 168-21/33 pour la construction du second triangle, *i.e. D-E-F*. Aucun autre endroit du texte n'apparaît en effet, à l'instar de celui-ci, à la fois incohérent (par rapport au problème dans son ensemble) et absurde (dans les instructions données, qui manifestement ne peuvent pas être exécutées). Plus précisément encore, du point de vue de la construction géométrique que l'on entend obtenir, on remarquera que le problème réside dans la contradiction entre les instructions données dans la seconde partie de ce passage (*i.e.* 168-25/29 : positionnement d'une rose sur la droite *D-Bologne*) et celles contenues dans sa troisième partie (*i.e.* 168-29/33 : identification impossible, et donc absurde, du point *F* au croisement de la droite *E-Bologne* et du segment *D-Rose* ainsi obtenu). Puisque la droite *E-Bologne*, sur laquelle se situe un des

15. Sur ce ms. et les annotations autographes d'Alberti qu'il conserve, voir *Maccagni 1988* et L[ucia] B[ertolini], « [Scheda n°] 36 », dans *Rykwert & Engel 1994*, p. 443, <mais surtout Paola Massalin & Branko Mitrović, « Alberti and Euclid / L'Alberti ed Euclide », dans *Albertiana*, XI-XII, 2007-2009, pp. 165-247>.

16. Pour ce qui est du problème XVIIe, en effet, cet apparat ne comprend qu'une seule variante : *dardo prima quanto* de *FR¹* et *Ro*, mais aussi de *Ga*, pour *dardo proprio quanto* des autres mss. en 168-27/28.

côtés du « grand triangle » cité dans la suite du problème, est indispensable au procédé mis en œuvre par l'auteur, alors que la mention d'une droite *D-Bologne*, qui ne figure et n'est citée nulle part ailleurs, apparaît en elle-même énigmatique, il est clair que la faute que nous recherchons a dû se produire dans la transcription de la première de ces deux parties, *i.e.* de la partie du texte correspondant, dans l'édition Grayson, à 168-25/29 – laquelle peut (et doit) être réduite, pour les mêmes raisons, aux propositions centrales de ce dernier passage.

Or, pour ce qui est de cet endroit, le manuscrit *G*, par ailleurs sans doute coupable de contamination entre différentes branches de la tradition, présente une leçon qui, plus encore que les leçons correspondantes des autres témoins, suggère très fortement ce qui a pu se passer au niveau de l'archétype *X* et d'un éventuel subarchétype *Y* de toute notre tradition[17] : elle se distingue de façon significative de celles des autres témoins en trois points, que nous reproduisons ci-après en italique :

> Dipoi uoltate il uiso uerso Bologna, e per la dirittura di questo secondo dardo guardate Bologna, e *similmente* in su *la linea, che fa il uostro uedere*, ponete in terra una rosa *distante distante* dal dardo detto quanto fu distante nel primo triangulo C da A […].

Dans les trois points que nous avons mis en évidence, un œil exercé reconnaît assez aisément des résidus de la leçon de *Y* que les autres manuscrits conservent dans une forme nécessairement simplifiée. En d'autres termes, ces résidus nous permettent de comprendre quelle a pu être la faute de *X* et, en même temps, comment *Y* a tenté d'y remédier.

Remarquons tout d'abord que les deux premiers (*i.e.* l'ajout apparent et énigmatique de *similmente* d'un côté et, de l'autre, la leçon *la linea, che fa il uostro uedere* pour *quella linea* de tous les autres manuscrits), que l'on ne saurait guère interpréter comme des interpolations ou des corrections de *G*, répètent les instructions que l'auteur a données en 168-13/15 pour la construction du premier triangle (*i.e. A-B-C*). Dans le texte de *G*, elles se présentent ainsi :

---

17. L'existence d'un subarchétype *Y* directement transcrit de l'archétype *X* dont tous les mss. des *Ex ludis* dérivent (et à concevoir évidemment comme *codex interpositus* entre *X* lui-même et ces derniers) ne peut en aucun cas être prouvée sur la base de la tradition du seul problème XVIIe. Elle n'est ici supposée que de manière discursive, pour la commodité de la discussion. Voir aussi la note suivante.

dipoi uoltateui uerso Bologna, e guardate per dirittura di questo medesimo dardo, e nel*la linea, qual farà il uostro uedere* […] *similmente* ponete
una rosa […].

On retrouve cette leçon, avec des variantes peu significatives, dans tous
les autres témoins, et le texte établi par Grayson ne s'en différencie
guère. Notons également que les instructions ainsi répétées et donc,
selon toute probabilité, illégitimement copiées en *Y* d'un endroit
à l'autre afin de les réexploiter, concernent le point à marquer par
une rose sur la droite qui joint la première flèche (*i.e. A*) à *Bologne* – à
savoir une question *apparemment* en tous points identique à celle que
l'on pose, mais visant cette fois-ci la construction du second triangle,
en 168-25/29. Du reste, l'analogie instaurée par l'identité des objets
utilisés (une rose, une flèche…) et des figures à construire (deux
triangles) est encore davantage soulignée par le début identique ou
presque des deux passages.

Mais non insignifiante et donc, pour nous, tout aussi utile et précieuse
semble être la répétition *distante distante* elle-même. Il est en effet possible
et même probable qu'il s'agisse de la seule trace ayant survécu de la
faute de *X* : un saut du même au même on ne peut plus banal en soi,
surtout eu égard à la grande fréquence de ce type d'erreur dans les
manuscrits des *Ex ludis* ; mais en défigurant ce passage et en rendant le
texte manifestement erroné ou incohérent, ce saut, ou plutôt la lacune
qu'il introduit, a poussé *Y* à la tentative de correction apparente que
l'on vient d'évoquer et dont tous les manuscrits témoignent[18].

Ce que le bref passage ainsi perdu devait en substance contenir peut
être retrouvé par la logique interne de la géométrie du problème, et peut
ensuite être précisément déterminé, sur le plan formel et de la langue,
sur le fondement des remarques que nous avons faites jusqu'ici.

*

En 169-4/6 : « quante volte entra la linea *E D* nella linea *E F* nel suo
piccolo triangulo, tante volte *E A* entrerà in tutta la lina *E* persino a

---

18. L'on remarquera que la probabilité est plus grande dans l'hypothèse où *X* et *Y*
coïncident, c'est-à-dire si la tentative de correction de *Y* (qui dans ce cas ne serait qu'un
lecteur de *X*) a été exécutée directement dans les marges de *X*.

Bologna nel suo gran triangulo », la conclusion du problème exprime, *stricto sensu*, que les côtés *ED* et *EF* du petit triangle de sommets *E, D, F* sont par construction – la construction précisément qu'il s'agit de reconstituer – proportionnels aux côtés *EA* et *E-Bologne* du grand triangle dont les sommets sont *E, A, Bologne*. Avec des notations assez évidentes mais d'un autre temps, disons pour faciliter la lecture que la solution proposée par Alberti repose sur la *proportionalitas*

ED : EF = EA : E-Bologne.

Or, la propriété géométrique la plus fréquemment utilisée par Alberti dans les *Ex ludis* est précisément la proposition IVe du livre VIe des *Éléments* d'Euclide, propriété littéralement canonique dans les *Géométries pratiques*, selon laquelle si deux triangles sont équiangles (*i.e.* ont leurs angles égaux deux à deux), ils sont semblables (*i.e.* leurs côtés correspondants sont proportionnels)[19]. Si, dans le triangle *E-A-Bologne*, on trace du point *D* une droite qui fasse avec *E-A* un angle égal à l'angle en *A* et coupe le côté *E-Bologne* disons au point *P*, les triangles *E-D-P* et *E-A-Bologne* sont par construction équiangles, de sorte que *P* est tel que

ED : EP = EA : E-Bologne

et le point *F* d'Alberti coïncide avec lui. On voit donc que si la solution donnée par l'auteur en conclusion de ce problème est prise à la lettre, le point *F* est précisément à l'intersection du côté *E-Bologne* et de la droite passant par *D* et faisant avec *ED* un angle égal à l'angle en *A* du triangle *E-A-Bologne*.

Pour mettre en œuvre une telle solution, la difficulté que doit résoudre Alberti est donc très précisément celle de trouver *un moyen pratique* de tracer, d'un point de la base *DA* du triangle *D-A-Bologne*, une droite faisant avec *DA* un angle égal à l'angle en *A* de ce triangle, et d'en trouver l'intersection *F* avec la droite joignant un point *E* de la même base *DA*[20] à

19. Dans la version de Campanus de Novare avec laquelle, comme on l'a vu, Alberti avait la plus grande familiarité : « Omnium duorum triangulorum quorum anguli unius angulis alterius sunt æquales, latera æquos angulos continentia sunt proportionalia ». On lit cette proposition par exemple à la p. 141 de *Campanus de Novare 1537*.
20. Ou du prolongement éventuel de cette base, ce qui est géométriquement indifférent.

Bologne. Dans l'esprit des *Ex ludis*, cette construction doit pouvoir être faite sans autre aide que celle d'objets, comme des flèches et des cordes de longueur modérée, couramment disponibles et maniables par un homme seul. Nous allons voir que les éléments permettant de réaliser une construction répondant, dans de telles conditions, aux propriétés géométriques requises sont tous et de manière évidemment non fortuite présents dans le texte.

En premier lieu, notons que le point *E* est placé sur la droite qui passe par les deux flèches *A* et *D* à l'extérieur de l'intervalle *AD* ; ce choix, qui n'est pas géométriquement nécessaire, est le seul qui permette d'aligner *E* avec *D* et *A* par une simple visée.

Remarquons ensuite qu'Alberti fait construire, à l'intérieur du triangle *D-A-Bologne*, un triangle *B-A-C* dont l'angle en *A* est par construction celui que forment les droites *DA* et *A-Bologne*, et qu'il prend soin de faire relever toutes les données – les cotes – permettant de construire un triangle égal (en 168-19/21 : *Misurate quanto sia da* B *ad* A, *e quanto da* A *a* C, *e da* C *a* B, *e notate bene queste misure appunto*), c'est-à-dire que le triangle *B-A-C* est *donné* dans le sens des *data* d'Euclide. Il est évident que cette construction devra jouer quelque rôle dans la résolution du problème.

Précisons, enfin, que la géométrie impose la similitude des triangles *E-A-Bologne* et *E-D-F*, mais non pas leur rapport de similitude ; en d'autres termes, le point *E* peut en principe être placé n'importe où sur le prolongement (si l'on a déjà cette contrainte) de la base formée par les deux flèches. Le fait qu'Alberti pose *ED égal* à *BA* (en 168-24/25 : *ponete una ciriegia presso a questo dardo proprio quanto stava* B *presso ad* A) prouve, d'une part, son intention de construire sur cette base un triangle *égal* au triangle *B-A-C* et apparaît, d'autre part, comme une conséquence des conditions de réalisation pratique invoquées plus haut. Car, si *ED* est pris égal à *AB*, il est très facile de procéder à cette construction à l'aide d'une simple corde (*un filo*) : il suffit, par exemple, de fixer en *E* et en *D* les extrémités d'une corde de longueur égale à la somme des longueurs *AC* et *CB* et de la tendre en tenant le point correspondant à la position de *C*[21]. L'angle en *D* du triangle ainsi

---

21. C'est par ce procédé même qu'Alberti décrit, dans le problème XIIᵉ (*Delle ragioni di misurare i campi*) des *Ex ludis*, une façon de réaliser un angle droit : cf. *Grayson 1973*, p. 154.

construit sur *ED* est justement égal, par construction, à l'angle en *A* du triangle *E-A-Bologne*. Le rôle de la rose citée en 168-27 et 29, dont on peut remarquer qu'elle ne reçoit pas de désignation par une lettre et qu'elle n'apparaît sur le dessin illustrant ce problème que dans le manuscrit *H* (cf. *infra*, Appendice IIe), prend alors un sens évident : elle a été posée précisément comme marque de la position du troisième sommet du triangle égal au triangle *B-A-C* construit « du même côté que Bologne » (*verso Bologna*) sur la base *ED*.

À ce point, il est facile de tirer un fil de la seconde flèche *D* à cette rose, de repérer par une simple visée le point *F* où la droite qui va de *E* à *Bologne* coupe ce fil, et d'y placer une baguette conformément aux instructions donnée par l'auteur en 168-31/33 :

> notate bene dove questo mirare testé batte in terra e taglia il filo posto e tirato fra 'l dardo e la rosa, e qui ponete una bacchetta.

Cependant, la réalisation pratique impose ici encore une restriction à la généralité de la construction purement géométrique : il faut que la visée de *Bologne* par le point *E* coupe effectivement le fil tendu entre *D* et la rose, ce qui peut ne pas se produire si l'angle en Bologne du « grand triangle » *E-A-Bologne* est trop aigu. On peut voir une conscience de cette condition dans la précision donnée par Alberti en 168-6/7, lorsqu'il fait placer les deux flèches par rapport à *Bologne*

> in modo che tra loro tre, cioè Bologna e li due dardi, faccino un triangulo bene sparto.

Une construction ainsi faite justifie entièrement la conclusion d'Alberti, et fournit une solution exacte et pratiquement réalisable au problème posé.

*

Il ne fait donc pas de doute que le procédé décrit jusqu'ici soit celui qu'Alberti aura concrètement appliqué dans le cas qui nous occupe à présent. Comme on vient de le voir, ce procédé implique la construction d'un triangle *B-A-C* dont les dimensions des trois côtés doivent être toutes relevées et notées, puis la construction d'un triangle *E-D-Rose* égal au précédent. C'est évidemment dans ce but qu'en 168-24/25 et

168-27/28 *ED* et *D-Rose* sont définis égaux, respectivement, à *BA* et *AC*. Remarquons alors que le texte des différents témoins n'indique pas ou plus l'égalité implicite et nécessaire de *E-Rosa* et *BC*. Il est cependant certain qu'Alberti a dû poser ou expliciter cette égalité, et c'est précisément l'indication correspondante, à tous égards indispensable au positionnement de la seconde rose, que le bref passage omis en *X* par saut du même au même devait contenir. À l'opposé, la leçon des manuscrits et de *l'editio princeps* atteste en 168-26/27 une indication (dans le texte cité de *G*: *per la dirittura di questo secondo dardo guardate Bologna, e similmente in su la linea, che fa il uostro uedere*) qui est non seulement incongrue, mais contradictoire et même absurde par rapport à la construction définie par l'auteur. Elle semble refléter une tentative de correction de *Y* consistant à reproduire fidèlement les instructions données par Alberti en 168-13/15 pour la construction du triangle *A-B-C*. Bien entendu, cela ne saurait être fortuit : nous pouvons sans crainte affirmer que la copie *Y* de *X* dont dérive la tradition manuscrite tout entière des *Ex ludis* a voulu amender de la sorte un texte rendu en *X* manifestement problématique et fautif par la lacune que l'on vient d'identifier.

Concrètement, en lieu et place de la répétition « distante distante » de *G*, et donc en correspondance du « distante » publié par Grayson en 168-27, le modèle perdu de *X* (peut-être le manuscrit original lui-même) devait nécessairement avoir la leçon

distante dalla ciriegia quanto *C* da *B*, e distante

que tout éditeur sera évidemment tenu de rétablir. En effet, la reconstitution que nous venons d'opérer certifie qu'étant arrivé au passage qui nous intéresse, et après avoir lu et copié les mots « [...] ponete una rosa distante », le copiste de *X* a redémarré la lecture au « distante » suivant et a par conséquent repris sa transcription par les mots « distante dal dardo proprio [...] ». La leçon de *G* apparaît ainsi comme une copie fidèle du texte de *X*, où un changement de ligne sinon de page a sans doute séparé le premier du second terme de la fausse répétition « distante distante », au demeurant supprimée de manière bien compréhensible par les copistes des autres manuscrits.

L'omission involontaire ainsi générée produisait un texte défiguré et évidemment problématique : étant donné que parmi les instructions inscrites par l'auteur en 168-25/28 pour le positionnement de la seconde rose, celles qui avaient survécu étaient devenues nettement insuffisantes, quiconque voulait procéder à la construction du triangle en question, fût-ce seulement pour dessiner la figure qui illustre le problème[22], se trouvait en effet confronté à une impasse d'où seule l'intelligence réelle du texte dans sa globalité aurait permis de sortir. En l'absence d'une telle intelligence, et pouvant certes tirer du texte la distance entre la rose et la flèche (posée égale à AC), mais non pas la direction dans laquelle situer la rose elle-même, non pas où la mettre, le copiste de Y a dû manifestement relire les instructions précédemment données par l'auteur pour la construction du triangle B-A-C; sans aucun doute, son attention a-t-elle été attirée naturellement par le passage de 168-13/15 qui indique précisément où (sur la droite joignant la flèche à Bologne) disposer la rose marquant le troisième et dernier sommet de cet autre triangle aussi. Le début identique ou presque des deux passages de 168-25/28 et 168-13/15 ainsi que l'évidente, et déjà signalée, analogie *apparente* de la situation et du problème lui-même à résoudre ont dû le conforter dans l'idée qu'une même solution s'imposait dans les deux cas. Une fois cette conviction insidieuse acquise, pour obtenir une réponse *apparemment* satisfaisante à la question que l'omission de X avait posée, il a suffi à Y d'interpoler en 168-25/28 l'indication que l'auteur lui-même avait fournie en 168-13/15 : la seconde rose est à mettre *sur la droite D-Bologne* à une distance de D équivalente à AC. Dans la leçon citée de G:

> *per la dirittura di questo secondo dardo guardate Bologna, e similmente in su la linea, che fa il uostro uedere,* ponete in terra una rosa distante distante dal dardo detto quanto fu distante nel primo triangulo C da A [...].

22. À ce propos, on remarquera que le dessin singulier par lequel *H* illustre le problème qui nous occupe suffit à lui seul à prouver l'activisme des copistes en la matière. Néanmoins, l'absence éventuellement constatée d'interventions de l'auteur dans la tradition du texte des *Ex ludis* devrait nous pousser à nous interroger également pour cet écrit sur la présence effective de figures dans l'original – bien que le statut de l'ouvrage, expressément commandité par Meliaduso et partant, à sa manière, assez proche de la lettre autographe à Matteo de' Pasti, puisse en légitimer l'insertion. Cf. *supra*, n. 11. Pour l'aversion d'Alberti à l'égard de ce qui, comme les figures, peut être facilement altéré par les copistes et pour les solutions mises en œuvre par l'humaniste, en particulier, dans la *Descriptio urbis Romæ* et dans le *De statua*, voir *Carpo 1998* <et surtout *Furlan 2005*>.

La restitution du texte original d'Alberti impose donc la cassation du jugement de *Y* que notamment la déposition de *G*, un témoin selon toute vraisemblance plus crédible que les autres à cet égard, nous a permis de reconstituer tant dans ses attendus que dans ses conclusions erronées. Le devoir de l'éditeur sera par conséquent de rétablir en cet endroit la leçon originale du texte en supprimant de celui-ci les mots, cités plus haut en italique, qui y ont été interpolés par *Y* dans un but de pseudo-correction.

En définitive, le passage en question (*i.e.* 168-25/29) devra donc être corrigé comme suit :

> Poi volgete il viso verso Bologna, e in terra ponete una rosa distante dalla ciriegia quanto *C* da *B*, e distante dal dardo proprio quanto fu nel primo triangulo distante *C* da *A*, e tirate[23] un filo da questo dardo fino alla rosa.

Redessinée en conséquence de manière cohérente, la figure devient :

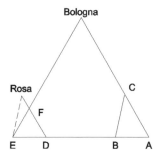

Conformément au vœu exprimé par l'auteur dans sa dédicace, la solution du problème XVIIᵉ des *Ex ludis rerum mathematicarum* d'Alberti redevient ainsi « praticabile » et « adoperabile » autant que « iocunda ».

---

23. Dictée par le sens ainsi que par 168-32 : « il filo posto e *tirato* fra 'l dardo e la rosa », la leçon « tirate » de *FR²*, *FR³*, *H*, *H** et *RN* doit nécessairement être préférée au « terrete » de *FR¹* et *Ro* retenu par Grayson. *G* et *Ga* ont respectivement « tirerete » et « torrete ».

APPENDICE Ier

Traduction française

Mesurez toute grande distance ainsi. Disons que vous vouliez mesurer la distance, en ligne droite, de votre monastère à Bo<lo>gne. Allez sur quelque grand pré d'où l'on peut voir Bologne, et fichez en terre deux flèches, bien verticalement comme nous avons déjà dit, mais distantes de mille pieds, ou plus si vous voulez, pourvu qu'elles soient visibles l'une de l'autre et qu'on voie Bologne de l'une comme de l'autre, de sorte que toutes les trois, c'est-à-dire Bologne et les deux flèches, forment un triangle bien disposé. Cela fait, commencez par l'une des flèches, disons celle la plus proche de Ferrare : tenez-vous face à cette flèche, le dos à la ville, et visez la deuxième flèche par la première flèche toute proche ; et sur la droite que votre visée suivra au sol, placez à une distance de vingt pieds de votre flèche un repère, disons une cerise si cela vous plaît. Puis tournez-vous vers Bologne, visez dans la direction de cette même flèche et placez encore une rose, ou ce qu'il vous plaira, à une distance de trente pieds sur la droite que votre visée suivra au sol. Vous aurez donc marqué sur le sol un triangle dont un des angles (vers Ferrare) sera la flèche, un autre (vers la mer) une cerise et le dernier (vers Bologne), une rose. Appelons donc A cette flèche, B la cerise et C la rose. Mesurez combien il y a de B à A, combien de A à C et de C à B, et notez bien ces mesures. Ensuite, allez à la deuxième flèche, tournez-vous vers Ferrare et éloignez-vous de vingt-cinq pieds, et par cette deuxième flèche visez dans la direction de la première, et dans la direction de votre visée placez une cerise à la même distance de cette flèche que B l'était de A. Puis tournez-vous vers Bologne, et dans la direction de cette flèche visez Bologne et sur le sol sur cette ligne placez une rose distante de la flèche juste autant que C était distante de A dans le premier triangle, et tendez un fil de cette flèche à la rose. Cela fait, revenez là où vous avez placé la cerise, et visez Bologne dans la direction de cette cerise, marquez bien où cette visée coupe au sol le fil que vous avez posé et tiré entre la flèche et la rose, et placez là une baguette. Vous aurez marqué là un autre triangle, dont la flèche sera le premier sommet (appelons-le *D*), la cerise, le deuxième (appelons-le *E*) et la baguette le troisième (appelons-le *F*). Et pour mieux me faire comprendre, voici un dessin qui montre tout cela.

[Voir *infra*, Appendice IIe]

Je dis qu'il convient de considérer que vous avez ici trois triangles, dont l'un est *A B C*, le deuxième *D E F*, le troisième celui dont les angles sont Bologne, la flèche *A* et la cerise *E*. Mesurez combien de fois la droite *E F* contient la droite *E D* dans son petit triangle : toute la droite depuis *E* jusqu'à Bologne contiendra autant de fois *E A* dans son grand triangle. Pour mieux m'exprimer, voilà un exemple de tout ceci avec des nombres. Soit *D E* égal à dix pieds, et *E F* égal à quarante pieds. Je dis que comme dix tient dans quarante quatre fois, de même la droite ou l'espace *E A* tiendra quatre fois dans la droite ou la distance entre *E* et Bologne ; et si *E D* tient trente fois dans *E F*, de là où vous êtes jusqu'à Bologne, il y aura trente fois ce qu'il y a de *A* jusqu'à *E*. Mais puisque on ne peut pas toujours voir à de telles distances, et qu'il est bon de savoir précisément à quelle distance se trouve telle ou telle chose, je vais vous donner un moyen de mesurer, en étant couché et en dormant, combien il y a depuis Ferrare jusqu'à Milan, à une coudée près même. [...]

*

Corrigenda

Puis tournez-vous vers Bologne, et dans la direction de cette flèche visez Bologne et sur le sol sur cette ligne placez une rose distante de la flèche juste autant que C était distante de A dans le premier triangle, et tendez un fil de cette flèche à la rose.

Emendatio

Tournez-vous ensuite vers Bologne, et placez sur le sol une rose à la même distance de la cerise que de C à B, et à la même distance de la flèche que de C à A dans le premier triangle, et tendez un fil de cette flèche à la rose.

APPENDICE IIe

Figures diverses illustrant le problème XVIIe des *Ex ludis*

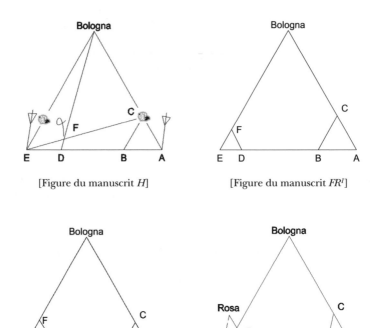

[Figure du manuscrit *H*]

[Figure du manuscrit *FR¹*]

[Figure de l'édition Grayson]

[Figure proposée par Furlan & Souffrin]

Section V^e

NOTES ET
PRÉCISIONS DIVERSES

19

Cellini et la trajectoire parabolique
des projectiles: une métaphore improbable[*]

La vita di Benvenuto Cellini scritta per lui medesimo se présente, on le sait, comme une sorte de roman d'aventure picaresque, abondant en descriptions très colorées de la société "italienne" du XVIe siècle. Récemment réimprimée, la nouvelle traduction française de Nadine Blamoutier et André Chastel remet fort heureusement cette autobiographie d'un artiste singulier à la disposition du lectorat francophone[1].

Or, le lecteur de cette traduction quelque peu informé de l'histoire des sciences et des techniques ne pourra s'empêcher de s'arrêter, surpris, sur l'un de ces détails apparemment anodins qui revêtent, pour certains spécialistes, le caractère d'une source d'information du plus haut intérêt. On y lit en effet à la page 70, dans la description des exploits de Cellini au cours du siège de Rome de 1527, le passage suivant:

> J'avais un guerfaut[2] [...]. Je le déchargeai, mélangeai à la poudre commune une grande partie de poudre fine et pointai ma pièce très soigneusement sur

---

* N.d.éd. : Paru dans *Albertiana*, II, 1999, pp. 275-280 – version revue et corrigée pour la présente édition.
1. Cf. *Blamoutier & Chastel 1986*.
2. *I.e.* une sorte de demi-couleuvrine.

l'homme en rouge, en calculant une parabole extraordinaire, car la distance était telle qu'on ne pouvait guère espérer l'atteindre avec ce canon.

Ce qui provoque la stupéfaction du lecteur informé est évidemment cette « parabole » qui aboutit si heureusement sur l'épée de « l'homme en rouge » que le boulet, dont elle est la trajectoire, le sépare proprement en deux parties. Car ce texte est écrit avant la naissance de Galilée (1564-1642), qui se glorifiait, légitimement pense-t-on, d'avoir le premier trouvé que la trajectoire (théorique) des projectiles est, justement, une parabole[3].

Un moment de réflexion fait certes sérieusement douter que le texte-source puisse contenir l'idée d'un « calcul » de trajectoire, et plus encore l'idée que cette trajectoire serait une « parabole ». Mais passons encore sur le « calcul », qui peut être lu comme une figure de style – du traducteur, plutôt que de l'original – n'impliquant pas en soi l'idée d'un calcul mathématique ; la parabole, flanquée de ce calcul qui plus est, ne peut certainement pas être prise par le lecteur comme une métaphore sans connotation géométrique.

Le cas est particulièrement intéressant du fait que la forme parabolique de la trajectoire des projectiles est l'une de ces "inventions scientifiques" qui, contrairement à bien d'autres, n'ont jamais – à ma connaissance – été anticipées dans l'art ou dans la littérature. De fait, la présence d'une trajectoire parabolique dans le texte de la *Vita* de Cellini constituerait la première et la seule anticipation littéraire de cette authentique découverte scientifique de Galilée. On connaît nombre de ces "anticipations", qui montrent que la capacité d'imaginer n'implique, dans une œuvre littéraire, ni l'intention ni la capacité de donner un sens « scientifique » à des énoncés qui n'acquièrent un tel sens que dans un contexte spécifique[4] ; pas plus qu'une description littéraire conforme d'un objet inconnu découvert ultérieurement n'est une « prescience », de telles anticipations littéraires (ou artistiques) ne sont des précurseurs de la connaissance scientifique que l'on pourrait légitimement qualifier d'« anticipations scientifiques ». Cependant,

---

3. On peut voir, sur cette découverte de Galilée, la très récente étude de *Renn 1998*.

4. On peut penser, par exemple, au cas de Jules Verne et de l'équivalence entre masse et énergie : cf. *Gouaud & Souffrin 1978*.

de tels épisodes ne sont pas insignifiants dans l'histoire des idées, et il est toujours intéressant de les repérer ; mais encore faut-il qu'ils soient bien attestés.

Parmi les raisons rendant *a priori* improbable que cela soit le cas pour la trajectoire prétendument parabolique de la *Vita*, la plus importante me semble être que cette figure est non seulement peu intuitive, mais même incompatible avec l'idée généralement admise jusqu'au XVIIe siècle que la trajectoire des projectiles doit être asymétrique. La symétrie – *i.e.* le fait d'avoir une même forme à la montée et à la descente – de la trajectoire parabolique s'oppose à l'intuition des artistes – ce que prouvent les dessins de Léonard sur les bombardes – comme à l'expérience des artilleurs ; de plus, elle s'oppose aux théories du mouvement de la philosophie de la nature... jusqu'aux théories de Galilée précisément, dont la découverte de la trajectoire parabolique est publiée pour la première fois en 1632, dans l'ouvrage de son disciple Bonaventura Cavalieri[5]. La notion même d'une nature géométrique définie pour la trajectoire théorique des projectiles n'est pas attestée avant la *Nova scientia* de Tartaglia – la nouvelle science étant justement la balistique – publiée en 1537, où la trajectoire considérée est fortement asymétrique[6]. Cette intuition de l'asymétrie de la trajectoire ne semble pas avoir été mise en doute avant Guidobaldo del Monte et Galilée[7], vers la fin du XVIe siècle, et est l'un des obstacles les plus tenaces que Galilée ait dû surmonter pour imaginer la possibilité d'une trajectoire parabolique.

Mais quittons ces spéculations tout de même hasardeuses sur le caractère improbable d'une occurrence textuelle pour en venir à la *Vita* de Cellini. Toutes les éditions italiennes concordent ici en substance avec celle de G. Davico Bonino, qui reproduit le texte de l'édition critique de référence, celle de Bacci (1901), revu pour la ponctuation et la graphie par Ferrero (1972), et donne ici :

> [...] presi un mio gerifalco [...], lo votai, di poi lo caricai con una buona parte di polvere fine mescolata con la grossa ; di poi lo dirizzai benissimo a questo uomo rosso, *dandogli un'arcata maravigliosa,* perché era tanto discosto, che l'arte non prometteva tirare cosí lontano artiglierie di quella sorta.

5. Cf. *Cavalieri 1632.*
6. Cf. *Tartaglia 1537.*
7. Cf. *Damerow 1992*, pp. 149 ss.

> Déttigli fuoco, e presi apunto nel mezzo quel uomo rosso, il quali s'aveva messo la spada per saccenteria dinanzi, in un certo suo modo spagnolesco : che giunta la mia palla della artigliera, percosso in quella spada, si vidde il detto uomo diviso in dua pezzi[8].

Le recours au texte italien original confirme donc, sans surprise, que cette « parabole extraordinaire » et son « calcul » sont des créations de la traduction. L'écart par rapport au texte-source et la singularité relevée ci-dessus de la traduction m'ont cependant incité à chercher à comprendre, s'il se pouvait, par quel cheminement on avait pu en arriver là. Car il est évident que la possibilité d'une traduction aussi surprenante est liée à la réelle difficulté de rendre l'expression « dandogli un'arcata maravigliosa » qu'utilise Cellini.

On constatera d'abord que le calcul d'une parabole est apparemment une singularité de la traduction française dont l'origine remonte au XIXe siècle. La traduction allemande de 1803 donne assez brièvement :

> Ich überlegte was ich ihl anhaben könnte, wählte ein Stück, lud es mit Sorgsalt, und richtete es im Bogen auf den roten Mann, der aus einer spanischen Grosssprecherein den blossen Degen quer vor dem Leibe trug[9].

Il n'y est question ni de calcul ni de parabole, mais seulement d'un tir selon une trajectoire non tendue, dans le langage de la balistique. De son côté, la traduction anglaise de 1771 ignore la difficulté et donne platement :

> [I] aimed it at him exactely[10]

– ce qui suggère peut-être, au contraire, un tir tendu.

La traduction de Blamoutier et Chastel aurait-t-elle innové en accordant à Cellini le calcul d'une merveilleuse parabole ? Voyons le destin de la *Vita* en langue française. Si M.T. de Saint-Marcel, dans les *Mémoires de Benvenuto Cellini* qu'il publie en 1822, fait franchement disparaître la difficulté en traduisant comme suit :

> [...] je pris une sorte de couleuvrine, [...] je la dirigeait vers cet homme rouge, quoique je n'eusse pas l'espoir de l'atteindre, le croyant trop éloigné

---

8. *Davico Bonino 1973*, p. 84 – l'italique est de moi.
9. *Goethe 1803*, p. 80.
10. *Nugent 1771*, p. 87.

de moi ; mais comme, par forfanterie espagnole, il faisait flamboyer son épée, je mis le feu à la pièce, et je le coupai en deux[11]

dès 1833, D.D. Farjasse introduit l'idée d'un calcul de trajectoire – mais il emploie clairement le verbe « calculer » dans le sens faible d''estimer' :

> Quand j'eus réfléchi à ce que je pouvais faire, je saisis un faucon qui était près de moi (c'est une pièce d'artillerie plus grande et plus longue qu'un sacre, et presque comme une demi-couleuvrine) : je le braquai, je le chargeai d'une forte quantité de poudre fine, mêlée avec de la poudre ordinaire ; puis je le pointai avec soin sur cet homme rouge, *calculant une courbe avec une adresse admirable,* car il était si éloigné qu'il n'était pas dans les règles de l'art de tirer droit avec une pièce de ce calibre[12].

Avec L. Leclanché, la trajectoire de la traduction française aboutit en 1843 à :

> [...] je visai ensuite attentivement l'homme rouge, *en ayant soin de calculer une merveilleuse parabole*; car il était à une telle distance, qu'on ne pouvait espérer d'arriver autrement à lui, avec une semblable pièce d'artillerie[13].

La « courbe » de Farjasse est enfin devenue cette fameuse « parabole » dans le texte même attribué à Cellini. Mais Leclanché reprend également l'idée du calcul et, cette fois, l'association même des termes les investit d'une connotation technique qui ne peut plus être innocente.

Les traducteurs de la plus récente édition française, dont nous sommes partis, se sont apparemment laissé influencer par la traduction de Leclanché, qui lui-même semble n'avoir que poursuivi un mouvement enclenché par Farjasse en 1833. La couleur – on pourrait dire ici la colorisation – particulière introduite par les traductions françaises semble donc être advenue entre 1822 et 1833, et il nous reste à en trouver, s'il y en eut, la raison. C'est ce que peut sans doute nous fournir l'examen des éditions italiennes.

En effet, dans son édition de 1806 G.P. Cartpani prend le soin d'éclairer ses lecteurs sur le sens de l'expression « dare un'arcata »

---

11. *Saint-Marcel 1822*, p. 87.
12. *Farjasse 1833*, p. 108 – l'italique est de moi.
13. *Leclanché 1843*, p. 76 – l'italique est de moi.

– qui n'est donc pas transparent pour un italophone de l'époque – par la note suivante :

> Dare un'arcata, secondo l'Alberti, che cita questo passo, è tirare senza por la mira colle regole ordinarie[14]

– ce qui ne suggère ni calcul ni trajectoire particulière, sinon qu'il ne s'agit pas d'un tir tendu. La définition que l'on trouve dans le dictionnaire de l'abbé F. d'Alberti de Villanuova est précisément :

> Arcàta. […] ¶ Dar un'arcata all'artiglierie, vale Dirizzare il pezzo senza por la mira per l'appunto. […] Cellin. *vit*[15].

On remarquera que F. d'Alberti cite en guise d'attestation précisément le passage de Cellini qui nous occupe, c'est-à-dire que la définition ainsi donnée ne se trouve attestée, malencontreusement, que par le texte même qu'il s'agit ici de clarifier… Que l'expression ne soit pas immédiatement compréhensible est confirmé par Francesco Tassi qui, dans son édition de la *Vita* de Cellini de 1829, se réfère également, en note, à cette même définition du dictionnaire de F. d'Alberti, mais l'explicite de plus par un commentaire :

> Dare un'arcata disse l'Alberti, con questo esempio, è dirizzare il pezzo senza por la mira per l'appunto. Avendo detto il Cellini ch'egli dirizò benissimo il suo pezzo d'artiglieria a quest'uomo rosso, nell'aver poi soggiunto che gli dette un'arcata maravigliosa, volle descriverci che per riuscir con sicurezza ad investir quell'uomo, ei non pose la mira per l'appunto in diritto contro di esso, ma al di sopra, valutando quella *parabola*, che vien dalla palla descritta nel suo corso[16].

Nous voici parvenus à notre fameuse parabole ! Cependant, cette référence n'intervient ici que dans le corps d'une note d'éditeur. Et à une époque où la notion de trajectoire parabolique est devenue banale, le mot « parabole » peut être entendu comme synonyme de « trajectoire » du boulet ; c'est ce que suggère, par exemple, le *Vocabolario degli accademici della Crusca*[17] :

---

14. *Cartpani 1806*, p. 130.
15. *D'Alberti di Villanuova 1797*, t. I : *A-Ca*, p. 143c.
16. *Tassi 1829*, vol. I., pp. 172 s. – l'italique est de moi.
17. Quinta impressione, Firenze, Tip. Galileiana, t. I, 1863, *s.v.*

ARCÀTA : [...] § III. Arcata prendesi anche per la Curva o Parabola che descrive in aria un projeto ; e parlandosi di artiglierie, o simile, significa quell'Angolo di elevazione che si dà loro al fine di aver una gittata maggiore. Cellin. *Vita* 82 : *lo dirizzai benissimo a quest'uomo rosso, dandogli un'arcata maravigliosa, perché era tanto discosto, che l'arte non prometteva tirare cosí lontano artiglierie di quella sorta.*

C'est aussi ce que suggéreront, à peu près dans les mêmes termes et en citant toujours ce même passage de la *Vita*, les nombreux dictionnaires ultérieurs. Au XIXᵉ siècle, la parabole a probablement déjà acquis, par sa forme géométrique, le sens figuré dont atteste, par exemple, le dictionnaire de G. Devoto et G.C. Oli :

PARÀBOLA [...] 2. *fig.* Con allusione alla tipica configurazione della parabola o piuttosto a quella della traiettoria di un corpo, l'andamento di un fenomeno che, dapprima in movimento di ascesa, raggiunto il suo punto piú alto o valido, va esaurendosi : la p. della carriera, della vita[18].

La note de Tassi ne suggère ainsi d'aucune façon une allusion à la parabole, et encore moins un calcul, dans le texte de Cellini. Elle n'est malheureuse que dans la mesure où elle a, apparemment, incité successivement Farjasse puis Leclanché à produire une traduction française de ce passage non seulement infidèle, mais imprudemment anachronique.

Ce qui est plus surprenant, et mérite d'être relevé comme un indice de la portion congrue qui revient à l'histoire des sciences dans les humanités, est la reproduction de cet improbable anachronisme par un traducteur, un siècle et demi après son introduction. On peut y voir aussi un signe de pratiques peu rigoureuses en usage dans l'édition de traductions en France.

18. *Devoto & Oli 1971, s.v.*

20

Sur la datation de la *Dioptre* d'Héron par l'éclipse de lune de l'an 62*

On sait que Neugebauer a proposé une datation précise de la période d'activité d'Héron d'Alexandrie sur la base de l'identification d'une éclipse de lune mentionnée en *Dioptre* 35.[1] Dans ce chapitre, Héron décrit une méthode géométrique de mesure de très grandes distances sur la surface du globe terrestre tirant partie de l'observation d'une éclipse de lune simultanément en deux lieux géographiques, Alexandrie et Rome, pour déterminer la différence de leurs longitudes.

Dans l'article qu'il consacre à Héron dans le *Dictionary of scientific biographies*, A.G. Drachmann donne ce commentaire :

> Les chercheurs ont proposé différentes dates [pour l'activité de Héron] allant de − 150 à + 250, mais la question a été réglée définitivement par O. Neugebauer, qui a observé qu'une éclipse de lune décrite par Héron [...] correspond à une éclipse qui s'est produite en + 62 et à aucune autre au

* N.d.éd. : Paru sous le titre « Remarques sur la datation de la *Dioptre* d'Héron par l'éclipse de lune de 62 », dans *Autour de la Dioptre d'Héron d'Alexandrie : Actes du Colloque international de Saint-Étienne (17-19 juin 1999)*, Textes réunis et édités par Gilbert Argoud et Jean-Yves Guillaumin, Saint-Étienne, Publications de l'Université de Saint-Étienne, 2000, pp. 13-17 – version revue et corrigée pour la présente édition.

1. Cf. *Neugebauer 1938* ; *Schöne 1903*, pp. 302-307.

cours des 500 ans en question. Une datation astronomique est la plus fiable de toutes, étant indépendante des traditions et des opinions.

Le passage qui nous concerne peut se lire ainsi[2] :

> Qu'on observe à Alexandrie et à Rome la même éclipse de lune (si elle se trouve dans les listes nous nous y reporterons ; dans le cas contraire il nous sera possible de l'observer nous-mêmes et de noter les indications nécessaires puisque les éclipses de lune se produisent tous les 5 à 6 mois).
> Admettons que cette éclipse est observée dans les régions mentionnées, à Alexandrie dans la cinquième heure de la nuit, et à Rome à la troisième heure de la nuit. Admettons que la nuit, c'est-à-dire le cercle du jour sur lequel se trouve le soleil cette nuit, soit distante de l'équinoxe du printemps de dix jours, dans la direction du solstice d'hiver […].

Les propositions de Neugebauer

L'identification de l'éclipse décrite dans la Dioptre

Neugebauer remarque d'abord que dans la période de cinq siècles qui sépare les termes *ante quem* et *post quem* attestés formellement (une citation d'Archimède par Héron et une citation d'Héron par Pappus), une éclipse de lune et une seule a été observable à Alexandrie dans les conditions décrites[3] : les tables modernes indiquent que l'éclipse partielle de lune du 14 mars 62 selon le calendrier Julien, et aucune autre dans la période considérée, a été visible d'Alexandrie, l'ombre atteignant le disque lunaire au cours de la cinquième heure de la nuit du dixième jour précédant le passage du soleil au point vernal[4]. Neugebauer en conclut que c'est précisément cette éclipse qui serait mentionnée par Héron, ce qui conduit à l'an 62 comme *terminus post quem* pour la composition de la *Dioptre*.

---

2. Cf. *Schöne 1903*, p. 302 pour le grec, et p. 303 pour la traduction allemande.

3. Cf. *Neugebauer 1938*, V B 2 4.

4. On peut utiliser par exemple *Meeus & Mucke 1979*. Je n'ai pas pu consulter celles utilisées par Neugebauer.

La datation de l'activité de Héron

Neugebauer remarque ensuite que la méthode géométrique exposée dans ce chapitre 35 de la *Dioptre* s'avère d'autant moins précise que le soleil se trouve près du point vernal, et même strictement inapplicable lorsqu'il s'y trouve ; il note donc que les caractéristiques de l'éclipse choisie par Héron pour illustrer la méthode de calcul qu'il expose est, peut-on dire, aussi mal choisie que possible. Neugebauer, suivi par *Drachmann 1948*, puis par l'ensemble des historiens, en tire la conclusion qu'Héron ne pouvait avoir choisi cette éclipse si mal adaptée au calcul que parce qu'elle aurait présenté un caractère singulièrement frappant pour ses contemporains, et donc qu'il l'aurait lui-même observée, ce qui situerait l'activité même d'Héron autour de l'an 62 et constituerait donc une datation absolue.

Quelques remarques sur ces propositions

Le commentaire de Drachmann cité plus haut suggère que l'existence d'une éclipse historique, et d'une seule en cinq siècles, répondant précisément à la description de *Dioptre* 35 est reçue par un historien comme un indice probant pour l'identification de cette éclipse elle-même. C'est cette conviction que je n'ai pas voulu partager *a priori* et, partant, sans vérification, le but des remarques qui suivent étant uniquement de l'examiner de manière critique.

Mon point de départ a été le constat que, comme le dit Héron, les éclipses de lune sont un phénomène d'une fréquence élevée, et que sur cinq siècles il s'en produit un millier (ou deux, si on compte aussi les éclipses par la pénombre), dont sans doute la moitié – puisqu'il faut qu'il fasse nuit ! – sont observables d'un lieu donné, par exemple d'Alexandrie. Puisqu'il n'y a réellement qu'une heure de décalage en longitude entre Alexandrie et Rome, presque toutes seront observables pour ainsi dire simultanément à Rome. Une telle profusion d'éclipses observables d'Alexandrie et de Rome pose la question de la probabilité que l'une, au moins, réponde à des caractéristiques spatio-temporelles choisies arbitrairement, c'est-à-dire *a priori*. Je relève aussi, de ce point de vue, que l'on peut soutenir que la lettre du texte n'implique pas qu'Héron ait pris comme exemple une éclipse réelle : en effet, on peut entendre qu'il écrit « Considérons l'éclipse dont les caractéristiques ont été […] », mais tout aussi bien « Considérons une éclipse dont les caractéristiques seraient […] ». La question que l'on peut donc se poser est celle de la fiabilité, comme témoignage de la réalité historique du phénomène, de l'existence sur un demi-millénaire d'une éclipse répondant à la description donnée. En un mot, je me suis demandé si l'hypothèse selon laquelle Héron aurait choisi arbitrairement les caractéristiques de l'éclipse pour son exemple était statistiquement plausible. Évidemment, cette probabilité dépend de la précision des caractéristiques proposées. Voyons cela.

La donnée de la position du soleil sur l'écliptique lors de l'éclipse

On peut admettre que la répartition des éclipses au cours de l'année est statistiquement uniforme ; dans ces conditions, puisque le texte propose un jour précis de l'année, c'est-à-dire la position du soleil sur l'écliptique, on aura une chance sur 365 que l'éclipse observable d'un lieu donné au cours d'une année donnée ait lieu ce jour-là. Mais si on considère *a priori* comme acceptable une période étendue, la probabilité *a priori* pour qu'une éclipse intervienne le jour choisi d'une année quelconque de cet intervalle est évidemment d'autant plus grande que la période est étendue, et ici… il est question de cinq siècles. Cela me semble assez frappant pour que l'on y regarde de plus près : un calcul simple indique alors que la probabilité *a priori* qu'une éclipse "convenable", *i.e.* répondant à la description d'Héron, ait eu lieu au moins une fois précisément un dixième jour avant le printemps dans un intervalle de 500 ans est de 0,75 ; autrement dit, on a *a priori* trois chances sur quatre de trouver une telle éclipse dans les tables. Cette remarque invite simplement à modérer le sentiment que la donnée astronomique brute fournie par le texte d'Héron – 10 jours avant le point vernal – justifie l'identification historique de l'éclipse.

On doit par ailleurs aussi remarquer que l'indication « dix jours avant l'équinoxe du printemps » peut suggérer, par sa précision, une observation effective ; mais en fait la date de l'équinoxe n'est pas facile à observer astronomiquement, et il est douteux (!) qu'Héron ait pu la connaître à un jour près. La précision donnée doit donc être prise simplement comme un choix nécessité par la démonstration du procédé, même si l'éclipse a été observée.

La donnée de l'heure de l'observation

L'identification proposée par Neugebauer ne repose pas sur la position du soleil à un jour près, mais sur la donnée de cette position à une heure près[5] : de son côté, Héron considère une éclipse observée « à Alexandrie dans la cinquième heure de la nuit, et à Rome à la troisième heure de la nuit ». Cette indication du texte est d'une certaine façon en accord avec les caractéristiques de l'éclipse historique de l'an 62 – essayons de préciser de quelle façon.

Les tables modernes nous apprennent que l'éclipse du 14 mars 62 a commencé – au sens de l'entrée du disque lunaire dans l'ombre de la terre – à 20^h 51 T.U.[6], soit 22^h 50 à Alexandrie, ce qui est bien dans la cinquième heure de la nuit. Cela accorde effectivement le texte à l'éclipse historique ; cependant, le début de cette éclipse ne pouvait pas être observée à Rome dans la troisième heure, ainsi que le propose Héron, la différence de longitude entre Rome et Alexandrie n'étant – comme Neugebauer le remarque – que de 1^h 10. Cette référence à l'observation faite à Rome est par conséquent une pure hypothèse d'Héron, sans support observationnel.

Le texte donne « Admettons que cette éclipse est observée à Alexandrie dans la cinquième heure de la nuit [...] ». La nuit étant partagée en 12 heures (saisonnières), en moyenne 1 éclipse sur 12 commence au cours de cette heure, au voisinage du point vernal l'heure saisonnière équivalant à l'heure en heures égales ; la probabilité *a priori* de trouver une éclipse "convenable" dans les tables s'en trouve alors fortement réduite : un calcul qui reste à affiner me conduit à une probabilité (pour une période de cinq siècles) un peu supérieure à 0,1.

---

5. En effet, à la date en question, les heures saisonnières sont presque des heures égales.

6. Ainsi, selon *Neugebauer 1938*, p. 846 ; je trouve toutefois 20^h 34, et je n'ai pu réduire ce désaccord.

Conclusion

Le résultat de cette petite enquête s'avère donc un peu décevant : je dirais qu'en l'absence d'autres indications, l'identification historique de l'éclipse proposée par Neugebauer semble assez plausible, mais qu'elle est reçue généralement comme plus décisive qu'elle n'est à l'examen ; elle semble surestimée par rapport à l'ensemble des indications indirectes qui ont été accumulées[7], et qui rendent peu discutable le fait qu'Héron ait été effectivement contemporain de cette fameuse éclipse de l'an 62.

---

7. Cf. par exemple *Keyser 1988*.

21

Remarques
sur les concepts préclassiques de mouvement[*]

I. Sur la « vitesse moyenne »

Le concept de « vitesse » n'a que peu retenu l'attention des historiens au delà de l'acception particulière qui exprime une mesure du mouvement à un instant donné, ce qui est dans notre langage scientifique la « vitesse instantanée ». Faute d'un *consensus* sur une autre dénomination non ambiguë, je vais désigner comme « holistique », par opposition à « instantanée », toute conception relative à un mouvement considéré sur une certaine durée. De la prétendue dénomination médiévale usuelle « velocitas totalis » et du concept qu'elle recouvrerait, je dirai seulement qu'il a été récemment montré qu'il s'agit d'une création de l'historiographie moderne sans réalité historique.

La « vitesse moyenne » est très fréquemment retenue pour interpréter une allusion à une vitesse holistique dans un traité ancien quelle

* N.d.éd. : Paru dans *Cahiers d'Histoire et de Philosophie des Sciences*, n° h.s. : *Actes du Congrès d'histoire des sciences et des techniques organisé à Lille du 24 au 26 mai 2001 par la Société française d'histoire des sciences et des techniques et l'UMR 8519 « Savoirs et textes »*, Sous la direction de Bernard Joly et Vincent Jullien, 2004, pp. 77-81 – version revue et corrigée pour la présente édition.

qu'en soit l'époque, mais il est généralement soutenu qu'il ne peut s'agir d'un authentique concept de vitesse du fait que le rapport « $L/_T$ » serait incompatible avec la condition d'homogénéité de la théorie des proportions. Ce n'est cependant que l'usage implicite d'unités de mesures qui occulte le fait que, dans une notation comme « $V = L/_T$ », les lettres représentent non pas des grandeurs, mais des mesures, c'est-à-dire des rapports de grandeurs à des grandeurs prises pour unités de mesure. Comme toutes les définitions ou formules de ce genre en physique, « $V = L/_T$ » n'est qu'une sorte d'abus d'écriture, une forme conventionnelle mise pour la définition explicite du rapport de deux vitesses moyennes par « $V/_v = (L/_1) \times (^t/_T)$ », où toutes les lettres représentent une grandeur, respectivement vitesse moyenne, longueur ou temps. Le concept de « vitesse moyenne » est parfaitement compatible avec les exigences de la théorie euclidienne des proportions ; sa caractéristique est d'impliquer par définition une composition de rapports, et d'être applicable à des mouvements dont les espaces d'une part, et les temps d'autre part, sont dans des rapports quelconques. Qu'elle ait été concevable n'implique pas, cependant, qu'elle ait été conçue. À ma connaissance, c'est Galilée qui – marginalement, dans le *Dialogo* – semble être le premier à proposer dans un ouvrage imprimé l'introduction du concept de « vitesse moyenne » *stricto sensu*, en suggérant que l'on pourrait dire de vitesses égales deux mouvements non uniformes lorsque les temps sont proportionnels aux espaces.

En fait, un examen systématique de la mesure du mouvement dans les textes préclassiques (disons pré-newtoniens) met en évidence deux conceptions holistiques de la vitesse qui diffèrent distinctement de la vitesse moyenne.

II. Aristote et le concept de « vitesse »

Il est généralement soutenu qu'Aristote ne définit que les notions de « plus rapide », de « plus lent » et d'« égale vitesse », mais en aucune façon le rapport des vitesses de deux mouvements. Des textes récusent cependant cette affirmation. À propos des relations entre certains mouvements et leurs causes, Aristote introduit des rapports entre les mouvements : il s'agit, selon les cas, soit du rapport entre les espaces parcourus en des temps égaux, soit du rapport des temps mis à parcourir des longueurs égales. Lorsque le terme « velocitas » n'intervient pas dans un passage, on peut soutenir qu'il n'y a pas d'expression de rapports de vitesses ; mais au moins deux passages font explicitement exception : *Phys.*, IV (215a29) et *Phys.*, VI (233b19).

Ces deux passages montrent que pour Aristote « plus vite » (*celerius, velocius*) renvoie explicitement au substantif « celeritas » ou « velocitas » et à un rapport de vitesses qui dans les deux passages est exprimé respectivement par les « *velocitates* sont entre elles inversement comme les temps de parcours de longueurs égales », et par « les *velocitates* sont entre elles comme les longueurs parcourues en des temps égaux ».

III. Le concept préclassique de « velocitas »

Ces deux expressions ont joué un rôle paradigmatique dans les discours sur le mouvement jusqu'à la première moitié du XVIIe siècle. Elles fonctionnent comme des définitions nominales de « velocitas » et peuvent être considérées comme les définitions préclassiques de « velocitas » en raison des caractéristiques de leurs occurrences et des occurrences de « velocitas » en général. À partir du XIIIe siècle les traités sur le mouvement les donnent régulièrement et emploient « velocitas » ou « celeritas » dans l'un ou l'autre des sens ainsi définis, en réponse à la question « comment mesure-t-on la *velocitas* ? » ou « comment mesure-t-on le *motus* ? ». Ces deux acceptions préclassiques sont canoniques dans les textes du XVIe siècle, et restent banales jusqu'au milieu du XVIIe siècle. Il faut noter qu'aucune des deux acceptions n'implique *a priori* l'uniformité du mouvement.

IV. Sur la « vitesse instantanée »

Une grande innovation par rapport à la cinématique d'Aristote est l'introduction à partir du XIIIe siècle, avec le concept de « qualité intensive », d'un concept de « vitesse instantanée » désigné par « gradus velocitatis » ou, rarement, « velocitas instantanea ». Contrairement aux concepts holistiques, celui de « vitesse instantanée » a fait l'objet d'études approfondies, et ses principaux développements jusqu'au milieu du xvᵉ siècle sont bien connus et très facilement disponibles. On se limitera ici à quelques rappels et à quelques aspects moins étudiés.

Le concept de « degré de vitesse » se présente, dès le niveau des définitions, comme beaucoup plus difficile à maîtriser mathématiquement que celui de « velocitas ». La définition nominale

> le « gradus velocitatis » <d'un mobile en mouvement difforme> n'est pas mesuré par l'espace parcouru, mais par l'espace qu'il parcourrait s'il se déplaçait de façon uniforme dans un temps donné avec le même « gradus velocitatis » que le mouvement à l'instant donné

est souvent considérée comme circulaire, sans que cela soit toujours justifié.

Du point de vue quantitatif, la fécondité du concept n'a pas dépassé le cas de la difformité uniforme. L'influence ultérieure de la cinématique du xivᵉ siècle est loin d'avoir été suffisamment explorée.

V. La cinématique au xviᵉ siècle

Le concept, dual, de « vitesse holistique » préclassique ne semble pas avoir été mis en question au xviᵉ siècle, et en tout cas on ne trouve pas de traces de tentative d'extension dans la direction de la « vitesse moyenne » ; on méconnaît souvent le fait que la vitesse holistique est apte à exprimer des variations continues des mouvements. Aristote lui-même exprime l'accélération continue de la chute de corps lourds par « la *velocitas* croît continûment ». Ni une extension des acceptions préclassiques de « vitesse holistique », ni un concept de « vitesse instantanée » ne sont *a priori* requis pour exprimer le déroulement continu d'un mouvement.

Cependant, avec le déplacement de l'intérêt vers de nouveaux problèmes et la centralité croissante conférée au « motus localis », les concepts cinématiques holistiques se sont progressivement révélés mal adaptés, par exemple, à la discussion quantitative de la chute « libre » des graves ; on peut dire que les efforts pour transformer et dépasser ces concepts culminent au cours du xviᵉ siècle. Simultanément la distinction terminologique soigneusement maintenue aux xivᵉ et xvᵉ siècles pour distinguer une « vitesse holistique » d'une « vitesse instantanée » tend à s'estomper progressivement, et certains auteurs, dont Galilée, joueront parfois plus ou moins délibérément sur la nouvelle ambiguïté du terme « velocitas ».

Dans l'état actuel de la documentation, on peut dire qu'au XVIe siècle la nécessité d'une remise en question des concepts cinématiques préclassiques est clairement exprimée, mais n'est pas conduite jusqu'à des résultats décisifs. On peut ajouter que l'histoire de la cinématique au XVIe siècle est peu étudiée, et que la transition vers sa révolution par l'analyse reste largement à écrire.

VI. Brèves remarques sur l'histoire de la dynamique préclassique

Si elle n'est formulée qu'au bas Moyen Âge, la distinction entre cinématique (*motus quoad effectum*) et dynamique (*motus quoad causam*) est sous-jacente dans les textes aristotéliciens, la seconde étant la « science du mouvement » à proprement parler en tant qu'elle vise à connaître les mouvements par la recherche et la connaissance de leurs causes. Les principaux passages aristotéliciens pertinents, qui n'ont cessé d'être commentés jusqu'au milieu du XVIIe siècle, se trouvent dans la *Physique* ou dans le *Du ciel*. Les historiens et philosophes contemporains sont profondément divisés dans l'interprétation de ce *corpus*: deux écoles s'opposent radicalement sur la signification qu'Aristote lui-même a pu ou voulu accorder à ces textes. Une école, qui rassemble la quasi-totalité des historiens des sciences, lit dans ces textes des relations partiellement implicites mais quantitatives d'une certaine généralité. L'autre école, qui rassemble la grande majorité des philologues, dénie à ces textes tout contenu mathématique et récuse la première interprétation comme anachronique. Nous nous contenterons d'avoir mentionné cette polémique, car ce qui est historiquement significatif à cet égard est que dès les commentateurs alexandrins, quoi qu'il en ait été d'Aristote lui-même, ces textes ont été lus, ou ont été exploités, comme exprimant *en principe* des « proportionnalités » au sens euclidien du terme. Il faut noter que l'on ne trouve pas, chez Aristote, l'intention même de construire une dynamique à vocation universelle, ne serait-ce que pour le seul « motus localis ». En fait, l'objet de la science du mouvement *quoad causam* restera jusqu'au milieu du XVIIe siècle la construction de dynamiques spécifiques pour diverses catégories de mouvements : mouvement violent, mouvement naturel, mouvement des projectiles, mouvement dans les milieux, etc. Cependant, au fil des commentaires des textes canoniques d'Aristote et des innovations hellénistiques ou médiévales plus ou moins radicales – résistance interne, force imprimée (*impetus* ou *vis impressa*) –, s'est affirmée, sinon une dynamique unifiée, du moins une structure commune à toutes les constructions dynamiques indiquant sous diverses formes une relation quantitative entre les termes génériques présents dans les discours sur le mouvement, que l'on peut exprimer sous la forme « l'effet est proportionnel à la cause et inversement proportionnel à la résistance ». Explicites dans les traités médiévaux tardifs, des expressions de ce genre sont au cœur de la culture des savants de la Renaissance relative au mouvement.

De telles expressions génériques n'expriment cependant une dynamique mathématique qu'à partir du moment où tous les termes qui y interviennent sont définis explicitement comme mesurables. On peut lire l'histoire de la dynamique comme celle de la spécification, puis de la quantification des composantes de cette relation générique, une dynamique étant à proprement parler une expression quantitative explicite d'une telle relation. L'effet est le terme qui a trouvé le plus anciennement une détermination quantifiée sous la forme des concepts de « vitesse » (*velocitas* ou *gradus velocitatis*). Le fameux passage d'Aristote sur le mouvement forcé du chapitre V^e du livre VIIe de la *Physique*, inlassablement discuté jusqu'au XVIe siècle, a été un modèle privilégié pour généraliser à d'autres problèmes des énoncés tels que « la *velocitas* est comme l'excès du moteur sur la résistance » ou « la *velocitas* est comme le rapport de la puissance (*potentia*) à la résistance », etc., dans lesquels tous les termes ont prêté à interprétation – quoique, jusqu'au début du XVIe siècle, l'une au moins des deux autres composantes, la cause (*virtus, potentia*, voire *vis*) ou bien la résistance (*resistentia*), soit restée non quantifiée dans toutes les situations de mouvement considérées. La contribution spécifique des savants du XVIe siècle à la théorie du mouvement *quoad causam* réside dans le fait qu'ils sont parvenus à quantifier les trois composantes – cause, effet, résistance – dans les deux cas du mouvement des mobiles dans des milieux et du mouvement de descente sur les plans inclinés, produisant ainsi les premières dynamiques mathématiques.

La situation historiographique concernant ce développement est extrêmement insatisfaisante : les seuls efforts de synthèse d'envergure restent ceux de *Caverni 1891-1900* et de *Duhem 1913-1959*, et le programme de recherche qui aurait pu en être conçu à partir du vaste repérage de sources pertinentes qu'ils ont fourni n'a guère été abordé. Une très petite partie des contributions pertinentes du XVIe siècle a donné lieu à ce jour à des analyses détaillées, et on ne peut préciser ni leur influence ni leur originalité par rapport à l'intense production non encore étudiée. Il y a là un vaste champ ouvert à des recherches dont la fécondité ne peut faire de doutes.

INDICES

Nathalie Lereboullet adiuvante

INDEX CODICVM MANVSCRIPTORVM

OPERVM INDEX

INDEX NOMINVM*

---

* Le présent *Index nominum* ne recense pas les occurrences du nom de l'auteur des *Écrits* de ce recueil. Par ailleurs, il n'a pas été jugé utile d'indexer les pp. 15-40 du volume (*Littérature citée et Abréviations*).

Table des matières

Cet ouvrage,
le trente-huitième
de la collection « L'Âne d'or »
publié aux Éditions Les Belles Lettres
a été achevé d'imprimer
en août 2012
sur les presses
de la Nouvelle Imprimerie Laballery
58500 Clamecy, France

N° d'éditeur : 7491
N° d'imprimeur : 208107
Dépôt légal : septembre 2012
Imprimé en France